EUL VERLAG

Reihe: FGF Entrepreneurship-Research Monographien · Band 75

Herausgegeben von Prof. Dr. Heinz Klandt, Oestrich-Winkel, Prof. Dr. Michael Frese, Gießen, Prof. Dr. Josef Brüderl, Mannheim, Prof. Dr. Rolf Sternberg, Hannover, Prof. Dr. Ulrich Braukmann, Wuppertal, und Prof. Dr. Lambert T. Koch, Wuppertal

Dr. Patrick Bürgin

Start-up-Finanzierung

Einfluss von Investoren auf Finanzierungsentscheidungen des Gründers

Mit einem Geleitwort von Prof. Dr. Ulrich Pape, ESCP Europe Wirtschaftshochschule Berlin

EUL VERLAG

Bibliografische Information der Deutschen Nationalbibliothek

Die Deutsche Nationalbibliothek verzeichnet diese Publikation in der Deutschen Nationalbibliografie; detaillierte bibliografische Daten sind im Internet über <http://dnb.d-nb.de> abrufbar.

Dissertation, ESCP Wirtschaftshochschule Berlin, 2018

ISBN 978-3-8441-0573-5
1. Auflage Februar 2019

JOSEF EUL VERLAG GmbH
Zeithstr. 356
53721 Siegburg
Tel.: 0 22 05 / 90 10 6-80
Fax: 0 22 05 / 90 10 6-88
E-Mail: info@eul-verlag.de
https://www.eul-verlag.de

Bei der Herstellung unserer Bücher möchten wir die Umwelt schonen. Dieses Buch ist daher auf säurefreiem, 100% chlorfrei gebleichtem, alterungsbeständigem Papier nach DIN 6738 gedruckt.

Geleitwort

Business Angels und Venture-Capital-Investoren sind charakteristische Finanzierungsquellen für junge Wachstumsunternehmen, denen eine herausragende Bedeutung für die erfolgreiche Entwicklung der Start-ups zukommt. Dabei stellen die Investoren nicht nur finanzielle Ressourcen zur Verfügung, sondern leisten durch Beratung, Überwachung und Netzwerkaufbau einen über die Kapitalbereitstellung hinausgehenden Mehrwert für das Start-up. Auch wenn die Finanzierung von Start-ups in den unterschiedlichen Entwicklungsphasen bereits seit vielen Jahren Gegenstand wissenschaftlicher Untersuchungen ist, wurde bisher kaum untersucht, auf welche Weise der Mehrwert durch die Investoren erbracht wird. Die Beziehung zwischen Investoren und Gründern wird daher häufig als „Black Box" bezeichnet.

Vor dem Hintergrund der skizzierten Problemstellung untersucht die Arbeit von Patrick Bürgin, in welcher Weise Investoren bei Finanzierungsentscheidungen von Gründern mitwirken und wie die Zusammenarbeit zwischen Gründern und Investoren durch die Rahmenbedingungen einer außerbörslichen Beteiligungsfinanzierung beeinflusst wird. Zur Beantwortung der explorativen Forschungsfrage nutzt die Arbeit ein qualitatives Forschungsdesign, wobei die Daten mit Hilfe von problemzentrierten Experteninterviews erhoben werden. Auf Grundlage der Untersuchungsergebnisse leitet der Verfasser anschließend Theoriebeiträge in Form von Hypothesen zum Mitwirken der Investoren sowie zu den Rahmenbedingungen einer außerbörslichen Beteiligungsfinanzierung ab. Darüber hinaus werden auf Basis der gewonnenen Erkenntnisse praxisbezogene Handlungsempfehlungen für die Zusammenarbeit zwischen Gründern und Investoren in der Post-Investment-Phase aufgezeigt.

Die an der Schnittstelle von Entrepreneurship und Finance angesiedelte Arbeit von Patrick Bürgin ist für die empirische Entrepreneurial-Finance-Forschung von ebenso hoher Bedeutung wie für die Praxis der Gründungsfinanzierung. Angesichts ihrer klaren Argumentation, der methodischen Stringenz sowie der innovativen Ergebnisse leistet die Veröffentlichung einen entscheidenden Beitrag zum besseren Verständnis der Zusammenarbeit von Gründern und Investoren. Der Arbeit, die Wissenschaftlern ebenso wie Praktikern neue Einsichten und vielfältige Anregungen bietet, wünsche ich eine weite Verbreitung.

Berlin, im Januar 2019 Prof. Dr. Ulrich Pape

Vorwort

An erster Stelle möchte ich Herrn Prof. Dr. Ulrich Pape (ESCP Europe Wirtschaftshochschule Berlin) für die Betreuung der vorliegenden Arbeit danken. Neben der stets angenehmen Arbeitsatmosphäre am gesamten Lehrstuhl bedanke ich mich besonders für die fachliche Unterstützung und die Aufgeschlossenheit bei der Themenfindung. Darüber hinaus geht ein weiterer Dank an Herrn Prof. Dr. Alexander Bassen (Universität Hamburg) für die nicht selbstverständliche Übernahme des 2. Gutachtens der Dissertation.

Neben dem inhaltlichen Feedback durch die Betreuer bedanke ich mich auch bei Prof. Dr. René Mauer (ESCP Europe Wirtschaftshochschule Berlin) für seine inhaltlich sehr wertvollen Anmerkungen aus dem Entrepreneurship-Blickwinkel. Ebenfalls danke ich den Teilnehmer/Innen der regelmäßig stattfindenden Forschungskolloquien für ihre Hinweise.

Nicht zuletzt bedanke ich mich bei meinen Mitstreiter/Innen des Promotionsstudiums für sowohl fachliche Anregungen als auch zwischenmenschlich heitere Stunden. Allen voran danke ich Dr. Martin Bierey, der mir stets als Sparringspartner zur Verfügung stand.

Ohne die freiwillige Teilnahme der interviewten Experten hätte die vorliegende Arbeit nicht entstehen können. Daher bedanke ich mich recht herzlich bei sämtlichen Teilnehmern der Studie für ihren Input und das offene Gespräch über ihre Erfahrungen.

Gewidmet ist diese Arbeit meinen Eltern, Daniela und Wolfgang Bürgin, die durch sowohl finanzielle als auch moralische Unterstützung einen maßgeblichen Anteil an dem Gelingen meiner Promotion hatten. Ihnen und meinem Bruder, David Bürgin, danke ich ebenfalls für das abermalige Korrekturlesen der Arbeit.

Berlin, im Januar 2019 Patrick Bürgin

Inhaltsverzeichnis

Abbildungsverzeichnis

Tabellenverzeichnis

Formelverzeichnis

Abkürzungsverzeichnis

API	-	Application Programming Interface
B2B	-	Business-to-Business
B2C	-	Business-to-Consumer
CEO	-	Chief Executive Officer
CFO	-	Chief Financial Officer
CRM	-	Customer-Relationship-Management
CTO	-	Chief Technology Officer
CVC	-	Corporate-Venture-Capital
EK	-	Eigenkapital
HR	-	Human Resources
ICF	-	Institutional Captive Fonds
IKT	-	Informations- und Kommunikationstechnologie
IPO	-	Initial Public Offering
KPI	-	Key Performance Indicator
LBO	-	Leveraged Buy-out
LOI	-	Letter of Intent
LPs	-	Limited Partners
M&A	-	Mergers and Acquisitions
MBI	-	Management-Buy-in
MBO	-	Management-Buy-out
MVP	-	Minimum Viable Product
PE	-	Private Equity
QDA	-	Qualitative-Daten-Analyse
USP	-	Unique Selling Proposition
VC	-	Venture-Capital
VCF	-	Venture-Capital-Fonds

1 Einleitung

1.1 Problemstellung

„Access to financial capital is one of the most important and challenging problems entrepreneurs face in growing their ventures.“[1] Das Finanzkapital nimmt eine essenzielle Rolle zur erfolgreichen Geschäftsentwicklung von Start-ups ein. So können Investitionen oder Produktentwicklungen nur durchgeführt werden, sofern ausreichend Finanzkapital zur Verfügung steht. Ferner sind finanzielle Mittel eine notwendige Ressource zur Aufrechterhaltung der operativen Geschäftsabläufe. Der typische Lebenszyklus eines Start-ups ist zunächst durch negative Cashflows geprägt, welche die Zufuhr von externem Kapital unabdingbar machen. Zusammen mit dem im Normalfall überdurchschnittlich hohen Kapitalbedarf des Start-ups steht der Gründer[2] vor der Herausforderung, finanzielle Mittel von außen einzuwerben. Auf Grund des inhärent sehr hohen Risikos, gepaart mit dem Geschäftsmodell von professionellen Investoren, lassen sich in den frühen Phasen der Unternehmensentwicklung neben den finanziellen Mitteln des Gründers und seines Umfeldes überwiegend Business Angels und Venture-Capital-Investoren als externe Finanzierungsquellen von Start-ups identifizieren. Basierend auf den Parallelen hinsichtlich Geschäftsmodell, Investmentmotiven, Investmentkriterien sowie Phasenorientierung von Business Angels und Venture-Capital-Investoren werden beide Investorenkategorien im Rahmen der vorliegenden Arbeit zusammengefasst und als Investoren bezeichnet. Schlussendlich zeigen aktuelle Statistiken, dass ca. 75-80 % der um Finanzkapital werbenden Start-ups bei dem Auswahlprozess der Investoren bereits vor der Vertragsverhandlung in der Grobanalyse-Phase eine Absage erhalten und lediglich ca. 2-3 % der Start-ups eine außerbörsliche Beteiligungsfinanzierung erhalten.[3]

Business Angels und Venture-Capital-Investoren liefern nach Vertragsabschluss einen über die Kapitalbereitstellung hinausgehenden Mehrwert für das Start-up. Dieser kann grob in die Kategorien Mentoring, Monitoring sowie Netzwerkbereitstellung unterteilt werden. Zu den Mehrwertleistungen existieren bereits zahlreiche Beiträge in der wissenschaftlichen Literatur. Einen zentralen Mehrwert sehen viele Autoren in der Unterstützung bei der Akquisition neuen Beteiligungskapitals durch weitere Investoren. Trotz dieser Erkenntnis bleibt die Frage ungeklärt, wie genau die Investoren diesen Mehrwert in der Post-Investment-Phase erbringen. Um

1 *Balachandra et al.* (2017), S. 1.

2 Aus Gründen der Lesbarkeit wird im weiteren Verlauf der Arbeit ausschließlich die männliche Form verwendet. Nichtsdestoweniger umfassen die getroffenen Aussagen ebenso das weibliche Geschlecht.

3 Vgl. *Grichnik et al.* (2017), S. 244; *Nathusius* (2001), S. 78; *Nathusius* (2005), S. 30.

diese Problemstellung vollumfassend zu klären, zählen auch die Rahmenbedingungen einer außerbörslichen Beteiligungsfinanzierung mit Investoren zum Untersuchungsgegenstand der vorliegenden Arbeit. Unter den Rahmenbedingungen werden die verhaltenswissenschaftlichen Konstrukte Vertrauen, Konflikte und Entscheidungsfindungslogiken verstanden. Hinsichtlich dieser Rahmenbedingungen lassen sich in der bisherigen Literatur ebenfalls Forschungslücken identifizieren. In diesen noch relativ jungen Forschungsgebieten existieren bereits einige konzeptionelle und empirische Studien. Diese liefern teilweise widersprüchliche Aussagen. Daher werden weitere empirische Belege benötigt. Auch dieser Problematik wird sich in der vorliegenden Arbeit angenommen. Folglich gibt es zwei zentrale Problemstellungen, welche thematisiert werden:

(1) Mitwirken von Investoren bei Finanzierungsentscheidungen des Gründers.

(2) Rahmenbedingungen der außerbörslichen Beteiligungsfinanzierung.

1.2 Zielsetzung

Neben dem in der Problemstellung erläuterten wissenschaftlichen Interesse besteht auch eine hohe praktische Relevanz der Frage, wie Investoren bei Finanzierungsentscheidungen des Gründers in der Post-Investment-Phase einer außerbörslichen Beteiligungsfinanzierung mitwirken, da die Akquisition weiteren Kapitals eine überlebensnotwendige Ressource für Start-ups darstellt. Die zu Grunde liegende Forschungsfrage lautet demnach:

Wie wirken Investoren bei Finanzierungsentscheidungen des Gründers mit?

Der explorativen Forschungsfrage folgend stützt sich die vorliegende Arbeit auf ein qualitatives Forschungsdesign. Die Datenerhebung erfolgt durch problemzentrierte Interviews, wobei die Grounded Theory als methodologische Grundlage dient, welche sich an dem Erkenntnisziel des Theoriebeitrags ausrichtet. Dieser Theoriebeitrag erfolgt durch das Aufstellen von Hypothesen, welche sich einerseits auf Belege aus den Rohdaten und andererseits auf die im Codierprozess entstehenden Kernkategorien stützen. Durch das Befragen von Gründern und von Investoren wird die Kritik der exklusiven Perspektiven aktueller Forschungsbeiträge aufgegriffen und somit für die perspektivische Limitation der empirischen Untersuchung kontrolliert. Im Kontext der Forschungsfrage werden die verhaltenswissenschaftlichen Rahmenbedingungen einer außerbörslichen Beteiligungsfinanzierung erstmals in einer kombinierten Studie untersucht. Entsprechend ist eine zusätzliche Zielsetzung der vorliegenden Arbeit, auch zu den Rahmenbedingungen der außerbörslichen Beteiligungsfinanzierung einen Theoriebeitrag in

Form von empirisch überprüfbaren Hypothesen zu erbringen. Darüber hinaus ist anhand der Problemstellung die praktische Relevanz dieser Arbeit verdeutlicht worden. Folglich ist eine weitere Zielsetzung das Ableiten und Erörtern von Praxisimplikationen für die Zusammenarbeit zwischen Gründer und Investoren in der Post-Investment-Phase hinsichtlich Folgefinanzierungsentscheidungen. Dementsprechend lässt sich die übergeordnete Forschungsfrage in folgende drei Zielsetzungen konkretisieren:

(1) *Theoriebeitrag zu dem Mitwirken von Investoren bei Finanzierungsentscheidungen des Gründers im Kontext der Mehrwertleistungen von Investoren.*

(2) *Theoriebeitrag zu den Rahmenbedingungen einer außerbörslichen Beteiligungsfinanzierung, welche die verhaltenswissenschaftlichen Konstrukte Vertrauen, Konflikte und Entscheidungsfindungslogiken umfassen.*

(3) *Ableiten von Praxisimplikationen für die Zusammenarbeit von Gründer und Investoren in der Post-Investment-Phase.*

1.3 Aufbau

Abbildung 1-1 veranschaulicht den Aufbau der vorliegenden Dissertation und deren Untergliederung in fünf Kapitel. Auf die Einleitung folgen die Grundlagenkapitel 2 und 3, die den aktuellen Stand der Forschung reflektieren. Kapitel 4 befasst sich mit der Durchführung und Auswertung der empirischen Studie. Kapitel 5 dient der Zusammenfassung der Arbeit.

Abbildung 1-1: Aufbau der Arbeit
Quelle: Eigene Darstellung.

Das sich der Einleitung anschließende Kapitel 2 geht auf die Grundlagen zur Finanzierung von Start-ups ein. Dazu werden zunächst der Start-up-Begriff thematisiert und im Anschluss die Grundlagen des Ressourcenmanagements von Start-ups vor dem Hintergrund immaterieller und materieller Ressourcen beleuchtet. Zu den immateriellen Ressourcen eines Start-ups zählen Organisations-, Human- und Sozialkapital, während das Finanzkapital als materielle Ressource gilt. Auf die Darstellung des Finanzkapitals aufbauend erfolgt ein Überblick über die Finanzierungsbesonderheiten von Start-ups. Im Anschluss daran wird auf die besondere Relevanz der außerbörslichen Beteiligungsfinanzierung mit Investoren eingegangen. Business Angels und Venture-Capital-Investoren stehen dabei im Forschungsfokus der vorliegenden Arbeit. Dies spiegelt sich sowohl in der Gliederungsstruktur als auch in der empirischen Untersuchung wider. Beginnend mit dem Investmentprozess von Investoren wird der idealtypische Ablauf einer außerbörslichen Beteiligungsfinanzierung skizziert. Daran anknüpfend behandelt die vorliegende Arbeit die Investorentypen Business Angels und Venture-Capital-Investoren, deren Investmentmotive und -kriterien sowie deren Mehrwert für das Start-up. Konsekutiv erfolgt eine Erläuterung der Auswahlkriterien einer Finanzierungsalternative aus Gründerperspektive. Abschließend werden weitere Finanzierungsquellen aus Eigen- und Fremdkapital in ihren Grundzügen erläutert und deren Nutzung im Lebenszyklus einer Unternehmensgründung diskutiert.

Kapitel 3 illustriert die Rahmenbedingungen der außerbörslichen Beteiligungsfinanzierung. Beginnend mit agencytheoretischen Überlegungen werden die inhärenten Informationsasymmetrien zwischen Gründer und Investoren im Kontext einer außerbörslichen Beteiligungsfinanzierung erklärt. Darauf aufbauend wird die Relevanz von begrenzter Rationalität im Beziehungsverhältnis von Gründer und Investoren veranschaulicht. Demgemäß werden die verhaltenswissenschaftlichen Konstrukte Vertrauen, Konflikte sowie die dem Entrepreneurship entstammenden Theorien zur Erklärung unternehmerischen Handelns erläutert. Vor dem Hintergrund aktueller Studien erfolgt zunächst die Diskussion der Multidimensionalität von Vertrauen sowie dessen Beweggründe. Ferner werden ein Literaturüberblick über das Vertrauensverhältnis zwischen Gründer und Investoren in der Post-Investment-Phase gegeben und empirische Indizien für die Relevanz von Vertrauen im Hinblick auf den Unternehmenserfolg präsentiert. Viele Studien unterstellen einen theoretischen und empirischen Zusammenhang von Vertrauen und Konflikten. Hinsichtlich der außerbörslichen Beteiligungsfinanzierung besteht diesbezüglich der Bedarf von weiteren empirischen Belegen. Diesen Gedanken greift die vorliegende Arbeit auf. Folglich wird im weiteren Verlauf des dritten Kapitels die Literatur zu Konflikten diskutiert. In diesem Kontext werden zunächst die Arten von Konflikten erläutert, empirische Studien zu Konflikten zwischen Gründer und Investoren erörtert und der Einfluss von Konflikten auf den Unternehmenserfolg präsentiert. Kapitel 3 schließt mit einem Überblick über die Theorien zur Erklärung unternehmerischen Handelns ab. Dabei werden einschlägige Theorien des Entrepreneurships identifiziert und der aktuellen Diskussion der Entrepreneurial-Finance-Literatur folgend auf Causation und Effectuation als Entscheidungsfindungslogiken zurückgegriffen. Diese Logiken werden in ihren Grundzügen illustriert, wobei die Kompatibilität beider Theorien vor dem Hintergrund aktueller Literatur thematisiert wird. Die abschließenden Erläuterungen betreffen die Präferenzen des Gründers und der Investoren für die Verwendung der jeweiligen Entscheidungsfindungslogik, basierend auf konzeptionellen und empirischen Studien.

Beginnend mit den methodologischen Grundlagen der qualitativen Sozialforschung erörtert Kapitel 4 den Forschungsprozess und stellt die Grounded Theory als Methode der Datenauswertung im Überblick dar. Da die Präsentation des Forschungsprozesses hinsichtlich Fallauswahl, Datenerhebung sowie Datenauswertung durch Codieren ein Gütekriterium qualitativer Forschungsarbeiten ist, erfolgt die Diskussion der methodologischen Grundlagen sowie die darauf basierende Datenerhebung und -auswertung in ausführlicher Form. Kern des vierten Kapitels ist die Analyse der qualitativ erhobenen Interviewdaten. Dabei werden die Ergebnisse anhand der im Codierprozess emergierten Kernkategorien präsentiert und vor dem Hintergrund bestehender Literatur diskutiert. Dem explorativen Forschungsziel folgend werden Abweichungen und Ergänzungen zu dem bisherigen Wissensstand der Fachliteratur als empirisch überprüfbare Hypothesen formuliert und als Theoriebeitrag der vorliegenden Arbeit festgehalten. Darauf aufbauend erfolgt die Ableitung von Praxisimplikationen für Gründer und Investoren. Schließlich werden die Limitationen der empirischen Untersuchung beleuchtet sowie der weitere Forschungsbedarf aufgezeigt. Die Schlussbetrachtung in Kapitel 5 fasst die im Rahmen der Arbeit gewonnenen Erkenntnisse noch einmal zusammen.

2 Finanzierung von Start-ups

2.1 Ressourcenmanagement

2.1.1 Grundlagen

Der Begriff Start-up umfasst im weitesten Sinne jedes neu gegründete Unternehmen. Dabei bleibt das Geschäftsmodell zunächst unbeachtet. Unter einem Start-up im engeren Sinne wird ein junges Wachstumsunternehmen verstanden, welches Innovationspotenzial aufzeigt und typischerweise in der Online-Branche tätig ist.[4] Charakteristische Eigenschaften von Start-ups sind der hohe Grad an Eigenständigkeit der Gründer,[5] Innovationsorientierung,[6] überdurchschnittliches Wachstums- und Renditepotenzial[7] sowie eine originäre Strukturexistenz[8].[9] Anknüpfend an diese Definition von Start-ups lassen sich explizit folgende fünf Charakteristika ableiten, welche zur Identifikation eines Start-ups herangezogen werden können:[10]

(1) Immaterielle und materielle Ressourcenknappheit.

(2) Hohe Flexibilitätsanforderung durch inhärente Dynamik.

(3) Hohes Risiko-Rendite-Profil.

(4) Hohe Werterzeugung aus immateriellen Vermögensgegenständen.

(5) Keine bis kurze Unternehmenshistorie.

Das Ressourcenmanagement von Start-ups beschäftigt sich insbesondere mit der Ausschöpfung von unternehmerischen Gelegenheiten.[11] In den nachfolgenden Abschnitten wird sich

---

4 Vgl. *Hahn* (2014a), S. 4.

5 Der Gründer ist an keine vorgesetzte Organisation gebunden und gründet sein Unternehmen somit selbständig, vgl. *Achleitner/Nathusius* (2004b), S. 1; *Nathusius* (2003), S. 159.

6 Innovative Gründungen umfassen innovative Geschäftsmodelle, Dienstleistungen und/oder Produkte. Nicht innovative Gründungen sind imitierende Gründungen, die bereits bestehende Geschäftsmodelle, Dienstleistungen und/oder Produkte imitieren, vgl. *Achleitner/Nathusius* (2004b), S. 3; *Nathusius* (2003), S. 159; *Welpe* (2004), S. 33.

7 *Wetzel* (2004) unterscheidet dabei zwischen Lifestlye Ventures, Middle-market Ventures und High-potential Ventures. Lifestyle Ventures umfassen ca. 80 % der Neugründungen, erfüllen aber nicht das Kriterium des überdurchschnittlichen Wachstums- und Renditepotenzials, da deren fünfjährige Erlösprognose unter 10 Mio. $ liegt. Middel-market Ventures schätzen die fünfjährige Erlösprognose auf 10. Mio. $ bis 50 Mio. $. High-potential Ventures erwarten Erlöse i. H. v. 50 Mio. $ bis mehr als 100 Mio. $, jedoch machen sie weniger als 1 % des Start-up-Marktes aus. Für Investoren sind folglich nur Middel-market und High-potential Ventures als Investmentvehikel von Interesse, vgl. *Wetzel* (2004), S. 170 f.

8 Derivative Unternehmensgründungen greifen auf bestehende Strukturen zurück, z. B. bei einem Management-Buy-out, und stehen dementsprechend nicht im Fokus dieser Arbeit. Originäre Unternehmensgründungen umfassen Neugründungen, bei denen auf keine bereits vorhandenen Strukturen zugegriffen werden können und werden daher im Rahmen dieser Arbeit zur Eingrenzung des Start-up-Begriffs herangezogen, vgl. *Achleitner/Nathusius* (2004b), S. 2; *Nathusius* (2003), S. 159.

9 Vgl. *Achleitner/Nathusius* (2004b), S. 1 ff.; *Hahn* (2014a), S. 4; *Nathusius* (2003), S. 159 ff.; *Welpe* (2004), S. 33.

10 Vgl. hierzu und im folgenden *Achleitner et al.* (2001), S. 31; *Achleitner/Nathusius* (2004b), S. 4 f.; *Engel* (2003), S. 92 ff.; *Gompers/Lerner* (2001), S. 23; *Welpe* (2004), S. 35 f.

11 Vgl. *Grichnik et al.* (2017), S. 44, 159. In der Theorie des Entrepreneurships wird die Opportunity Map als

daher folglich mit dem immateriellen und materiellen Ressourcenmanagement von Start-ups befasst. Dabei wird zunächst das Management der immateriellen Ressourcen Organisations-, Human- sowie Sozialkapital aufgegriffen und im Anschluss das Finanzkapital als materielle Ressource erörtert. Abbildung 2-1 gibt eine einleitende Übersicht über das Ressourcenmanagement von Start-ups.

Abbildung 2-1: Ressourcenmanagement von Start-ups
Quelle: Eigene Darstellung in Anlehnung an *Grichnik et al.* (2017), S. 160.

2.1.2 Immaterielle Ressourcen

Die immateriellen bzw. intangiblen Ressourcen befassen sich mit dem intellektuellen Kapital von Start-ups. Neben dem Organisations- und Humankapital ist das Sozialkapital von grundlegender Bedeutung für die Entwicklung und Umsetzung der Geschäftsidee.[12]

2.1.2.1 Organisationskapital

Das Organisationskapital zielt in erster Linie auf die wirtschaftliche Verwendung geistigen Eigentums ab. In diesem Kontext werden in der Literatur vor allem die Themen Unternehmenspersönlichkeit, Rechtsform, geistiges Eigentum sowie Verträge und Versicherungen thematisiert.[13]

Unternehmenspersönlichkeit:

Zentraler Bestandteil des Organisationskapitals ist die Persönlichkeit des Unternehmens, unter der das Start-up auf dem Markt wahrgenommen wird. Im Rahmen der Gründungsphase

Bezugsrahmen zur Entstehung, Wahrnehmung, Bewertung und Ausschöpfung unternehmerischer Gelegenheiten herangezogen, vgl. *Grichnik et al.* (2017), S. 33 ff. Weiterführende Literatur siehe *Grichnik* (2006a); *Rae* (2007); *Shane* (2007).

[12] Vgl. *Grichnik et al.* (2017), S. 159.

[13] Vgl. *Grichnik et al.* (2017), S. 159 ff.

sollte daher, neben der komplexen Technologie- und Produktentwicklung, ein besonderer Fokus auf die Schaffung einer anerkannten Rechtsperson und auf die dafür bedingenden Prozesse (juristische, operative und organisatorische Infrastruktur) gelegt werden. Ein Unternehmen wird nur dann am Markt erkennbar, wenn es über eine gängige Rechtsform, Internetpräsenz und Außenkommunikation, eigenen Standort, Zertifizierungen sowie Reputationen verfügt.[14] *Birkigt/Stadler* (2002) identifizieren demgemäß Unternehmensverhalten, Unternehmenserscheinungsbild sowie Unternehmenskommunikation als die drei zentralen Bausteine der Unternehmenspersönlichkeit.[15] In diesem Kontext gibt es durchaus Wechselwirkungen mit dem Humankapital, da der Gründer bzw. das Gründungsteam einen signifikanten Einfluss auf die Unternehmenspersönlichkeit hat.[16]

Rechtsform:
Mit der Wahl der Rechtsform gehen u. a. unterschiedliche Haftungs- und Publizitätspflichten sowie der Zugang zum organisierten Kapitalmarkt einher.[17] Die Rechtsformen lassen sich dabei in Personen- und Kapitalgesellschaften unterteilen. Beispielsweise haften bei Personengesellschaften die Eigentümer i. d. R. mit ihrem Privatvermögen,[18] während bei Kapitalgesellschaften die Gesellschaft als juristische Person haftet.[19] Zu den Personengesellschaften zählen z. B. die Gesellschaft bürgerlichen Rechts (GbR), die Kommanditgesellschaft (KG) oder die Offene Handelsgesellschaft (OHG).[20] Die Gesellschaft mit beschränkter Haftung (GmbH), die Aktiengesellschaft (AG) oder die Europäische Gesellschaft bzw. Societas Europaea (SE) sind Beispiele für Rechtsformen von Kapitalgesellschaften.[21] Die GmbH ist auf Grund der Haftungsbeschränkung die beliebteste Rechtsform bei der Gründung eines Start-ups.[22] *Grichnik et al.* (2017) folgend sollte ein Start-up diejenige Rechtsform wählen, mit welcher es ein stabiles Geschäftsumfeld schaffen kann, das der operativen und strategischen Ausrichtung angemessen ist und genügend Spielraum für die Unternehmensentwicklung einräumt.[23]

---

14 Vgl. *Grichnik et al.* (2017), S. 162 f.

15 Vgl. *Birkigt/Stadler* (2002), S. 19.

16 Vgl. *Grichnik et al.* (2017), S. 161.

17 Vgl. *Grichnik et al.* (2017), S. 162 ff.

18 Eine Ausnahme ist hier die Kommanditgesellschaft, bei welcher die Komplementäre zwar mit ihrem Privatvermögen, die Kommanditisten jedoch nur mit der Höhe ihrer Kapitaleinlage haften, vgl. *Duif et al.* (2010), S. 61 ff.

19 Vgl. *Pape* (2015), S. 65.

20 Vgl. *Duif et al.* (2010), S. 18.

21 Vgl. *Bundesministerium für Wirtschaft und Energie* (2017a), S. 5 ff.; *Grichnik et al.* (2017), S. 162 ff. Für einen detaillierten Überblick über Rechtsformen siehe *Pape* (2015), S. 64 ff.; *Sanft* (2003), S. 22 ff.

22 Vgl. *Grichnik et al.* (2017), S. 163.

23 Vgl. *Grichnik et al.* (2017), S. 162.

Geistiges Eigentum:

Unter dem Begriff des geistigen Eigentums werden gewerbliche Schutzrechte in Form von immateriellen Vermögensgegenständen zusammengefasst. Darunter fallen z. B. Patente, Gebrauchsmuster, Marke, Geschmacksmuster sowie Urheberrecht.[24] Generell lassen sich Schutzrechte nach der Erforderlichkeit einer Anmeldung unterteilen. Während Patente, Gebrauchsmuster, Marken oder Geschmacksmuster bei staatlichen Einrichtungen angemeldet werden müssen, entsteht das Urheberrecht unmittelbar mit der Erstellung der Leistung.[25] Neben internationalen juristischen Differenzen sind Forschungsfreiheit, künstlerische Freiheit, Kopier- und Zitierrechte die Grenzen gewerblicher Schutzrechte.[26]

Verträge und Versicherungen:

Verträge binden zwei oder mehrere Vertragspartner verbindlich an die darin festgehaltene Willenserklärung. Im Normalfall lassen sich allgemeingültige Vertragsbestandteile im Rahmen der allgemeinen Geschäftsbedingungen (AGB) regeln.[27] Folglich ist der qualifizierte Umgang mit Verträgen ein wichtiger Bestandteil für eine erfolgreiche Etablierung und Entwicklung des Start-ups am Markt.[28] Mit der Gründung eines Unternehmens gehen immer Risiken einher. Zur Absicherung dieser Risiken können Start-ups entsprechende Versicherungen nutzen. Betriebshaftpflicht und Inhaltsversicherung sind zu Beginn die gängigsten Versicherungen.[29] Das Betriebsrisiko lässt sich durch eine Betriebshaftpflichtversicherung absichern.[30] Eine Inhaltsversicherung ist die betriebliche Variante einer privaten Hausratversicherung und sichert das Start-up u. a. vor Diebstahl, Einbruch, Feuer-, Hagel- oder Wasserschäden ab.[31]

Zusammenfassend hat das Organisationskapital für das Start-up auf der Organisationsebene eine hohe Relevanz. Durch die Wahrnehmung des Start-ups als eigene Unternehmenspersönlichkeit am Markt wird selbigem Legitimität verliehen, welche es durch die Absicherung von geistigem Eigentum sowie den professionellen Umgang mit Verträgen und Versicherungen zu erhalten gilt.

---

24 Vgl. *Hoffmann/Richter* (2017), S. 19 ff.
25 Vgl. *Offenburger* (2015), S. 7 ff.
26 Vgl. *Grichnik et al.* (2017), S. 169; *Hoffmann/Richter* (2017), S. 25 f.
27 Vgl. *Schmitt/Ulmer* (2010), S. 2 f.
28 Vgl. *Grichnik et al.* (2017), S. 179 f.
29 Vgl. *Grichnik et al.* (2017), S. 180 f.
30 Vgl. *Hofert* (2012), S. 230.
31 Vgl. *Jula* (2013), S. 8.

2.1.2.2 Humankapital

Das Humankapital bezieht sich vorrangig auf die Persönlichkeit und auf die Eigenschaften des Gründers bzw. Gründungsteams sowie den Mitarbeitern des Start-ups. Die Eigenschaften umfassen Fähigkeit und Wissen des Gründers und basieren auf der Persönlichkeit des Individuums. In der ökonomischen Theorie gilt das Humankapital als klassischer Produktionsfaktor.[32] Im Kontext einer Start-up-Gründung ist das Humankapital jedoch viel mehr als ein reiner Produktionsfaktor. Es ist der Motor der Geschäftsidee und dementsprechend die Quelle der unternehmerischen Aktivität. Folglich determinieren Differenzen im Humankapital den Erfolg bzw. Misserfolg einer Unternehmensgründung.[33]

Persönlichkeit:

Die Persönlichkeit des Gründers gilt als Basis für Fähigkeit und Wissen und lässt sich im Gegensatz dazu nur sehr schwierig und langfristig verändern bzw. erweitern. Den Ursprung hat die Persönlichkeit in der Erziehung durch das Elternhaus und die frühkindlichen Entwicklungsphasen.[34] Ein Gründer muss in seiner Persönlichkeit diejenigen Eigenschaften verankert haben, welche eine erfolgreiche Gründung und Geschäftsentwicklung ermöglichen.[35] *Shaver/ Scott* (1991) identifizieren folglich Risikoneigung, innere Kontrollüberzeugung, Leistungsmotivation gepaart mit dem Ziel der Unabhängigkeit sowie kognitive Heuristiken als Persönlichkeitseigenschaften.[36] *Grichnik et al.* (2010) erweitern die Diskussion rund um die Persönlichkeit des Gründers um das Konstrukt der Emotion. So zeigen die Autoren, dass positive Emotionen (Heiterkeit) sich positiv auf die Bewertung von unternehmerischen Gelegenheiten auswirken. Negative Emotionen (Angst) haben hingegen negative Auswirkungen.[37] An den Ergebnissen von *Grichnik et al.* (2010) ist allerdings hervorzuheben, dass negative Emotionen zu einer rationaleren Bewertung von unternehmerischen Gelegenheiten führen.[38] Diese positive Auswirkung von Angst wird in dem Literaturüberblick von *Cacciotti/Hayton* (2015) ebenfalls zum Ausdruck gebracht. Grund dafür ist die rationalere Abwägung unternehmerischer Gelegenheiten unter Angst.[39] Ferner existieren in der Literatur diverse Untersuchungen zu den Auswirkungen von Leidenschaft und Resilienz. Leidenschaft für die eigene Geschäftsidee wird gene-

32 Vgl. *Grichnik et al.* (2017), S. 185 ff.
33 Vgl. *Grichnik et al.* (2017), S. 188 ff.
34 Vgl. *Grichnik et al.* (2017), S. 191.
35 Vgl. *Grichnik et al.* (2017), S. 192.
36 Vgl. *Shaver/Scott* (1991), S. 28 ff.
37 Vgl. *Grichnik et al.* (2010), S. 24.
38 Vgl. *Grichnik et al.* (2010), S. 24.
39 Vgl. *Cacciotti/Hayton* (2015), S. 185.

rell als positive Charaktereigenschaft beschrieben und kann dazu beitragen, die Resilienz hinsichtlich Fehlschlägen zu erhöhen. Folglich gehen Gründer optimistischer mit Rückschlägen um.[40]

Fähigkeit und Wissen:

Die Fähigkeit befasst sich unabhängig vom Stand des theoretischen Wissens mit der praktischen Durchführung und Umsetzung von Prozessen. Dabei wird die Fähigkeit in fachliche, methodische und soziale Kompetenz untergliedert.[41] Die soziale Kompetenz bezieht sich auf die Kommunikationsfähigkeit des Gründers, da eine effiziente und schnelle Umsetzung der Geschäftsidee ein kritischer Erfolgsfaktor des Start-ups ist.[42] Das Wissen lässt sich in Ausbildungs- und Erfahrungswissen untergliedern. Unter Ausbildungswissen wird dasjenige Wissen verstanden, welches ein Individuum im Kontext von Schule und Hochschule erworben hat. Erfahrungswissen bezieht sich hingegen auf die erworbenen Praxiserfahrungen.[43]

Fähigkeit und Wissen sind keine statischen Konstrukte. Sie können sich verändern und weiterentwickeln.[44] In einer Metaanalyse zur Auswirkung von Humankapital auf den Unternehmenserfolg zeigen *Unger et al.* (2011), dass in der Literatur ein uneinheitliches Begriffsverständnis über Humankapital existiert.[45] Forscher modellieren Humankapital mehrheitlich als Investition in Humankapital, welches am häufigsten in Ausbildung und Erfahrung (Gründungs-, Industrie-, Managementerfahrung sowie allgemeine Berufserfahrung) differenziert wird.[46] Als Ergebnis einer Humankapitalinvestition identifizieren die Autoren Fähigkeit, Kompetenz und Wissen. Investitionen in Ausbildung führen zu Wissen. Investitionen in Erfahrung resultieren in Fähigkeit. Unter Fähigkeit wird definitionsgemäß auch die Kompetenz verstanden.[47]

Gründungsteam:

Idealerweise sollte der Gründer Erfahrung und breites Wissen in vielen Teildisziplinen aufweisen (z. B. Finanzen, Management, Marketing oder Strategie). Eine Spezialisierung auf den produktbezogenen Bereich der Geschäftsidee ist wünschenswert. Selten kann jedoch der Gründer alleine alle Bereiche in der notwendigen Tiefe abdecken. Daher sollten frühzeitig Spezia-

---

40 Vgl. *Grichnik et al.* (2017), S. 194 f.
41 Vgl. *Grichnik et al.* (2017), S. 188.
42 Vgl. *Grichnik/Hisrich* (2005), S. 207 ff.
43 Vgl. *Grichnik et al.* (2017), S. 188.
44 Vgl. *Grichnik et al.* (2017), S. 188.
45 Vgl. *Unger et al.* (2011), S. 342.
46 Vgl. *Unger et al.* (2011), S. 349.
47 Vgl. *Unger et al.* (2011), S. 349.

listen in das Gründungsteam integriert oder als Mitarbeiter eingebunden werden.[48] Eine Heterogenität innerhalb des Teams hinsichtlich des Humankapitals ist vorteilhaft, sodass die Teammitglieder sich in Stärken und Schwächen ergänzen und situationsspezifisch angemessen reagieren können.[49] Dementsprechend ist im Idealfall jede Funktion des Start-ups durch einen Spezialisten besetzt.[50] Relevante Erfolgsfaktoren bei der Zusammenarbeit heterogener Teams sind Interaktion, Kooperation, Koordination, Umgang mit Vertrauen und Konflikten sowie Teamzugehörigkeit.[51]

2.1.2.3 Sozialkapital

Das Sozialkapital umfasst soziale Netzwerke und deren Relevanz für die Unternehmensentwicklung. Dabei lassen sich organisationale sowie individuelle Perspektive als die Perspektiven des Sozialkapitals in der Literatur wiederfinden.[52] Die organisationale Perspektive rückt das Start-up und dessen soziales Netzwerk in den Fokus der Untersuchung. Die individuelle Perspektive betrachtet den Gründer bzw. das Gründungsteam. Auf Grund der zentralen Rolle des Gründers wird in der vorliegenden Arbeit die individuelle Perspektive des Sozialkapitals weiterverfolgt.[53]

Nahapiet/Ghoshal (1998) definieren Sozialkapital als „the sum of the actual and potential resources embedded within, available through, and derived from the network of relationships possessed by an individual or social unit."[54] Folglich lassen sich durch soziale Netzwerke unternehmerische Gelegenheiten nutzbar machen und der Gründer erlangt potenziellen Zugang zu weiteren materiellen und immateriellen Ressourcen.[55] An dieser Stelle gilt es anzumerken, dass soziale Netzwerke zunächst auf den Zugang von immateriellen Ressourcen abzielen (Hilfestellung, Informationen, Kontakte, etc.), wodurch sich im zweiten Schritt der Zugang zu materiellen Ressourcen bedingt.[56]

Nahapiet/Ghoshal (1998) verweisen auf die Multidimensionalität von Sozialkapital und untergliedern es in kognitive, relationale und strukturelle Dimension.[57] Die kognitive Dimension be-

---

48 Vgl. *Grichnik et al.* (2017), S. 190.
49 Vgl. *Ucbasaran et al.* (2003), S. 112.
50 Vgl. *Grichnik et al.* (2017), S. 191, 200 f.
51 Vgl. *Grichnik et al.* (2017), S. 200 ff.
52 Vgl. *Grichnik et al.* (2017), S. 209 ff.
53 Vgl. *Gedajlovic et al.* (2013), S. 455 f.
54 *Nahapiet/Ghoshal* (1998), S. 243.
55 Vgl. *Nahapiet/Ghoshal* (1998), S. 243 ff.
56 Vgl. *Grichnik et al.* (2017), S. 210; *Wang* (2016), S. 300.
57 Vgl. *Nahapiet/Ghoshal* (1998), S. 243.

schäftigt sich beispielsweise mit gemeinsamen Werte- und Moralsystem, Sprache, Herkunft oder Erfahrungen zwischen zwei Individuen. Freundschaft, Normen, Respekt, Vertrauen und Verpflichtungen sind zentrale Untersuchungsgegenstände der relationalen Dimension von Sozialkapital. Die strukturelle Dimension umfasst die Verknüpfungsmuster des Netzwerkes und beschäftigt sich mit den Fragen, wie und wen ein Individuum mittels des Netzwerkes erreichen kann. Die größte Relevanz hat dabei das Bestehen bzw. Nichtbestehen von Verbindungen zwischen Individuen in dem entsprechenden sozialen Netzwerk.[58] *Gedajlovic et al.* (2013), *Pearson et al.* (2008) oder *Tsai/Ghoshal* (1998) beschreiben die kognitive und relationale Dimension von Sozialkapital als Ressource, wohingegen sie die strukturelle Dimension als bedingende Quelle von Sozialkapital ansehen.[59] *Aldrich/Zimmer* (1986) verweisen schließlich auf drei kritische Erfolgsfaktoren im Kontext sozialer Netzwerke: Dichte, Erreichbarkeit und Zentralität.[60]

Dichte:

Die Dichte von Verbindungen in sozialen Netzwerken gibt Auskunft über deren Breite und Reichweite. Das einfachste Maß hierfür ist das Vorhanden bzw. Nichtvorhandensein von Verbindungen.[61] Anspruchsvollere Maße differenzieren nach Stärke der Verbindung.[62] Individuen haben im Durchschnitt fünf bis zwanzig starke Verbindungen, deren Schaffung und Pflege zeit- und ressourcenintensiv ist.[63] Eine reine Fokussierung auf starke Verbindungen ist nicht zielführend, da auch schwache Verbindungen einen maßgeblichen Teil zu dem gesamten Sozialkapital des Gründers beitragen.[64]

Erreichbarkeit:

Der Fokus der Erreichbarkeit liegt auf dem Vorhandensein einer sozialen Verbindung zwischen mindestens zwei Individuen. Dabei wird zwischen direkten und indirekten Verbindungen unterschieden.[65] Direkte Verbindungen sind interpersonale Beziehungen zwischen zwei Personen, die sich von Angesicht zu Angesicht kennen.[66] Als indirekte Verbindung sind jene Kontakte zu verstehen, welche über keine direkte Verbindung zum Gründer verfügen, jedoch über

58 Vgl. *Nahapiet/Ghoshal* (1998), S. 244.
59 Vgl. *Gedajlovic et al.* (2013), S. 459; *Pearson et al.* (2008), S. 956 ff.; *Tsai/Ghoshal* (1998), S. 465 ff.
60 Vgl. *Aldrich/Zimmer* (1986), S. 12 f.
61 Vgl. *Aldrich/Zimmer* (1986), S. 13.
62 Vgl. *Kim/Aldrich* (2005), S. 74 f.
63 Vgl. *Kim/Aldrich* (2005), S. 74.
64 Vgl. *Grichnik et al.* (2017), S. 218.
65 Vgl. *Aldrich/Zimmer* (1986), S. 13.
66 Vgl. *Casson/Giusta* (2007), S. 222.

einen seiner direkten Kontakte an das Netzwerk angebunden sind.[67] Ein Beispiel hierfür ist ein Gründer, dessen direkter Kontakt sein aktuell investierter Business Angel ist, welcher direkten Kontakt zu einem Venture-Capital-Investor hat, welchen der Gründer wiederum nicht persönlich kennt. In diesen indirekten Verbindungen liegt ein großes Potenzial für den Gründer. Die Hebelwirkung von direkten zu indirekten Kontakten bilden demgemäß das Herzstück des Sozialkapitals.[68] Hat ein Gründer beispielsweise zehn direkte Kontakte, von welchen jeder erneut zehn direkte Kontakte aufweist, hat der Gründer Zugang zu 100 Kontakten aus seinem direkten und indirekten Netzwerk. Ein weiteres Augenmerk sei auf die Richtung der sozialen Verbindung gerichtet. Unterscheiden lassen sich einseitige bzw. gerichtete Verbindungen und zweiseitige bzw. ungerichtete Verbindungen.[69] Einseitige Verbindungen schaffen für den Gründer nur einen geringen Nutzen, da er die Verbindung zu einer anderen Person zwar hat, diese ihn aber nicht kennt. Folglich wird im Rahmen der Netzwerktheorie der Ausbau von einseitigen zu zweiseitigen Verbindungen angestrebt. Diese Reziprozität soll durch Informations- und Kommunikationsflüsse geschaffen und aufrechterhalten werden.[70]

Zentralität:

Die Zentralität des Gründers in seinem sozialen Netzwerk ergänzt die Dichte und Erreichbarkeit um einen weiteren Erfolgsfaktor. Je zentraler der Gründer in seinem sozialen Netzwerk angeordnet ist, desto effektiver und effizienter kann er selbiges zur Ressourcenbeschaffung verwenden. Die Vorteile einer zentralen Position liegen in der Wahrnehmung und Nutzung von unternehmerischen Gelegenheiten und Informationen sowie der leichteren Schaffung von reziproken Verbindungen.[71] In der Literatur lassen sich diverse Maße zur Bestimmung von Zentralität in sozialen Netzwerken identifizieren.[72] *Wasserman/Faust* (1994) differenzieren zwischen Abstand, Grad, Information und Nähe.[73] *Bonacich* (1972) führt mit dem Eigenvektor ein weiteres weit verbreitetes Maß zur Bestimmung der Zentralität ein.[74] Die mathematische Berechnung sowie die Bedeutung der einzelnen Maße werden in der vorliegenden Arbeit nicht weiterführend verfolgt.[75]

---

67 Vgl. *Kim/Aldrich* (2005), S. 77.
68 Vgl. *Grichnik et al.* (2017), S. 215.
69 Vgl. *Kim/Aldrich* (2005), S. 87 ff.
70 Vgl. *Grichnik et al.* (2017), S. 221.
71 Vgl. *Grichnik et al.* (2017), S. 225.
72 Vgl. *Bonacich/Lloyd* (2001), S. 191 ff.; *El-Khatib et al.* (2015), S. 351 ff.; *Wasserman/Faust* (1994), S. 177 ff.
73 Vgl. *Wasserman/Faust* (1994), S. 177 ff.
74 Vgl. *Bonacich* (1972), S. 113 ff.
75 Weiterführende Literatur siehe *Bonacich* (1972), S. 113 ff.; *Riquelme et al.* (2018), S. 92 ff.; *Wasserman/*

Abschließend lässt sich festhalten, dass sich keine optimale Größe von sozialen Netzwerken determinieren lässt. Sie ist eine individuelle und rationale Kosten-Nutzen-Abwägung.[76] So zeigen z. B. *Grichnik et al.* (2017) oder *Witt et al.* (2008), dass mit einer steigenden Netzwerkgröße steigender Nutzen und steigende Kosten verbunden sind, der Grenznutzen jedoch abnimmt und der Gesamtnutzen des Netzwerks sogar negativ werden kann.[77] Darüber hinaus präsentieren *Molina-Morales/Martínez-Fernández* (2009) in ihrer Studie das Verhältnis von Netzwerkgröße zu Innovationskraft als eine invertierte quadratische Funktion und visualisieren somit den abnehmenden Grenznutzen der Netzwerkgröße.[78]

2.1.3 Finanzkapital

Finanzkapital als materielle bzw. tangible Ressource ist von grundlegender Bedeutung für die Unternehmensentwicklung von Start-ups, da es zum Durchführen von Investitionen eine unabdingbare Ressource darstellt.[79] Schlussfolgernd ist es von großer Bedeutung eine Finanzplanung vorzunehmen, die sich mit den Besonderheiten von Start-ups auseinandersetzt und diese adäquat in die Finanzierungsplanung einbezieht. In den folgenden Kapiteln werden zunächst einige Finanzierungsbesonderheiten von Start-ups präsentiert und im Anschluss die Bestandteile der Finanzplanung im Detail erläutert.

2.1.3.1 Finanzierungsbesonderheiten von Start-ups

Die Finanzierungspolitik von Start-ups beschäftigt sich mit der aktiven Einwirkung und Gestaltung von Finanzierungsangebot und -nachfrage. Ziel der Finanzierungspolitik ist es, die nachfolgend aufgelisteten Finanzierungsbesonderheiten von Start-ups in die Finanzierungsplanung aktiv einzubinden und problemfokussiert zu behandeln.[80] *Fueglistaller et al.* (2016) identifizieren folgende fünf Finanzierungsbesonderheiten von Start-ups:[81]

(1) Selbstbestimmung und Unabhängigkeit:

Auf Grundlage von emotional und dementsprechend beschränkt rational handelnden Individuen argumentieren die Autoren, dass der Gründer seine Selbstbestimmung und Unabhängigkeit häufig mehr wertschätzt als einen ökonomischen Vorteil resultierend aus der Beteili-

Faust (1994), S. 177 ff.

76 Vgl. *Witt et al.* (2008), S. 953 ff.

77 Vgl. *Grichnik et al.* (2017), S. 228 f.; *Witt et al.* (2008), S. 963 ff.

78 Vgl. *Molina-Morales/Martínez-Fernández* (2009), S. 1018 ff.

79 Vgl. *Brettel et al.* (2005), S. 13; *Grichnik et al.* (2017), S. 235; *Nathusius* (2001), S. 131.

80 Vgl. *Fueglistaller et al.* (2016), S. 222.

81 Vgl. *Fueglistaller et al.* (2016), S. 222 f.

gungsfinanzierung mit externen Kapitalgebern.[82] Darüber hinaus fassen die Autoren unter diesem Punkt ebenfalls die komplizierte Beurteilung der tatsächlichen Finanzsituation auf Grund von ablehnender Haltung des Gründers hinsichtlich Publizitätspflichten, ökonomisch inakzeptablen Privatentnahmen sowie die schwierig quantifizierbare Bewertbarkeit der Qualifikationen des Gründers zusammen.[83]

(2) Charakteristisches Insolvenzrisiko:
Start-ups weisen statistisch ein höheres Insolvenzrisiko als reife Unternehmen auf. Gemäß des Insolvenzberichts des *Verband der Vereine Creditreform e.V.* (2016) waren im Jahr 2016 ca. 59 % der insolventen Unternehmen keine zehn Jahre alt. Trotz rückläufiger Tendenz im Vergleich zum Jahr 2015 lagen in 2016 ca. 41 % der insolventen Unternehmen in der Altersklasse von null bis sechs Jahren.[84] Entsprechend kommt es häufig zu unerwarteten Situationen, in denen Investoren eine Folgefinanzierung bzw. eine Folgefinanzierungstranche ablehnen, um größeren Schaden zu vermeiden.[85] *Fueglistaller et al.* (2016) argumentieren demnach, dass der Grund für eine vermeintlich zu frühe Ablehnung einer weiteren Kapitalbereitstellung in einer mangelhaften Finanzierungsplanung und Ursachenanalyse von Liquiditätsengpässen liegt.[86]

(3) Größenbedingte Finanzierungsnachteile:
Im Rahmen einer Beteiligungsfinanzierung ist der Aufwand für Investoren, gemessen an der Finanzierungssumme, verhältnismäßig hoch. Beteiligungsfinanzierungen im niedrigstelligen Investitionsbereich sind unter rein ökonomischer Betrachtung für Investoren oftmals uninteressant, da die Fixkosten der Prüfung und Vorbereitung einer Finanzierungsrunde in Relation zur Investmentsumme zu hoch ausfallen. Folglich schränken erhöhte Transaktionskosten das Beteiligungskapitalangebot maßgeblich ein.[87]

---

82 Vgl. *Fueglistaller et al.* (2016), S. 222; *Nathusius* (2003), S. 175.
83 Vgl. *Fueglistaller et al.* (2016), S. 222.
84 Vgl. *Verband der Vereine Creditreform e.V.* (2016), S. 7.
85 Vgl. *Fueglistaller et al.* (2016), S. 222; *Neumann* (2017), S. 56.
86 Vgl. *Fueglistaller et al.* (2016), S. 222.
87 Vgl. *Fueglistaller et al.* (2016), S. 223; *Metzger/KfW Bankengruppe* (2016), S. 8.

(4) Fehlende Kapitalmarktfähigkeit:

Nach ihrer Gründung sind Start-ups auf Grund ihrer Größe i. d. R. nicht in der Lage, eine Finanzierung über organisierte Kapitalmärkte[88] in Anspruch zu nehmen und müssen daher über außerbörsliche Kapitalmärkte die Finanzierung abwickeln.[89]

(5) Asymmetrische Informationsverteilung:[90]

Die asymmetrische Informationsverteilung vor bzw. nach Vertragsunterschrift stellt ein Kernproblem der Beteiligungsfinanzierung über außerbörsliche Kapitalmärkte dar. Die beiden Extreme sind besser informierte Gründer auf Grund von Insiderwissen sowie besser informierte Investoren auf Grund von langjähriger Erfahrung hinsichtlich Unternehmensbewertungen und Beteiligungsfinanzierungen.[91]

2.1.3.2 Finanzplanung

Die Finanzplanung basiert auf dem Geschäftskonzept und dem daraus abgeleiteten Businessplan[92] und ist dementsprechend ein essenzieller Teil im Rahmen der Gesamtunternehmensplanung.[93] Die Finanzplanung ist am Ende des Businessplans angesiedelt und operationalisiert die qualitativ beschriebenen operativen und strategischen Ziele in quantitativer Form.[94] Der Kapitalbedarf kann auch bei gleichen Gründungsideen in unterschiedlich hoher Form ausfallen.[95] Die Finanzplanung sollte die im vorausgegangen Kapitel beschriebenen Finanzierungsbesonderheiten proaktiv einbeziehen und wird als Dachbegriff für die Finanzbedarfsplanung und die Finanzierungsplanung definiert.[96]

Finanzbedarfsplanung:

Den Ausgangspunkt der Finanzplanung stellt die Finanzbedarfsplanung dar. Der Kapitalbedarf wird für die jeweiligen Planungsperioden (i. d. R. über die nächsten fünf Jahre) dargestellt.[97]

---

88 Organisierte Kapitalmärke umfassen den institutionalisierten Handel von Finanzkontrakten über Wertpapierbörsen, vgl. *Pape* (2015), S. 11.

89 Vgl. *Fueglistaller et al.* (2016), S. 223; *Hahn* (2014b), S. 202 f.; *Pape* (2015), S. 66 f.

90 Die asymmetrische Informationsverteilung wird im Kontext der Agency-Theorie in Kapitel 3.1.1 erneut aufgegriffen und detailliert erörtert.

91 Vgl. *Fueglistaller et al.* (2016), S. 223; *Hahn/Naumann* (2014), S. 150; *Nathusius* (2003), S. 164; *Pape* (2015), S. 81.

92 Weiterführende Literatur siehe *Fueglistaller et al.* (2016), S. 289 ff.; *Grichnik et al.* (2017), S. 267 ff.; *Kunze/Offermanns* (2016), S. 39 ff.; *Lahn* (2015), S. 28 f., 31 f.; *Nagl* (2015), S. 5 ff.; *Pott/Pott* (2015), S. 195 ff.

93 Vgl. *Grichnik et al.* (2017), S. 282; *Nagl* (2015), S. 61; *Nathusius* (2001), S. 131; *Pott/Pott* (2015), S. 218.

94 Vgl. *Fueglistaller et al.* (2016), S. 241.

95 Vgl. *Grichnik et al.* (2017), S. 238.

96 Vgl. *Brettel et al.* (2005), S. 13 ff.; *Grichnik et al.* (2017), S. 237 f.; *Nathusius* (2001), S. 132; *Pott/Pott* (2015), S. 218.

97 Vgl. *Nagl* (2015), S. 61; *Pott/Pott* (2015), S. 218.

Im Detail werden hierbei Zweck, Höhe und Zeitpunkt des Kapitalbedarfs festgehalten.[98] Da die Planung des Finanzbedarfs unter erheblicher Unsicherheit erfolgt, sollten ausreichende Reserven für unerwartete Ereignisse eingeplant werden.[99] Daher ist es notwendig, sich im Rahmen der Finanzbedarfsplanung mit der Liquidität über den Planungshorizont auseinanderzusetzen. Folglich ist die Liquiditätsplanung ein wesentliches Element der Finanzbedarfsplanung.[100] Das Ziel der Insolvenzvermeidung[101] ist im Rahmen der Liquiditätsplanung jedoch nicht gleichbedeutend mit dem Vorhalten übermäßiger Liquidität. Vielmehr wird das Ziel der optimalen Kassenhaltung[102] verfolgt und in die Finanzbedarfsplanung integriert.[103] Im Kontext von Start-ups wird häufig die Cash-burn-rate[104] als Indikator für den optimalen Kassenbestand verwendet. Sie gibt den Zeitraum an, in dem das Start-up die zur Verfügung stehende Liquidität vollständig aufgebraucht hat.[105] Um die Finanzbedarfs- und Liquiditätsplanung adäquat abbilden zu können, sind Planbilanzen, Planerfolgsrechnungen, Plancashflowrechnungen sowie Break-even-Rechnungen inklusive diverser Szenarien notwendig.[106] Abschließend lässt sich festhalten, dass die maßgeblichen Determinanten der Finanzbedarfsplanung von Start-ups sich auf die getroffenen Annahmen hinsichtlich der Absatzmärkte (Preis, Menge und Nachfrage) beziehen. Dabei liegt das Hauptaugenmerk auf der Frage, wann aus dem zunächst negativen Cashflow ein positiver Cashflow entstehen wird.[107] Ist die Finanzbedarfsplanung abgeschlossen, kann mit der Finanzierungsplanung begonnen werden.

Finanzierungsplanung:
Die Finanzierungsplanung gleicht den in der Finanzbedarfsplanung festgelegten Finanzbedarf sowie dessen Fristigkeit mit dem Kapitalangebot ab und dient u. a. zur Kostenschätzung der angestrebten Finanzierung.[108] Dabei werden die in Betracht kommenden Finanzierungsquel-

---

98 Vgl. *Brettel et al.* (2005), S. 13; *Grichnik et al.* (2017), S. 237; *Nagl* (2015), S. 61; *Nathusius* (2001), S. 133 ff.

99 Vgl. *Brettel et al.* (2005), S. 13; *Grichnik et al.* (2017), S. 237.

100 Vgl. *Hahn* (2014a), S. 5; *Fueglistaller et al.* (2016), S. 240; *Nagl* (2015), S. 75; *Nathusius* (2001), S. 133 ff.; *Neumann* (2017), S. 56 f.

101 Zu den Zielen der Finanzwirtschaft sowie dem Zielkonflikt zwischen Rentabilität und Liquidität siehe *Pape* (2015), S. 12 ff.

102 Weiterführende Literatur siehe *Perridon et al.* (2016), S. 169 ff.; *Tebroke/Laurer* (2005), S. 176 f.; *Werdenich* (2008), S. 16 f.

103 Vgl. *Brettel et al.* (2005), S. 14; *Grichnik et al.* (2017), S. 237.

104 In der deutschsprachigen Literatur als Verbrennungsrate bezeichnet, vgl. *Grichnik et al.* (2017), S. 237.

105 Vgl. *Grichnik et al.* (2017), S. 237; *Nagl* (2015), S. 78.

106 Vgl. *Brettel et al.* (2005), S. 19 ff.; *Fueglistaller et al.* (2016), S. 240 ff.; *Nagl* (2015), S. 61 ff.; *Nathusius* (2001), S. 134 ff.

107 Vgl. *Brettel et al.* (2005), S. 13 ff.; *Fueglistaller et al.* (2016), S. 241; *Grichnik et al.* (2017), S. 237 f.; *Nagl* (2015), S. 78 ff.; *Nathusius* (2001), S. 132 ff.

108 Vgl. *Grichnik et al.* (2017), S. 238.

len unterschiedlicher Rechtsstellung (Eigen-, Fremd- und Mezzanine-Kapital) miteinander verglichen.[109] Auf Grund des hohen Risikos, der großen Unsicherheit sowie des Mangels an Sicherheiten sind überwiegend Eigenkapitalfinanzierungen bzw. Mezzanine-Finanzierungsinstrumente in der Praxis der Start-up-Finanzierung verbreitet. Fremdkapitalfinanzierungen sind kaum anzutreffen.[110] Folglich stellt sich bei Start-ups i. d. R. nicht die Frage nach der optimalen Kapitalstruktur.[111] Ein weit verbreiteter Ansatz bei Eigenkapitalfinanzierungen ist das Staged Financing,[112] bei dem die Mittel der externen Kapitalgeber in Tranchen zerlegt werden, welche bei Erreichen von vorher definierter Meilensteine ausgezahlt werden. Dies hat den Vorteil der Risikominderung und wirkt potenziellen Agency-Problemen entgegen.

2.1.3.3 Systematisierung der Finanzierungsquellen und -phasen

Wie bereits im Rahmen der Finanzierungsplanung angesprochen, existieren drei Finanzierungsquellen von Start-ups, welche sich nach der rechtlichen Stellung der Kapitalgeber differenzieren lassen: Die dem Eigenkapital zugeordnete Beteiligungsfinanzierung, die unter dem Fremdkapital laufende Kreditfinanzierung sowie die hybriden Finanzierungsinstrumente des Mezzanine-Kapitals.[113]

Verbunden mit der unterschiedlichen Rechtsstellung der Kapitalgeber haben die jeweiligen Finanzierungsquellen unterschiedliche Eigenschaften und Funktionen.[114] Haftendes Eigenkapital steht dem Start-up unbefristet und zinslos zur Verfügung und wird hauptsächlich für Gründungs-, Innovations- oder Wachstumsfinanzierung verwendet. Fremdkapital hingegen hat eine laufende Liquiditätsbelastung, ist zeitlich begrenzt und haftet nicht für eventuelle Vermögensverluste.[115] Start-ups verwenden Fremdkapital überwiegend zur Finanzierung von Betriebsmitteln, Investitionen oder Projekten.[116] Das Mezzanine- oder hybride Kapital kombiniert die jeweiligen Eigenschaften beider Finanzierungsquellen und steht in sämtlichen Kriterien zwischen Eigen- und Fremdkapital.[117] Mezzanine-Kapital hilft insbesondere bei der

---

[109] Vgl. *Brettel et al.* (2005), S. 26 ff.; *Fueglistaller et al.* (2016), S. 229 ff.; *Grichnik et al.* (2017), S. 238; *Nathusius* (2001), S. 137 ff.

[110] Vgl. *Grichnik et al.* (2017), S. 239; *Nathusius* (2001), S. 137 ff.

[111] Weiterführende Literatur zur Kapitalstruktur siehe *Berk et al.* (2015), S. 509 ff.; *Brealey et al.* (2011), S. 446 ff.; *Modigliani/Miller* (1958); *Pape* (2015), S. 40 ff.

[112] In der deutschsprachigen Literatur als gestaffelte Finanzierung bezeichnet, vgl. *Brettel et al.* (2005), S. 29. Weiterführende Literatur siehe *Sharma/Tripathi* (2016).

[113] Vgl. *Brettel et al.* (2005), S. 26 ff.; *Pape* (2015), S. 35 ff.

[114] Vgl. *Pape* (2015), S. 37 ff., 208 ff.

[115] Vgl. *Fueglistaller et al.* (2016), S. 221; *Pape* (2015), S. 32 ff.

[116] *Fueglistaller et al.* (2016), S. 221.

[117] Vgl. *Pape* (2015), S. 208 ff.

Wachstumsfinanzierung, ohne die bestehenden Eigentümerstrukturen zu verwässern.[118] Tabelle 2-1 stellt die drei Finanzierungsquellen im Hinblick auf relevante Kriterien gegenüber.

Kriterium	Eigenkapital (Beteiligungs-finanzierung)	Mezzanine-Kapital (Hybride Finanzierung)	Fremdkapital (Kreditfinanzierung)
Haftung	Haftung mindestens in Höhe der Einlage (Eigentümer)	Rangrücktritt gegenüber erstrangigem Fremdkapital	Keine Haftung (Gläubiger)
Geschäftsführung	Sämtliche Geschäftsführungsrechte	Informations- und Kontrollrechte möglich	Keine Beteiligung an Geschäftsführung
Zeitliche Verfügbarkeit	Unbefristete Kapitalüberlassungsdauer	Befristete Kapitalüberlassungsdauer	Befristete Kapitalüberlassungsdauer
Besicherung	Keine Sicherheiten	Keine Sicherheiten	Kreditsicherheiten
Vermögensbeteiligung	Quotale Beteiligung an der Wertsteigerung	Optionale Beteiligung an der Wertsteigerung	Anspruch auf Nominalbetrag
Erfolgsbeteiligung	Teilhabe am Gewinn bzw. Verlust	Feste und erfolgsabhängige Verzinsungsanteile	Erfolgsunabhängige Verzinsung
Liquiditätsbelastung	Erfolgsabhängige Belastung nur bei Gewinnerzielung	Geringere feste Belastung aus laufender Verzinsung	Feste Belastung durch Zinsen und Tilgung
Steuerbelastung	Besteuerung des Gewinns	Zinsen als steuerlich relevante Betriebsausgabe	Zinsen als steuerlich relevante Betriebsausgabe

Tabelle 2-1: Eigenschaften unterschiedlicher Finanzierungsquellen im Überblick
Quelle: Eigene Darstellung in Anlehnung an *Pape* (2015), S. 210.

Neben der rechtlichen Stellung der Kapitalgeber lassen sich die Finanzierungsquellen auch nach deren Mittelherkunft differenzieren. Die drei eingangs beschriebenen Finanzierungsquellen sind der Außenfinanzierung zuzuordnen. Hierbei werden neue Finanzmittel unabhängig von der laufenden Geschäftstätigkeit dem Start-up durch Kapitalgeber von außerhalb des Unternehmens zugeführt. Bei der Innenfinanzierung werden Finanzmittel entweder aus dem laufenden Umsatzprozess erwirtschaftet oder aus der Vermögensumschichtung freigesetzt.[119] Da Start-ups zunächst negative Cashflows sowie einen erhöhten Kapitalbedarf aufweisen und dadurch die Innenfinanzierung nicht als Finanzierungsquelle nutzen können, wird die Innenfinanzierung in dieser Arbeit nicht weiter vertieft.[120] Tabelle 2-2 illustriert die Systematisierung der Finanzierungsquellen und veranschaulicht beispielhafte Finanzierungsinstrumente der jeweiligen Quelle. Eigen-, Fremd- und Mezzanine-Kapital stellen das Grundgerüst der Finanzierungsquellen von Start-ups dar. Situations- und lebenszyklusabhängig wird der Zugang zu den unterschiedlichen Finanzierungsquellen ermöglicht.

---

118 Vgl. *Fueglistaller et al.* (2016), S. 221.

119 Vgl. *Pape* (2015), S. 34.

120 Vgl. *Achleitner/Nathusius* (2004b), S. 4 f. Weiterführende Literatur zur Innenfinanzierung siehe *Pape* (2015), S. 223 ff.

Gründungsfinanzierung				
Eigenkapital		Mezzanine-Kapital		Fremdkapital
Innenfinanzierung	Beteiligungsfinanzierung	Quasi-eigenkapital	Quasi-fremdkapital	
Beispielhafte Finanzierungsinstrumente				
Durch Einbehaltung von Gewinnen, Cashflows, durch Gegenwerte von Rückstellungen, Abschreibungen, etc.	Kapitalerhöhung durch interne (Einlage, Nachschuss) / externe (Business Angels, Venture-Capital-Investoren, Unternehmen, Mitarbeiter, Fonds) Beteiligung.	Atypische stille Beteiligung (Teilnahme am Wertzuwachs), Darlehen mit Options- oder Wandlungsrechten (privat oder kapitalmarktorientiert), Genussaktien.	Typische stille Beteiligung (privilegierte Gewinnteilnahme), partiarische Darlehen (Gewinnbeteiligung ohne Stimmrecht, privat), Gesellschafterdarlehen (nachrangig, unbesichert), Genussrechte (Beteiligung am Liquidationserlös, Gewinnbeteiligung ohne Stimmrecht), Hochzinsanleihen (ohne Besicherung, kapitalmarktorientiert: High Yield Bond).	Kontokorrentkredit, Lieferantenkredit, Hypothekenkredit, Bürgschaften, Bankkredite, Förderkredite, Sonderformen: Leasing und Factoring.

Tabelle 2-2: Systematisierung der Finanzierungsquellen
Quelle: Eigene Darstellung in Anlehnung an *Fueglistaller et al.* (2016), S. 221.

In der Literatur hat sich eine Einteilung des Lebenszyklus eines Start-ups in drei Phasen etabliert: (1) Early-stage, (2) Expansion-stage und (3) Later-stage.[121] Je nach Phase werden Start-ups unterschiedlichen Finanzierungstypen zugeordnet, welche sich in Höhe des Kapitalbedarfs sowie dem Zugang zu den Finanzierungsinstrumenten unterscheiden. Die Early-stage umfasst die zwei Finanzierungstypen Seed- und Start-up-Finanzierung. In der Expansion-stage dominiert die Wachstums- und Bridge-Finanzierung, während in der Later-stage die Turn-around- oder Sanierungsfinanzierung sowie Management-Buy-out (MBO) und Management-Buy-in (MBI) überwiegend anzutreffen sind. Charakteristisch für innovative Start-ups sind negative Cashflows in der Early-stage.[122] Abbildung 2-2 gibt einen Überblick über die Finanzierungstypen von Start-ups und veranschaulicht phasenspezifische Aufgabenstellungen sowie die charakteristischen Finanzierungsinstrumente der jeweiligen Phasen.

Ziel der Seed-Finanzierung ist die Alimentierung der Grundlagenforschung zur Geschäftsidee und dem Marktumfeld sowie die Entwicklung eines Geschäftskonzeptes inklusive ersten Prototypen. In der sich anschließenden Start-up-Finanzierung wird das Produkt weiterentwickelt und der Markteintritt vorbereitet. Typischerweise kommen hier überwiegend Eigenkapital-

121 Vgl. *Achleitner/Nathusius* (2004b), S. 10; *Fueglistaller et al.* (2016), S. 220; *Fritsch* (2016), S. 74; *Mayer* (2003), S. 6; *Pott/Pott* (2015), S. 238; *Schefczyk* (2000), S. 37; *Schefczyk* (2006), S. 24 f.; *Welpe* (2004), S. 31.

122 Vgl. *Achleitner/Nathusius* (2004b), S. 10; *Fueglistaller et al.* (2016), S. 220; *Fritsch* (2016), S. 74; *Mayer* (2003), S. 6; *Pott/Pott* (2015), S. 238; *Schefczyk* (2000), S. 37; *Schefczyk* (2006), S. 24 f.

finanzierungen zum Einsatz.[123] Die Finanzierungssummen bewegen sich hier im Rahmen von Kleinstsummen bis hin zu 500.000 €.[124] Dazu zählen zu Beginn die Eigenmittel des Gründers und seines Umfeldes. Eine außerbörsliche Beteiligungsfinanzierung mit Business Angels oder Venture-Capital-Investoren durch Bereitstellung von externem Kapital sind ebenfalls typische Finanzierungsinstrumente der Seed- und Start-up-Finanzierung, wobei in der Seed-Finanzierung eher Business Angel-Finanzierungen und ab der Start-up-Finanzierung auch Venture-Capital-Finanzierungen zu dem Portfolio der Finanzierungsinstrumente gezählt werden. Sofern das Start-up die Wachstums- oder Reifephase erreicht und der Kapitalbedarf dementsprechend steigt, verlieren zunächst Business Angel-Finanzierungen und schließlich auch Venture-Capital-Finanzierungen an Bedeutung für das Start-up.

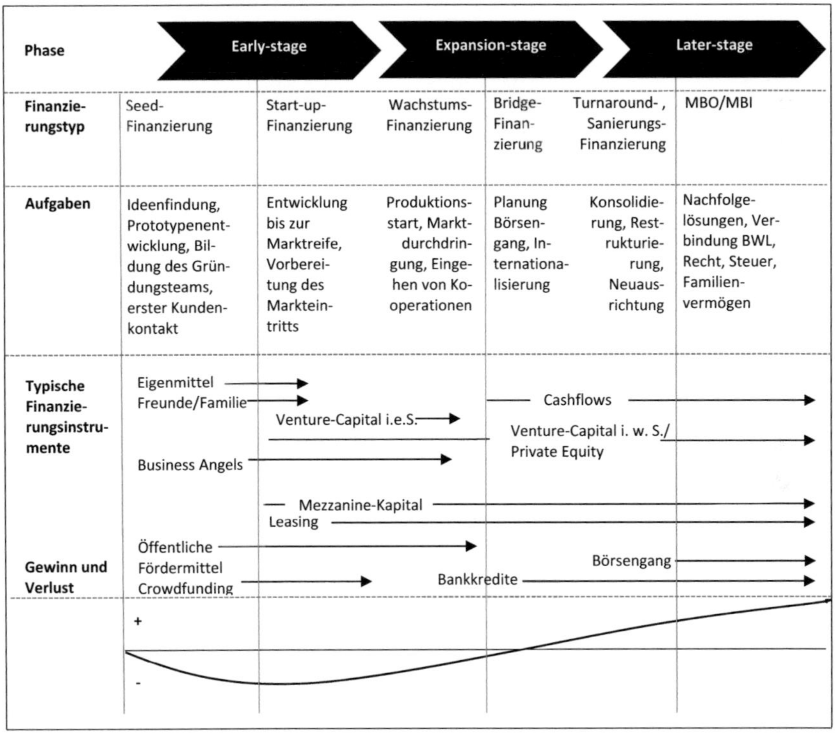

Abbildung 2-2: Systematisierung der Finanzierungstypen
Quelle: Eigene Darstellung in Anlehnung an *Fueglistaller et al.* (2016), S. 220.

[123] Vgl. *Achleitner/Nathusius* (2004b), S. 10; *Brettel et al.* (2005), S. 37 ff.; *Fueglistaller et al.* (2016), S. 220; *Fritsch* (2016), S. 74; *Grichnik et al.* (2017), S. 236; *Mayer* (2003), S. 6; *Pott/Pott* (2015), S. 238; *Schefczyk* (2000), S. 37; *Schefczyk* (2006), S. 24 f.; *Stein* (2005), S. 5.

[124] Vgl. *Feld/Mendelson* (2013), S. 16 f.; *Grichnik et al.* (2017), S. 236; *Schwarzkopf* (2016), S. 57.

Das Crowdfunding gilt als eine Sonderform der Finanzierungsinstrumente und kann sowohl Eigen- oder Fremdkapitalcharakter aufweisen und ist typischerweise bereits ab der Seed-Finanzierung ein Finanzierungsinstrument für Start-ups, welches in den späteren Phasen aber i. d. R. nicht mehr anzutreffen ist. Öffentliche Fördermittel können ebenfalls Eigen- oder Fremdkapitalcharakter aufweisen und stehen dem Start-up bereits ab der Seed-Finanzierung zur Verfügung, wobei auch dieses Finanzierungsinstrument typischerweise ab der Wachstumsphase nicht mehr zu dem Portfolio an Finanzierungsinstrumenten eines Start-ups gezählt wird.[125]

Oberste Prämisse der Wachstumsfinanzierung ist die Skalierung des Geschäftsmodells im Markt. Zu Beginn dieser Phase wird die Produktion gestartet und die Marktdurchdringung angestrebt. In diesem Rahmen eröffnen sich im Normalfall die Möglichkeiten einer Fremdfinanzierung. Erste wichtige Unternehmenskennzahlen sind vorhanden und der Cashflow weist steigende Tendenz auf. Durch den steigenden Kapitalbedarf und die (noch) negativen Cashflows werden hier überwiegend jedoch Eigenkapitalfinanzierungsinstrumente verwendet. Typischerweise sind zu Beginn der Wachstumsphase noch Venture-Capital-Finanzierungen anzutreffen, welche im Anschluss von Private Equity-Finanzierungen abgelöst werden.[126]

Das Ende der Expansion-stage läutet den Beginn der Later-stage mit Turnaround- und Sanierungsfinanzierung sowie Management-Buy-out bzw. Management-Buy-in ein. Ist ein Start-up in dieser Phase angekommen, gilt es als etabliertes Unternehmen und hat neben den bereits angeführten Finanzierungsinstrumenten nun auch die Möglichkeit sich über den organisierten Kapitalmarkt (durch Aktien oder Anleihen) und die Innenfinanzierung zu finanzieren.[127]

In den nachfolgenden Kapiteln werden die Finanzierungsquellen umfassend diskutiert, beginnend mit der dominierenden außerbörslichen Beteiligungsfinanzierung. Sämtliche andere Finanzierungsquellen werden ebenfalls im Überblick vorgestellt, da sie schnell wachsenden

125 Vgl. *Achleitner/Nathusius* (2004b), S. 10; *Brettel et al.* (2005), S. 37 ff.; *Fueglistaller et al.* (2016), S. 220; *Fritsch* (2016), S. 74; *Grichnik et al.* (2017), S. 236; *Mayer* (2003), S. 6; *Pott/Pott* (2015), S. 238; *Schefczyk* (2000), S. 37; *Schefczyk* (2006), S. 24 f.; *Stein* (2005), S. 5.

126 Vgl. *Achleitner/Nathusius* (2004b), S. 10; *Brettel et al.* (2005), S. 37 ff.; *Fueglistaller et al.* (2016), S. 220; *Fritsch* (2016), S. 74; *Grichnik et al.* (2017), S. 236; *Mayer* (2003), S. 6; *Pott/Pott* (2015), S. 238; *Schefczyk* (2000), S. 37; *Schefczyk* (2006), S. 24 f.; *Stein* (2005), S. 5.

127 Vgl. *Achleitner/Nathusius* (2004b), S. 10; *Brettel et al.* (2005), S. 37 ff.; *Fueglistaller et al.* (2016), S. 220; *Fritsch* (2016), S. 74; *Grichnik et al.* (2017), S. 236; *Mayer* (2003), S. 6; *Pott/Pott* (2015), S. 238; *Schefczyk* (2000), S. 37; *Schefczyk* (2006), S. 24 f.; *Stein* (2005), S. 5.

Start-ups schon verhältnismäßig früh in dem Unternehmenslebenszyklus zur Verfügung stehen können.

2.2 Außerbörsliche Beteiligungsfinanzierung

2.2.1 Grundlagen

Unter einer außerbörslichen Beteiligungsfinanzierung wird eine Außenfinanzierung über Eigenkapital verstanden, bei der die Kapitalgeber Anteilseigner am Unternehmen werden.[128] Bei Start-up-Finanzierungen ist in den frühen Phasen typischerweise Venture-Capital als Finanzierungsquelle zu identifizieren. Venture-Capital (VC) lässt sich zunächst in direkte Beteiligungen und indirekte Beteiligungen untergliedern.[129] Abbildung 2-3 gibt eine einführende Übersicht über Venture-Capital.

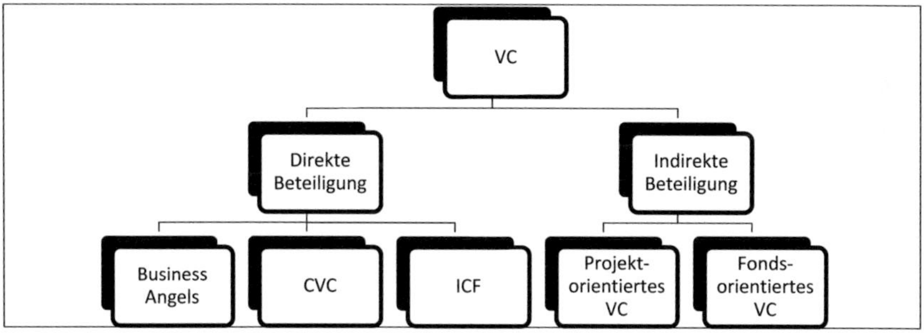

Abbildung 2-3: Übersicht über Venture-Capital
Quelle: Eigene Darstellung in Anlehnung an *Nathusius* (2001), S. 64.

Zu den direkten Beteiligungen zählen Business Angels als informelle Venture-Capital-Geber, Corporate-Venture-Capital (CVC) sowie Institutional Captive Fonds (ICF), welche keinen Intermediär zwischen Kapitalgeber und -nehmer zwischengeschaltet haben.[130] Business Angels sind wohlhabende Privatpersonen, welche sich mit ihrem eigenen Kapital an Start-ups ohne Familienbezug beteiligen und über die Kapitalbereitstellung hinausgehend in dem Start-up engagiert sind.[131] Die Kapitalbeteiligung beläuft sich dabei im Normalfall auf 10.000 € bis 500.000 €, in seltenen Fällen sogar bis zu über 1 Mio. €. Die durchschnittliche Beteiligungssumme deutscher Business Angels liegt bei ca. 200.000 €.[132] Als Corporate-Venture-Capital werden direkte

128 Vgl. *Becker* (2013), S. 131.
129 Vgl. *Nathusius* (2005), S. 21 ff.; *Nathusius* (2001), S. 64; *Welpe* (2004), S. 27 f.
130 Vgl. *Nathusius* (2001), S. 64; *Schefczyk* (2000), S. 20 f.; *Schefczyk* (2006), S. 11 ff.
131 Vgl. *Braun* (2013), S. 21; *Fili/Grünberg* (2016), S. 90 f.; *Grichnik et al.* (2017), S. 242; *Mason/Harrison* (1996), S. 105; *Mason/Harrison* (2008), S. 309.
132 Vgl. *Grichnik et al.* (2017), S. 243, 246.

Beteiligungen von etablierten Unternehmen bezeichnet, welche sich im Rahmen ihrer Forschungs- und Entwicklungsaktivitäten an Start-ups beteiligen. Dabei ist das vorrangige Ziel die Forschung und Entwicklung von Innovationen zunächst auszulagern und später durch Übernahme in das eigene Unternehmen zu integrieren.[133] Institutional Captive Fonds sind von Finanzinstitutionen (Banken, Versicherungen, Pensionsfonds, etc.) als Tochterunternehmen gegründete Venture-Capital-Fonds (VCF), welche ihre finanziellen Mittel direkt von der Muttergesellschaft erhalten und dabei die strategischen Investmentziele des Kapitalgebers in den Vordergrund stellen, wie z. B. Beratungsleistungen, Entwicklung von finanzbezogenen Innovationen oder Kundenakquisition.[134] Demnach agieren Corporate-Venture-Capital-Investoren und Institutional Captive Fonds primär aus strategischen Motiven und werden im weiteren Verlauf dieser Arbeit nicht weiter betrachtet, da hier i. d. R. eine spätere Integration der Beteiligung in das Mutterunternehmen erfolgt. Business Angels agieren u. a. aus monetären Motiven und werden als Untersuchungsobjekt der vorliegenden Arbeit definiert.

Indirekte Beteiligungen sind durch einen Intermediär zwischen Kapitalangebot und -nachfrage charakterisiert.[135] Dabei wird zwischen projektorientiertem Venture-Capital und fondsorientiertem Venture-Capital unterschieden.[136] Projektorientierte Venture-Capital-Investoren sind Vermittler von einzelfallbezogenen Beteiligungsfinanzierungen, welche i. d. R. nicht über die reine Kapitalbereitstellung hinausgehen und somit keinen Mehrwert für das Start-up schaffen. Der Vermittler sammelt dabei die für die Finanzierung des Einzelfalls notwendigen Mittel von anderen Investoren ein und investiert diese in das ausgewählte Start-up.[137] Dementsprechend sind projektorientierte Venture-Capital-Investoren passive Investoren und werden im weiteren Verlauf der Arbeit nicht tiefgreifender diskutiert.

Während Business Angels auf dem informellen Venture-Capital-Markt ihr privates Kapital investieren, befasst sich der formelle Venture-Capital-Markt und die dort agierenden Venture-Capital-Investoren mit dem Investment von Kapital, welches durch andere Investoren bereitgestellt wird.[138] Tabelle 2-3 stellt die Eigenschaften von Business Angels und Venture-Capital-Investoren gegenüber. Wesentliche Unterscheidungsmerkmale sind beispielsweise der Fokus

---

133 Vgl. *Brettel et al.* (2005), S. 111 ff.
134 Vgl. *Nathusius* (2001), S. 66 f.
135 Vgl. *Welpe* (2004), S. 27 f.
136 Vgl. *Schefczyk* (2000), S. 23 f.; *Schefczyk* (2006), S. 13 f.
137 Vgl. *Nathusius* (2001), S. 68.
138 Vgl. *Fili/Grünberg* (2016), S. 91; *Sahlman* (1990), S. 473.

von Business Angels auf sehr frühe Lebenszyklusphasen, geringer ausfallende Beteiligungssummen oder nicht ausschließlich monetäre Investmentmotive.[139]

Kriterium	Business Angels	Venture-Capital-Investoren
Lebenszyklusphase	Frühe Phasen	Alle Phasen
Finanzierungsvolumen	≥ 500.000 €	≤ 500.000 €
Regionale Begrenzung	Ja	Nein
Investmentmotive	Monetäre und nicht-monetäre Motive	Monetäre Motive
Kontrollrechte	Weniger wichtig	Sehr wichtig
Informationsrechte	Weniger formalisiert	Formalisiert und regelmäßig
Feedback/Unterstützung	Unregelmäßig	Regelmäßig und systematisch
Personelle Ressourcen	Business Angels und Netzwerk	General Partners und Netzwerk

Tabelle 2-3: Gegenüberstellung von Business Angels und Venture-Capital-Investoren
Quelle: Eigene Darstellung in Anlehnung an *Brettel et al.* (2005), S. 81.

In der Literatur lässt sich zu dem Ablauf der außerbörslichen Beteiligungsfinanzierung eine Reihe von unterschiedlich ausführlichen Phasenstaffelungen identifizieren, welche inhaltlich oftmals deckungsgleiche Ablaufschritte aufweisen, den Ausstieg der Kapitalgeber aus der Beteiligung (Exit) teilweise jedoch unbeachtet lassen.[140] So identifizieren *Clercq et al.* (2006) und *Ortgiese* (2007) drei Phasen, *Feeney et al.* (1999) und *Tyebjee/Bruno* (1984) illustrieren fünf Phasen, *Meinecke/Meinecke* (2005) und *Schefczyk* (2006) beschreiben sechs Phasen und *Nathusius* (2001) stellt sogar acht Phasen fest.[141] Auf Basis der unterschiedlichen Definitionen in der Literatur wird als Grundlage der vorliegenden Arbeit eine sachlogische Einteilung des Ablaufs in folgende vier Phasen vorgenommen, welche sich an die Untersuchungsschwerpunkte der empirischen Venture-Capital-Forschung anlehnen: (1) Pre-Investment, (2) Investment, (3) Post-Investment und (4) Exit.[142] Eine Unterteilung des Ablaufs in vier Phasen hat den Vorteil, dass zeitlich und ereignisbezogen eine trennscharfe Abgrenzung der Phasen vorgenommen werden kann. Der Inhalt und Umfang des gesamten Ablaufs wird im Vergleich zu der achtphasigen Unterteilung nicht rationalisiert, sondern in aggregierter Form dargestellt. Abbildung 2-4 bietet einen Überblick über die vier Phasen der außerbörslichen Beteiligungsfinanzierung. Sowohl Gründer als auch Investoren durchleben diese Phasen nicht zwangsläufig sequenziell. Die Phasen der außerbörslichen Beteiligungsfinanzierung laufen oftmals parallel ab

139 Vgl. *Brettel et al.* (2005), S. 81.

140 Vgl. *Achleitner* (2001), S. 524 ff.; *Brettel et al.* (2005), S. 89; *Clercq et al.* (2006), S. 97; *Engel* (2004), S. 38 ff.; *Feeney et al.* (1999), S. 125; *Jesch* (2004), S. 59 ff.; *Leopold et al.* (2003), S. 115 ff.; *Meinecke/Meinecke* (2005), S. 122 ff.; *Nathusius* (2001), S. 77 ff.; *Nathusius* (2005), S. 29 ff.; *Ortgiese* (2007), S. 18 ff.; *Schefczyk* (2006), S. 24 ff.; *Tyebjee/Bruno* (1984), S. 1052 ff.; *Volkmann et al.* (2010), S. 309 ff.; *Wright/Robbie* (1996), S. 154 f.

141 Vgl. *Clercq et al.* (2006), S. 97; *Feeney et al.* (1999), S. 125; *Meinecke/Meinecke* (2005), S. 122 ff.; *Nathusius* (2001), S. 77 ff.; *Ortgiese* (2007), S. 18 ff.; *Schefczyk* (2006), S. 24 ff.; *Tyebjee/Bruno* (1984), S. 1052 ff.

142 Vgl. *Landström* (2007), S. 16 ff.; *Parhankangas* (2007), S. 254 ff.; *Zacharakis/Shepherd* (2007), S. 177 f.

und unterscheiden sich in Umfang, Dauer und Intensität. Eine Unterscheidung hinsichtlich der Investorenkategorie (Business Angels oder Venture-Capital-Investoren) erfolgt dabei nicht, da sich die Investmentprozesse nicht grundlegend voneinander unterscheiden.[143]

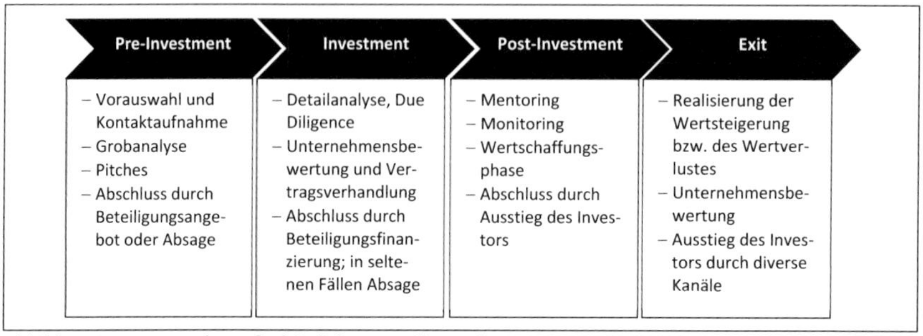

Abbildung 2-4: Prozess der außerbörslichen Beteiligungsfinanzierung
Quelle: Eigene Darstellung in Anlehnung an *Jesch* (2004), S. 59; *Meinecke/Meinecke* (2005), S. 122; *Nathusius* (2005), S. 30; *Schefczyk* (2006), S. 24; *Volkmann et al.* (2010), S. 309.

2.2.2 Investmentprozess

2.2.2.1 Pre-Investment-Phase

Die Pre-Investment-Phase ist die Kontaktaufnahmephase und befasst sich seitens der Investoren mit der Vorauswahl von Start-ups als potenzielle Investmentvehikel. Die Kontaktaufnahme wird i. d. R. durch das Zusenden der Pitchdecks, bestehend aus Kurzpräsentation sowie Executive Summary durch das Start-up initiiert.[144] Die Investoren unterschreiben während des Initiationsprozesses eine Vertraulichkeitserklärung zum Schutz des geistigen Eigentums des Gründers.[145] Bereits in dieser Phase wird einem Großteil der sich bewerbenden Start-ups eine Absage erteilt.[146] *Fried/Hisrich* (1994) plausibilisieren die hohe Absagequote mit den Investmentkriterien und -erfahrung der Investoren.[147]

Befinden die Investoren die Executive Summary als investitionswürdig, bitten sie um das Zusenden des gesamten Business Plans und beginnen mit der Grobanalyse des Start-ups. In den häufigsten Fällen wird zusätzlich ein Gespräch mit dem Start-up vereinbart, in dem der Gründer sowohl die Geschäftsidee, den Businessplan als auch das Team vorstellen soll.[148] Kann das

143 Vgl. *Fili/Grünberg* (2016), S. 91.

144 Vgl. *Feld/Mendelson* (2013), S. 18 f.; *Grichnik et al.* (2017), S. 250. Pitchdecks sind die Verkaufsunterlagen der eigenen Geschäftsidee, vgl. *Neck et al.* (2017), S. 475 ff.

145 Vgl. *Grichnik et al.* (2017), S. 250.

146 Vgl. *Brettel et al.* (2005), S. 92; *Grichnik et al.* (2017), S. 244; *Nathusius* (2001), S. 78; *Nathusius* (2005), S. 30, 78; *Ortgiese* (2007), S. 21.

147 Vgl. *Fried/Hisrich* (1994), S. 32.

148 Vgl. *Grichnik et al.* (2017), S. 250; *Nathusius* (2001), S. 78; *Nathusius* (2005), S. 31.

Start-up in der Grobanalysephase die Investoren von sich überzeugen, endet diese Phase im Normalfall mit der Absichtserklärung seitens der Investoren, ein Beteiligungsangebot abzugeben, falls in der Investment-Phase keine unerwarteten Komplikationen auftreten sollten.[149]

2.2.2.2 Investment-Phase

Die Investment-Phase besteht zunächst aus einer Detailanalysephase, welche im Nachgang in der Vertragsverhandlungsphase und in der Kapitalzufuhr durch die Beteiligungsfinanzierung der Investoren endet.[150] Die Detailanalysephase wird auch als Due Diligence bezeichnet und umfasst eine genaue Überprüfung des Start-ups hinsichtlich Chancen und Risiken in rechtlichen, wirtschaftlichen und technischen Bereichen.[151] In diesem Kontext werden Renditepotenzial, Markt- und Wettbewerbschancen, Exit-Möglichkeiten sowie Teamkompetenzen in einem mehrstufigen Entscheidungsprozess beurteilt und Referenzen zu dem Start-up überprüft.[152] Treten bei dieser Detailanalyse keine unerwarteten Komplikationen auf, geben die Investoren ein Beteiligungsangebot ab, welches als Grundlage für die sich anschließende Vertragsverhandlung dient.[153] Ein zentraler Diskussionspunkt im Rahmen der Vertragsverhandlung ist die Unternehmensbewertung.[154] Hierbei wird festgehalten, zu welchem Preis die Investoren wie viele Anteile am Start-up erhalten.[155] Üblicherweise sehen die Beteiligungsverträge neben Meilensteinen auch Zusatzklauseln vor,[156] welche den Investoren besondere Rechte einräumen, wie z. B. Liquidationspräferenz, Bonus- und Malusvereinbarungen oder Verwässerungsschutz.[157] Darüber hinaus argumentieren *Clercq et al.* (2006), dass sich die Due Diligence und Vertragsverhandlung von Business Angels und Venture-Capital-Investoren in Breite und Tiefe unterscheiden, wobei Business Angels eher zu deutlich verminderten Due Diligence und Vertragsgestaltungsprozessen neigen.[158] Das Ziel des Vertragsabschlusses ist

---

149 Vgl. *Brettel et al.* (2005), S. 96; *Jesch* (2004), S. 67; *Grichnik et al.* (2017), S. 250; *Nathusius* (2001), S. 78; *Nathusius* (2005), S. 31.

150 Vgl. *Engel* (2004), S. 39 f.; *Jesch* (2004), S. 62 ff.; *Schefczyk* (2000), S. 34 f.; *Schefczyk* (2006), S. 23 f.

151 Vgl. *Jesch* (2004), S. 63 f.

152 Vgl. *Engel* (2004), S. 39 f.; *Jesch* (2004), S. 62 ff.; *Schefczyk* (2000), S. 38 f.; *Schefczyk* (2006), S. 25 ff. Die spezifischen Investmentkriterien werden in Kapitel 2.2.4 diskutiert.

153 Vgl. *Grichnik et al.* (2017), S. 250; *Schefczyk* (2000), S. 40 f.

154 Die Methoden und Anlässe einer Unternehmensbewertung werden in der vorliegenden Arbeit nicht tiefgründiger diskutiert. Weiterführende Literatur zur Unternehmensbewertung siehe *Achleitner/Nathusius* (2004a); *Brebeck et al.* (2005); *Damodaran* (2012), S. 380 ff.; *Koller et al.* (2015), S. 135 ff.; *Leopold/Frommann* (1998), S. 126 ff.

155 Vgl. *Grichnik et al.* (2017), S. 251; *Jesch* (2004), S. 71.

156 Weiterführende Literatur zu Beteiligungsverträgen siehe *Fairchild* (2004); *Kaplan/Stromberg* (2001); *Kelly/Hay* (2003).

157 Vgl. *Grichnik et al.* (2017), S. 251; *Schefczyk* (2006), S. 29 ff. Weiterführende Literatur zu Zusatzvereinbarungen siehe *Brettel et al.* (2004); *Kaplan/Stromberg* (2003); *Kaplan/Stromberg* (2004).

158 Vgl. *Clercq et al.* (2006), S. 97. Laut *Grichnik et al.* (2017) verwenden Business Angels im Normalfall ca. zwei

eine ökonomische Wertschaffung, indem die Investoren ihre Anteile am Start-up nach einer Haltedauer von ca. drei bis sieben Jahren wieder verkaufen und den Exit realisieren.[159]

2.2.2.3 Post-Investment-Phase

Die Post-Investment-Phase wird auch als Wertschaffungsphase der außerbörslichen Beteiligungsfinanzierung bezeichnet. Die Wertschaffung erfolgt dabei über real- und finanzwirtschaftliche Wertsteigerungsstrategien.[160] Gekennzeichnet wird diese Phase durch gleichzeitiges Monitoring und Mentoring seitens der Investoren.[161] Das Monitoring bzw. die Überwachung des Gründers erfolgt durch die Pflicht zur Informationsweitergabe an die Investoren seitens des Gründers, sowie, falls vorhanden, einem ständigen Platz im Aufsichtsrat des Start-ups und kann unter Kontroll- und Mitspracherechte zusammengefasst werden.[162] Das Mentoring bezieht sich auf den operativen, strategischen und strukturellen Bereich und ist in seiner Ausprägung vielfältig. Es unterscheidet sich von der rein ökonomischen Komponente des Investments dahingehend, dass es eine nicht-monetäre Zusatzleistung (Mehrwert bzw. Value-Added) der Investoren darstellt, beispielsweise durch Beratung, Netzwerk oder Personalbeschaffung.[163] In der Praxis wird eine Beteiligungsfinanzierung mit Mehrwert auch Smart Money genannt.[164] Die Mehrwertdiskussion wird im Rahmen der theoretischen Kapitel zu Business Angels und Venture-Capital erneut aufgegriffen.[165] Die Post-Investment-Phase endet mit dem Ausstieg der Investoren aus der Beteiligung.

2.2.2.4 Exit

Die letzte Phase einer außerbörslichen Beteiligungsfinanzierung stellt der Exit dar. Hier erfolgt die Realisierung der Wertsteigerung, indem die Investoren ihre Anteile am Start-up ganz oder teilweise verkaufen, welches im Erfolgsfall zu einer höheren Unternehmensbewertung als zum Zeitpunkt des Vertragsabschlusses stattfindet.[166] Als Exit-Kanäle stehen den Investoren neben dem Börsengang (IPO), der Verkauf an ein industrielles Unternehmen (Trade Sale) oder an einen anderen Finanzinvestor (Secondary Purchase), der Rückkauf der Anteile durch das Start-

---

bis drei Tage für die Vertragsverhandlung, vgl. *Grichnik et al.* (2017), S. 243.

159 Vgl. *Beyer* (2002), S. 233; *Brettel et al.* (2005), S. 74, 82.

160 Für eine detaillierte Diskussion der jeweiligen Strategien siehe *Pape* (2010), S. 213 ff.

161 Vgl. *Nathusius* (2005), S. 33.

162 Vgl. *Kaplan/Stromberg* (2001), S. 428 f.; *Nathusius* (2005), S. 33; *Tyebjee/Bruno* (1984), S. 1054.

163 Vgl. *Brettel et al.* (2005), S. 69 ff., 102 ff.; *Grichnik et al.* (2017), S. 248; *Jesch* (2004), S. 77 f.; *Nathusius* (2001), S. 79; *Nathusius* (2005), S. 33; *Schefczyk* (2000), S. 41 ff.; *Schefczyk* (2006), S. 35 ff.

164 Vgl. *Seeliger* (2004), S. 33 f.

165 Siehe Kapitel 2.2.3.2 und Kapitel 2.2.4.2.

166 Vgl. *Beyer* (2002), S. 231 f.; *Kühl* (2003), S. 17 ff.; *Leopold et al.* (2003), S. 177 f.; *Meinecke/Meinecke* (2005), S. 124.

up bzw. den Gründer oder im Extremfall die Kündigung und Liquidation der Beteiligung zur Auswahl.[167]

2.2.3 Business Angels

2.2.3.1 Grundlagen

Der Ursprung von Business Angels liegt in der Eigenkapitalfinanzierungslücke für Early-stage-Unternehmen.[168] *Mason/Harrison* (1995) identifizieren die abnehmende Größe von Venture-Capital-Fonds, der sich von High-Tech und Early-stage verschiebende Investmentfokus auf Later-stage-Investments sowie die geographische Fokussierung auf zentrale Investmentorte als Gründe für das Entstehen der Eigenkapitalfinanzierungslücke.[169] Dementsprechend wird, zusätzlich zu den bereits erörterten Finanzierungsbesonderheiten für Start-ups, das Fundraising bei Venture-Capital-Investoren für Start-ups erschwert.[170] Neben staatlichen Lösungsmechanismen (Steuervorteile und Subvention-en für private Venture-Capital-Fonds oder Einrichtung von öffentlichen Venture-Capital-Fonds) sehen die Autoren Business Angels – im Sinne informeller Venture-Capital-Investoren – als vielversprechende Lösung zur Schließung der Eigenkapitalfinanzierungslücke.[171] Die Autoren begründen die Vorteilhaftigkeit von Business Angels mit deren dezentralem Investmentfokus sowie der Größe des informellen Beteiligungsfinanzierungsmarktes.[172] Aktuellen Schätzungen zufolge übersteigt die Investmentsumme von Business Angels die Investmentsumme von formellen Venture-Capital-Investoren.[173]

Business Angels, informelle Venture-Capital-Investoren und Privatinvestoren werden in der Literatur häufig als Synonyme verwendet,[174] sind jedoch eine äußerst heterogene Gruppe von Eigenkapitalinvestoren.[175] Daher wird zunächst die Klassifizierung von Privatinvestoren erörtert (siehe Tabelle 2-4). *Brettel et al.* (2000), *Brettel et al.* (2005) oder *Grichnik et al.* (2017) unterteilen die Privatinvestoren in aktive und passive Privatinvestoren.[176] Der zentrale Unter-

---

167 Vgl. *Beyer* (2002), S. 231 f.; *Brettel et al.* (2005), S. 105 f.; *Engel* (2004), S. 40; *Kühl* (2003), S. 17 ff.; *Leopold et al.* (2003), S. 177 f.; *Meinecke/Meinecke* (2005), S. 124; *Nathusius* (2005), S. 33 f.; *Schefczyk* (2000), S. 44.

168 Vgl. *Mason/Harrison* (1995), S. 153.

169 Vgl. *Mason/Harrison* (1995), S. 154 ff.

170 Vgl. *Mason/Harrison* (1999), S. 25.

171 Vgl. *Mason/Harrison* (1995), S. 157 ff.

172 Vgl. *Mason/Harrison* (1995), S. 161 ff.

173 Vgl. *Fili/Grünberg* (2016), S. 89.

174 Vgl. *Braun* (2013), S. 21 f.; *Brettel et al.* (2000), S. 105; *Brettel et al.* (2005), S. 49; *White/Dumay* (2017), S. 185.

175 Vgl. *Aram* (1989), S. 334; *Månsson/Landström* (2007), S. 291; *Riding* (2008), S. 355; *Sullivan/Miller* (1996), S. 25; *Szerb et al.* (2007), S. 257.

176 Vgl. *Brettel et al.* (2000), S. 105; *Brettel et al.* (2005), S. 49; *Grichnik et al.* (2017), S. 245.

schied zwischen beiden Typen ist die erbrachte Leistung. Aktive Privatinvestoren liefern neben der Kapitalbereitstellung noch einen Mehrwert für den Gründer.[177] Dieser Mehrwert bezieht sich dabei auf die unterschiedlichen operativen und strategischen Aufgaben und wird in dem darauffolgenden Kapitel ausführlich diskutiert. Passive Privatinvestoren stellen der Beteiligung ausschließlich ihr Kapital als Gegenleistung zur Verfügung.[178] In der vorliegenden Arbeit werden Business Angels als aktive Privatinvestoren aufgefasst. Dabei lässt sich zwischen tatsächlich aktiven und potenziellen Business Angels unterscheiden. Während tatsächlich aktive Business Angels bereits in einem oder mehreren Start-ups investiert sind, halten potenzielle Business Angels gegenwärtig keine Beteiligung an Start-ups.[179]

Privatinvestoren		
Aktive Business Angels	*Potenzielle Business Angels*	*Passive Privatinvestoren*
– Können Mehrwert in das Start-up einbringen – Gegenwärtig am Start-up beteiligt – Engagieren sich über die Kapitalbereitstellung hinausgehend	– Können Mehrwert in das Start-up einbringen – Gegenwärtig nicht am Start-up beteiligt – Virgin Angels: Möchten, konnten aber noch nicht investieren – Latent Angels: Waren in der Vergangenheit schon aktiv	– Können oder wollen keinen Mehrwert in das Start-up einbringen – Rein renditeorientiert – Kein zusätzlicher Mehrwert

Tabelle 2-4: Klassifikation von Privatinvestoren

Quelle: Eigene Darstellung in Anlehnung an *Brettel et al.* (2000), S. 112; *Brettel et al.* (2005), S. 52; *Grichnik et al.* (2017), S. 245; *Macht* (2011a), S. 270.

Trotz geringfügig nationaler Unterschiede (Definitionsprobleme, legislative Bestimmungen sowie kulturelle Unterschiede) überwiegen auf internationaler Ebene die nachfolgend dargestellten Gemeinsamkeiten, an denen sich Business Angels identifizieren lassen: [180]

Erfahrung:

Aram (1989) zeigt in seiner Studie, dass Business Angels mit Gründungs- oder Branchenerfahrung eher gewillt sind, sich in das Start-up auch über die Kapitalbereitstellung hinausgehend einzubringen.[181] *Osnabrugge* (1998) untersucht den Unterschied zwischen erfahrenen und unerfahrenen Business Angels. Erfahrene Business Angels fokussieren ihre Investments auf Branchen, in denen sie bereits Erfahrung gesammelt haben.[182] *Szerb et al.* (2007) bestätigen mit

177 Vgl. *Brettel et al.* (2005), S. 49 f.

178 Vgl. *Brettel et al.* (2000), S. 108.

179 Vgl. *Grichnik et al.* (2017), S. 245.

180 Vgl. *Harrison* (2016), S. 123 f.; *Harrison/Mason* (1999), S. 99.

181 Vgl. *Aram* (1989), S. 345.

182 Vgl. *Osnabrugge* (1998), S. 23.

ihrer Studie, dass Gründungs- und Managementerfahrungen, Wahrnehmung von unternehmerischen Gelegenheiten sowie die persönliche Bekanntschaft zwischen Business Angels und dem Gründer sich signifikant positiv auf die Bereitschaft des Gründers zur Zusammenarbeit mit Business Angels auswirken.[183] *Fili/Grünberg* (2016) beschreiben Business Angels als Privatinvestoren mit solidem unternehmerischen Hintergrund.[184] *Collewaert/Manigart* (2016) belegen empirisch, dass Business Angels mit mehr Humankapital und insbesondere mehr Erfahrung höhere Bewertungen erzielen, weil sie durch ihren nicht-monetären Mehrwert mehr Unternehmenswert schöpfen können als unerfahrene Business Angels mit geringerem Humankapital.[185]

Investmenterfolg:

Mason/Harrison (2002) untersuchen in ihrer Studie die Rendite von Business Angels aus ihren Investments. Die Autoren erheben mittels eines Fragebogens Investmentdaten von 127 angelsächsischen Business Angels und kommen zu dem Ergebnis, dass Business Angels geringere Ausfallquoten bei ihren Investments aufweisen und in der Lage sind, interne Zinsfüße von über 100 % zu erwirtschaften. Die Ursache dafür vermuten die Autoren in dem bereitgestellten Mehrwert.[186] *Riding* (2008) erweitert die Untersuchung von *Mason/Harrison* (2002), indem er die Renditen von kanadischen Business Angels und passiven Privatinvestoren in den Jahren 2002 und 2005 vergleicht. Der Autor greift dabei auf 11.954 Sekundärdatensätze, erhoben durch einen Fragebogen der kanadischen Industrie, zurück und kommt zu dem Resultat, dass die Renditen von Business Angels höher ausfallen als die Renditen passiver Investoren.[187] Aktuellere Studien zu dem Investmenterfolg von Business Angels befassen sich ausschließlich mit aktiven Business Angels und grenzen passive Privatinvestoren von der Datenerhebung aus. Der Forschungsfokus liegt in der jüngsten Vergangenheit demnach auf der Performancemessung von aktiven Privatinvestoren und deren Investmentportfolios.[188]

Investmentmotive:

Business Angels unterscheiden sich von passiven Privatinvestoren auch hinsichtlich ihrer Investmentmotive. Sie sehen sich selbst eher als Entrepreneure und stellen die monetären In-

---

183 Vgl. *Szerb et al.* (2007), S. 269.
184 Vgl. *Fili/Grünberg* (2016), S. 91.
185 Vgl. *Collewaert/Manigart* (2016), S. 364 ff.
186 Vgl. *Mason/Harrison* (2002), S. 211, 233.
187 Vgl. *Riding* (2008), S. 361 ff.
188 Vgl. *Gregson et al.* (2017), S. 285 ff.

vestmentmotive hinter nicht-monetären Investmentmotiven zurück.[189] Diese hedonistischen Motive manifestieren sich in Form von immateriellem Einkommen durch aktive Partizipation an der Geschäftsentwicklung des Start-ups. Neben den hedonistischen Motiven agieren Business Angels auch aus altruistischen Beweggründen, indem sie eine moralische Hilfspflicht zur Unterstützung junger Unternehmen verspüren.[190]

Netzwerk:
Fiet (1995a) kommt in seiner empirischen Untersuchung zu dem Ergebnis, dass Business Angels sich in Netzwerken organisieren, um gegenseitigen Erfahrungsaustausch zu gewährleisten und potenzielle Co-Investoren zu finden.[191] *Steier/Greenwood* (2000) zeigen die Relevanz von Investorennetzwerken für die erfolgreiche Unternehmensentwicklung eines Start-ups, indem sie aus Sicht des Gründers die Potenziale und Gefahren einer Netzwerkorganisation erörtern. Zusammenfassend kommen die Autoren zu dem Ergebnis, dass Business Angels mit ihrem Netzwerk neue Finanzierungsrunden leichter zugänglich machen können.[192] *Sørheim* (2003) erörtert darüber hinaus den Stellenwert einer Netzwerkorganisation von Business Angels. Netzwerke bieten neben fruchtbaren Informationsquellen auch die Möglichkeit, neue Investitionsmöglichkeiten zu entdecken und die Start-ups bzw. die Gründer kennenzulernen.[193]

Zusammenfassend ist der Business Angels-Markt ein sehr heterogener und unorganisierter Markt für außerbörsliches Beteiligungskapital. Die Schwierigkeit für Gründer besteht in der Identifikation von aktiven Business Angels, welche den Gründer aus nicht rein finanziellen Motiven unterstützen und durch ihre unternehmerische Erfahrung einen Mehrwert für die Geschäftsentwicklung leisten können.

2.2.3.2 Mehrwert

Unter dem Mehrwert von Business Angels werden Zusatzleistungen verstanden, welche über die reine Kapitalbereitstellung hinausgehen.[194] *Wetzel* (1983) gilt als eine der ersten Publikationen, welche sich mit dem Mehrwert von Business Angels auseinandersetzt. Er identifiziert in seinem Artikel die nicht-monetäre Zusatzleistung aktiver Business Angels als Form von Be-

---

189 Vgl. *Fili/Grünberg* (2016), S. 91.
190 Vgl. *Riding* (2008), S. 357.
191 Vgl. *Fiet* (1995a), S. 216.
192 Vgl. *Steier/Greenwood* (2000), S. 175.
193 Vgl. *Sørheim* (2003), S. 360.
194 Vgl. *Madill et al.* (2005), S. 116 f.

ratungsleistung durch Zurückgreifen auf Markt- bzw. Industrieerfahrungen.[195] Selbige Ergebnisse bestätigen *Erikson/Sørheim* (2005), *Freear et al.* (1995) oder *Madill et al.* (2005).[196] *Mason/Harrison* (1996) erweitern die reine Beratungsleistung um die aktive Übernahme von Tätigkeiten im Unternehmen.[197] Darüber hinaus nehmen Business Angels, falls vorhanden, eine aktive Position im Aufsichtsrat als Kontrollinstanz ein.[198]

Politis (2008) fasst in seinem Literaturüberblick über empirische Untersuchungen zu dem Mehrwert von Business Angels 14 wissenschaftliche Publikationen zusammen und unterteilt den Mehrwert dabei in vier Kategorien (siehe Abbildung 2-5): (1) Strategischer Mehrwert, (2) Monitoring, (3) Ressourcenbeschaffung und (4) Mentoring.[199] Unter strategischem Mehrwert wird die strategische Beratung des Gründers durch gesammeltes Know-how und Managementerfahrung verstanden.[200] Die Monitoring-Kategorie umfasst sämtliche überwachungs- und kontrollbezogenen Tätigkeiten des Business Angels. Der Mehrwert besteht in dem Schutz des Start-ups vor Fehlverhalten des Managements.[201] Auf Basis des persönlichen Netzwerks können Business Angels die Beschaffung von materiellen und immateriellen Ressourcen erleichtern oder gar erst zugänglich machen.[202] Die Mentoringrolle von Business Angels bezieht sich auf den Aufbau eines engagierten, kooperativen, stabilen und vertrauensvollen Arbeitsverhältnisses, bei dem erfahrene Business Angels dem eher unerfahrenen Gründer mit Rat und Tat in professioneller und persönlicher Hinsicht zur Seite stehen.[203]

	Humankapital	*Sozialkapital*
Ressourcenbeschaffung	(1) Strategischer Mehrwert	(3) Ressourcenbeschaffung
Governance-Beitrag	(2) Monitoring	(4) Mentoring

Abbildung 2-5: Mehrwert von Business Angels nach *Politis* (2008)
Quelle: Eigene Darstellung in Anlehnung an *Politis* (2008), S. 139.

Darüber hinaus differenziert der Autor die vier Kategorien in zwei Dimensionen: Governance- und Produktionsdimension sowie Human- und Sozialkapitaldimension. Während Erstere den Mehrwert nach dessen Beitrag zur Ressourcenbeschaffung und Governance-Beitrag klassi-

195 Vgl. *Wetzel* (1983), S. 27.
196 Vgl. *Erikson/Sørheim* (2005), S. 490; *Freear et al.* (1995), S. 92 f.; *Madill et al.* (2005), S. 118.
197 Vgl. *Mason/Harrison* (1996), S. 106.
198 Vgl. *Mason/Harrison* (1996), S. 106; *Prowse* (1998), S. 787; *Wetzel* (1983), S. 27.
199 Vgl. *Politis* (2008), S. 132 ff.
200 Vgl. *Politis* (2008), S. 132.
201 Vgl. *Politis* (2008), S. 135.
202 Vgl. *Politis* (2008), S. 135 f.
203 Vgl. *Politis* (2008), S. 136.

fiziert, beschäftigt sich die zweite Dimension mit der Art des Mehrwertes hinsichtlich des Human- und Sozialkapitals.[204] Die vier Kategorien werden zwar als separate Konstrukte angenommen, aber es können durchaus Überschneidungen, Verbindungen und Wechselwirkungen existieren, die es noch zu erforschen gilt.[205]

Diese Idee greifen *Fili/Grünberg* (2016) in ihrem Literaturüberblick über 29 Publikationen zu dem Mehrwert von Business Angels auf und unterteilen diesen in fünf Governance-Prozesse, um die Dynamik und Wechselwirkung zwischen den einzelnen Kategorien und Dimensionen adäquat abbilden zu können (siehe Tabelle 2-5). Dabei greifen die Autoren auf das Multi-Level-Framework von *Ruef/Lounsbury* (2007) zurück, welches die Komplexität eines Governance-Prozesses in drei Level kategorisiert: Individuelles, den Business Angel persönlich betreffendes Level, die Organisation betreffendes Level sowie das externe Umfeld betreffende Level. Darüber hinaus werden die drei Level in zwei Dimensionen unterteilt (materielle und kognitive Dimension).[206] Die materielle Dimension bezieht sich dabei auf den finanziellen und ressourcenbezogenen Mehrwert, die kognitive Dimension auf sämtlich andere Mehrwertleistungen hinsichtlich Mikro- und Makroebene des Start-ups sowie die Beziehung zwischen Gründer und Business Angels. Durch Anwendung dieses Multi-Level-Frameworks können sämtliche Mehrwertkategorien von Business Angels in der Post-Investment-Phase als Governance-Prozesse dargestellt werden, welche sowohl die horizontale als auch vertikale Wechselwirkung zwischen den einzelnen Leveln und Dimensionen abbilden.[207]

Brückenschlagender Prozess:

Der brückenschlagende Prozess befasst sich mit dem Umgang von Marktrisiken und Angelegenheiten, welche nicht zu dem alltäglichen Geschäft des Start-ups gehören. Dabei übernehmen Business Angels die Mediation zwischen externen Anspruchsgruppen sowie deren Einflussfaktoren und der internen Reaktion/Adaption des Start-ups. Im Zuge dessen greifen Business Angels auf Know-how, Erfahrung und Kontakte zurück.[208] Konkret fallen hierunter die Ressourcenbeschaffung durch private oder professionelle Kontakte und Netzwerke,[209]

204 Vgl. *Politis* (2008), S. 138 f.

205 Vgl. *Fili/Grünberg* (2016), S. 92; *Politis* (2008), S. 140.

206 Vgl. *Fili/Grünberg* (2016), S. 92 ff. *Ruef/Lounsbury* (2007) verwenden in ihrem Framework ebenfalls zwei Dimensionen, identifizieren allerdings sechs unterschiedliche Level, vgl. *Ruef/Lounsbury* (2007), S. 19. Auf Grund des unterschiedlichen Kontexts verzichten *Fili/Grünberg* (2016) auf die nicht relevanten Level, vgl. *Fili/Grünberg* (2016), S. 93 f.

207 Vgl. *Fili/Grünberg* (2016), S. 93.

208 Vgl. *Fili/Grünberg* (2016), S. 100.

209 Vgl. *Ehrlich et al.* (1994), S. 69; *Madill et al.* (2005), S. 115 f.; *Saetre* (2003), S. 78, 80; *Sørheim* (2005), S. 179.

Kontaktherstellung zu potenziellen Geschäftspartnern,[210] Rekrutierung von Mitarbeitern,[211] Förderung und Unterstützung weiterer Eigenkapitalfinanzierungen,[212] Bereitstellung von Marktinformationen und Geschäftsanalytik[213] sowie Übertragung von Sozialkapital auf den Gründer.[214] Die materielle Dimension des brückenschlagenden Prozesses bezieht sich demgemäß auf die externe Ressourcenbeschaffung auf sämtlichen Leveln.[215] Die kognitive Dimension befasst sich mit den Beziehungen des Start-ups und seiner Umwelt und stellt die Glaubwürdigkeit und Legitimität des Start-ups am Markt sicher.[216]

Prozess	Level	Kurzbeschreibung
Brückenschlagender Prozess	Umfeld	Angelegenheiten, die das externe Umfeld des Start-ups betreffen und nicht zum Tagesgeschäft gehören. Formelle Tätigkeiten und Zuständigkeiten des Business Angels, welche das externe Umfeld betreffen, fallen nicht unter diesen Prozess und werden im Rahmen des Umsetzungsprozesses abgedeckt. Mediation zwischen Umwelt und Start-up. Adaption und Reaktion auf äußere Einflüsse. Übertragung von Sozialkapital auf den Gründer.
Strukturierungsprozess	Organisation	Tätigkeiten, welche auf die formelle Etablierung fester Strukturen abzielen. Das Ziel ist dabei die interne Absicherung der materiellen Dimension und die gleichzeitige Verleihung externer Legitimität.
Führungsprozess	Organisation	Aktivitäten des Business Angels, welche gezielt auf die Beeinflussung des Verhaltens und Entscheidungsfindung des Gründers abzielen. Dabei wird verstärkt auf Coaching und Mentoring gesetzt, um dem Gründer Führungsverhalten zu vermitteln.
Umsetzungsprozess	Individuell	Ausübung operativer Tätigkeiten, welche auch von jedem anderen Mitglied der Organisation getätigt werden könnten. Übertragung von Humankapital auf den Gründer. Dient zur Förderung von Motivation, Vertrauen und Zusammenhalt.
Monitoring-Prozess	Individuell Umfeld Organisation	Querschnittsprozess, welcher auf die anderen Prozesse zugreift und durch formelle und informelle Informationsbeschaffung zur Überwachung und Kontrolle des Start-ups dient. Sicherung des Start-ups gegenüber Fehlverhalten des Managements. Sicherstellung von Legitimität, Rechtskonformität und Wettbewerbsfähigkeit.

Tabelle 2-5: Mehrwert von Business Angels als Governance-Prozesse nach *Fili/Grünberg* (2016)
Quelle: Eigene Darstellung in Anlehnung an *Fili/Grünberg* (2016), S. 99 ff., 106.

Hinsichtlich der Forschungsfrage der vorliegenden Arbeit wird im Kontext des brückenschlagenden Prozesses der Mehrwert in Form von Förderung und Unterstützung weiterer Eigen-

210 Vgl. *Paul et al.* (2003), S. 322.

211 Vgl. *Ardichvili et al.* (2002), S. 40; *Brettel* (2003), S. 261 f.; *Prowse* (1998), S. 790; *Wong et al.* (2009), S. 228.

212 Vgl. *Ardichvili et al.* (2002), S. 44, 51; *Harrison/Mason* (2000), S. 234; *Macht/Robinson* (2009), S. 191; *Madill et al.* (2005), S. 117 f.; *Paul et al.* (2003), S. 322 f., 327; *Prowse* (1998), S. 790; *Sørheim* (2005), S. 180, 185; *Wong et al.* (2009), S. 228.

213 Vgl. *Madill et al.* (2005), S. 118 f.

214 Vgl. *Harrison/Mason* (2000), S. 236; *Madill et al.* (2005), S. 117 f.; *Saetre* (2003), S. 79.

215 Vgl. *Fili/Grünberg* (2016), S. 100.

216 Vgl. *Fili/Grünberg* (2016), S. 100; *Harrison/Mason* (2000), S. 231; *Macht/Robinson* (2009), S. 191; *Madill et al.* (2005), S. 119; *Hoyos-Iruarrizaga et al.* (2017), S. 953; *Saetre* (2003), S. 79.

kapitalfinanzierung erneut und tiefgreifender aufgegriffen. *Ardichvili et al.* (2002), *Harrison/ Mason* (2000), *Paul et al.* (2003) und *Wong et al.* (2009) zeigen in ihren empirischen Untersuchungen, dass Business Angels durch ihr Netzwerk potenzielle Folgeinvestoren identifizieren, mit dem Gründer in Kontakt bringen und somit die Suche nach neuem Kapital für das Start-up vereinfachen.[217] *Macht/Robinson* (2009), *Madill et al.* (2005) und *Sørheim* (2005) greifen ebenfalls den Netzwerkgedanken im Sinne eines Türöffners auf und erweitern diesen um die Reputation und den Track Record des Business Angels.[218] Gleichzeitig weist *Sørheim* (2005) darauf hin, dass Business Angels dabei vorsichtig sind und die Abwägung, welcher Investor potenziell zum Start-up passen könnte, relevant ist.[219] Offen bleibt jedoch noch immer die Frage, wie Investoren in die Vorbereitung und Durchführung von Finanzierungsrunden im Detail eingebunden sind und dort mitwirken. Dieser explorativen Fragestellung wird im Rahmen der in Kapitel 4 präsentierten empirischen Untersuchung auf den Grund gegangen.

Strukturierungsprozess:
Der Strukturierungsprozess zielt auf eine formelle und informelle Strukturschaffung auf Organisationsebene ab. Dieser umfasst neben informellen Absprachen und Vereinbarungen auch die Umwandlung von Humankapital in Organisationskapital, d. h. die Umwandlung von stillschweigendem, an Business Angels persönlich gebundenes Wissen in explizites, für jedermann zugängliches Wissen.[220] Business Angels setzen sich im Rahmen dieser Strukturierung für die Schaffung formaler Richtlinien von operativen und strategischen Aufgaben sowie der Schaffung von klaren Rollen und Zuständigkeiten ein.[221] Darunter fallen in erster Linie das Einhalten klarer Buchführungs- und Rechnungslegungsvorschriften,[222] das Etablieren eines festen Berichtswesens über operationale und finanzielle Prozesse,[223] langfristige Planung und fortlaufende Analyse der Unternehmensstrategie[224] sowie Etablierung von Anreizsystemen.[225] Durch diesen Strukturierungsprozess stellen Business Angels intern die materielle Dimension sicher

217 Vgl. *Ardichvili et al.* (2002), S. 42, 51; *Harrison/Mason* (2000), S. 234, 240; *Paul et al.* (2003), S. 322 f., 327; *Wong et al.* (2009), S. 228.
218 Vgl. *Macht/Robinson* (2009), S. 191; *Madill et al.* (2005), S. 117 ff.; *Sørheim* (2005), S. 180, 185.
219 Vgl. *Sørheim* (2005), S. 185.
220 Vgl. *Fili/Grünberg* (2016), S. 101.
221 Vgl. *Fili/Grünberg* (2016), S. 101 f.; *Kelly/Hay* (2003), S. 302.
222 Vgl. *Macht/Robinson* (2009), S. 190; *Fili/Grünberg* (2016), S. 101.
223 Vgl. *Bassen/Gröne* (2003), S. 293; *Macht* (2011b), S. 287 f.; *Macht/Robinson* (2009), S. 190; *Stedler/Peters* (2003), S. 274.
224 Vgl. *Brettel* (2003), S. 261 f.; *Ehrlich et al.* (1994), S. 71; *Prowse* (1998), S. 790 f.
225 Vgl. *Prowse* (1998), S. 787 f.

und erhöhen für externe Anspruchsgruppen die Legitimität des Start-ups auf kognitiver Ebene.[226]

Führungsprozess:

Die materielle Dimension des Führungsprozesses befasst sich mit der Beeinflussung der Entscheidungen des Gründers durch Business Angels. Im Rahmen der kognitiven Dimension fokussieren sich Business Angels auf Coaching und die zwischenmenschliche Kommunikation mit dem Gründer.[227] Durch Expertise und Know-how hinsichtlich diverser betriebswirtschaftlicher- und Managementaufgaben sowie Markt- und Industrieverbundenheit nehmen Business Angels die Berater- und Mentorenrolle ein und stehen dem Gründer in operativen und strategischen Entscheidungen mit Ratschlägen zur Seite.[228] Als Resultat dieses Wissenstransfers rufen Business Angels auf kognitiver Dimension bestimmte Führungskompetenzen bei dem Gründer hervor, welche sich positiv auf dessen Entscheidungsfindung auswirken und somit ebenfalls dem Organisationslevel zuzurechnen sind.[229]

Umsetzungsprozess:

Der Umsetzungsprozess bezieht sich auf die Ausübung operativer Tätigkeiten seitens der Business Angels, welche auch jedes andere Unternehmensmitglied ausüben könnte.[230] Da Business Angels häufig eine aktive Position durch Teilzeit- oder Vollzeitanstellung im Start-up übernehmen, helfen sie bei der Ausrichtung oder Verfeinerung des Geschäftsmodells, binden sich aktiv in das Tagesgeschäft mit ein, agieren proaktiv in ihrer Beratungs- und Mentorenfunktion, unterstützen bei der Planung und Umsetzung von Investitionsvorhaben oder helfen bei Problemen im operativen Bereich.[231] Der Mehrwert liegt hier vor allem in der besseren Ausübung von Tätigkeiten auf Grund von Erfahrung und Know-how der Business Angels.[232] Dadurch wird die Motivation, das Vertrauen, der Wissenstransfer im Sinne des Organizational Learnings sowie der Zusammenhalt aller Beteiligten erhöht.[233] Demzufolge befindet sich der Umsetzungs-

---

226 Vgl. *Fili/Grünberg* (2016), S. 101 f.; *Macht/Robinson* (2009), S. 190 f.

227 Vgl. *Fili/Grünberg* (2016), S. 102 f.

228 Vgl. *Amatucci/Sohl* (2004), S. 193; *Brettel* (2003), S. 261; *Madill et al.* (2005), S. 117; *Macht* (2011b), S. 277; *Mason/Harrison* (1996), S. 106; *Politis* (2008), S. 132 ff.; *Saetre* (2003), S. 87 ff.; *Sohl* (1999), S. 112.

229 Vgl. *Fili/Grünberg* (2016), S. 102; *Paul et al.* (2007), S. 117.

230 Vgl. *Fili/Grünberg* (2016), S. 103.

231 Vgl. *Ardichvili et al.* (2002), S. 52; *Erikson/Sørheim* (2005), S. 493; *Freear et al.* (1995), S. 92 f.; *Landström* (1992), S. 215 f.; *Lindstrom/Olofsson* (2001), S. 165; *Madill et al.* (2005), S. 118; *Politis/Landström* (2002), S. 94 f.; *Parhankangas/Ehrlich* (2014), S. 550; *Prowse* (1998), S. 790 f.; *Sørheim/Landström* (2001), S. 363; *Stedler/Peters* (2003), S. 273 f.; *Wetzel* (1983), S. 27.

232 Vgl. *Fili/Grünberg* (2016), S. 103.

233 Vgl. *Clercq/Sapienza* (2001), S. 113 ff.; *Fili/Grünberg* (2016), S. 103 f.

prozess auf individuellem Level und deckt beide Dimensionen des Multi-Level-Frameworks ab.[234]

Monitoring-Prozess:

Während die ersten vier Prozesse relativ trennscharf voneinander abgrenzbar sind, ist der Monitoring-Prozess ein übergreifender, dennoch eigenständiger Prozess. Dieser befasst sich mit der formellen und informellen Kontrolle und Überwachung operativer und strategischer Angelegenheiten auf sämtlichen Leveln und Dimensionen.[235] Die anderen Prozesse erlauben es Business Angels formell (z. B. durch offizielle Meetings) und informell (z. B. durch aktive Mitarbeit) an Informationen über operative und strategische Abläufe zu gelangen, welche sie im Rahmen des Monitoring-Prozesses überprüfen können. Somit liegt der Mehrwert von Business Angels im Aufspüren und Auswerten von möglicherweise unternehmensgefährdenden Angelegenheiten.[236] Der Monitoring-Prozess hat eine starke symbolische Wirkung und sichert somit intern sowie extern, auf materieller und kognitiver Ebene, die Legitimität, Regelkonformität und Wettbewerbsfähigkeit des Start-ups.[237]

Zusammenfassend liefern Business Angels neben der Kapitalbereitstellung einen nicht-monetären Mehrwert, welche den Gründer und das Start-up hinsichtlich Legitimität, Unternehmensentwicklung und Wettbewerbsfähigkeit in operativen und strategischen Angelegenheiten unterstützen. Abschließend wird noch auf die Studie von *Hoyos-Iruarrizaga et al.* (2017) hingewiesen, welche den Mehrwert von Business Angels in der Post-Investment-Phase auf Basis des Verhaltens in der Pre-Investment-Phase vorhersagen. Je sorgfältiger die Vorauswahl seitens der Business Angels in der Pre-Investment-Phase durchgeführt wird, desto höher ist der erbrachte Mehrwert von Business Angels in der Post-Investment-Phase.[238]

2.2.4 Venture-Capital

2.2.4.1 Grundlagen

Risikokapital, Venture-Capital und Wagniskapital werden im deutschsprachigen Raum oftmals als Synonyme verwendet, unterscheiden sich aber dennoch in ihren Definitionen. Risikokapital umfasst lediglich die Bedingungen der reinen Kapitalbereitstellung einer Beteiligungsfinan-

---

234 Vgl. *Fili/Grünberg* (2016), S. 103 f.

235 Vgl. *Fili/Grünberg* (2016), S. 104 f.

236 Vgl. *Hoyos-Iruarrizaga et al.* (2017), S. 7; *Macht* (2011a), S. 190; *Macht* (2011b), S. 269; *Harrison et al.* (2010), S. 117; *Paul et al.* (2007), S. 119; *Politis* (2008), S. 135.

237 Vgl. *Fili/Grünberg* (2016), S. 104 f.

238 Vgl. *Hoyos-Iruarrizaga et al.* (2017), S. 962 f.

zierung, z. B. unbefristete Kapitalüberlassung, nachrangige Ansprüche im Konkursfall oder keine Rückzahlungs- und Zinszahlungsverpflichtungen.[239] Risikokapitalgeber agieren als passive Investoren und erbringen keine nicht-monetären Mehrwertleistungen. Wagniskapital beinhaltet Risikokapital mit zusätzlicher Bereitstellung nicht-monetärer Mehrwertleistungen. Venture-Capital ist Risiko- und zugleich Wagniskapital, mit dem zusätzlichen Anspruch an die ausschließliche Beteiligung an Wachstumsunternehmen.[240] Die durchschnittliche Beteiligungssumme von Venture-Capital-Investments beginnt ab 500.000 €.[241]

Auf Grund des hohen Risikos sind auch die Renditeerwartungen von Venture-Capital-Investoren sehr hoch. So zeigen beispielsweise *Manigart et al.* (2002) in ihrer empirischen Erhebung hinsichtlich der Renditeanforderungen von über 200 belgischen, britischen, französischen, niederländischen und US-amerikanischen Venture-Capital-Investoren in den Jahren 1994 bis 1996, dass die erwartete Renditeanforderung bei außerbörslichen Beteiligungsfinanzierungen mit Venture-Capital-Investoren im Early-stage-Bereich zwischen 36 % und 45 % liegt.[242] *Cochrane* (2005) kommt in seiner Studie über Risiko-Rendite-Profile von US-amerikanischen Venture-Capital-Investoren auf Basis von 16.613 Finanzierungsrunden in den Jahren 1987 bis 2000 zu dem Ergebnis, dass Venture-Capital-Investoren im Durchschnitt eine Rendite von 59 % erwirtschaften, allerdings mit einer sehr hohen Standardabweichung von 107 %.[243] Schlussfolgernd werden bei Venture-Capital-Finanzierungen sehr hohe Mindestrenditeanforderungen an das Investmentportfolio gestellt. Venture-Capital-Nehmer sind im Normalfall Start-ups, welche neben dem hohen Kapitalbedarf auch den nicht-monetären Mehrwert von Venture-Capital-Investoren beanspruchen.[244]

Ähnlich wie Private Equity-Fonds[245] sind fondsorientierte Venture-Capital-Investoren überwiegend als Limited Partnership organisiert (siehe Abbildung 2-6). Dabei agieren die Venture-Capital-Investoren als General Partners und die Fondsinvestoren als Limited Partners.[246]

Die General Partners sind die aktiven Fondsmanager des Venture-Capital-Fonds, welche im Rahmen einer Managementgesellschaft als Intermediäre zwischen dem Start-up-Portfolio und

---

239 Vgl. *Brettel et al.* (2005), S. 79 f.; *Leopold et al.* (2003), S. 3 f.
240 Vgl. *Betsch et al.* (2000), S. 14 ff.; *Nathusius* (2005), S. 9.
241 Vgl. *Grichnik et al.* (2017), S. 246.
242 Vgl. *Manigart et al.* (2002), S. 299 ff.
243 Vgl. *Cochrane* (2005), S. 5, 14.
244 Vgl. *Nathusius* (2005), S. 14.
245 Siehe Kapitel 2.3.3.
246 Vgl. *Sahlman* (1990), S. 487 ff.

den Limited Partners agieren und dafür eine Managementgebühr erheben (ca. 1,0-2,5 % des Fondsvolumens). Zentrale Aufgabe der General Partners ist zunächst das Fundraising, welches sich mit dem Einwerben von Kapital bei potenziellen Limited Partners beschäftigt.[247] Letztere umfassen z. B. Pensions- und Rentenfonds, Stiftungen, vermögende Privatinvestoren oder Versicherungsgesellschaften.[248] Die verbindlichen Kapitalbereitstellungszusagen von den Limited Partners werden solange eingeworben, bis der Venture-Capital-Fonds die gewünschte Größe hat und geschlossen werden kann. Im Anschluss beginnt entsprechend der Investmentkriterien der Venture-Capital-Investoren die Investitionsphase in Start-ups. Sofern die Managementgesellschaft das Eingehen einer außerbörslichen Beteiligungsfinanzierung beschließt, erfolgt der Capital Call und die Limited Partners werden entsprechend ihren Kapitalbereitstellungszusagen um die tatsächliche Bereitstellung der finanziellen Mittel gebeten.[249]

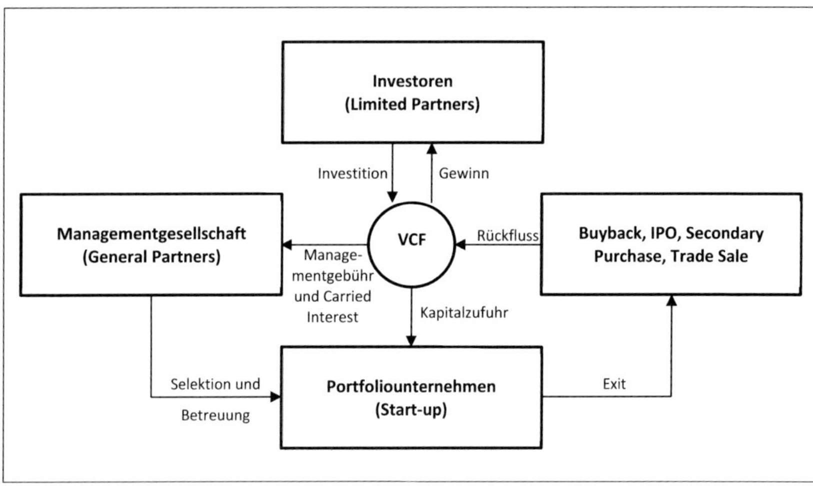

Abbildung 2-6: Aufbau und Funktionsweise von Venture-Capital-Investoren
Quelle: Eigene Darstellung in Anlehnung an *Grichnik et al.* (2017), S. 247.

Die eingeworbenen Fondsmittel werden i. d. R. in den drei bis sieben Folgejahren investiert. Im Anschluss erfolgt die Abschöpfung der Gewinne durch Ausstieg aus dem Beteiligungsverhältnis.[250] Dabei fließt ein Großteil der erwirtschafteten Gewinne an die Limited Partners zurück. Die General Partners erhalten, je nach Fondsbestimmungen, auch einen prozentualen Gewinnanteil als Carried Interest. Dieser beläuft sich auf ca. 20 % und wird oftmals erst bei

247 Vgl. *Grichnik et al.* (2017), S. 247.
248 Vgl. *Sahlman* (1990), S. 488.
249 Vgl. *Grichnik et al.* (2017), S. 247.
250 Vgl. *Nathusius* (2005), S. 11.

Erreichen der Mindestrenditeanforderung (Hurdle Rate) der Limited Partners ausgezahlt.[251] Ferner sind Mentoring und Monitoring zentrale Aufgaben der General Partners.[252] Der Mehrwert von Venture-Capital-Investoren in der Post-Investment-Phase wird im darauffolgenden Kapitel separat thematisiert.[253] Auf Grund der Mehrwertschaffung und finanziellen Investmentmotivation von fondsorientierten Venture-Capital-Investoren werden Letztere als Forschungsgegenstand der vorliegenden Arbeit definiert. Darüber hinaus wird fortan auf das Präfix „fondsorientiert“ verzichtet.

Im Verlauf einer außerbörslichen Beteiligungsfinanzierung ist selten ein Venture-Capital-Investor alleine an einem Start-up beteiligt. Sofern mehrere Venture-Capital-Investoren gleichzeitig an demselben Start-up beteiligt sind, stellt sich immer auch die Frage nach der Lead- und Co-Investorenrolle. Der Lead-Investor nimmt dabei die Rolle des Hauptinvestors ein. Dementsprechend hält er im Vergleich zu den Co-Investoren die meisten Anteile, übernimmt die Außenkommunikation mit dem Start-up und ist maßgeblich für die Bereitstellung des nicht-monetären Mehrwertes verantwortlich.[254]

2.2.4.2 Mehrwert

Neben der Bereitstellung finanzieller Mittel liefern Venture-Capital-Investoren ein sehr ausgeprägtes Angebot an nicht-monetären Zusatzleistungen. Diese nicht-monetären Zusatzleistungen werden als Mehrwert bezeichnet.[255] Das empirische Interesse an der Erforschung des Mehrwertes von Venture-Capital-Investoren hat eine lange Historie und ist auch in der aktuellen Forschung noch im Fokus empirischer Arbeiten. *Timmons/Bygrave* (1986) zeigen in ihrer empirischen Untersuchung, dass der Gründer nach Venture-Capital-Investoren sucht, welche neben der Kapitalbereitstellung auch bei der Mitarbeiterrekrutierung unterstützen und Mentoring in operativen und strategischen Angelegenheiten sowie Netzwerkbereitstellung als Zusatzleistung anbieten.[256] *Gorman/Sahlman* (1989) erforschen in ihrer empirischen Erhebung den Mehrwert und Stellenwert der jeweiligen Mehrwertleistung. Dabei stellen sie als wichtigste Mehrwertleistung die Hilfe bei der Beschaffung bzw. Zugang zu neuen finanziellen Ressourcen fest. Ferner sehen die Autoren eine Mehrwertleistung hinsichtlich der Unterstützung

---

251 Vgl. *Poser* (2003), S. 56.
252 Vgl. *Grichnik et al.* (2017), S. 247.
253 Siehe Kapitel 2.2.4.2.
254 Vgl. *Welpe* (2004), S. 30.
255 Vgl. *Denis* (2004), S. 309; *Gorman/Sahlman* (1989), S. 237; *Kaplan/Stromberg* (2004), S. 2180; *Sapienza* (1992), S. 12; *Sapienza et al.* (1996), S. 440.
256 Vgl. *Timmons/Bygrave* (1986), S. 169.

bei strategischer Planung, Personalauswahl und -beschaffung, Hilfestellung in operativen Angelegenheiten sowie Bereitstellung des persönlichen Netzwerkes der Venture-Capital-Investoren.[257]

Macmillan et al. (1989) bestätigen die hohe Relevanz des Zugangs zu neuen finanziellen Ressourcen und erweitern die Mehrwertleistungen um die Rolle des Investors als Sounding Board sowie dessen Monitoring-Aktivitäten.[258] *Luukkonen et al.* (2013) fügen den bereits identifizierten Mehrwertleistungen noch die Internationalisierung sowie die Exit-Orientierung hinzu.[259] *Sapienza* (1992) untersuchen mittels einer Fragebogenbefragung von 51 Venture-Capital-finanzierten Start-ups den wahrgenommenen Mehrwert von Venture-Capital-Investoren. Dabei kommen die Autoren zu dem Ergebnis, dass häufiger Kontakt und informeller Austausch sich signifikant positiv auf den Unternehmenserfolg auswirken, und dass der Gründer in den angebotenen Mehrwertleistungen einen positiven Einfluss auf den Unternehmenserfolg sieht.[260] Ferner zeigen *Sapienza et al.* (1996), dass der Mehrwert von Venture-Capital-Investoren dann am größten ist, wenn die Unsicherheit im Geschäftsumfeld des Gründers sehr hoch ist.[261]

Im Ergebnis ist das wissenschaftliche Interesse an der Mehrwertleistung von Venture-Capital-Investoren sehr hoch und es existiert eine Vielzahl an empirischer Literatur zu diesem Thema. Folglich bietet es sich an, einschlägige Literaturüberblicke zur Mehrwertleistung von Venture-Capital-Investoren als Ausgangsbasis zu verwenden. So stellen *Large/Muegge* (2008) in ihrem Literaturüberblick über nicht-monetäre Zusatzleistungen von Venture-Capital-Investoren eine Kategorisierung von Mehrwertleistungen vor. Dabei analysieren die Autoren zwanzig empirische Arbeiten und identifizieren acht Mehrwertleistungen von Venture-Capital-Investoren, welche sie in zwei extern orientierte und sechs intern orientierte Mehrwertleistungen differenzieren. Zu den externen Mehrwertleistungen zählen die Autoren Legitimität und Netzwerk. Anordnungen, Beratung, Mentoring, operative Unterstützung, Personalbeschaffung sowie strategische Unterstützung sind die internen Mehrwertleistungen (siehe Tabelle 2-6).[262]

---

257 Vgl. *Gorman/Sahlman* (1989), S. 237.
258 Vgl. *Macmillan et al.* (1989), S. 32.
259 Vgl. *Luukkonen et al.* (2013), S. 158.
260 Vgl. *Sapienza* (1992), S. 20 f.
261 Vgl. *Sapienza et al.* (1996), S. 461.
262 Vgl. *Large/Muegge* (2008), S. 25 ff.

Orientierung	*Intern*	*Extern*
Mehrwertleistungen	– Anordnungen – Beratung – Mentoring – Operative Unterstützung – Personalbeschaffung – Strategische Unterstützung	– Legitimität – Netzwerk

Tabelle 2-6: Mehrwertleistungen von Venture-Capital-Investoren nach *Large/Muegge* (2008)
Quelle: Eigene Darstellung.

Anordnungen:

Zu den Anordnungen gehören die formale Strukturschaffung sowie die vertraglichen Vorgaben seitens der Venture-Capital-Investoren. Somit implementieren die Venture-Capital-Investoren Anreiz- und Kontrollsysteme und legen die wesentlichen Zielgrößen anhand betriebswirtschaftlicher Kennzahlen fest. Der Mehrwert liegt hierbei in dem Anreiz des Gründers, seine operativen und strategischen Aktivitäten auf die ökonomische Wertschaffung zu fokussieren.[263]

Beratung:

Die Beratungsleistungen von Venture-Capital-Investoren umfassen die Weitergabe von Erfahrung, Know-how und Wissen an den Gründer. Die Beratungsleistung ist i. d. R. eine reaktive und formelle Mehrwertleistung, welche eine vorausgehende Anfrage des Gründers bedarf.[264]

Mentoring:

Die Mentoring-Aktivitäten von Venture-Capital-Investoren haben informellen Charakter. Sie erfolgen im Normalfall spontan und beziehen sich neben operativen und strategischen Fragestellungen hauptsächlich auf Coaching, Leitung und Motivation des Gründers.[265]

Operative Unterstützung:

Unter der operativen Unterstützung werden die Hands-on-Aktivitäten der Venture-Capital-Investoren verstanden. Dazu zählen u. a. aktive Geschäftsplanung, Controlling, Monitoring sowie das Tagesgeschäft. Durch die operative Unterstützung wird der Gründer entlastet. Ferner werden durch das Beobachten der professionellen Ausübung von Tätigkeiten durch die Venture-Capital-Investoren Expertise und Know-how auf den Gründer übertragen.[266]

---

263 Vgl. *Large/Muegge* (2008), S. 44.
264 Vgl. *Large/Muegge* (2008), S. 44.
265 Vgl. *Large/Muegge* (2008), S. 44.
266 Vgl. *Large/Muegge* (2008), S. 44.

Personalbeschaffung:
Im Rahmen der Personalbeschaffung binden sich die Venture-Capital-Investoren bei der Auswahl, Beschaffung und Vertragsverhandlung mit neuen Mitarbeitern aktiv ein. Zusätzlich können Venture-Capital-Investoren schwach oder gar nicht besetzte Positionen schneller und besser identifizieren als der Gründer.[267]

Strategische Unterstützung:
Auf Grund von Erfahrung und Know-how unterstützen die Venture-Capital-Investoren den Gründer in der Weiterentwicklung und Planung des Geschäftsmodells und der damit verbundenen strategischen Ausrichtung.[268]

Legitimität:
Durch eine Venture-Capital-Finanzierung wird dem Start-up Glaubwürdigkeit, Reputation und externe Legitimität verliehen, welche das Start-up als validen und zertifizierten Marktteilnehmer erscheinen lassen. Darüber hinaus gilt die Legitimität eines Start-ups als positives Signal für weitere Investoren und erhöht somit die Chancen auf eine Folgefinanzierung.[269]

Netzwerk:
Durch die Bereitstellung und Einbindung des Gründers in das persönliche Netzwerk der Venture-Capital-Investoren wird ein Teil des Sozialkapitals auf den Gründer übertragen. Dadurch werden direkte Verbindungen zwischen dem Gründer und externen Stakeholdern geschaffen. Dazu zählen neben Kunden und Lieferanten auch die direkten Kontakte zu potenziellen Folgeinvestoren. *Large/Muegge* (2008) wählen bewusst den Begriff Outreach anstelle von Network für diese Kategorie, da sie damit die aggressive und zielorientierte Vorgehensweise bei der Übertragung des Sozialkapitals auf den Gründer untermalen wollen.[270]

Die Studie von *Proksch et al.* (2017) identifiziert auf Basis einer Inhaltsanalyse von 95 Venture-Capital-finanzierten Start-ups durch neun deutsche Venture-Capital-Investoren in den Jahren 2005 bis 2010 sechs Mehrwertleistungen von Venture-Capital-Investoren. Inhaltlich befassen sich diese mit Finanzen, Governance, Humankapital, Netzwerk und operativen sowie strategischen Aktivitäten (siehe Abbildung 2-7).[271]

[267] Vgl. *Large/Muegge* (2008), S. 40, 44.
[268] Vgl. *Large/Muegge* (2008), S. 44.
[269] Vgl. *Large/Muegge* (2008), S. 40.
[270] Vgl. *Large/Muegge* (2008), S. 40.
[271] Vgl. *Proksch et al.* (2017), S. 131 ff.

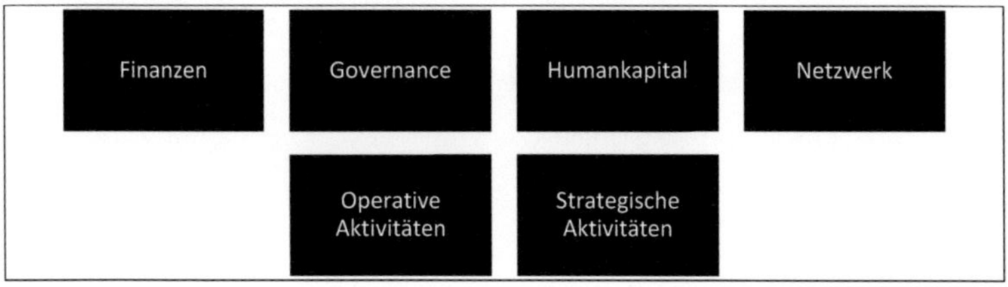

Abbildung 2-7: Mehrwertleistungen von Venture-Capital-Investoren nach *Proksch et al.* (2017)
Quelle: Eigene Darstellung.

Finanzen:

Die Hauptaufgabe von Venture-Capital-Investoren liegt in der Bereitstellung von Kapital, der Brückenfinanzierung sowie der Unterstützung bei Folgefinanzierung und Exit. Demgemäß zeigen die Autoren das aktive Mitwirken bei der Finanzplanung sowie bei der Organisation, Verhandlung und Vorbereitung der Folgefinanzierung. Das Vorhandensein einer Venture-Capital-Finanzierung hat folglich eine positive Signalwirkung auf potenzielle Folgeinvestoren.[272]

Governance:

Durch einen festen Platz im Board of Directors, Meilensteine, Monitoring und Staged Financing schaffen Venture-Capital-Investoren eine strukturierte Organisation und erhöhen durch häufigen Kontakt die Professionalität und Unabhängigkeit des Gründers. Die Ergebnisse von *Proksch et al.* (2017) belegen empirisch, dass Meilensteine häufig nicht erreicht werden. Infolgedessen verlängern Venture-Capital-Investoren i. d. R. die Deadlines oder lösen den Meilenstein auf. Im Resultat bleiben Venture-Capital-Investoren weiterhin aktiv im Unternehmen investiert und zahlen die an den Meilenstein gebundene Tranche aus. Ferner stellen Venture-Capital-Investoren fest, dass das Berichtswesen nicht den Monitoring-Anforderungen entspricht und fordern den Gründer zur verbesserten Berichterstattung auf.[273] Ein sorgfältig durchgeführtes Monitoring wird daher mit erhöhtem Unternehmenserfolg assoziiert.[274]

Humankapital:

Durch aktive Partizipation in Auswahl und Beschaffung von Personal erhöhen Venture-Capital-Investoren das Humankapital des Start-ups. Dazu zählt ebenfalls das Kündigen von Gründern und Mitarbeitern im Managementteam des Start-ups. Ferner zählt zu dieser Kategorie die Übertragung von Humankapital auf den Gründer durch Weitergabe von Erfahrung, Know-how

272 Vgl. *Proksch et al.* (2017), S. 131, 135 f., 140.
273 Vgl. *Proksch et al.* (2017), S. 131 f., 137, 140.
274 Vgl. *Achleitner et al.* (2013), S. 20.

und Wissen seitens der Venture-Capital-Investoren. Die von Venture-Capital-Investoren eingenommene Berater- und Mentorenrolle unterstützt bei dieser Übertragung. Zusätzlich stellen Venture-Capital-Investoren dem Gründer aufgaben- oder branchenspezifische Trainer und Berater zur Verfügung, welche zeitweise den Gründer begleiten und ihm Humankapital übertragen. Die Autoren identifizieren in ihrer Studie ebenfalls die Veränderung der Vergütungsstruktur von Mitarbeitern und Management in Abhängigkeit von der finanziellen Situation des Start-ups.[275]

Netzwerk:
Die Bereitstellung und der Zugang zu dem persönlichen Netzwerk der Investoren ist mehrwertschaffend im Sinne der Übertragung von Sozialkapital auf den Gründer. Im Rahmen der Übertragung von Sozialkapital auf den Gründer ist vor allem die Vernetzung zu potenziellen Investoren die zentrale Mehrwertleistung von Venture-Capital-Investoren. Sofern Venture-Capital-Investoren Synergiepotenziale zwischen ihren Portfoliounternehmen wahrnehmen, stellen sie auch den Kontakt zwischen den betroffenen Start-ups her. Andernfalls wird die Kontaktherstellung zwischen den Portfoliounternehmen nach Auffassung der Autoren eher vermieden.[276]

Operative Aktivitäten:
Das aktive operative Mitwirken von Venture-Capital-Investoren hat einen positiven Einfluss auf die Geschäftsentwicklung des Start-ups hinsichtlich Effizienz, Innovationskraft, Profitabilität und Wachstum. Die Aktivitäten von Venture-Capital-Investoren umfassen in diesem Zusammenhang z. B. Marketingplanung, operative Planung, Produktentwicklung oder Vertragsgestaltung.[277] Als Resultat des operativen Mitwirkens weisen Venture-Capital-finanzierte Start-ups erhöhte Forschungs- und Entwicklungsaktivitäten auf und haben eine höhere Anzahl an Patentanmeldungen als nicht Venture-Capital-finanzierte Start-ups.[278]

Strategische Aktivitäten:
Im Rahmen der strategischen Aktivitäten ist der zentrale Mehrwert von Venture-Capital-Investoren die Unterstützung bei der strategischen Ausrichtung des Geschäftsmodells und der damit verbundenen strategischen Langzeitplanung. Dazu zählt sowohl das Fokussieren auf

---

[275] Vgl. *Proksch et al.* (2017), S. 133, 139 f.
[276] Vgl. *Proksch et al.* (2017), S. 132, 138, 140.
[277] Vgl. *Proksch et al.* (2017), S. 132, 137 f., 140.
[278] Vgl. *Engel/Keilbach* (2007), S. 150; *Prelipcean/Boscoianu* (2008), S. 524.

wichtige Ziele als auch das kritische Hinterfragen sowie das Aufzeigen von Defiziten in der strategischen Planung. Darüber hinaus unterstützen Venture-Capital-Investoren bei der Strukturierung der Verkaufsmodalitäten und zeigen Verbesserungspotenziale bei den Absatzkanälen auf und diskutieren mit dem Gründer die Vor- und Nachteile verschiedener Markteintrittsstrategien und Zielmärkte.[279]

Zusammenfassend lassen sich in der Literatur diverse empirische Untersuchungen zur Mehrwertleistung von Venture-Capital-Investoren wiederfinden, welche sich über den Zeitverlauf an aktuelle Gegebenheiten anpassen und tiefer in die Thematiken hineinblicken. Dennoch lässt sich der Mehrwert von Venture-Capital-Investoren auch über die Jahre hinweg auf dieselben Grundlagenkategorien zurückführen, welche finanzielle, operative und strategische Aktivitäten sowie die Erhöhung des Human- und Sozialkapitals des Gründers umfassen. Monitoring als Überwachungsprozess begleitet die anderen Mehrwertleistungen und schützt das Start-up vor Fehlverhalten des Managements und hilft potenzielle Agency-Konflikte vorzubeugen.

2.2.5 Investmentkriterien der Investoren

2.2.5.1 Grundlagen

In Anlehnung an die in den vorangegangenen Kapiteln dargestellten Mehrwertleistungen von Business Angels und Venture-Capital-Investoren, den hohen Kapitalbedarf seitens des Gründers sowie den statistisch sehr hohen Ablehnungsquoten von Beteiligungsangeboten, werden in diesem Kapitel die Investmentkriterien der Investoren beleuchtet. Diese Investmentkriterien spiegeln die zentralen Determinanten über das Eingehen einer außerbörslichen Beteiligungsfinanzierung mit einem Start-up wider.

In der Literatur finden sich zahlreiche Studien, welche Business Angels und Venture-Capital-Investoren separat voneinander betrachten.[280] Im diesem Kontext liefern *Carpentier/Suret* (2015), *Harrison et al.* (2015) oder *Maxwell et al.* (2011) umfassende Literaturüberblicke explizit bezogen auf die Investmentkriterien von Business Angels.[281] Die Studien von *Dhochak/ Sharma* (2015), *Franke et al.* (2008), *Kaplan/Stromberg* (2004), *Petty/Gruber* (2011) oder *Silva* (2004) geben einen tiefgründigen Literaturüberblick über die Investmentkriterien von Ven-

279 Vgl. *Proksch et al.* (2017), S. 131, 136, 140.

280 Vgl. *Cole/Lysiak* (2017); *Drover et al.* (2017a); *Guo et al.* (2017); *Gregson et al.* (2017); *Harrison et al.* (2015); *Jeffrey et al.* (2016); *Ng et al.* (2017).

281 Vgl. *Carpentier/Suret* (2015); *Harrison et al.* (2015); *Maxwell et al.* (2011).

ture-Capital-Investoren .[282] Ebenso häufig werden Business Angels und Venture-Capital-Investoren auf Grundlage ihrer Gemeinsamkeiten hinsichtlich Mehrwertschaffung in der Post-Investment-Phase, Nähe des Geschäftsmodells, Investmentkriterien und Investmentprozess aggregiert betrachtet.[283] Der zentrale Unterschied zwischen Business Angels und Venture-Capital-Investoren ist der Fokus auf die Quantifizierbarkeit der Investmentkriterien. Business Angels basieren ihre Entscheidung stärker auf weichen, qualitativen Kriterien („Gut Feelings"[284]), während bei der Entscheidungsfindung von Venture-Capital-Investoren die harten, quantifizierbaren Investmentkriterien mehr an Bedeutung gewinnen.[285] *Dhochak/Sharma* (2015) greifen in ihrem Literaturüberblick diese Thematik auf und argumentieren, dass eine Investmententscheidung signifikant von Biases und Heuristics geprägt ist. Biases beziehen sich auf die individuelle Einstellung der Investoren hinsichtlich Gewohnheit, Erfahrung, Risikoneigung oder Zuversicht. Heuristics umfassen nicht rational erklärbare Entscheidungsfindungsmethoden, wie z. B. die Daumenregel, und weisen eine hohe Korrelation zu den individuellen Einstellungen auf.[286] In der Literatur existieren unterschiedliche Klassifikationen von Investmentkriterien der Investoren.[287] Diese werden in den einschlägigen Literaturüberblicken unter nachfolgenden fünf Kategorien zusammengefasst:[288]

(1) Finanzen.

(2) Geschäftsmodell und Produkt.

(3) Gründer und Gründungsteam.

(4) Investorenspezifika.

(5) Markt.

In der Unternehmensbewertungsliteratur werden diese Faktoren erneut aufgegriffen und in quantitative und qualitative Determinanten aufgespalten.[289] Dieser Aufspaltung wird in der

---

282 Vgl. *Dhochak/Sharma* (2015); *Franke et al.* (2008); *Kaplan/Stromberg* (2004); *Petty/Gruber* (2011); *Silva* (2004).

283 Vgl. *Clercq et al.* (2006), S. 93 f.; *Carpentier/Suret* (2015), S. 807; *Cosh et al.* (2009), S. 1489; *Drover et al.* (2017b), S. 325 ff.; *Fili/Grünberg* (2016), S. 98; *Kerr et al.* (2014), S. 21; *Macht* (2011b), S. 270; *Parhankangas* (2007), S. 255 ff.

284 *Cardon et al.* (2017), S. 1061.

285 Vgl. *Cardon et al.* (2017), S. 1059; *Kaplan et al.* (2009), S. 75; *Hsu et al.* (2014), S. 1; *Maxwell et al.* (2011), S. 214; *Osnabrugge* (2000), S. 103; *Paul et al.* (2007), S. 120.

286 Vgl. *Dhochak/Sharma* (2015), S. 467 f.

287 Vgl. *Dimov et al.* (2007), S. 494; *Feeney et al.* (1999), S. 132 ff.; *Hall/Hofer* (1993), S. 37; *Harrison et al.* (2015), S. 539; *Osnabrugge* (2000), S. 105; *Shepherd* (1999), S. 622 ff.; *Sudek* (2006), S. 98; *Tyebjee/Bruno* (1984), S. 1054.

288 Vgl. hierzu und im Folgenden *Carpentier/Suret* (2015), S. 814; *Maxwell et al.* (2011), S. 215; *Petty/Gruber* (2011), S. 178.

289 Vgl. *Baeyens et al.* (2006), S. 43; *Miloud et al.* (2012), S. 153.

vorliegenden Arbeit nicht gefolgt, da hier der Fokus nicht auf der Unternehmensbewertung liegt, sondern vielmehr die generelle Auswahl des entsprechenden Start-ups im Fokus steht. Darüber hinaus definieren *Carpentier/Suret* (2015), *Maxwell et al.* (2011) oder *Petty/Gruber* (2011) die Unternehmensbewertung als einen Unterpunkt des Investmentkriteriums Finanzen.[290] Demzufolge werden in den nachfolgenden Kapiteln die einzelnen Kategorien von Investmentkriterien im Detail vorgestellt. Die finale Entscheidung über eine außerbörsliche Beteiligungsfinanzierung basiert dabei immer auf einer gewichteten Mischung der nachfolgend illustrierten Investmentkriterien.

2.2.5.2 Finanzen

Petty/Gruber (2011) identifizieren in ihrer Längsschnittstudie im Rahmen des Investmentkriteriums Finanzen die Bewertung, Exit, Gewinnverwertung und Renditepotenzial als zentrale Investmentkriterien im Kontext der Investitionsentscheidung von Investoren.[291] Auf selbiges Codierschema greifen *Carpentier/Suret* (2015) zurück und bestätigen die Relevanz der bereits genannten Kategorien.[292] *Maxwell et al.* (2011) erweitern mittels ihres Literaturüberblicks die Kriterien von *Petty/Gruber* (2011) um die realistische Einschätzung und absolute Höhe des Kapitalbedarfs sowie Kapitalbedarfs- und Liquiditätsplanung.[293] Die Unternehmensbewertung ist erfolgskritischer Bestandteil der Investment-Phase und determiniert die Konditionen der Beteiligungsfinanzierung.[294] Nicht selten gelten Unstimmigkeiten über die Höhe des Unternehmenswertes als Abbruchkriterium einer außerbörslichen Beteiligungsfinanzierung.[295] Wie bereits erläutert, ist die Unternehmensbewertung eine Mischung aus quantitativen und qualitativen Einflussfaktoren.[296] Mitarbeiterzuwachs, Patente oder Internetaktivitäten (Downloads, Seitenbesuche, Verfügbarkeit, etc.) gelten als nicht-finanzielle, quantitative Bewertungskriterien.[297] Finanzkennzahlen gelten als finanzielle, quantitative Kriterien.[298] Zu den qualitativen Einflussfaktoren zählen z. B. Gründer bzw. Gründungsteam oder geistiges Eigentum.[299] Ferner ist eine einfache Eigentümerstruktur für Investoren ebenso relevant, wie eine

[290] Vgl. *Carpentier/Suret* (2015), S. 814; *Maxwell et al.* (2011), S. 215; *Petty/Gruber* (2011), S. 178.
[291] Vgl. *Petty/Gruber* (2011), S. 178.
[292] Vgl. *Carpentier/Suret* (2015), S. 814.
[293] Vgl. *Maxwell et al.* (2011), S. 215.
[294] Vgl. *Maxwell et al.* (2011), S. 219.
[295] Vgl. *Carpentier/Suret* (2015), S. 814; *Petty/Gruber* (2011), S. 178.
[296] Vgl. *Baeyens et al.* (2006), S. 43; *Miloud et al.* (2012), S. 153.
[297] Vgl. *Davila et al.* (2003), S. 702 ff.; *Demers/Lev* (2001), S. 352; *Hsu/Ziedonis* (2013), S. 763.
[298] Vgl. *Armstrong et al.* (2006), S. 150; *Hand* (2005), S. 613.
[299] Vgl. *Block et al.* (2014), S. 532 ff.; *Hsu/Ziedonis* (2013), S. 771 ff.; *Miloud et al.* (2012), S. 163 ff.; *Sievers et al.* (2013), S. 472 f.; *Zhang* (2009), S. 155.

„faire" Bewertung. Vor Investitionen werden Start-ups häufig dazu aufgefordert, die Anteilseigner zu konsolidieren und die Eigentümerstruktur demgemäß zu vereinfachen.[300]

Im Rahmen des Exits wird sich mit der Frage nach potenziellen Exit-Möglichkeiten auseinandergesetzt. Darunter zählen neben den bereits beschriebenen Ausstiegskanälen[301] u. a. auch die Anzahl an strategischen Käufern, die Wahrnehmung des Start-ups am Kapitalmarkt oder die Zeit bis zu einem erfolgreichen Exit.[302] Eine strukturierte und offengelegte Gewinnverwendung (falls Gewinne bereits vorhanden sind, ansonsten wird sich hier auf die geplanten Gewinne bezogen) sowie ein klares Renditepotenzial sind ebenso wichtige Faktoren im Kontext der Finanzen.[303] Auch *Harrison et al.* (2015) kommen im Rahmen des Investmentkriteriums Finanzen zu ähnlichen Kriterien und fassen darunter nachfolgende drei Aspekte zusammen:[304]

(1) Bisherige und geplante Finanzstruktur des Unternehmens.
(2) Eigenkapitalwert des Unternehmens.
(3) Exit-Möglichkeiten sowie erwartete Rendite des Investments.

Nach *Fried/Hisrich* (1994), *Hsu et al.* (2014), *Macmillan et al.* (1985), *Mitteness et al.* (2012a), *Sudek* (2006), *Tyebjee/Bruno* (1984) oder *Zacharakis/Meyer* (2000) sind die Finanzen eines der wichtigsten Investmentkriterien im Rahmen einer außerbörslichen Beteiligungsfinanzierung.[305] Hinsichtlich des hohen Stellenwertes der ökonomischen Investmentmotive liegt diese sachlogische Schlussfolgerung nahe. Dennoch finden *Kaplan/Stromberg* (2004), *Miloud et al.* (2012), *Paul et al.* (2007), *Shepherd/Zacharakis* (1999), *Silva* (2004), *Sudek* (2006) und *Tyebjee/Bruno* (1984) in ihren empirischen Untersuchungen heraus, dass Finanzen zwar sehr häufig eine zentrale Rolle in der Investitionsentscheidung spielen, der Gründer bzw. das Gründungsteam jedoch einen noch höheren Einfluss auf die finale Entscheidung der Investoren hat.[306]

2.2.5.3 Geschäftsmodell und Produkt

Die Bewertung des Geschäftsmodells befasst sich mit der Abwägung der Organisations- und Produktionsabläufe des Start-ups, dessen Geschäftskonzept sowie dessen aktueller und zu-

---

300 Vgl. *Vinturella/Erickson* (2013), S. 26.
301 Siehe Kapitel 2.2.2.4.
302 Vgl. *Kaplan/Stromberg* (2004), S. 2187 f.
303 Vgl. *Carpentier/Suret* (2015), S. 814; *Maxwell et al.* (2011), S. 215; *Petty/Gruber* (2011), S. 178.
304 Vgl. Hierzu und im Folgenden *Harrison et al.* (2015), S. 539.
305 Vgl. *Fried/Hisrich* (1994), S. 30 f.; *Hsu et al.* (2014), S. 7; *Macmillan et al.* (1985), S. 121; *Mitteness et al.* (2012a), S. 262; *Sudek* (2006), S. 98; *Tyebjee/Bruno* (1984), S. 1054; *Zacharakis/Meyer* (2000), S. 325.
306 Vgl. *Kaplan/Stromberg* (2004), S. 2185 ff.; *Miloud et al.* (2012), S. 162 ff.; *Paul et al.* (2007), S. 120; *Shepherd/Zacharakis* (1999), S. 199 ff.; *Silva* (2004), S. 137 ff.; *Sudek* (2006), S. 98; *Tyebjee/Bruno* (1984), S. 1054.

künftiger strategischer Ausrichtung.[307] Im Fokus steht dabei vor allem das vom Start-up angebotene Produkt.[308] In diesem Zusammenhang werden Aussehen, Einzigartigkeit, Funktionsfähigkeit, Innovationsgrad, Konzeptualisierung, Nutzen sowie Qualität einer detaillierten Prüfung unterzogen.[309] Dabei steht auch immer die zentrale Frage nach der schutzrechtlichen Absicherungsmöglichkeit durch beispielsweise Patente im Mittelpunkt der Bewertung.[310] Ein proprietäres Geschäftsmodell bzw. Produkt sendet ein positives Signal an Investoren.[311] *Hsu et al.* (2014) weisen jedoch darauf hin, dass ein gutes Geschäftsmodell bzw. Produkt dennoch zu keiner Beteiligungsfinanzierung führen kann, falls die für eine Skalierung des Geschäftsmodells benötigten Ressourcen dem Start-up nicht auf absehbare Zeit zur Verfügung stehen.[312]

Investoren interessieren sich ebenfalls für den aktuellen Entwicklungsstand des Produktes. Anfänglich steht dabei die Entwicklung eines funktionsfähigen Prototyps sowie das Proof of Concept im Vordergrund.[313] *Ortgiese* (2007) kommt dementsprechend zu dem Ergebnis, dass sich Early-stage-Investoren eher auf das Produkt und dessen zukünftiges Marktpotenzial konzentrieren, während Later-stage-Investoren ihre erste Beurteilung eher auf die Akzeptanz des Produktes im Markt abstellen.[314]

Im Rahmen der Detailanalysephase von Geschäftsmodell und Produkt scheitern ebenfalls viele Verhandlungen über eine außerbörsliche Beteiligungsfinanzierung. Das Produkt kann entweder zu einfach oder zu komplex ausfallen und benötigt eine Weiterentwicklung für eine erfolgreiche Implementierung im Markt. Mangelnde Alleinstellungsmerkmale, keine schutzrechtliche Absicherungsmöglichkeit, „schlechte" Wettbewerbspositionierung sowie fehlende Überzeugung hinsichtlich Funktionsweise oder Nutzen des Produktes führen ebenfalls zu einem Abbruch der Investment-Phase.[315]

---

307 Vgl. *Dhochak/Sharma* (2015), S. 466; *Harrison et al.* (2015), S. 539; *Petty/Gruber* (2011), S. 180.

308 Vgl. *Silva* (2004), S. 130. Unter Produkt werden in der vorliegenden Arbeit auch Dienstleistungen verstanden.

309 Vgl. *Cardon et al.* (2017), S. 1078; *Harrison et al.* (2015), S. 539; *Kaplan et al.* (2009), S. 91 f.; *Kaplan/Stromberg* (2004), S. 2188; *Maxwell et al.* (2011), S. 215; *Shepherd/Zacharakis* (1999), S. 200; *Sudek* (2006), S. 92.

310 Vgl. *Hall/Hofer* (1993), S. 27, 31.

311 Vgl. *Hsu/Ziedonis* (2013), S. 763 ff.; *Macmillan et al.* (1985), S. 121; *Parhankangas* (2007), S. 262.

312 Vgl. *Hsu et al.* (2014), S. 8.

313 Vgl. *Macmillan et al.* (1985), S. 121; *Petty/Gruber* (2011), S. 178; *Tyebjee/Bruno* (1984), S. 1057.

314 Vgl. *Ortgiese* (2007), S. 21.

315 Vgl. *Carpentier/Suret* (2015), S. 814; *Fiet* (1995b), S. 554; *Hall/Hofer* (1993), S. 31; *Petty/Gruber* (2011), S. 178; *Silva* (2004), S. 139.

2.2.5.4 Gründer und Gründungsteam

Das Investmentkriterium Gründer und Gründungsteam befasst sich mit der Bewertung des Humankapitals eines Start-ups. Dabei gilt es als das einflussreichste Kriterium bei der Entscheidung über eine Beteiligungsfinanzierung.[316] Zugleich ist es ein sehr sensibles, subjektives und schwer einschätzbares Investmentkriterium.[317] Empirische Untersuchungen fokussieren sich dementsprechend häufig auf die Eigenschaften des Gründers bzw. des Gründerteams.[318] So erheben *Colombo et al.* (2004) oder *Colombo/Grilli* (2005) den Einfluss von Humankapital, gemessen anhand von Ausbildung und Arbeitserfahrung, auf die Größe des Start-ups und zeigen einen positiven Zusammenhang.[319] *Hsu* (2007) zeigt den positiven Einfluss von Gründungserfahrung auf die Bereitschaft einer Beteiligungsfinanzierung von Investoren.[320] Selbige Ergebnisse werden von *Cardon et al.* (2017), *Kaplan/Stromberg* (2004) oder *Mitteness et al.* (2012a) bestätigt.[321] *Franke et al.* (2006), (2008) analysieren in ihrer empirischen Studie gründer- und gründungsteambezogene Attribute und deren Einfluss auf die Bewertung des Investmentkriteriums Gründer und Gründungsteam. Dabei identifizieren die Autoren in absteigender Reihenfolge folgende Kriterien: Branchenerfahrung, Bildungsbereich, Universitätsabschluss, Führungserfahrung, gegenseitige Bekanntschaft, Alter und Arbeitserfahrung.[322] Schlussendlich belegen *Vogel et al.* (2014) einen signifikant positiven Zusammenhang zwischen Gründungsteamdiversität und Investmentbereitschaft von Investoren.[323]

Harrison et al. (2015) fassen die Kriterien zur Bewertung des Humankapitals des Gründers bzw. des Gründungsteams in Bildung, Erfahrung, innere Werte, Track Record, Werdegang und Wissen zusammen. Zu den inneren Werten zählen die Autoren Enthusiasmus und Engagement für das Start-up.[324] *Carpentier/Suret* (2015), *Hsu et al.* (2014), *Macmillan et al.* (1985), *Maxwell et al.* (2011), *Paul et al.* (2007) oder *Sudek* (2006) erweitern diese Kriterien zusätzlich um verhal-

---

[316] Vgl. *Dhochak/Sharma* (2015), S. 466; *Franke et al.* (2008), S. 462; *Kaplan/Stromberg* (2004), S. 2185 ff.; *Miloud et al.* (2012), S. 162 ff.; *Paul et al.* (2007), S. 120; *Shepherd* (1999), S. 623; *Shepherd/Zacharakis* (1999), S. 199 ff.; *Silva* (2004), S. 137 ff.; *Sudek* (2006), S. 98; *Tyebjee/Bruno* (1984), S. 1054. Obwohl *Hall/Hofer* (1993) dem Gründer bzw. Gründungsteam in ihrer empirischen Untersuchung keine hohe Relevanz bestätigen können, wird in der vorliegenden Arbeit der herrschenden Meinung in der Literatur gefolgt und der Gründer bzw. das Gründungsteam als zentraler Einflussfaktor auf die Entscheidung über eine Beteiligungsfinanzierung angesehen, vgl. *Hall/Hofer* (1993), S. 39.

[317] Vgl. *Franke et al.* (2008), S. 463.

[318] Vgl. *Colombo et al.* (2004); *Colombo/Grilli* (2005); *Franke et al.* (2006); *Franke et al.* (2008); *Hsu* (2007).

[319] Vgl. *Colombo et al.* (2004), S. 1193 ff.; *Colombo/Grilli* (2005), S. 805 ff.

[320] Vgl. *Hsu* (2007), S. 730 ff.

[321] Vgl. *Cardon et al.* (2017), S. 15; *Kaplan/Stromberg* (2004), S. 2185; *Mitteness et al.* (2012a), S. 251 ff.

[322] Vgl. *Franke et al.* (2006), S. 814 ff.; *Franke et al.* (2008), S. 469 ff.

[323] Vgl. *Vogel et al.* (2014), S. 595.

[324] Vgl. *Harrison et al.* (2015), S. 539.

tenswissenschaftliche Aspekte des Gründers hinsichtlich Ehrlichkeit, Konfliktpotenzial, Leidenschaft, Rechtschaffenheit, Vertrauenswürdigkeit und Zuverlässigkeit.[325] Da Konflikte und Vertrauen eine wichtige Rolle im Verhältnis zwischen Gründer und Investor einnehmen,[326] werden beide Thematiken separat im Kontext der Rahmenbedingungen einer außerbörslichen Beteiligungsfinanzierung tiefgründiger aufgegriffen. Weiterführend existieren Studien, welche die erhöhte Investmentbereitschaft von Investoren auf die Ähnlichkeit des Humankapitals von Gründer und Investoren zurückführen.[327] Gründe, die zum Scheitern einer Beteiligungsfinanzierung an dem Investmentkriterium Gründer und Gründungsteam führen, sind demnach Inkompetenz, hohes Konfliktpotenzial, mangelnde Vertrauenswürdigkeit, opportunistisches Verhalten, schlechte Reputation, Unerfahrenheit sowie Unehrlichkeit.[328]

In der Literatur existiert darüber hinaus eine Diskussion über den Einfluss des Geschlechtes auf den Finanzierungserfolg, welche dem weiblichen Geschlecht eine geringere Erfolgschance einräumt und Sex-based Biases bei außerbörslichen Beteiligungsfinanzierungen als sehr dominant darstellt.[329] *Balachandra et al.* (2017) zeigen in ihrer Studie allerdings, dass nicht das weibliche Geschlecht per se einen negativen Einfluss auf den Finanzierungserfolg hat, sondern weiblich-stereotypische Verhaltensweisen. Diese können auch bei dem männlichen Geschlecht auftreten und haben dann ebenso einen negativen Einfluss.[330]

2.2.5.5 Investorenspezifika

Unter Investorenspezifika werden sämtliche Kriterien zusammengefasst, welche sich auf die spezifischen, subjektiv-persönlichen Determinanten seitens der Investoren berufen.[331] *Harrison et al.* (2015) sehen hierunter insbesondere den aus zwei Elementen bestehenden Investor Fit. Das erste Element umfasst den Hintergrund der Investoren hinsichtlich Erfahrung, Know-how und Familiarität mit der Branche, dem Markt, des Produktes oder der Technologie.[332] Hierbei gilt es die Frage zu klären, inwieweit die Investoren über die Kapitalbereitstellung hinausgehend einen Mehrwert schaffen können.[333] Das zweite Element befasst sich mit den

---

325 Vgl. *Carpentier/Suret* (2015), S. 814; *Hsu et al.* (2014), S. 9 f.; *Macmillan et al.* (1985), S. 121; *Maxwell et al.* (2011), S. 215; *Paul et al.* (2007), S. 119; *Sudek* (2006), S. 98.

326 Vgl. *Hsu et al.* (2014), S. 18; *Maxwell/Lévesque* (2014), S. 1057.

327 Vgl. *Collewaert/Manigart* (2016), S. 369; *Murnieks et al.* (2011), S. 1534.

328 Vgl. *Carpentier/Suret* (2015), S. 814; *Petty/Gruber* (2011), S. 178.

329 Vgl. *Balachandra et al.* (2017), S. 1 ff. Weiterführende Literatur siehe *Amatucci/Sohl* (2004); *Brush et al.* (2014); *Gupta et al.* (2014); *Jennings/Brush* (2013).

330 Vgl. *Balachandra et al.* (2017), S. 11 ff.

331 Vgl. *Petty/Gruber* (2011), S. 178.

332 Vgl. *Harrison et al.* (2015), S. 539.

333 Vgl. *Osnabrugge* (2000), S. 105; *Sudek* (2006), S. 98.

persönlichen Präferenzen der Investoren. In diesem Zusammenhang beschäftigen sich die Investoren mit Fragestellungen hinsichtlich des Einstiegs in eine bestimmte Industrie oder einen bestimmten Markt. Maßgeblich ist die Willenserklärung der Investoren, in der Industrie bzw. in dem Markt aktiv zu sein bzw. zu werden.[334] Dabei überlegen sich die Investoren ebenfalls, inwiefern das potenzielle Investmentvehikel zu dem aktuellen Portfolio passt. Auf der einen Seite kann das neue Investment die Breite in einem bestimmten Marktsegment erhöhen und demzufolge in potenziellen Synergieeffekten resultieren. Auf der anderen Seite können neue Marktsegmente erschlossen werden, was den Investoren weitere Investitionsmöglichkeiten in dem neuen Markt eröffnen könnte.[335] Ferner kann die Entscheidung über eine außerbörsliche Beteiligungsfinanzierung auch aus Hedging-Motiven hinsichtlich des bisherigen Portfolios getroffen werden.[336]

Maxwell et al. (2011) beschreiben den Investor Fit als Business Fit und ergänzen die investorspezifischen Investmentkriterien um die geographische Lage des Start-ups, die Rolle der Investoren hinsichtlich Lead- und Co-Investor sowie um die empfehlende Quelle des Start-ups.[337] Letztere umfasst die Empfehlung des Start-ups als potenzielles Investmentvehikel von anderen Investoren oder Geschäftspartnern aus dem persönlichen Netzwerk der Investoren.[338] So zeigen *Drover et al.* (2017b) die höhere Investmentbereitschaft von Venture-Capital-Investoren bei Start-ups, welche bereits eine Finanzierung von Business Angels erhalten haben.[339]

Eine weitere investorenspezifische Abwägung beschäftigt sich mit dem Mentoring- und Monitoring-Aufwand im Zuge der Beteiligungsfinanzierung. Hoher Mentoring-Bedarf seitens des Start-ups sowie hoher Monitoring-Bedarf seitens der Investoren sind kosten- und zeitintensiv, sodass hier hohe Opportunitätskosten entstehen können.[340]

2.2.5.6 Markt

Bei dem Investmentkriterium Markt geht es um die Fragestellung, inwiefern das Start-up die Anforderungen an Erfolg in dem spezifischen Markt erfüllt.[341] Bei der Abwägung dieser Frage-

334 Vgl. *Harrison et al.* (2015), S. 539.
335 Vgl. *Kaplan/Stromberg* (2004), S. 2186 f.
336 Vgl. *Tyebjee/Bruno* (1984), S. 1058.
337 Vgl. *Maxwell et al.* (2011), S. 215.
338 Vgl. *Kaplan/Stromberg* (2004), S. 2186.
339 Vgl. *Drover et al.* (2017b), S. 335 ff.
340 Vgl. *Fiet* (1995b), S. 554; *Kaplan/Stromberg* (2004), S. 2187; *Silva* (2004), S. 139.
341 Vgl. *Paul et al.* (2007), S. 116; *Shepherd* (1999), S. 622.

stellung werden vor allem die Kategorien Marktgröße und Wachstum, Eintrittsbarrieren und Wettbewerb sowie Nachfrage von den Investoren analysiert.[342]

Im Rahmen der Marktgröße und des Wachstums geht es zunächst um die Einschätzung des Marktpotenzials des Zielmarktes.[343] Große Märkte mit hohen Wachstumsraten ermöglichen eine schnelle Skalierung des Geschäftsmodells sowie das Abschöpfen einer hohen Produktmarge und erwecken den Eindruck, die in dem Businessplan prognostizierten Wachstumsziele zu erreichen.[344] Nicht existente oder zu kleine Märkte sowie Nischenmärkte sind ein häufiges Abbruchkriterium in der Investment-Phase.[345] Auf Grund der Einzigartigkeit des Produktes werden teilweise jedoch auch komplett neue Märkte geschaffen, bei denen die Einschätzung hinsichtlich Nachfrage und Wachstum des Marktes als sehr gut befunden werden.[346] Dadurch können First Mover-Vorteile bei Schaffung eines neuen Marktes realisiert werden.[347] Bei der Schaffung eines neuen Marktes sowie bei dem Eintritt in bereits existierende Märkte sind Markteintrittsbarrieren und Wettbewerb signifikante Kriterien, welche es im Rahmen einer außerbörslichen Beteiligungsfinanzierung zu beachten gilt. Wesentliche Aspekte sind hierbei die Höhe der Anfangsinvestition, Marktfragmentierung, regulatorische Anforderungen oder schutzrechtliche Absicherung bzw. Nachahmbarkeit des Produktes.[348]

Damit verbunden sind auch die Eintrittsbarrieren der Wettbewerber. Je leichter es ist in einen Markt einzutreten, desto wahrscheinlicher ist das Eintreten neuer Wettbewerber in denselben Markt.[349] Im Zuge der Wettbewerbsanalyse werden potenzielle Wettbewerbspositionen analysiert. Einschlägige Kriterien sind hierbei die Anzahl an bisherigen und künftigen Wettbewerbern sowie der Platz für neue Wettbewerber im Markt.[350] Sowohl zu geringe als auch zu hohe Markteintrittsbarrieren, hoher Wettbewerbsdruck und leichte Imitation des Produktes sind folglich Risikofaktoren, welche in dem Abbruch einer Beteiligungsfinanzierungsverhand-

---

342 Vgl. *Cardon et al.* (2017), S. 1070; *Carpentier/Suret* (2015), S. 814; *Clercq et al.* (2006), S. 95; *Harrison et al.* (2015), S. 539; *Kaplan/Stromberg* (2004), S. 2187; *Macmillan et al.* (1985), S. 121; *Maxwell et al.* (2011), S. 217; *Mitteness et al.* (2012a), S. 262; *Tyebjee/Bruno* (1984), S. 1054.

343 Vgl. *Harrison et al.* (2015), S. 539; *Maxwell et al.* (2011), S. 215 ff.; *Petty/Gruber* (2011), S. 178.

344 Vgl. *Hall/Hofer* (1993), S. 27; *Kaplan/Stromberg* (2004), S. 2187; *Macmillan et al.* (1985), S. 121; *Miloud et al.* (2012), S. 155.

345 Vgl. *Carpentier/Suret* (2015), S. 814; *Petty/Gruber* (2011), S. 178.

346 Vgl. *Macmillan et al.* (1985), S. 121.

347 Vgl. *Kaplan/Stromberg* (2004), S. 2187.

348 Vgl. *Hsu/Ziedonis* (2013), S. 761; *Kaplan/Stromberg* (2004), S. 2187; *Maxwell et al.* (2011), S. 215; *Macmillan et al.* (1985), S. 121; *Petty/Gruber* (2011), S. 178; *Sudek* (2006), S. 98.

349 Vgl. *Fiet* (1995b), S. 553 f.; *Kaplan/Stromberg* (2004), S. 2187; *Sudek* (2006), S. 98.

350 Vgl. *Hsu et al.* (2014), S. 20; *Kaplan/Stromberg* (2004), S. 2187.

lung resultieren können.[351] Nicht zuletzt sind Logistikpartner und Nachfrage des Produktes am Markt bedeutende Einflussfaktoren auf die Einschätzung des Marktpotenzials des Start-ups.[352]

2.2.6 Finanzierungskriterien des Gründers

2.2.6.1 Grundlagen

Während im vorangegangenen Kapitel die Investmentkriterien der Investoren präsentiert wurden, widmet sich dieses Kapitel den Finanzierungskriterien des Gründers und diskutiert das Auswahlkalkül zwischen Business Angels und Venture-Capital-Investoren. Seit Beginn des 21. Jahrhunderts haben sich Forscher vermehrt damit beschäftigt, welche Kriterien die Finanzierungsentscheidung des Gründers determinieren.[353] In diesem Forschungsfeld haben sich zwei Strömungen herauskristallisiert, die sich hinsichtlich der Auswahl an Finanzierungsalternativen unterscheiden. *Bettignies/Brander* (2007), *Ueda* (2004) oder *Winton/Yerramilli* (2008) befassen sich mit der Abwägung des Gründers zwischen einer Kreditfinanzierung und Venture-Capital.[354]

Die im Rahmen der vorliegenden Arbeit relevantere Strömung ist allerdings die Finanzierungsentscheidung des Gründers zwischen Business Angels und Venture-Capital-Investoren und wird von *Chemmanur/Chen* (2014), *Hellmann et al.* (2017), *Kim/Wagman* (2016), *Leshchinskii* (2003), *Schwienbacher* (2007) oder *Schwienbacher* (2013) untersucht.[355] *Leshchinskii* (2003) begründet die Vorteilhaftigkeit von Venture-Capital-Investoren gegenüber Business Angels mit der Möglichkeit, Synergien zwischen den Portfoliounternehmen zu fördern, da sie ein größeres Portfolio betreuen als Business Angels.[356] *Chemmanur/Chen* (2014) unterstellen Business Angels eine geringere Mehrwertschaffung als Venture-Capital-Investoren und zeigen in ihrer Studie, dass der Gründer eine Venture-Capital-Finanzierung im Vergleich zu einer Finanzierung mit Business Angels bevorzugt. Ursachen hierfür sehen die Autoren in der Erfahrung, in dem Know-how und in der Spezialisierung von Venture-Capital-Investoren in hochentwickelten Branchen.[357] *Hellmann et al.* (2017) präsentieren als Ergebnis ihrer empirischen Untersuchung, dass Start-ups, welche bereits eine Business Angel-Finanzierung erhalten haben,

---

[351] Vgl. *Carpentier/Suret* (2015), S. 814; *Kaplan/Stromberg* (2004), S. 2187; *Petty/Gruber* (2011), S. 178.

[352] Vgl. *Kaplan et al.* (2009), S. 95; *Maxwell et al.* (2011), S. 215.

[353] Vgl. *Schwienbacher* (2013), S. 530 f.

[354] Vgl. *Bettignies/Brander* (2007); *Ueda* (2004); *Winton/Yerramilli* (2008).

[355] Vgl. *Chemmanur/Chen* (2014); *Hellmann et al.* (2017); *Kim/Wagman* (2016); *Leshchinskii* (2003); *Schwienbacher* (2007); *Schwienbacher* (2013).

[356] Vgl. *Leshchinskii* (2003), S. 25 f.

[357] Vgl. *Chemmanur/Chen* (2014), S. 71.

geringere Chancen auf eine Venture-Capital-Finanzierung haben und umgekehrt, und stellen im Endeffekt die Folgefinanzierung durch die jeweils andere Investorenklasse in Frage.[358] In einer weiteren Studie von *Hellmann/Thiele* (2015) wird diese Meinung jedoch relativiert und auf die gute Interaktion beider Investorenklassen verwiesen.[359]

Den Kritikpunkt, dass Business Angels einen geringeren Mehrwert in das Start-up einbringen, greift *Schwienbacher* (2013) auf und argumentiert, dass Business Angels ebenso aktive Investoren sind. Folglich differenziert der Autor beide Investorenklassen in Generalisten sowie Spezialisten. Dabei belegt der Autor eine bessere Unternehmensentwicklung und höhere Mehrwertleistungen von Spezialisten.[360] Selbige Ergebnisse werden von *Andrieu/Groh* (2018) bestätigt, welche Generalisten auf Grund der mangelnden Spezialisierung als passive Investoren bezeichnen.[361] Nicht zuletzt sehen *Kim/Wagman* (2016) Business Angels ebenfalls als aktive Investoren an und kommen in ihrer Studie zu dem Ergebnis, dass ein Gründer, welcher die Verwässerung der Anteile vermeiden möchte, eine Business Angel-Finanzierung verfolgen sollte.[362]

Des Weiteren thematisiert die Literatur, wie der Gründer seine Chancen auf eine außerbörsliche Beteiligungsfinanzierung erhöhen kann. So zeigt *Hsu* (2007), dass zusätzliche Investitionen in das Humankapital die Chancen auf eine außerbörsliche Beteiligungsfinanzierung sowie die entsprechende Unternehmensbewertung erhöhen.[363] *Maxwell/Lévesque* (2010) identifizieren den Aufbau von Vertrauenswürdigkeit in der Pre-Investment-Phase als positiven Einflussfaktor auf die Investmentbereitschaft des Investors.[364] Ferner bringen *Parhankangas/Ehrlich* (2014) den Nachweis, dass detaillierte, nachvollziehbare, positiv formulierte und realitätsnahe Businesspläne und Pitchdecks die Investmentbereitschaft von Investoren erhöhen.[365]

Eine wichtige Limitation bei der Finanzierungsentscheidung des Gründers ist die Verfügbarkeit der Finanzierungsquellen. Die eingangs präsentierten Studien unterstellen eine konstante Verfügbarkeit beider Finanzierungsalternativen (Business Angels und Venture-Capital-Investoren), welche in der Realität häufig ausbleibt.

358 Vgl. *Hellmann et al.* (2017), S. 31.
359 Vgl. *Hellmann/Thiele* (2015), S. 639.
360 Vgl. *Schwienbacher* (2007), S. 542.
361 Vgl. *Andrieu/Groh* (2018), S. 477.
362 Vgl. *Kim/Wagman* (2016), S. 19.
363 Vgl. *Hsu* (2007), S. 722.
364 Vgl. *Maxwell/Lévesque* (2010), S. 7 ff. Zur Vertrauenswürdigkeit siehe Kapitel 3.2.2.
365 Vgl. *Parhankangas/Ehrlich* (2014), S. 543.

2.2.6.2 Verhaltenswissenschaftliche versus ökonomische Kriterien

Fairchild (2011) unterteilt in seiner spieltheoretischen Modellierung der Finanzierungsentscheidung des Gründers zwischen Business Angels und Venture-Capital-Investoren die Finanzierungskriterien des Gründers in verhaltenswissenschaftliche und ökonomische Kriterien. Der Autor vertritt ebenfalls die Ansicht, dass Business Angels einen geringeren Mehrwert für das Start-up generieren als Venture-Capital-Investoren. Dennoch zeigt er, dass die verhaltenswissenschaftlichen Kriterien, welche keinen direkten Mehrwert für das Start-up generieren, genauso wichtig bei der Auswahl einer Finanzierungsalternative sind, wie die ökonomischen Kriterien.[366]

Dementsprechend spricht *Fairchild* (2011) den verhaltenswissenschaftlichen Finanzierungskriterien einen ebenso hohen Stellenwert wie den ökonomischen Kriterien bei der Auswahl einer Finanzierungsalternative zwischen Business Angels und Venture-Capital-Investoren zu. Dabei weist der Autor darauf hin, dass eine Finanzierungsentscheidung keine rein rationale Entscheidung zwischen zwei Alternativen ist. Im Kontext einer Finanzierungsentscheidung spielen verhaltenswissenschaftliche Aspekte eine gleichwertige Rolle wie ökonomische Beweggründe. Der Gründer basiert seine Entscheidung daher auf das Konstrukt der begrenzten Rationalität.[367] Dabei greift der Autor auf das von *Clercq/Sapienza* (2001) identifizierte Konstrukt der nicht ökonomischen Mehrwertschaffung von Relational Rents[368] zurück und fasst Empathie, Fairness und Vertrauen unter verhaltenswissenschaftlichen Kriterien zusammen.[369]

Empathie impliziert ein Wohlseinsgefühl zwischen Gründer und Investoren, verstärkt somit das gegenseitige Vertrauen und hilft folglich bei der Vorbeugung von Moral Hazard-Problemen. Empathie besteht dabei aus zwei Komponenten: Geografische bzw. physische sowie psychologische Nähe. Die psychologische Nähe beinhaltet hierbei die zwischenmenschliche Verbindung zwischen Gründer und Investoren, z. B. gemeinsames Interesse für Unternehmensgründungen.[370] *Fairchild* (2011) zeigt in seinem Simulationsmodell, dass die Auswahl zwischen Business Angels und Venture-Capital-Investoren maßgeblich von der Empathie zwischen Busi-

---

366 Vgl. *Fairchild* (2011), S. 360 f., 371.

367 Vgl. *Fairchild* (2011), S. 371.

368 Relational Rents werden als gemeinsam generierter „Supernormal Profit" (*Clercq/Sapienza* (2001), S. 109) verstanden, welcher nur durch die idiosynkratische Zusammenarbeit zwischen Gründer und Investoren geschaffen werden kann. Der dadurch geschaffene Gewinn wird an verhaltenswissenschaftlichen Einflussfaktoren, z. B. Vertrauen, sowie an dem Erfahrungs- und Wissensaustausch gemessen, vgl. *Clercq/Sapienza* (2001), S. 109 ff.

369 Vgl. *Clercq/Sapienza* (2001), S. 110 ff.; *Fairchild* (2011), S. 362 f.

370 Vgl. *Fairchild* (2011), S. 360 ff.

ness Angels und Gründer abhängt und dazu führen kann, dass trotz geringem ökonomischem Mehrwert Business Angels gegenüber Venture-Capital-Investoren bevorzugt werden. Empathie führt zu erhöhtem Vertrauen zwischen Business Angels und Gründer und verringert dadurch die Gefahr von Agency-Problemen.[371] Vertrauen und Fairness werden im Zuge der Rahmenbedingungen einer außerbörslichen Beteiligungsfinanzierung in Kapitel 3.2 erneut aufgegriffen und diskutiert. Daher wird an dieser Stelle auf eine tiefgreifende Erörterung dieser Konstrukte verzichtet.

Die ökonomischen Kriterien beinhalten neben der Kapitalbereitstellung auch sämtliche Leistungen der Investoren, welche zu einem ökonomischen Mehrwert führen können (z. B. Branchenspezialisierung, Know-how oder Kontakte). Zusammenfassend kommt der Autor zu dem Ergebnis, dass die Auswahl zwischen Business Angels und Venture-Capital-Investoren immer eine Mischung aus verhaltenswissenschaftlichen und ökonomischen Einflussfaktoren ist, wobei auf Grund begrenzt rational handelnder Individuen nicht immer die den ökonomischen Wert maximierende Alternative ausgewählt wird.[372]

2.2.7 Kritische Würdigung

Die Ausführungen zu dem Ablauf und den Determinanten einer außerbörslichen Beteiligungsfinanzierung mit Business Angels und Venture-Capital-Investoren illustrieren die Komplexität dieser Finanzierungsquellen. Die Diskussion der Mehrwertleistungen von Business Angels und Venture-Capital-Investoren hat gezeigt, dass dieses breite Forschungsfeld bereits eine Vielzahl an empirischen Studien hervorgebracht hat. Dennoch ist festzustellen, dass im Hinblick auf die Forschungsfrage der vorliegenden Arbeit noch weiterer Forschungsbedarf existiert. Wenngleich erste empirische Studien das Mitwirken von Investoren als essenziellen Faktor für den Erhalt einer Folgefinanzierung identifizieren, bleibt die Frage ungeklärt, wie die Investoren bei den Finanzierungsentscheidungen des Gründers mitwirken. Sofern mehrere Finanzierungsalternativen vorliegen, werden die Finanzierungskriterien des Gründers mit den Beteiligungsangeboten der Investoren abgeglichen. Auch hier bleibt die Frage bislang ungeklärt, wie bereits am Start-up beteiligte Investoren bei der Auswahl des neuen Investors mitwirken.

Darüber hinaus erfolgt die hier gewählte, ausschließlich positive Darstellung der Mehrwertleistungen von Investoren in Anlehnung an die einschlägige Fachliteratur aus dem Entrepre-

---

371 Vgl. *Fairchild* (2011), S. 360.
372 Vgl. *Fairchild* (2011), S. 368.

neurial-Finance-Bereich. Allerdings ist der Mehrwert von Investoren eine Nettogröße.[373] So schafft z. B. das Monitoring auf der einen Seite einen Mehrwert, verursacht auf der anderen Seite aber auch Kosten und Zeitaufwand. Die durch Governance-Prozesse geschaffenen formalen Strukturen sind notwendig, benötigen aber einen hohen Zeitaufwand seitens des Gründers, welchen er für operative Aktivitäten verwenden könnte. Folglich können die Opportunitätskosten sehr hoch sein und Investoren können durch ihre Mehrwertleistungen in Summe einen negativen Mehrwert erbringen.[374]

Nachfolgend werden zunächst weitere Eigenfinanzierungsquellen illustriert und anschließend andere Finanzierungsquellen erörtert. Auf Grund der relativ geringen Relevanz in der Frühphasenfinanzierung von Start-ups werden die weiteren Finanzierungsquellen lediglich in der Grobübersicht dargestellt.

2.3 Weitere Eigenfinanzierungsquellen

2.3.1 Gründer und Gründerumfeld

Der erste Kapitalgeber im Rahmen einer Start-up-Gründung ist i. d. R. der Gründer selbst, da andere Finanzierungsquellen auf Grund des Risikos meist erst später im Lebenszyklus zur Verfügung stehen.[375] Der Gründer verwendet zur Gründung einen Großteil seines Privatvermögens und versucht so lange wie möglich mit den dadurch aufgebrachten Ressourcen das Start-up vor der Insolvenz zu schützen.[376] *Bygrave* (2000) beschreibt das Risiko des Gründers als „a scary business: Entrepreneurs often find themselves with all their personal net worth tied up in the same business that provides their income."[377] Im Kontext der Signaling-Theorie sehen *Prasad et al.* (2000) hierbei die Chance, dass der Gründer ein vitales Interesse am Fortbestehen seines Start-ups hat, da er ansonsten seine unternehmerische Existenz verliert. Demzufolge sind Investoren eher bereit ein Beteiligungsfinanzierungsangebot abzugeben.[378]

Oftmals kann ein Gründer nicht alleine die benötigte Eigenkapitalsumme zur Gründung des Start-ups aufbringen. In diesem Fall bringt die Verwandtschaft den restlichen Anteil der benötigten Summe auf, entweder in Form einer Beteiligungsfinanzierung oder im Sinne einer mo-

---

373 Vgl. *Noble* (2001), S. 364.

374 Vgl. *Proksch et al.* (2017), S. 133.

375 Vgl. *Atherton* (2012), S. 33; *Brettel et al.* (2005), S. 42; *Bygrave* (2000), S. 97.

376 Vgl. *Brettel et al.* (2005), S. 42; *Leach/Melicher* (2016), S. 118.

377 *Bygrave* (2000), S. 97.

378 Vgl. *Prasad et al.* (2000), S. 168 f. *Atherton* (2012) belegt die angesprochene Signalwirkung empirisch, wenn auch nur in eingeschränktem Umfang, vgl. *Atherton* (2012), S. 39.

ralischen Rückzahlungsverpflichtung, ohne dass die Verwandtschaft Anteile an dem Start-up erhält.[379] Damit verbunden sind dementsprechend auch Mitspracherechte in der Gesellschaft. Bei der Beteiligungsfinanzierung erhält die Verwandtschaft Mitspracherechte im Umfang ihrer anteilmäßigen Kapitaleinlage, während bei einer inoffiziellen bzw. mündlichen Absprache zur Geldüberlassung keine Mitbestimmungsrechte an die Verwandtschaft abgetreten werden.[380]

Neben der Verwandtschaft sind Freunde des Gründers typische Eigenkapitalgeber im Rahmen einer Start-up-Finanzierung.[381] Das Verhältnis zu Freunden ist durch gegenseitiges Vertrauen geprägt, welches auf der einen Seite den Zugang zu Kapital erleichtert, auf der anderen Seite die Freundschaft bei Scheitern des Start-ups potenziell gefährden kann.[382] Als Vorteile der Finanzierung über Freunde beschreiben *Brettel et al.* (2005) die Geduld der Freunde, wenn Rückzahlungsverpflichtungen nicht oder nur teilweise eingehalten werden können. Häufig besteht nur eine moralische Rückzahlungspflicht.[383] Vertraglich vereinbarte Konditionen zur Rückzahlung bzw. zum Beteiligungsverhältnis bestehen äußerst selten. Dementsprechend plädieren *Nathusius* (2001) und *Volkmann et al.* (2010) für die Notwendigkeit einer vertraglichen Vereinbarung zwischen Gründer und den Freunden als Kapitalgeber.[384]

Im Kontext der Finanzierung durch den Gründer und sein Umfeld ist auch der Begriff des Bootstrappings in der Literatur anzutreffen. Bootstrapping ist ein Konzept, welches die Finanzierung aus den persönlichen Mitteln des Gründers sowie seines direkten Umfeldes bezeichnet.[385] Dabei wird bewusst auf die externe Kapitalaufnahme verzichtet. Dies impliziert die sparsame Budgetierung des Finanzkapitals hinsichtlich Investitionen sowie die Fokussierung des vorhandenen Kapitals auf die Produktentwicklung.[386] Als wesentliche Charakteristika des Bootstrappings gelten beispielsweise das Ausnutzen von Zahlungszielen, das Minimieren ausstehender Forderungen, die gemeinsame Ressourcenverwendung mit Dritten sowie das Minimieren von Investitionen.[387] Zu den Motiven für die Nutzung von eigenen Mitteln gehören die vergleichsweise geringen Kosten, kein bzw. nicht ausreichendes Kapitalangebot sowie die un-

379 Vgl. *Brettel et al.* (2005), S. 43.
380 Vgl. *Brettel et al.* (2005), S. 44.
381 Vgl. *Harrison et al.* (2004), S. 308.
382 Vgl. *Brettel et al.* (2005), S. 44; *Volkmann et al.* (2010), S. 296.
383 Vgl. *Brettel et al.* (2005), S. 44.
384 Vgl. *Nathusius* (2001), S. 40; *Volkmann et al.* (2010), S. 296.
385 Vgl. *Kollmann/Kuckertz* (2003), S. 19.
386 Vgl. *Kollmann* (2003), S. 263; *Kollmann* (2016), S. 208; *Leach/Melicher* (2016), S. 118.
387 Vgl. *Atherton* (2012), S. 38, *Carter/van Auken* (2005), S. 134; *Ebben* (2009), S. 347; *Harrison et al.* (2004), S. 310.

ternehmerische Selbstbestimmung.[388] Ein mit der finanziellen Ressourcenknappheit verbundener Nachteil der Nutzung eigener Mittel liegt in der damit verbundenen Notwendigkeit, schnellstmöglich positive Cashflows zu erwirtschaften.[389]

Abschließend lässt sich festhalten, dass der Gründer und sein Umfeld die chronologisch erste Finanzierungsquelle von Start-ups darstellen. Die aufgebrachten eigenen Mittel sind i. d. R. relativ schnell aufgebraucht und das Start-up hat einen erhöhten Kapitalbedarf, der im Normalfall nicht über den Gründer und das Gründerumfeld gedeckt werden kann.[390]

2.3.2 Inkubatoren und Akzeleratoren

Inkubatoren und Akzeleratoren sind Institutionen, die Start-ups über unterschiedlich lange Zeiträume begleiten und unterstützen. Während ein Inkubator als Brutkasten das Start-up über einen längeren Zeitraum begleitet und die Ideenfindung vorantreibt, unterstützt ein Akzelerator als Beschleuniger das Start-up kurzfristig bei dem Erreichen der Produktreife.[391] Inkubatoren stehen für Start-ups bereits in der Seed-Phase zur Verfügung, Akzeleratoren werden häufig ab der Start-up-Phase zum Portfolio der verfügbaren Finanzierungsquellen gezählt.[392] Inkubatoren und Akzeleratoren zählen zu den aktiven Investoren, da sie neben der Beteiligungsfinanzierung u. a. auch Arbeitsplätze, Coaching und Mentoring zur Verfügung stellen. Im Gegenzug erhalten Inkubatoren und Akzeleratoren i. d. R. einen Anteil an dem Start-up.[393]

In der Literatur lassen sich unterschiedlichste Typologien von Inkubatoren und Akzeleratoren identifizieren.[394] In erster Linie wird zwischen ertragswirtschaftlichen und nicht-ertragswirtschaftlichen Inkubatoren und Akzeleratoren unterschieden.[395] Weitere Differenzierungsmerkmale umfassen u. a. den industriellen Fokus, staatliche oder private Träger sowie den Standort des Start-ups.[396] Im Hinblick auf den Forschungsfokus der vorliegenden Arbeit wird sich in diesem Kapitel ausschließlich mit den ertragswirtschaftlich privaten Inkubatoren und Akzelera-

---

388 Vgl. *Winborg* (2008), S. 80, 85. Für eine detaillierte Diskussion der Motive zur Verwendung von eigenen Mitteln des Gründers und seines Umfeldes siehe *Carter/van Auken* (2005); *Winborg/Landström* (2001); *Winborg* (2008).

389 Vgl. *Kollmann* (2016), S. 208; *Kollmann/Kuckertz* (2003), S. 19; *Nathusius* (2001), S. 36 f.

390 Vgl. *Kollmann* (2016), S. 209; *Kollmann/Kuckertz* (2003), S. 20; *Volkmann et al.* (2010), S. 296.

391 Vgl. *Brandkamp/Zillikens* (2017), S. 197 f.; *Cohen* (2013), S. 20; *Gaida* (2011), S. 31; *Poguntke* (2016), S. 27 f.

392 Vgl. *Gaida* (2011), S. 29 ff.

393 Vgl. *Brandkamp/Zillikens* (2017), S. 197; *Poguntke* (2016), S. 27 f.

394 Vgl. *Becker/Gassmann* (2006); *Colombo/Delmastro* (2002); *Zedtwitz* (2003).

395 Vgl. *Zedtwitz* (2003), S. 182.

396 Vgl. *Becker/Gassmann* (2006), S. 471 ff.; *Colombo/Delmastro* (2002), S. 1105 ff.; *Malek et al.* (2014), S. 28.

toren beschäftigt. Große Konzerne oder Hochschulen engagieren sich in der Gründerszene mit Inkubator- und/oder Akzelerator-Programmen, um beispielsweise neue Innovationen oder technologische Fortschritte zu identifizieren und erhoffen sich eine Integration des Start-ups in den Konzern.[397] Schlussendlich verfolgen sämtliche ertragswirtschaftliche Inkubatoren und Akzeleratoren auf lange Sicht das Ziel der Renditemaximierung und differenzieren sich in ihren Geschäftsmodellen somit nicht grundlegend von Business Angels bzw. Venture-Capital-Investoren.[398]

2.3.3 Private Equity

Private Equity (PE) i. w. S. ist der Oberbegriff für sämtliche außerbörsliche Beteiligungsfinanzierungen. Demgemäß ist Venture-Capital eine Unterform des Private Equity, welches sich auf Early- und Expansion-stage fokussiert. Unter Private Equity i. e. S. wird folglich eine außerbörsliche Beteiligungsfinanzierung in der Later-stage verstanden.[399]

Die Private Equity-Finanzierung erfolgt analog des Investmentprozesses der außerbörslichen Beteiligungsfinanzierung.[400] Die Hauptakteure einer Private Equity-Finanzierung sind die Investoren als Limited Partners, der Private Equity-Fonds als Intermediator und die Portfoliounternehmen als Investmentvehikel.[401] Die Limited Partners stellen das Kapital bereit, welches der Private Equity-Fonds verwaltet. Die Kapitalgeber umfassen hier im Normalfall große institutionelle Investoren wie z. B. Pensionskassen, Versicherungen, öffentliche und private Unternehmen, in seltenen Fällen aber auch wohlhabende Privatpersonen.[402]

Der Private Equity-Fonds ist neben der Rolle als Mediator zwischen Angebot und Nachfrage zugleich auch ein aktiver Investor. Dabei verfügt der Private Equity-Fonds über direkte Kontrollmechanismen, um in das aktive operative Geschäft der Beteiligungsunternehmen einzugreifen und begleitet den Beteiligungsprozess federführend.[403] Der Private Equity-Fonds hat drei zentrale Funktionen:[404]

---

397 Vgl. *Poguntke* (2016), S. 27.
398 Vgl. *Brettel et al.* (2005), S. 142 ff.
399 Vgl. *Jesch* (2004), S. 21; *Müllner* (2013), S. 41 f. Für eine Gegenüberstellung von Venture-Capital und Private Equity siehe *Müllner* (2013), S. 42.
400 Vgl. *Müllner* (2013), S. 51. Siehe Kapitel 2.2.2.
401 Vgl. *Lerch* (2011), S. 6.
402 Vgl. *Müllner* (2013), S. 6.
403 Vgl. *Lerch* (2011), S. 6 f.
404 Vgl. *Lerch* (2011), S. 7; *Portisch* (2016), S. 318.

(1) *Risikotransformation:*

Durch Selektion und Investment in diverse Unternehmen diversifizieren Private Equity-Fonds das Investitionsrisiko.[405]

(2) *Informationsfunktion:*

Der Private Equity-Fonds übernimmt die Suche und Bewertung geeigneter Beteiligungsunternehmen und bereitet sie für die Limited Partners hinsichtlich Rendite-Risiko-Profilen auf.[406]

(3) *Losgrößen- und Fristentransformation:*

Analog zu der Losgrößen- und Fristentransformation von Geschäftsbanken gleicht der Private Equity-Fonds die unterschiedlich ausfallenden Kapitalbeträge und Anlagehorizonte von Limited Partners und Portfoliounternehmen an.[407]

Private Equity-Fonds sind in Anlehnung an die Darstellung eines Venture-Capital-Fonds als Limited Partnership organisiert (siehe Abbildung 2-6, S. 42). Die General Partners sind die für das Auflegen des Fonds zuständigen Manager der Private Equity-Gesellschaft. Sie erhalten ca. 20 % des erwirtschafteten Gewinns als Rendite. Die Limited Partners agieren als Investoren, geben eine verbindliche Kapitalzusage ab, zahlen laufende Managementgebühren und bekommen ca. 80 % des erwirtschafteten Gewinns als Rendite. Entscheidet sich die Private Equity-Gesellschaft für eine Beteiligungsfinanzierung, rufen die General Partners das zugesagte Kapital der Limited Partners ab und ermöglichen dadurch die Realisierung der Beteiligungsfinanzierung. Private Equity-Fonds sind in der Praxis als offene oder als geschlossene Fonds organisiert.[408]

Ziel einer Private Equity-Finanzierung ist die Partizipation an der Steigerung des Unternehmenswertes durch Wachstums- und Umstrukturierungsmaßnahmen. Die Haltedauer von Private Equity-Fonds beträgt zwischen fünf und zehn Jahren.[409] *Müllner* (2013) identifiziert exogene (Marktarbitrage, Fremdkapitalhebel und Verhandlungsarbitrage) und endogene (Umsatzsteigerung, Margenverbesserung sowie Entschuldung) Werttreiber, durch welche das Wertsteigerungsziel realisiert werden kann.[410] Nach der Haltedauer stehen dem Private

405 Vgl. *Lerch* (2011), S. 7; *Portisch* (2016), S. 318.
406 Vgl. *Lerch* (2011), S. 7; *Portisch* (2016), S. 318.
407 Vgl. *Lerch* (2011), S. 7; *Portisch* (2016), S. 318.
408 Vgl. *Lerch* (2011), S. 7 ff.
409 Vgl. *Achleitner et al.* (2004), S. 33; *Lerch* (2011), S. 5.
410 Vgl. *Müllner* (2013), S. 47.

Equity-Fonds die im Rahmen des Investmentprozesses einer außerbörslichen Beteiligungsfinanzierung beschriebenen Exit-Kanäle zur Verfügung.[411] Die Private Equity-Finanzierung schließt sich der Venture-Capital-Finanzierung an und steht einem Start-up i. d. R. ab der Wachstumsphase zur Verfügung, wobei das Start-up bereits am Markt etabliert ist und Skalierung des Geschäftsmodells oder den Eintritt in einen neuen Markt anstrebt.

2.3.4 Trade Sale und Secondary Purchase

Trade Sale und Secondary Purchase sind per Definition zwei mögliche Exit-Kanäle von Eigenkapitalinvestoren. Sie werden aber ebenso mit einer Finanzierungsfunktion für Start-ups assoziiert.[412]

Trade Sale:

Ein Trade Sale umfasst den Verkauf des Unternehmens an einen industriellen Investor mit strategischen Investmentmotiven.[413] Der industrielle Investor erhofft sich durch den Kauf des Start-ups Synergieeffekte, z. B. Zugang zu neuen Technologien, Verbesserung der Marktanteile oder Umsatzsteigerungen.[414] Demgemäß ist die Unternehmensbewertung üblicherweise höher als bei anderen Bewertungsanlässen, da der industrielle Investor im Normalfall bereit ist, einen Preisaufschlag zu zahlen.[415] Als Vorteile des Exits via Trade Sale identifiziert *Daniels* (2004) neben hoher Bewertung die vergleichsweise kurze Transaktionszeit,[416] niedrige Transaktionskosten sowie den 100 %-Exit.[417] Nachteile eines Trade Sales sind potenzielle Interessenkonflikte zwischen Gründer und dem industriellen Investor, da letzterer im Normalfall die unternehmerische Unabhängigkeit deutlich einschränkt und nicht selten das Management austauscht.[418] Durch den Verkauf an einen industriellen Investor ist ein längerfristiges Fortbestehen des Start-ups bzw. einzelner Teile des Start-ups gesichert.[419] Ferner erhält das Start-up somit Zugang zu den Finanzierungsquellen des Käufers.

---

411 Vgl. *Achleitner et al.* (2004), S. 33.

412 Vgl. *Brettel et al.* (2005), S. 201 ff.; *Daniels* (2004), S. 48 ff.; *Krecek* (2005), S. 46 ff.; *Nathusius* (2001), S. 84 f.; *Volkmann et al.* (2010), S. 314 f.

413 Vgl. *Krecek* (2005), S. 46; *Daniels* (2004), S. 48.

414 Vgl. *Volkmann et al.* (2010), S. 314.

415 Vgl. *Nathusius* (2001), S. 85.

416 Zu dem Ablauf und der Dauer eines Trade Sales siehe *Brettel et al.* (2005), S. 202 ff.

417 Vgl. *Daniels* (2004), S. 49.

418 Vgl. *Volkmann et al.* (2010), S. 315.

419 Vgl. *Nathusius* (2001), S. 85.

Secondary Purchase:

Ein Secondary Purchase ist der Verkauf der Unternehmensanteile der bisherigen Investoren an neue Finanzinvestoren.[420] Ein Secondary Purchase wird angestrebt, wenn der bisherige Investor die Zusammenarbeit nicht mehr fortsetzen will (z. B. Auslaufen der Fondszeit, Vertrauensbruch mit dem Management, anhaltend schlechte Performance) oder das Start-up auf Grund einer positiven Geschäftsentwicklung neue Anforderungen an die Investoren stellt (Höhe des Investments, Übergang in spätere Lebenszyklusphasen, Mentoring in Growth- bzw. Later-stages).[421] Insbesondere aus der neuen Anforderung an die Investoren ergibt sich die Assoziation mit der Finanzierungsfunktion eines Trade Sales. Hierbei werden neue Ressourcen zugänglich gemacht, beispielsweise durch Kombination des Verkaufs der Anteile der bisherigen Investoren mit einer erneuten Kapitalzufuhr oder durch den Zugang zu neuen Investoren aus dem Netzwerk des Folgeinvestors.

Laut *PitchBook Data* (2018) sind Trade Sales und Secondary Purchases statistisch die am häufigsten vorkommenden Exit-Kanäle in Europa in den Jahren 2008 bis einschließlich Juni 2018. Ca. 82 % der dort aufgelisteten Exits sind Trade Sales oder Secondary Purchases. Der von Gründer und Investoren bevorzugte Wunsch-Exit[422] des Börsengangs wurde nur in ca. 18 % der Fälle realisiert, wobei die Anzahl der Börsengänge für das erste Halbjahr 2018 mit ca. 31 % stark steigende Tendenzen aufweist.[423]

2.3.5 Börsengang

Der auch als Going Public oder Initial Public Offering (IPO) bezeichnete Börsengang beschreibt die erstmalige Ausgabe von Aktien über eine Wertpapierbörse.[424] Ein Börsengang kann dabei drei Ziele verfolgen:[425]

(1) *Finanzierungsziele:*

Zu den Finanzierungszielen zählen neben der Kapitalzufuhr, stammend aus dem Emissionserlös, auch die Verbesserung der Kapitalstruktur sowie der Zugang zu neuen Finanzierungsinstrumenten.[426]

---

420 Vgl. *Daniels* (2004), S. 50; *Jesch* (2004), S. 108; *Krecek* (2005), S. 47; *Nathusius* (2001), S. 85; *Volkmann et al.* (2010), S. 315.

421 Vgl. *Krecek* (2005), S. 47; *Jesch* (2004), S. 108; *Nathusius* (2001), S. 85; *Volkmann et al.* (2010), S. 315.

422 Zur Diskussion des Wunsch-Exits siehe *Daniels* (2004), S. 48.

423 Vgl. *PitchBook Data* (2018), S. 10.

424 Vgl. *Ernst/Häcker* (2011), S. 245.

425 Vgl. *Pape* (2015), S. 102.

426 Vgl. *Achleitner* (2002), S. 243.

(2) *Eigentümerziele*:

Im Rahmen der Eigentümerziele steht den bisherigen Investoren der Börsengang als Exit-Kanal aus ihrer Beteiligung am Start-up zur Verfügung.[427]

(3) *Unternehmensziele*:

Die Unternehmensziele beschäftigen sich im Kontext von Start-up-Finanzierungen hauptsächlich mit der Umsetzung von Wachstumsstrategien.[428]

Bevor ein nicht-börsennotiertes Unternehmen den Schritt an die Börse realisieren kann, muss es die formale und materielle Emissionsfähigkeit nachweisen.[429] *Pape* (2015) erläutert dementsprechend objektive und subjektive Kriterien der Börsenreife. Die objektiven Kriterien beziehen sich auf die formalen Zulassungsvoraussetzungen zum Börsenhandel seitens des Gesetzgebers und den Wertpapierbörsen. Die subjektiven Kriterien beziehen sich hingegen auf die wirtschaftliche Börsenreife des Start-ups.[430] Nach Klärung der formalen und materiellen Emissionsfähigkeit sollte zentral der Frage nach dem Börsenplatz und -segment sowie der Frage nach dem Platzierungsvolumen nachgegangen werden.[431]

Im Rahmen des Börsenganges spielt die Unternehmensbewertung erneut eine zentrale Rolle. Zur Bestimmung des Emissionspreises werden Platzierungsverfahren zur Hilfe gezogen.[432] Neben dem Festpreisverfahren und dem Auktionsverfahren hat sich das Bookbuilding-Verfahren am deutschen Kapitalmarkt als dominierendes Platzierungsverfahren durchgesetzt.[433] Bei dem Bookbuilding-Verfahren wird der Emissionspreis unter Berücksichtigung von Zeichnungsangebot und Emissionspreis durch Angebotsabgabe von institutionellen Investoren bestimmt.[434] Ausgangspunkt dafür ist eine Bookbuilding-Spanne von möglichen Emissionspreisen (ca. 10-15 %), welche den Investoren zum Zeichnen der Angebote vorgelegt wird. Der Preis, zu dem sämtliche auszugebende Aktien bei den Investoren platziert werden können, wird als Emissionspreis definiert.[435] Die Vorteile des Bookbuilding-Verfahrens sind die Markt-

427 Vgl. *Talmor/Vasvari* (2011), S. 330.

428 Vgl. *Ernst/Häcker* (2011), S. 245.

429 Vgl. *Pape* (2015), S. 103.

430 Vgl. *Achleitner* (2002), S. 260 ff.; *Pape* (2015), S. 103.

431 Vgl. *Weiler* (2001), S. 179.

432 Vgl. *Rudolph* (2006), S. 300 ff. Die Preisfindung muss nicht der Unternehmensbewertung entsprechen, da durch persönliche Motive und Spekulationen der Preis höher bzw. niedriger ausfallen kann als der intrinsische Wert des Bewertungsobjektes.

433 Vgl. *Pape* (2015), S. 106 f.; *Rudolph* (2006), S. 300 ff.

434 Vgl. *Weiler* (2001), S. 159.

435 Vgl. *Pape* (2015), S. 107; *Rudolph* (2006),S. 301.

nähe sowie potenzielle Kursgewinne nach Emission durch das Nichtausreizen der Zahlungsbereitschaft der Investoren.[436] Ein Börsengang ist mit einmaligen und laufenden Kosten sowie Publizitäts- und Offenlegungspflichten verbunden.[437]

2.4 Andere Finanzierungsquellen

2.4.1 Fremdkapital

Die Fremdkapital- bzw. Kreditfinanzierung ist durch eine informationsasymmetrische Gläubigerbeziehung zwischen Kapitalangebot und -nachfrage charakterisiert. Dabei leiht der Gläubiger dem Schuldner befristetes Kapital und vertraut auf die Rückzahlung des Nominalbetrages zuzüglich einer festen oder variablen Verzinsung.[438] Die Finanzierung über Fremdkapital beschränkt sich im Rahmen der Start-up-Finanzierung auf folgende unverbriefte Finanzierungsinstrumente, da eine Kapitalmarktfähigkeit (noch) nicht vorhanden ist: Kredite von Handelspartnern, Kredite bzw. Darlehen von Kreditinstituten sowie Private Debt.[439]

Kredite von Handelspartnern:

Zu den Krediten von Handelspartnern zählen Lieferantenkredite und Kundenanzahlungen. Lieferantenkredite umfassen den Kauf auf Zahlungsziel. Der Lieferant leistet sofort, das Start-up zahlt zu einem späteren Zeitpunkt (im Normalfall innerhalb der nächsten 30 Tage). Sofern der Lieferantenkredit nicht in Anspruch genommen wird gewähren die meisten Lieferanten einen Rabatt (Skonto) bei zeitnaher Begleichung der ausstehenden Forderung (bis zu 7 Tagen).[440] Das Gegenstück zum Lieferantenkredit ist die Kundenanzahlung. Hierbei gewährt der Kunde durch seine Zahlung vor Erhalt der Leistung einen Kredit, welcher auf den späteren Kaufpreis angerechnet wird. Typischerweise erfolgen Kundenanzahlungen bei Produkten, welche hohe Investitionskosten aufweisen oder sehr stark personalisiert angefertigt werden.[441]

Wie bereits im Rahmen des Bootstrappings beschrieben, können das Ausnutzen von Lieferantenkrediten und die Forderung von Anzahlungen in den sehr frühen Phasen für das Überleben des Start-ups von vitalem Interesse sein. Auf Grund des erhöhten Kapitalbedarfs von Start-ups sind Kredite von Handelspartnern allerdings keine wachstumsorientierten Finanzierungsquellen.

---

436 Vgl. *Pape* (2015), S. 107.
437 Vgl. *Achleitner* (2002), S. 478 ff.; *Pape* (2015), S. 90 ff., 102 ff.
438 Vgl. *Pape* (2015), S. 135 f.
439 Vgl. *Pape* (2015), S. 146; *Wahl* (2004), S. 111 ff.
440 Vgl. *Pape* (2015), S. 146.
441 Vgl. *Pape* (2015), S. 149.

Kredite/Darlehen von Kreditinstituten:

Kredite und Darlehen unterscheiden sich hinsichtlich der Laufzeit. Während Kredite im Normalfall kurz- bis mittelfristige Laufzeiten aufweisen (bis zu 5 Jahren), haben Darlehen langfristige Laufzeiten von bis zu 30 Jahren.[442] Auf Grund der hohen Informationsasymmetrien zwischen Schuldner und Gläubiger wird das Kreditrisiko durch vorgeschaltete Bonitätsprüfung, Stellung von Kreditsicherheiten sowie vertragliche Zusatzvereinbarungen gemindert.[443] Nach Antragseingang prüfen die Kreditinstitute zunächst die Bonität bzw. Kreditwürdigkeit der Antragsteller durch Analyse von finanzwirtschaftlich bedeutsamen Informationen unter Einbezug der vom Schuldner aufzubringenden Kreditsicherheiten (Personal- und Sachsicherheiten sowie deren akzessorischen bzw. fiduziarischen Charakter).[444] In den meisten Fällen werden in Kreditverträgen neben den Rückzahlungsmodalitäten auch Zusatzvereinbarungen aufgenommen, welche sich auf Informationspflichten, Einhaltung bestimmter Kennzahlen und unternehmenspolitische Verhaltenspflichten beziehen.[445] Auf dem unverbrieften Fremdkapitalmarkt existiert eine Vielzahl an unterschiedlichen Krediten bzw. Darlehen, wie z. B. Kontokorrent-, Diskont-, Lombard- und Avalkredit sowie Darlehen oder Schuldscheindarlehen.[446]

Private Debt:

Eine Alternative zur Fremdkapitalaufnahme über Kreditinstitute ist das Private Debt, bei dem die Kredit- bzw. Darlehenvergabe über informelle oder institutionelle Investoren in Form von vor- und nachrangigen, unbesicherten und nicht sekundärmarktfähigen Finanztiteln erfolgt.[447] Private Debt-Finanzierungsnehmer haben i. d. R. eine geringe Bonität und werden im Rahmen der Kreditwürdigkeitsprüfung von Kreditinstituten als nicht kreditwürdig eingestuft.[448] Private Debt kommt auf Grund des hohen Finanzierungsrisikos mehrheitlich bei Unternehmen mit einer vorhandenen Historie zum Einsatz. Den Ursprung hat diese Finanzierungsform im Zusammenhang mit Management-Buy-outs (MBO) und Leveraged Buy-outs (LBO).[449] Schlussfolgernd haben Start-ups im Normalfall nur einen relativ begrenzten Zugang zur Private Debt-Finanzierung.[450]

442 Vgl. *Pape* (2015), S. 145 ff.
443 Vgl. *Pape* (2015), S. 137 ff.
444 Vgl. *Pape* (2015), S. 137 ff.
445 Vgl. *Pape* (2015), S. 142 ff.
446 Vgl. *Pape* (2015), S. 149 ff.
447 Vgl. *Achleitner/Wahl* (2004a), S. 2; *Achleitner/Wahl* (2004b), S. 42 ff.; *Wahl* (2004), S. 111.
448 Vgl. *Wahl* (2004), S. 114.
449 Vgl. *Achleitner/Wahl* (2004b), S. 55.
450 Vgl. *Wahl* (2004), S. 115.

Zentrale Nachteile der Fremdkapitalaufnahme liegen in der Verpflichtung zu laufenden Zins- und Tilgungszahlungen (konstante Liquiditätsbelastung) sowie der Notwendigkeit zur Stellung von Sicherheiten begründet.[451] Typischerweise erwirtschaften Start-ups in der Early-stage noch keine Gewinne und die operativen Cashflows zur Begleichung der Rückzahlungsverpflichtungen bleiben aus. Eine Stundung kommt gemäß der Risikoaversion der Gläubiger sehr selten in Frage. Zusätzlich ist ein Start-up i. d. R. nicht in der Lage Kreditsicherheiten zu stellen, sodass die Chance zur Fremdkapitalaufnahme relativ gering ausfällt. Schlussfolgernd werden die meisten Kreditanträge von Start-ups auf Grund der Risikoaversion abgelehnt bzw. in seltenen Fällen mit hohen Zinssätzen zur Kompensation gewährt.[452] Die Kreditsurrogate Factoring und Leasing werden auf Grund der geringen Finanzierungsvolumina, gemessen an dem erhöhten Kapitalbedarf von Start-ups, nicht weiter betrachtet.[453]

2.4.2 Mezzanine-Kapital

Wie bereits im Rahmen der Systematisierung der Finanzierungsformen beschrieben, ist das Mezzanine-Kapital eine Mischform aus Eigen- und Fremdkapital. Die hybriden Finanzierungsinstrumente lassen sich u. a. nach privatplatzierten und kapitalmarktplatzierten Formen, ertrags- und wertsteigerungsorientierten Formen sowie nach der Nähe zu Eigen- und Fremdkapital differenzieren.[454] Mezzanine-Finanzierungsinstrumente sind aus rechtlicher Perspektive meistens dem Fremdkapital zuzuordnen, aus wirtschaftlicher Perspektive dominiert jedoch der Eigenkapitalcharakter:[455]

Rechtliche Perspektive:

Aus der rechtlichen Perspektive (Fremdkapitalcharakter) ergeben sich Kontroll- und Informationsrechte, eine befristete Kapitalüberlassungsdauer sowie der Anspruch auf eine feste Basisverzinsung seitens der Kapitalgeber. Mitspracherechte werden im Normalfall gar nicht oder nur in begrenztem Umfang eingeräumt. Steuerlich zählen die zu leistenden Zinszahlungen üblicherweise zu den Betriebsausgaben, sodass Steuervorteile ausgeschöpft werden können.[456]

---

451 Vgl. *Brettel et al.* (2005), S. 179 f.

452 Vgl. *Brettel et al.* (2005), S. 179 f.

453 Weiterführende Literatur zu Leasing und Factoring siehe *Becker* (2004), S. 194 f.; *Grundmann* (2013), S. 1 ff., 117 ff.; *Pape* (2015), S. 192 ff.

454 Vgl. *Nathusius* (2001), S. 112 ff.

455 Vgl. *Pape* (2015), S. 208 ff.

456 Vgl. *Brüse* (2011), S. 31 ff.; *Frodermann/Schäfer* (2005), S. 264 ff.; *Kollmann* (2016), S. 206 f.; *Pape* (2015), S. 208 ff.

Wirtschaftliche Perspektive:

Aus der wirtschaftlichen Perspektive (Eigenkapitalcharakter) ergibt sich die Nachrangigkeit gegenüber reinem Fremdkapital und dementsprechend die wirtschaftliche Anrechnung als haftendes Eigenkapital. Im Normalfall existieren dabei keine bzw. nachrangige Sicherheiten seitens des Schuldners. Die Beteiligung der Gläubiger am Unternehmenserfolg kann bei Mezzanine-Finanzierungsinstrumenten durch Partizipation an der Wertsteigerung, variable Zusatzverzinsung oder Options- und Wandlungsrechten erfolgen.[457]

Ein Vorteil der Mezzanine-Finanzierung liegt in dem flexibel gestaltbaren Rendite-Risiko-Profil,[458] da es attraktive Kompromisse gegenüber den reinen Finanzierungsquellen anbietet. Mezzanine-Kapital ermöglicht es den Investoren an Wertsteigerungen zu partizipieren, wenngleich sie den fixen Anspruch auf die variabel vereinbarten Rückzahlungsmodalitäten aufrechterhalten. Der Gründer hingegen kann mit der Wahl einer hybriden Finanzierung die Verwässerung der eigenen Anteile am Start-up zunächst verhindern, um die unternehmerische Selbstbestimmung zu bewahren.[459] Typische Mezzanine-Finanzierungsinstrumente bei Start-ups sind beispielsweise Nachrangdarlehen, partiarisches Darlehen, Wandelschuldverschreibungen oder typische und atypische stille Beteiligungen.[460]

2.4.3 Crowdfunding

In der Literatur lassen sich unterschiedliche Definitionen von Crowdfunding identifizieren. Eine einheitliche Definition existiert jedoch bislang nicht.[461] Diese Arbeit folgt der Definition von *Belleflamme et al.* (2014), welche das Crowdfunding als „open call, mostly through the internet, for the provision of financial resources either in the form of donation or in exchange for the future product or some form of reward to support initiatives for specific purposes"[462] beschreiben. Diese Definition umfasst die drei beteiligten Parteien des Crowdfunding-Prozesses: Gründer, Investoren als Crowd sowie die Crowdfunding-Plattform als Vermittler von Kapi-

457 Vgl. *Brüse* (2011), S. 31 ff.; *Frodermann/Schäfer* (2005), S. 264 ff.; *Kollmann* (2016), S. 206 f.; *Pape* (2015), S. 208 ff.

458 Für eine Übersicht des Rendite-Risiko-Profils des jeweiligen Finanzierungsinstrumentes siehe *Nathusius* (2001), S. 118; *Pape* (2015), S. 211.

459 Vgl. *Kollmann* (2016), S. 206. Für eine ausführliche Bewertung von Mezzanine-Kapital siehe *Pape* (2015), S. 215 f.

460 Vgl. *Frodermann/Schäfer* (2005), S. 264 ff.; *Nathusius* (2001), S. 112 ff.; *Volkmann et al.* (2010), S. 340 f.

461 Vgl. *Belleflamme et al.* (2014), S. 588; *Mollick* (2014), S. 2; *Ordanini et al.* (2011), S. 444 f.

462 *Belleflamme et al.* (2014), S. 588.

talangebot und -nachfrage.[463] Ziel des Crowdfundings ist es, von vielen Investoren kleine Geldbeträge einzusammeln, um ein vorher spezifiziertes Vorhaben finanzieren zu können.[464]

In Anlehnung an die Definition von Crowdfunding differenzieren *Belleflamme et al.* (2013) das Crowdfunding zunächst nach Art der Kompensation der Investoren in finanzielle, beispielsweise durch Anteile am Unternehmen oder reine Gewinnbeteiligung sowie nicht finanzielle Anreize, wie z. B. Vorkaufsrechte, kleine Geschenke oder Anerkennung.[465] Crowdfunding bezieht sich im klassischen Sinne auf die nicht finanziell motivierten Investoren. Folglich hat sich für die finanziell motivierten Investoren in der Praxis der Begriff des Crowdinvestings als Unterform des Crowdfundings etabliert.[466] Dieser Logik folgend lassen sich insgesamt vier Typen des Crowdfundings bzw. -investings identifizieren, welche sich hinsichtlich der Investmentziele der Investoren differenzieren lassen: Equity- und Lending-based Crowdinvesting mit klarem Renditeziel sowie Reward- und Donation-based Crowdfunding ohne finanzielle Motivation der Investoren.[467]

Eigenkapitalbasiertes Crowdinvesting:
Im Rahmen des Equity-based Crowdinvestings erhalten die Investoren im Gegenzug zu ihrem Investment einen Anteil am Unternehmen oder eine Gewinn- und Wertsteigerungsbeteiligung.[468] Auf Grund der rechtlichen Rahmenbedingungen ist die Beteiligungsfinanzierung via Crowdfunding erst in jüngster Vergangenheit als Finanzierungsquelle für Start-ups verfügbar geworden.[469] Am häufigsten sind daher die Formen des Mezzanine-Kapital mit Eigenkapitalcharakter verbreitet (z. B. partiarische Nachrangdarlehen, typische und atypische stille Beteiligungen), welche die Investoren am Gewinn sowie Wertsteigerungspotenzialen partizipieren lassen.[470]

---

463 Vgl. *Ordanini et al.* (2011), S. 444 f.; *Schramm/Carstens* (2014), S. 6. Auf Grund der rapide ansteigenden Zahl an Crowdfunding-Plattformen wird an dieser Stelle auf einen Überblick verzichtet. Für einen Überblick siehe *Schramm/Carstens* (2014), S. 22 ff.

464 Vgl. *Mollick* (2014), S. 3; *Ordanini et al.* (2011), S. 445.

465 Vgl. *Belleflamme et al.* (2013), S. 314; *Belleflamme et al.* (2014), S. 586.

466 Vgl. *Appelhoff et al.* (2013), S. 95.

467 Vgl. *Belleflamme et al.* (2013), S. 313 ff.; *Belleflamme et al.* (2014), S. 589; *Mollick* (2014), S. 3 f.; *Schramm/Carstens* (2014), S. 7; *Stanko/Henard* (2017), S. 785 f.

468 Vgl. *Mollick* (2014), S. 3.

469 Vgl. *Appelhoff et al.* (2013), S. 97 ff.; *Mollick* (2014), S. 3; *Schramm/Carstens* (2014), S. 7.

470 Vgl. *Schramm/Carstens* (2014), S. 24.

Fremdkapitalbasiertes Crowdinvesting:

Bei dem Lending-based Crowdinvesting treten die Investoren als Fremdkapitalgeber auf, indem sie dem Start-up einen Kredit gewähren.[471] Das Ziel hierbei ist primär die Verzinsung auf das eingesetzte Kapital.[472] Bei Mikrokrediten kann es allerdings vorkommen, dass das Renditeziel hinter nicht-monetären Anreizgrößen an Bedeutung einbüßt.[473] In der Praxis hat sich für das Lending-based Crowdinvesting auch der Begriff des Crowdlendings durchgesetzt.[474]

Belohnungsbasiertes Crowdfunding:

Das Reward-based Crowdfunding wird durch nicht finanzielle Anreize getrieben.[475] Die Investoren erhalten im Austausch gegen das Investment u. a. die Möglichkeit der Produktvorbestellung, frühzeitigem Zugang zu Produkten, Updates über den Stand der Entwicklung sowie einen direkten Kommunikationskanal zu dem Hersteller.[476] Das Hauptaugenmerk liegt hierbei auf der Vorfinanzierung eines konkreten Projektes. Sollte das benötigte Finanzierungsvolumen in einem vorher definierten Zeitraum nicht eingesammelt werden, wird das Projekt nicht realisiert und die Mittel werden an die Investoren zurückgeführt.[477]

Spendenbasiertes Crowdfunding:

Primär philanthropische Anreize bewegen die Investoren gemeinnützige Projekte, ohne Gegenleistung im klassischen Sinne einer Spende, zu unterstützen.[478]

Der Fundraising-Prozess umfasst im Kontext des Crowdfundings zunächst die Abwägung der Finanzierungsalternativen und die Auswahl des Crowdfundings bzw. Crowdinvestings als „passende“[479] Finanzierungsquelle. Im Anschluss folgen vier Phasen, welche im Prinzip analog des Ablaufs des Investmentprozesses der außerbörslichen Beteiligungsfinanzierung durchlaufen werden:[480]

(1) Bewerbung und Fundraisingvorbereitung.

(2) Betreuung des Fundraisings auf der Plattform.

---

471 Vgl. *Belleflamme et al.* (2014), S. 602.

472 Vgl. *Schramm/Carstens* (2014), S. 7.

473 Vgl. *Mollick* (2014), S. 3.

474 Vgl. *Kohler/Suberg* (2015), S. 121.

475 Vgl. *Belleflamme et al.* (2013), S. 317; *Belleflamme et al.* (2014), S. 589.

476 Vgl. *Appelhoff et al.* (2013), S. 96; *Belleflamme et al.* (2013), S. 317; *Mollick* (2014), S. 3.

477 Vgl. *Schramm/Carstens* (2014), S. 7.

478 Vgl. *Appelhoff et al.* (2013), S. 96; *Belleflamme et al.* (2013), S. 317; *Schramm/Carstens* (2014), S. 7.

479 Weiterführende Literatur zur Eignung von Crowdfunding als Finanzierungsquelle siehe *Appelhoff et al.* (2013), S. 92 ff.; *Schramm/Carstens* (2014), S. 84 ff.

480 Vgl. *Schramm/Carstens* (2014), S. 84 ff.

(3) Betreuung der Kapitalgeber nach dem Fundraising.

(4) Exit.

Das Crowdfunding steht dem Start-up bereits in der Early-stage zur Verfügung und ist folglich eine Alternative zur außerbörslichen Beteiligungsfinanzierung mit Business Angels oder Venture-Capital-Investoren. Auf Grund der geringen Mehrwertleistung einer Crowdfunding-Finanzierung wird diese Finanzierungsform oftmals zur Ergänzung oder Überbrückung des hohen Kapitalbedarfs verwendet.

2.4.4 Öffentliche Fördermittel

Historisch gesehen haben öffentliche Fördermittel in Deutschland eine lange Tradition und liegen in den politischen Zielen des Wirtschaftswachstums und der Arbeitsplatzschaffung begründet.[481] Theorie und Praxis rechtfertigen die öffentliche Förderung von Start-ups im Kontext von Marktversagen, da Start-ups schwieriger private Finanzierungen erhalten.[482] Folglich werden in Deutschland auf Bundes- und Länderebene öffentliche Fördermittel zur Start-up-Finanzierung angeboten.[483] Die öffentlichen Förderprogramme sind an das Erfüllen bestimmter Bedingungen hinsichtlich des Geschäftsmodells geknüpft, wie z. B. innovatives Geschäftsmodell, Geschäftssitz in Deutschland oder überdurchschnittliches Wachstumspotenzial.[484] Weitere Rahmenbedingungen befassen sich mit der Antragstellung auf Förderung vor Gründung, projektbezogene Exklusivität der Förderung sowie mit den Eigentümerstrukturen des Start-ups.[485] Je nach Lebenszyklusphase des Start-ups stehen unterschiedliche Förderprogramme zur Verfügung, welche sich auf einer Metaebene wie folgt kategorisieren lassen:[486]

(1) *Zuschüsse*, welche nicht zurückgezahlt werden müssen.

(2) *Förderkredite/-darlehen*, welche durch Zins- und Tilgungssubvention unter der marktüblichen Verzinsung liegen.

(3) *Offene* oder *stille Beteiligungen*, welche durch subventionierte Konditionen (Gewinnbeteiligung und Verzinsung) unter dem Marktdurchschnitt liegen.

---

481 Vgl. *Brettel et al.* (2005), S. 181; *Nathusius* (2001), S. 86.

482 Vgl. *Hahn* (2014a), S. 63; *Hotz-Hart/Rohner* (2014), S. 114; *Schäfer/Zimmermann* (2008), S. 277 ff.

483 Vgl. *Bundesministerium für Wirtschaft und Energie* (2017b), S. 5 ff.; *Fischer* (2004), S. 57.

484 Vgl. *Fischer* (2004), S. 57; *Nathusius* (2001), S. 86 ff.

485 Vgl. *Hahn* (2014a), S. 65.

486 Vgl. hierzu und im Folgenden *Hahn* (2014a), S. 64 f. Eine aktuelle Übersicht über die Förderprogramme kann der von der Deutschen Bunderegierung herausgegebenen Webseite: www.förderdatenbank.de entnommen werden.

(4) Haftungsfreistellungen in Form von *Bürgschaften*, welche die Finanzierungsrisiken von Kreditinstituten durch anteilige Freistellung vom Ausfallbetrag reduzieren.

(5) *Refinanzierungsprogramme*, welche die Finanzierungsrisiken von Kreditinstituten reduzieren.

Die hier präsentierten Vorteile einer öffentlichen Förderung beziehen sich auf Wirtschaftswachstum, Innovationsförderung und Arbeitsplatzschaffung. Demgegenüber stehen die Gefahren der öffentlichen Förderung in Form von einzelwirtschaftlicher Ineffizienz der Förderung (Erfolgsvergleich geförderter und nicht geförderter Unternehmen), gesamtwirtschaftlicher Ineffizienz der Förderung (Verdrängungs- und Mitnahmeeffekte) sowie der möglichen Benachteiligung privater Eigen- und Fremdkapitalinvestoren.[487]

2.5 Zwischenfazit

Beginnend mit dem in Kapitel 2.1 thematisierten Ressourcenmanagement von Start-ups wurden die Ressourcen in immaterielle und materielle Ressourcen differenziert. Im Kontext der immateriellen Ressourcen erfolgte zunächst eine Übersicht über das Organisationskapital, welches sich hauptsächlich mit der Organisationsstruktur und rechtlichen Angelegenheiten des Start-ups befasst. Dabei konnte festgestellt werden, dass das Organisationskapital dem Start-up am Markt Legitimität verleiht und für eine erfolgreiche Geschäftsentwicklung unabdingbar ist. Kapitel 2.1.2.2 hat das Humankapital in den Fokus der Betrachtung gerückt. Dabei wurde die besondere Relevanz der Persönlichkeit des Gründers und der sich daraus bedingenden Fähigkeiten und Wissen des Gründers dargestellt, welche sich im weiteren Verlauf des zweiten Kapitels auch als eines der Investmentkriterien von Investoren herausstellte. Im Kontext des Sozialkapitals wurde der hochrangige Stellenwert sozialer Netzwerke für den Gründer und das Start-up erörtert. Durch die Diskussion der drei Erfolgsfaktoren sozialer Netzwerke erfolgte die Überleitung zu den materiellen Ressourcen, da sich durch ein gut ausgebautes soziales Netzwerk der Zugang zu den materiellen Ressourcen erleichtert.

Das Finanzkapital als materielle Ressource wurde in die Finanzbedarfs- und Finanzierungsplanung aufgespalten, wobei die Finanzbedarfsplanung den Kapitalbedarf, Liquiditätsplanung sowie den Planungshorizont umfasst. Darauffolgend wurde erörtert, dass die Finanzierungsplanung die in der Finanzbedarfsplanung festgelegten Kriterien mit den Finanzierungsalternativen abgleicht und zur Kostenschätzung der Finanzierung dient. Anhand des Lebenszyklus eines

487 Vgl. *Brettel et al.* (2005), S. 9 f.

Start-ups wurden die Finanzierungsquellen (Eigen-, Fremd- und Mezzanine-Kapital) mit den typischen Finanzierungsinstrumenten der jeweiligen Phase diskutiert. Dabei stellte sich heraus, dass für Start-ups in der Early-stage auf Grund des hohen Risikos hauptsächlich Business Angels und Venture-Capital-Investoren als externe Finanzierungsquellen zur Verfügung stehen.

An diesen Gedanken anknüpfend erfolgte in Kapitel 2.2.1 eine Einleitung in die Thematik der außerbörslichen Beteiligungsfinanzierung, wobei Business Angels und Venture-Capital-Investoren in ihren Grundzügen erläutert wurden. In diesem Zusammenhang wurde in Anlehnung an aktuelle empirische Forschungsarbeiten der Investmentprozess einer außerbörslichen Beteiligungsfinanzierung in vier Phasen (Pre-Investment, Invest-ment, Post-Investment und Exit) unterteilt. Eine detaillierte Betrachtung der jeweiligen Investorenkategorie schloss sich daran an. Dabei wurde besonderer Fokus auf die Mehrwertleistungen der Investoren in der Post-Investment-Phase gelegt. Diese Literaturauswertung hat gezeigt, dass die Investoren den Gründer in operativen und strategischen Angelegenheiten durch Mentoring, Monitoring und Netzwerkbereitstellung unterstützen. Der Ausbau des Organisations-, Human- und Sozialkapitals des Gründers bzw. des Start-ups konnte als wichtige Mehrwertleistung der Investoren festgehalten werden. Schließlich hat sich der Zugang zu neuem Finanzkapital als bedeutende Mehrwertleistung der Investoren herausgestellt. Im Hinblick auf die Forschungsfrage der vorliegenden Arbeit konnte festgestellt werden, dass die Literatur einheitlich der Meinung ist, dass Investoren den Gründer bei der Akquisition neuen Finanzkapitals durch beispielsweise ihr Netzwerk oder Know-how unterstützen. Dennoch hat die Literaturauswertung gezeigt, dass die Frage, wie die Investoren bei den Finanzierungsentscheidungen des Gründers mitwirken, bislang ungeklärt bleibt. Die empirische Erhebung der vorliegenden Arbeit widmet sich daher dieser Fragestellung.

Im weiteren Verlauf des zweiten Kapitels wurden der Gründer und das Gründerumfeld, Akzeleratoren sowie Inkubatoren als weitere Early-stage-Finanzierungsquellen aus Eigenkapital vorgestellt. Dabei konnten der Gründer und das Gründerumfeld als erste Finanzierungsgeber für das Start-up identifiziert werden, wobei diese Finanzierungsquellen im Hinblick auf den erhöhten Kapitalbedarf nicht nachhaltig zur Verfügung stehen. Ferner wurden weitere Finanzierungsquellen aus Eigenkapital präsentiert, welche dem Start-up aber erst in den späteren Lebenszyklusphasen zugänglich sind. Dazu zählen Private Equity, Trade Sale, Secondary Purchase sowie der Börsengang. Abgerundet wurden die theoretischen Überlegungen zu der Finanzierung von Start-ups mit der Diskussion von Fremdkapital, Mezzanine-Kapital sowie Crowd-funding und öffentlichen Fördermitteln, welche aber deutlich weniger Relevanz für die Finanzierung von Start-ups aufweisen als Business Angels oder Venture-Capital-Investoren.

Das nachfolgende Kapitel 3 befasst sich mit der zweiten Problemstellung der vorliegenden Arbeit und bietet einen Überblick über die Rahmenbedingungen der außerbörslichen Beteiligungsfinanzierung. Hierbei werden zunächst agencytheoretische Grundüberlegungen zum Beziehungsverhältnis zwischen Gründer und Investor präsentiert. Im Anschluss daran werden auf Grund des nicht ausreichenden Erklärungsbeitrages der Agency-Theorie zum Beziehungsverhältnis zwischen Gründer und Investoren auch die verhaltenswissenschaftlichen Konstrukte Vertrauen und Konflikte sowie die dem Entrepreneurship entstammenden Theorien zur Erklärung unternehmerischen Handelns thematisiert.

3 Rahmenbedingungen der außerbörslichen Beteiligungsfinanzierung

3.1 Agency-Theorie

Die Neue Institutionenökonomik ist eine aus der Volkswirtschaftslehre hervorgegangene Weiterentwicklung der neoklassischen Theorie, indem sie den Anwendungsbereich der Neoklassik durch Veränderungen der Annahmen erweitert.[488] Unter Institutionen werden dabei „ein System miteinander verknüpfter, formgebundener (formaler) und formungebundener (informeller) Regeln (Normen) einschließlich der Vorkehrungen zu deren Durchsetzung"[489] verstanden. Während die Neoklassik von gegebenen, statischen Institutionen ausgeht, nimmt die Neue Institutionenökonomik dynamische und demnach veränderbare Institutionen an. Der Grundgedanke ist hierbei, dass reale Ressourcen benötigt werden, um Institutionen zu schaffen. Dies impliziert die Existenz von Ungewissheit, beschränkter Rationalität, unvollständiger Informationen, Opportunitäts- sowie Transaktionskosten.[490] Vor dem Hintergrund dieser neuen Annahmen sind diverse Theorien zur Erklärung von mikroökonomischen Sachverhalten entstanden. Zu den bekanntesten dieser Theorien gehören die Theorie der Verfügungsrechte, die Transaktionskostentheorie, die Vertragstheorie sowie die Agency-Theorie.[491]

Die *Theorie der Verfügungsrechte* liefert Erklärungsansätze und analytische Konzepte zur Ausgestaltung, Schaffung und Zuordnung von Rechten (Nutzungs-, Veränderungs-, Ertrags- und Veräußerungsrecht) bei der Verfügung über knappe Ressourcen.[492] Die *Transaktionskostentheorie* beschäftigt sich mit der Erklärung von Kosten (Informations-, Verhandlungs- und Entscheidungs- sowie Durchsetzungs- und Kontrollkosten) zwischen zwei kooperierenden Parteien bei einem Tauschhandel auf Grund von eingeschränkter Rationalität und unvollständigen Informationen.[493] Die *Vertragstheorie* ist ein eng mit der Transaktionskostentheorie verbundener Ansatz, welcher jedoch über den reinen Kostenaspekt hinausgeht und neben der klassischen ökonomischen Vertragsdefinition auch unvollkommene Verträge einbezieht und sich somit als eine Sonderform eines Agency-Konfliktes darstellen lässt.[494] Die *Agency-Theorie* befasst sich mit informationsasymmetrischen Fragestellungen zwischen einem Vertreter

[488] Vgl. *Richter et al.* (2010), S. 2 f.

[489] *Richter et al.* (2010), S. 7.

[490] Vgl. *Bieg et al.* (2016), S. 25; *Richter et al.* (2010), S. 2 ff., 38 ff.; *Steiner/Kölsch* (1989), S. 420.

[491] Vgl. *Richter et al.* (2010), S. 31, 41 ff.

[492] Vgl. *Furubotn/Pejovich* (1972), S. 1137 ff.; *Schefczyk* (2000), S. 109 ff.; *Tietzel* (1981), S. 125. Für Grundlagenliteratur zur Theorie der Verfügungsrechte siehe *Alchian/Demsetz* (1973); *Cheung* (1970); *Demsetz* (1967).

[493] Vgl. *Richter et al.* (2010), S. 41 ; *Seehausen* (2014), S. 21. Für Grundlagenliteratur zur Transaktionskostentheorie siehe *Coase* (1960); *Williamson* (1985); *Williamson* (1989), S. 136 ff.

[494] Vgl. *Picot et al.* (2003), S. 42 f., 290, 300; *Schefczyk* (2000), S. 127 f.

(Agenten) der im Auftrag des Vertretenen (Prinzipal) handelt.[495] Da der Erklärungsbeitrag der Theorie der Verfügungsrechte sowie der Transaktionskosten- und Vertragstheorie dem informationsasymmetrischen Beziehungsverhältnis zwischen Gründer und Investoren unzureichend gerecht wird, wird für den weiteren Verlauf der Arbeit die Agency-Theorie als finanzierungstheoretische Grundlage verwendet und die anderen Theorien nicht weiterführend betrachtet.[496]

3.1.1 Grundlagen

Die auch als Prinzipal-Agenten-Theorie bekannte Agency-Theorie basiert auf der Annahme einer ungleichen Verteilung von Informationen zwischen den Parteien. Folglich ist eine Kooperation zwischen zwei Parteien durch die Beschaffung und Verarbeitung von Informationen charakterisiert.[497] Informationsasymmetrie beschreibt die bewusste Wahrnehmung eines Informationsdefizites eines schlechter informierten Marktteilnehmers gegenüber eines besser informierten Marktteilnehmers.[498] Die Agency-Theorie beschäftigt sich mit dem Ursprung, Arten und Lösungswegen für opportunistische Verhaltensweisen zwischen schlechter informiertem Prinzipal und besser informiertem Agenten. Der Prinzipal delegiert Entscheidungskompetenzen an den Agenten, welcher nicht im Interesse des Prinzipals handelt, sondern stattdessen seine eigenen Interessen verfolgt.[499] Das opportunistische Verhalten kann sich sowohl auf die Minderwertigkeit der erbrachten Gegenleistung zum Zeitpunkt des Vertragsabschlusses sowie auf eine sich im Nachhinein wertmindernde Gegenleistung beziehen.[500] Die Arten von Prinzipal-Agenten-Beziehungen werden in der Literatur nicht einheitlich abgegrenzt.[501] Die vorliegende Arbeit folgt der Differenzierung von *Funk* (2008) in Hidden Characteristics, Hidden Information, Hidden Action und Hidden Intention.[502] Zunächst werden die jeweiligen Arten von Agency-Problemen erörtert und im Nachgang die Lösungsmechanismen von Agency-Problemen diskutiert. Tabelle 3-1 gibt einen einführenden Überblick über die Arten von Agency-Problemen und deren Lösungsmechanismen.

---

495 Vgl. *Richter et al.* (2010), S. 31.
496 Vgl. *Schefczyk* (2000), S. 112.
497 Vgl. *Seehausen* (2014), S. 15 f.
498 Vgl. *Schmidt/Terberger* (1997), S. 391.
499 Vgl. *Welge/Eulerich* (2014), S. 14.
500 Vgl. *Seehausen* (2014), S. 16.
501 Vgl. *Becker/Rech* (2014), S. 42 ff.; *Funk* (2008), S. 53 ff.; *Jost* (2001), S. 45 ff.; *Scherm/Pietsch* (2007), S. 56 ff.; *Welge/Eulerich* (2014), S. 15 ff.
502 Vgl. *Funk* (2008), S. 60.

Art	Hidden Characteristics	Hidden Information	Hidden Action	Hidden Intention
Entstehungs-zeitpunkt	Ex ante	Ex ante	Ex post	Ex post
Entstehungs-ursache	Verborgene Eigenschaften des Agenten	Informationsstand des Agenten nicht beobachtbar	Aktivitäten des Agenten nicht beobachtbar	Verborgene Absichten des Agenten
Problem	Qualitätsunsicher-heit	Entscheidungsbe-urteilung	Leistungs- und Ver-haltensbeurteilung	Durchsetzung impliziter Ansprüche
Gefahr	Adverse Selection	Moral Hazard	Moral Hazard	Hold Up
Lösungsansätze	Screening, Signaling, Self Selection	Anreiz-, Informations- und Kontrollsysteme	Anreiz-, Informations- und Kontrollsysteme, Bonding	Commitment, Signaling, Screening

Tabelle 3-1: Arten von Agency-Problemen

Quelle: Eigene Darstellung in Anlehnung an *Becker/Rech* (2014), S. 44; *Funk* (2008), S. 60; *Scherm/Pietsch* (2007), S. 56.

Hidden Characteristics:

Der Agent hat versteckte Eigenschaften, welche seitens des Prinzipals nicht vor Vertragsabschluss beobachtbar sind. Versteckte Eigenschaften existieren ex ante und können sich sowohl auf die persönlichen Eigenschaften des Agenten als auch auf das von ihm angebotene Produkt beziehen. Dementsprechend gelten verborgene Eigenschaften als Problem der Qualitätsunsicherheit und resultieren oftmals in Zielkonflikten.[503] In der Konsequenz ist der Prinzipal vor dem Vertragsabschluss daran interessiert, die verdeckten Eigenschaften aufzudecken. Das kann aber dazu führen, dass Agenten ihre wahren Eigenschaften verbergen und die vom Prinzipal erwünschten Eigenschaften vortäuschen, um den Vertragsabschluss zu realisieren. An dieser Stelle entsteht das Adverse Selection-Problem der systematischen Auswahl von eigentlich unerwünschten Vertragspartnern.[504] *Akerlof* (1970) erörtert das Problem der Adverse Selection am Beispiel des Gebrauchtwagenmarktes. Dabei beschreibt der Autor die systematische Marktverdrängung guter Anbieter zugunsten schlechteren Anbietern auf Grund der hohen Informationsasymmetrien zwischen Anbieter und Käufer. Adverse Selection bedroht das Zustandekommen von Verträgen und kann in Marktversagen resultieren.[505]

Hidden Information:

Der Agent verfügt bereits ex ante oder zwischen Vertragsabschluss und Leistung über Informationen, welche er strategisch im Eigeninteresse verwendet.[506] Der Prinzipal kann somit

---

[503] Vgl. *Jost* (2001), S. 68 ff.; *Scherm/Pietsch* (2007), S. 56 f.

[504] Vgl. *Scherm/Pietsch* (2007), S. 57; *Richter et al.* (2010), S. 175.

[505] Vgl. *Akerlof* (1970).

[506] Vgl. *Richter et al.* (2010), S. 174 f.; *Scholtis* (1998), S. 16.

nicht bewerten, ob die getroffenen Entscheidungen, Leistungen oder Produkte optimal in seinem Sinne realisiert werden.[507] Eine ex post Überprüfung ist nur in seltenen Fällen möglich und meist mit „prohibitiv hohen Kosten“[508] verbunden.[509] Die auf Hidden Information basierte suboptimale Entscheidung seitens des Agenten wird auch als Moral Hazard beschrieben, da der Prinzipal die willkürliche Verhaltensunsicherheit und Leistungserbringung des Agenten ex post nicht beurteilen kann.[510]

Hidden Action:

Hidden Action ist ein Agency-Problem, welches erst nach Vertragsabschluss entsteht.[511] Im Vordergrund stehen hier nicht beobachtbare Aktivitäten des Agenten, z. B. Arbeitseinsatz unbeobachtet verringern, welche erneut zu dem Problem des Moral Hazards führen.[512] Während sich das Moral Hazard-Problem bei Hidden Information auf das nicht beurteilbare Anstrengungsniveau bezieht, geht es bei Hidden Action um die Unmöglichkeit der Beobachtung des Anstrengungsniveaus.[513] Bedingt durch die schwere Messbarkeit oder andere exogene Einflüsse kann der Prinzipal auch ex post die erbrachte Leistung nicht unmittelbar beurteilen und ein suboptimales Ergebnis ist in Kauf zu nehmen.[514]

Hidden Intention:

Hidden Intention ist ein Agency-Problem, welches nach Vertragsabschluss entstehen kann. Hierbei geht es um die versteckten Absichten des Agenten, seine impliziten Ansprüche gegen das Wissen des Prinzipals durchzusetzen.[515] Die versteckten Absichten werden nach Auftreten der Hidden Intention für den Prinzipal beobachtbar und führen zu dem Problem des Hold Ups.[516] Bei einem Hold Up nutzt der Agent ex post die vertragliche Bindung zu seinen Gunsten auf Kosten des Prinzipals aus, da dieser bereits durch Sunk Costs[517] von dem Agenten abhängig geworden ist.[518]

---

507 Vgl. *Plaschke* (2003), S. 41.
508 *Becker/Rech* (2014), S. 43.
509 Vgl. *Becker/Rech* (2014), S. 43.
510 Vgl. *Funk* (2008), S. 60; *Richter et al.* (2010), S. 174; *Spremann* (1990), S. 566.
511 Vgl. *Becker/Rech* (2014), S. 44.
512 Vgl. *Scherm/Pietsch* (2007), S. 57 f.
513 Vgl. *Picot et al.* (2008), S. 77; *Seehausen* (2014), S. 18 f.
514 Vgl. *Funk* (2008), S. 60; *Scherm/Pietsch* (2007), S. 57.
515 Vgl. *Scherm/Pietsch* (2007), S. 56 f.
516 Vgl. *Funk* (2008), S. 61.
517 In der Vergangenheit getätigte, unwiderrufliche Zahlung, vgl. *Krahnen* (1991), S. 23 ff.
518 Vgl. *Burr* (2003), S. 551, 553; *Funk* (2008), S. 61; *Scherm/Pietsch* (2007), S. 56.

Die Lösungsansätze für Agency-Probleme umfassen Anreiz-, Informations- und Kontrollsysteme, Bonding, Commitment, Screening, Self Selection sowie Signaling:[519]

Anreiz-, Informations- und Kontrollsysteme:
Um opportunistisches Verhalten seitens des Agenten vorzubeugen und die Agency-Kosten der Überprüfung zu vermindern werden Anreizsysteme verwendet, welche einen Interessenausgleich zwischen Agent und Prinzipal herbeiführen sollen. Anreizsysteme beziehen sich oftmals auf die Erfolgsbeteiligung des Agenten (z. B. Kapitalbeteiligung, Prämienzahlung oder schlechte Ausstiegsoptionen), sodass er im Einklang mit den Interessen des Prinzipals handelt.[520] Informations- und Kontrollsysteme dienen der Überwachung des Agenten und verbessern den Informationsstand des Prinzipals, was das eigennützige Handeln des Agenten deutlich erschwert. Während Informationssysteme sich auf Verbesserung des Informationsstandes des Prinzipals beziehen (z. B. Berichts-, Budgetierungs- oder Dokumentationssysteme), zielen die Kontrollsysteme auf die Überprüfung von Kennzahlen sowie deren Soll-Ist-Vergleich ab.[521]

Bonding:
Bei dem Bonding versichert der Agent durch eigene Maßnahmen, Kosten, Leistungen oder Zusatzklauseln im Vertrag, dass er im Interesse des Prinzipals handelt.[522]

Commitment:
Commitment beinhaltet die vertikale Integration des Agenten in den Interessenbereich des Prinzipals. Hierbei wird versucht durch langfristige Verträge, Verfügungsrechte sowie Werte- und Strafsysteme ein opportunistisches Verhalten auszuschließen und die Interessenkongruenz zwischen dem Agenten und dem Prinzipal in den Vordergrund zu rücken.[523]

Screening:
Das Screening befasst sich mit der Informationsbeschaffung und Überprüfung der Eigenschaften des Agenten seitens des Prinzipals, beispielsweise durch Headhunter, Marktreferenzen oder Produkttests.[524]

---

519 Vgl. *Becker/Rech* (2014), S. 44; *Funk* (2008), S. 60; *Scherm/Pietsch* (2007), S. 56.
520 Vgl. *Saam* (2002), S. 31; *Spremann* (1990), S. 581 ff.
521 Vgl. *Saam* (2002), S. 32.
522 Vgl. *Saam* (2002), S. 36; *Schefczyk* (2000), S. 117.
523 Vgl. *Funk* (2008), S. 62.
524 Vgl. *Funk* (2008), S. 61; *Stiglitz/Rothschild* (1976).

Self Selection:

Der Prinzipal legt dem Agenten unterschiedliche Vertragsvarianten vor, aus welchen letzterer sich seine präferierten Vertragsmodalitäten aussuchen darf. Aus diesem Self Selection-Lösungsansatz lassen sich Rückschlüsse auf die versteckten Eigenschaften des Agenten ziehen.[525]

Signaling:

Im Rahmen des Signalings versucht der Agent seine positiven Eigenschaften glaubhaft dem Prinzipal zu vermitteln (z. B. durch Marktreferenzen, Abschlusszeugnisse oder Gütesiegel) und ihn somit von seinen wahren Eigenschaften zu überzeugen.[526]

Die infolge eines Agency-Problems entstehenden Kosten werden als Agency-Kosten bezeichnet.[527] *Jensen/Meckling* (1976) unterteilen die Agency-Kosten in Monitoring-Kosten seitens des Prinzipals, Bonding-Kosten seitens des Agenten sowie Residualverluste. Monitoring-Kosten umfassen sämtliche Kosten der Steuerung und Überwachung der Leistungserbringung seitens des Prinzipals. Zusätzlich zählen hierzu auch die Kosten der ex ante Informationsbeschaffung.[528] Bonding-Kosten beziehen sich auf die Kosten des Agenten, welche im Rahmen der Überzeugung von einer nicht opportunistischen Verhaltensweise entstehen. Der Residualverlust ist die Differenz zwischen der für den Prinzipal nutzenmaximierenden Alternative und der vom Agent tatsächlich realisierten Alternative.[529] Agency-Probleme ohne Entstehung von Kosten sind realitätsfremd und können in der Praxis i. d. R. nicht vermieden werden.[530] Die Agency-Kosten können allerdings durch die oben beschriebenen Lösungsansätze gemindert werden. Generell gilt es eine gute Balance zwischen Agency-Kosten und Mehrwert, resultierend aus dem Ausgleich der Informationsasymmetrien, zu finden.

3.1.2 Agency-Probleme zwischen Gründer und Investoren

Das Verhältnis zwischen Gründer und Investoren wird in der Literatur häufig vor dem Hintergrund der Agency-Theorie und ihrer Annahmen diskutiert. Um sämtliche Arten von Agency-Konflikten möglichst zu vermeiden und die Agency-Kosten auf einem tragbaren Niveau zu halten, bemühen sich sowohl Gründer (Agent) als auch Investoren (Prinzipal) um die Nutzung der

---

525 Vgl. *Funk* (2008), S. 61; *Salop/Salop* (1976).

526 Vgl. *Scherm/Pietsch* (2007), S. 57; *Scholtis* (1998), S. 77 ff.; *Spence* (1974).

527 Vgl. *Saam* (2002), S. 22.

528 Vgl. *Fleschutz* (2008), S. 111; *Jensen/Meckling* (1976), S. 308; *Saam* (2002), S. 23.

529 Vgl. *Jensen/Meckling* (1976), S. 308; *Saam* (2002), S. 23.

530 Vgl. *Jensen/Meckling* (1976), S. 308.

oben angesprochenen Lösungsmechanismen.[531] In diesem Zusammenhang belegen empirische Studien, dass opportunistische Verhaltensweisen im Kontext einer außerbörslichen Beteiligungsfinanzierung häufig in der Pre-Investment-Phase (ex ante) auftauchen und folglich durch die oben diskutierten Lösungsmechanismen zu großen Teilen verhindert werden können.[532] *Fueglistaller et al.* (2016) nehmen die Investorenperspektive ein und geben einen umfassenden, tabellarischen Überblick über potenzielle Agency-Probleme, resultierend aus den vier Arten von Agency-Konflikten (siehe Tabelle 3-2).

Art	Probleme	Lösungsmechanismen
Hidden Characteristics	Qualitätsunsicherheit bzgl. Gründer: Fähigkeiten, Leistung, Motivation, Ausdauer, Risikoaffinität, emotionale Stabilität, Kreativität	– Signaling:[533] Eigeninvestitionen der Gründer, Fakten und Beurteilungen, externe Ratingurteile – Screening:[534] Selbst definierter Auswahlprozess, Unterstützung durch Spezialisten aus dem Netzwerk
Hidden Information	Qualitätsunsicherheit bzgl. des Projektes: Rendite-Risiko-Profile, Ressourcenbedarf, Kooperationsmöglichkeiten	– Anreiz-, Informations- und Kontrollsysteme:[535] Monitoring, Staged Financing und Vertragsgestaltung – Self Selection:[536] Vertragsgestaltung[537]
Hidden Action	Niveau des Arbeitseinsatzes, versteckter Konsum, Kapital- und/oder Gewinnentnahmen, Beurteilung der Investitionsentscheidungen in Höhe, Zeit und Rendite-Risiko	– Anreiz-, Informations- und Kontrollsysteme:[538] Durchführung eigener und/oder externer Due Diligence, Staged Financing mit Meilensteinen, Vergütung der Gründer, Betreuungsleistungen und Mitarbeit im Team – Bonding:[539] Eigeninvestition der Gründer, selbstbindende Vertragsklauseln
Hidden Intention	Ausnutzen von Vertragslücken bzgl. zusätzlicher Finanzmittel, verbesserter Vertragskonditionen und stärkerer operativer Unterstützung	– Commitment, Signaling und Screening:[540] Kontroll-, Entscheidungs- und Vetorechte, Aufbau gegenseitiger Abhängigkeiten, Eigeninvestitionen der Gründer, Vertrauen und Reputation im Markt

Tabelle 3-2: Agency-Probleme zwischen Gründer und Investoren
Quelle: Eigene Darstellung in Anlehnung an *Fueglistaller et al.* (2016), S. 227.

Im Kontext von Agency-Problemen zwischen Gründer und Investoren beziehen sich Hidden Characteristics auf die Qualitätsunsicherheit hinsichtlich der Eigenschaften des Gründers. Dabei können die schlechter informierten Investoren die Fähigkeit, Leistung oder Motivation des Gründers nicht ex ante überprüfen. Bei Hidden Information herrscht eine Qualitätsunsicher-

531 Vgl. *Ang et al.* (2000); *Barney et al.* (1989); *Gordon et al.* (2017); *Sahlman* (1990); *Sapienza/Gupta* (1994).
532 Vgl. *Amit et al.* (1990), S. 1233 f.; *Arthurs/Busenitz* (2003), S. 151; *Osnabrugge* (2000), S. 108.
533 Vgl. *Gompers/Lerner* (2004), S. 95 ff.
534 Vgl. *Ueda* (2004).
535 Vgl. *Gompers* (1995).
536 Vgl. *Kaplan/Stromberg* (2003).
537 *Cooper et al.* (1988) ergänzen die Erfolgswirksamkeit von Self Selection mit ihrer empirischen Studie um die Limitation der Overconfidence eines Gründers bei Vertragsabschluss, vgl. *Cooper et al.* (1988), S. 98.
538 Vgl. *Sahlman* (1990).
539 Vgl. *Bonnet/Wirtz* (2012).
540 Vgl. *Kaplan/Stromberg* (2003).

heit über das Projekt des Gründers, wobei die Investoren Rendite-Risiko-Profile, Ressourcenbedarf oder Kooperationsmöglichkeiten ex ante nicht überprüfen können.[541] Hidden Characteristics und Hidden Information lassen sich allerdings durch Signaling (Eigeninvestition des Gründers, externe Ratingurteile),[542] Screening (Auswahlprozess, Referenzen aus dem Netzwerk),[543] Anreiz-, Informations- und Kon-trollsysteme (Monitoring, Staged Financing)[544] sowie Self Selection durch Vertragsgestaltung[545] mindern.[546] Hidden Action treten ex post auf und beinhalten beispielsweise Privatentnahmen des Gründers oder absichtlich verfälschte Beurteilungen der Investitionsentscheidungen.[547] Lösungsmechanismen für Hidden Action sind Anreiz-, Informations- und Kontrollsysteme (Staged Financing, Vergütung des Gründers) oder Bonding (Eigeninvestition des Gründers, selbstbindende Vertragsklauseln).[548] Das Ausnutzen von Vertragslücken bezüglich Konditionen oder zusätzlicher Finanzmittel seitens des Gründers ist das ex post auftretende Problem der Hidden Intention.[549] Die schlechter informierten Investoren können Hidden Intention durch Commitment (gegenseitige Abhängigkeiten), Signaling (Eigeninvestitionen des Gründers) und Screening (Vertrauen und Reputation am Markt) mildern.[550]

3.1.3 Kritische Würdigung

Kelly/Hay (2003), *Landström* (1992) oder *Osnabrugge* (2000) finden keine signifikanten Zusammenhänge zwischen der Agency-Theorie und ihrem Erklärungsbeitrag zu dem Verhältnis von Gründer und Business Angels.[551] Daraus schließen *Arthurs/Busenitz* (2003), dass die Agency-Theorie nur dann einen Erklärungsbeitrag zum Verhältnis von Gründer und Investoren liefert, sofern beide Parteien keine kongruenten Ziele haben.[552] Existieren keine Zielkonflikte, so liefert die Agency-Theorie im Umkehrschluss keinen Erklärungsbeitrag.[553] Daraus resultierend wird die Stewardship-Theorie[554] als theoretischen Erklärungszusammenhang für das Ver-

---

541 Vgl. *Fueglistaller et al.* (2016), S. 227.
542 Vgl. *Gompers/Lerner* (2004), S. 95 ff.
543 Vgl. *Ueda* (2004).
544 Vgl. *Gompers* (1995).
545 Vgl. *Kaplan/Stromberg* (2003).
546 Vgl. *Fueglistaller et al.* (2016), S. 227.
547 Vgl. *Fueglistaller et al.* (2016), S. 227.
548 Vgl. *Bonnet/Wirtz* (2012); *Fueglistaller et al.* (2016), S. 227; *Sahlman* (1990).
549 Vgl. *Fueglistaller et al.* (2016), S. 227.
550 Vgl. *Fueglistaller et al.* (2016), S. 227; *Kaplan/Stromberg* (2003).
551 Vgl. *Kelly/Hay* (2003), S. 299 ff.; *Landström* (1992), S. 205 ff.; *Osnabrugge* (2000), S. 102 ff.
552 Vgl. *Arthurs/Busenitz* (2003), S. 146. Zur Diskussion von Agency-Problemen resultierend aus nicht kongruenten Zielen siehe *Bruton et al.* (1997); *Eisenhardt* (1989).
553 Vgl. *Arthurs/Busenitz* (2003), S. 148.
554 Weiterführende Literatur zur Stewardship-Theorie siehe *Davis et al.* (1997); *Donaldson/Davis* (1991); *Lee/*

hältnis zwischen Gründer und Investoren herangezogen.[555] Die Stewardship-Theorie unterscheidet sich von der Agency-Theorie dahingehend, dass die Agenten als Stewards bezeichnet werden, wobei die Stewards ihre eigenen Interessen und Ziele jenen des Prinzipals unterordnen.[556] Die Studien von *Arthurs/Busenitz* (2003), *Middelhoff et al.* (2015) oder *Sapienza/Korsgaard* (1996) zeigen jedoch, dass die Stewardship-Theorie das Verhältnis von Gründer und Investoren nicht angemessen charakterisiert, da sich das Hierarchielevel vielmehr als nicht hierarchisch anstelle eines Über-Unterordnungsverhältnisses beschreiben lässt.[557] Neuere Studien stützen sich demnach erneut auf die Agency-Theorie als Erklärungsgrundlage des Verhältnisses zwischen Gründer und Investoren.[558] Diesem Ansatz wird auch in der vorliegenden Arbeit gefolgt und die Agency-Theorie als die Erklärungsgrundlage für das Verhältnis zwischen Gründer und Investoren herangezogen, da das Beziehungsverhältnis zwischen Gründer und Investoren als nicht hierarchisch angenommen wird.

Die bislang beschriebene informationsökonomische Perspektive der Agency-Theorie wird im Rahmen der außerbörslichen Beteiligungsfinanzierung von *Shane/Cable* (2002) oder *Venkataraman* (1997) als nicht ausreichend beschrieben, da die soziale Komponente unbeachtet bleibt.[559] Dabei greifen die Forscher auf das Konzept der Social Embeddedness zurück, welches „noneconomic attachments and institutions that may shape perceptions, motivations, and action, and thereby influence economic behavior"[560] beschreibt. Demnach wird das Beziehungsverhältnis zwischen Gründer und Investoren auf soziale Bindungen und dem daraus resultierenden Informationstransfer zurückgeführt.[561] Aus der sozialen Vernetzung zwischen Gründer und Investoren resultieren soziale Verpflichtungen, welche den Informationstransfer zwischen beiden Parteien erhöhen und im Ergebnis die vorhandenen Informationsasymmetrien abschwächen. Dadurch werden reziproke Verbindungen geschaffen, welche beide Parteien zu einer Interessenkongruenz motivieren und eigennütziges Handeln reduzieren.[562]

O'Neill (2003).

555 Vgl. *Arthurs/Busenitz* (2003), S. 146 ff.; *Collewaert/Manigart* (2016), S. 357 ff.; *Wasserman* (2006), S. 961 ff.

556 Vgl. *Davis et al.* (1997), S. 25; *Wasserman* (2006), S. 961.

557 *Arthurs/Busenitz* (2003), S. 146; *Middelhoff et al.* (2015), S. 327; *Sapienza/Korsgaard* (1996), S. 570.

558 Vgl. *Bonnet/Wirtz* (2012); *Hsu et al.* (2014); *Khanin/Turel* (2016), S. 298; *Kollmann et al.* (2014); *Strätling et al.* (2012); *Strömsten/Waluszewski* (2012).

559 Vgl. *Shane/Cable* (2002), S. 364; *Venkataraman* (1997), S. 129 f.

560 *Le Breton-Miller/Miller* (2009), S. 1176. Zu dem Konzept der Social Embeddedness siehe *Granovetter* (1985).

561 Vgl. *Grichnik* (2006b), S. 85.

562 Vgl. *Shane/Cable* (2002), S. 366.

Shane/Cable (2002) erweitern mit der Einführung von Reputation als Mediator das bislang starre Muster von direkten bzw. indirekten sozialen Bindungen und zeigen mit ihrer Studie, dass soziale Bindungen die Wahrscheinlichkeit einer außerbörslichen Beteiligungsfinanzierung durch den Abbau von Informationsasymmetrien erhöhen.[563] Sobald jedoch durch Screening oder Signaling Informationen über den Gründer öffentlich verfügbar sind, haben soziale Bindungen keinen signifikanten Einfluss auf die Investitionsentscheidung der Investoren. Ferner finden die Autoren heraus, dass Investoren zwar soziale Bindungen zur Informationsbeschaffung nutzen, die Investmententscheidung jedoch unabhängig von sozialen Bindungen treffen.[564] Insofern ergänzen *Shane/Cable* (2002) die Entrepreneurial-Finance-Forschung durch Erweiterung der Agency-Theorie um soziale Konzepte und liefern damit neue Ansatzpunkte zur Lösung von Marktversagen bedingt durch Informationsasymmetrien.[565] Während *Stuart/Sorenson* (2007) die Bedeutung von sozialen Bindungen für die Unternehmensfinanzierung mit dem Verweis auf die bislang ignorierte Dynamik noch kritisch hinterfragen,[566] bestätigen z. B. *Luo et al.* (2017), *Pina-Stranger/Lazega* (2011), *Tang et al.* (2015) oder *Wang* (2016) die Ergebnisse von *Shane/Cable* (2002).[567]

In Anlehnung an die Argumentation von *Le Breton-Miller/Miller* (2009) und *Uzzi* (1996) vertritt die vorliegende Arbeit die Auffassung, dass ökonomische und verhaltenswissenschaftliche Konzepte miteinander kombinierbar sind. Das ökonomische Handeln wird durch soziale Beziehungen geprägt und kann demnach nicht vollständig durch rein ökonomische Theorien erklärt werden. Somit wird von der atomaren Betrachtung ökonomischer Zusammenhänge Abstand genommen und deren sozialer Kontext in den Vordergrund gerückt.[568] Demnach lassen sich agencytheoretische Grundüberlegungen und verhaltenswissenschaftliche Konzepte in Kombination betrachten. Auf Grund der Unmöglichkeit einer vollständigen Absicherung vor Agency-Problemen durch Verträge, nehmen die verhaltenswissenschaftlichen Konstrukte im Beziehungsverhältnis von Gründer und Investoren folglich eine besondere Bedeutung ein.[569] Schlussendlich bietet die Diskussion rund um die Agency-Theorie einen guten Anknüpfungspunkt für die Überleitung zu Vertrauen und Konflikten, da nicht sämtliche Informationsasym-

---

563 Vgl. *Shane/Cable* (2002), S. 377 f. Für weitere empirische Belege siehe *Bruton/Ahlstrom* (2003); *Hallen* (2008); *Shane/Stuart* (2002).

564 Vgl. *Shane/Cable* (2002), S. 377 f.

565 Vgl. *Grichnik* (2006b), S. 87.

566 Vgl. *Stuart/Sorenson* (2007), S. 222 ff.

567 Vgl. *Luo et al.* (2017); *Pina-Stranger/Lazega* (2011); *Tang et al.* (2015); *Wang* (2016).

568 Vgl. *Le Breton-Miller/Miller* (2009), S. 1176; *Uzzi* (1996), S. 674 ff.

569 Vgl. *Arthurs/Busenitz* (2003), S. 158 f.; *Middelhoff et al.* (2015), S. 1; *Welter* (2012), S. 194.

metrien durch die Lösungsmechanismen von Agency-Problemen beseitigt werden können und opportunistisches Verhalten im Rahmen einer außerbörslichen Beteiligungsfinanzierung nicht vollständig ausgeschlossen werden kann.[570]

3.2 Vertrauen

3.2.1 Grundlagen

In der Literatur finden sich diverse Definitionen von Vertrauen. Eine einheitliche Definition existiert allerdings nicht.[571] Die vorliegende Arbeit folgt der in der Entrepreneurial-Finance-Literatur weit verbreiteten Definition von *Mayer et al.* (1995), welche Vertrauen als „the willingness of a party to be vulnerable to the actions of another party based on the expectation that the other will perform a particular action important to the trustor, irrespective of the ability to monitor or control that other party"[572] definieren. Zentral bei dieser Definition sind die Attribute verwundbar und nicht beobachtbar bzw. nicht kontrollierbar.

Forscher sprechen Vertrauen eine dynamische Perspektive zu. Die Anfänge dieser wissenschaftlichen Diskussion liegen in der Differenzierung von Vertrauen und Misstrauen.[573] Lange Zeit wurde Vertrauen und Misstrauen als bipolares Konstrukt angesehen und die Forschung hat sich auf den verhaltenswissenschaftlichen Blickwinkel konzentriert.[574] *Lewicki et al.* (1998) greifen diese Forschungslücke auf und argumentieren, dass Vertrauen und Misstrauen eigenständige, jedoch miteinander verknüpfte Konstrukte sind, welche in ihren Beweggründen untersucht werden sollten. Impliziert wird hierbei die Annahme, dass Vertrauen kein eindimensionales Konstrukt ist, sondern eine Multidimensionalität hinsichtlich inter- und intrapersönlicher Ebene aufweist.[575]

Rousseau et al. (1998) diskutieren vier verschiedene Formen von Vertrauen sowie deren Dynamik und bereiten damit den Weg für die aktuelle wissenschaftliche Diskussion zur Ein- bzw. Multidimensionalität von Vertrauen in der Entrepreneurship- und Managementliteratur:[576]

570 Vgl. *Duffner et al.* (2009), S. 39; *Herold* (2010), S. 180 ff.; *Kollmann et al.* (2014), S. 2411 ff.; *Middelhoff et al.* (2015), S. 327.

571 Vgl. *Gambetta* (1990), S. 217; *Johnson-George/Swap* (1982), S. 1306; *Kee/Knox* (1970), S. 358 f.; *Lewicki et al.* (1998), S. 439; *Welter* (2012), S. 195.

572 *Mayer et al.* (1995), S. 712.

573 Vgl. *Lewicki et al.* (1998), S. 438 f.; *Rousseau et al.* (1998), S. 398; *Sitkin/Roth* (1993), S. 367 f.

574 Vgl. *Lewicki et al.* (1998), S. 439 f.

575 Vgl. *Lewicki et al.* (1998), S. 439 f.

576 Vgl. Hierzu und im Folgenden *Rousseau et al.* (1998), S. 398 ff.

(1) *Präventives Vertrauen*, welches sich auf die utilitaristische Sichtweise und das Sunk Costs-Konzept beruft.

(2) *Kalkulatorisches Vertrauen*, welches die rationale Entscheidung als Handlungsmaxime in den Vordergrund rückt.

(3) *Relationales Vertrauen*, welches auf der bisherigen Beziehung zu dem Vertrauenden aufbaut.

(4) *Institutionelles Vertrauen* als Mediator zwischen kalkulatorischem und relationalem Vertrauen.

In Anlehnung an die nicht einheitliche Definition von Vertrauen sind in der Literatur neben der Typologisierung von *Rousseau et al.* (1998) auch andere Klassifizierungen anzutreffen. *Lewicki/Bunker* (1996) identifizieren kalkulatorisches Vertrauen, wissensbasiertes Vertrauen sowie identifikationsbasiertes Vertrauen als die drei Formen von Vertrauen.[577] *Humphrey/Schmitz* (1998) differenzieren die Typen von Vertrauen nach deren Entstehungsebene in Mikro-, Makro- und Mesoebene.[578] *Höhmann/Malieva* (2005) unterscheiden persönliches Vertrauen, kollektives Vertrauen und institutionales Vertrauen.[579] *Sako* (1992) differenziert Vertrauen basierend auf Verträgen, Kompetenz sowie Wohlwollen.[580] *McAllister* (1995) untersucht interpersonelles Vertrauen und unterteilt Vertrauen dabei in affektives und kognitives Vertrauen.[581]

Grundsätzlich besteht in der aktuellen Forschung der Konsens, dass Vertrauen dynamisch ist und multidimensionale Züge aufweist.[582] Ein Streitpunkt ist jedoch, ob Vertrauen per se ein eindimensionales (Multidimensionalität wird durch die Beweggründe für Vertrauen erzeugt)[583] oder ein multidimensionales Konstrukt (Multidimensionalität ist durch die verschiedenen Formen von Vertrauen gegeben)[584] ist. In der Entrepreneurship-Literatur lassen sich beide Auffassungen antreffen. Eine einheitliche Sichtweise auf die Multidimensionalität von Vertrauen existiert bislang jedoch nicht.[585]

---

577 Vgl. *Lewicki/Bunker* (1996), S. 199 ff.

578 Vgl. *Humphrey/Schmitz* (1998), S. 36.

579 Vgl. *Höhmann/Malieva* (2005), S. 13 ff.

580 Vgl. *Sako* (1992), S. 37 ff.

581 Vgl. *McAllister* (1995), S. 25 f.

582 Vgl. *Colquitt et al.* (2011); *Lewicki et al.* (2006); *Middelhoff et al.* (2015); *Johnson/Grayson* (2005).

583 Vgl. *Colquitt et al.* (2011); *Colquitt/Rodell* (2011); *Fulmer/Gelfand* (2012); *Mayer et al.* (1995); *Middelhoff et al.* (2015).

584 Vgl. *Bammens/Collewaert* (2014); *Clercq/Sapienza* (2005); *Johnson/Grayson* (2005); *Welpe* (2008).

585 Vgl. *Middelhoff et al.* (2015), S. 330.

Vertrauen als multidimensionales Konstrukt:

Die Multidimensionalität von Vertrauen basiert auf den unterschiedlichen Formen von Vertrauen und beruft sich auf die spezifische Definition der untersuchten Form von Vertrauen.[586] *Clercq/Sapienza* (2005) und *Clercq/Sapienza* (2006) berufen sich in ihren Studien auf affektive und wohlwollensbasierte Vertrauensdefinitionen.[587] *Welpe* (2008) untersucht empirisch den Zusammenhang von Vertrauen basierend auf Kompetenzen und Wohlwollen und zeigt eine hohe Korrelation beider Dimensionen auf.[588] *Bammens/Collewaert* (2014) erweitern die multidimensionale Literatur zu Vertrauen mit der Untersuchung von gegenseitigem Vertrauen zwischen Gründer und Investoren und berufen sich auf die kognitive Vertrauensdimension.[589]

Johnson/Grayson (2005) nehmen eine zusammenfassende Klassifizierung der unterschiedlichen Formen von Vertrauen in drei Dimensionen vor: (1) Kognitives Vertrauen, (2) Affektives Vertrauen und (3) Behavioristisches Vertrauen.[590] Die beispielhaft präsentierten empirischen Studien sowie die oben erörterten Formen von Vertrauen lassen sich jeweils einer bzw. mehrerer dieser drei Dimensionen zuordnen. Zusammenfassend betrachtet die multidimensionale Vertrauensforschung Vertrauen als ein Konstrukt, welches in seinen Dimensionen einzeln oder in Kombination vorliegen bzw. nicht vorliegen kann.

Vertrauen als eindimensionales Konstrukt:

Die eindimensionale Definition von Vertrauen unterscheidet sich von der multidimensionalen Auffassung dahingehend, dass Vertrauen als Gesamtkonstrukt als gegeben bzw. nicht gegeben angenommen wird.[591] Publikationen, welche sich auf Vertrauen als eindimensionales Konstrukt berufen, beziehen sich auf die Vertrauensdefinition von *Mayer et al.* (1995) und argumentieren, dass Vertrauen per se eindimensional ist, die Beweggründe die Multidimensionalität abbilden.[592] Die detaillierte Erörterung der einzelnen Beweggründe für Vertrauen erfolgt im nachfolgenden Kapitel.

Die vorliegende Arbeit folgt der eindimensionalen Auffassung von Vertrauen, da die Beweggründe bzw. die Entstehung für Vertrauen eine wichtige Rolle hinsichtlich der Beantwortung

586 Vgl. *Clercq/Sapienza* (2005), S. 521.
587 Vgl. *Clercq/Sapienza* (2005), S. 521; *Clercq/Sapienza* (2006), S. 331 f., 336.
588 Vgl. *Welpe* (2008), S. 1258 ff.
589 Vgl. *Bammens/Collewaert* (2014), S. 1981.
590 Vgl. *Johnson/Grayson* (2005), S. 501.
591 Vgl. *Colquitt et al.* (2011), S. 1001.
592 Vgl. *Colquitt et al.* (2011), S. 1001; *Fulmer/Gelfand* (2012), S. 1170 ff.; *Mayer et al.* (1995), S. 712.

der Forschungsfrage dieser Arbeit einnehmen.[593] Die Multidimensionalität bzw. die verschiedenen Formen von Vertrauen werden entsprechend über die Beweggründe in der empirischen Untersuchung abgebildet.[594] Zusätzlich vertritt diese Arbeit die Auffassung, dass die Beziehung zwischen Gründer und Investoren eine inhärente Verwundbarkeit besitzt.[595] Vertrauen ist ein sich stark über die Zeit veränderndes Konstrukt.[596] Während in der Pre-Investment-Phase bzw. Investment-Phase noch stark das kalkulatorische Vertrauen dominiert, entwickelt es sich in der Post-Investment-Phase zu relationalem, wissensbasiertem oder identifikationsbasiertem Vertrauen.[597] Darüber hinaus zeigen *Fulmer/Gelfand* (2012) in ihrer Literaturauswertung die steigende Akzeptanz und Fürsprache für die per se Eindimensionalität von Vertrauen.[598]

3.2.2 Beweggründe für Vertrauen

Fulmer/Gelfand (2012) identifizieren mittels ihrer Literaturauswertung zwei Kategorien von Beweggründen für Vertrauen: (1) Charakterbasierte Beweggründe und (2) Verhaltensbasierte Beweggründe.[599] *Colquitt/Rodell* (2011) beschreiben die charakterbasierten Beweggründe für Vertrauen als „something that a person has“[600] und die verhaltensbasierten Beweggründe für Vertrauen als „something that a person does.“[601]

Charakterbasierte Beweggründe:

Charakterbasierte Beweggründe für Vertrauen werden in der Literatur häufig mit dem Konstrukt der Vertrauenswürdigkeit abgebildet.[602] Vertrauenswürdigkeit bezieht sich dabei auf die Bewertung der Vertrauenswürdigkeit hinsichtlich charakterlicher Eigenschaften und Verlässlichkeit des Vertrauenden.[603] *Mayer et al.* (1995) entwickeln ein Modell für charakterliche Beweggründe für Vertrauen, welches auch noch in der aktuellen Forschung großen Anklang

---

593 Vgl. *Scarbrough et al.* (2013), S. 1205 f.
594 Vgl. *Middelhoff et al.* (2015), S. 330.
595 Vgl. *Cable/Shane* (1997), S. 167 f.; *Fried/Hisrich* (1995), S. 105 ff.; *Gorman/Sahlman* (1989), S. 241 f.; *Middelhoff et al.* (2015), S. 330; *Sahlman* (1990), S. 506 ff.
596 Vgl. *Dietz/Den Hartog* (2006), S. 571; *Lewicki/Bunker* (1996), S. 123 f.; *Lewicki et al.* (2006), S. 1015 f.; *Rousseau et al.* (1998), S. 401 f.; *Scarbrough et al.* (2013), S. 1215 ff.
597 Vgl. *Lewicki et al.* (2006), S. 1015 f.; *Rousseau et al.* (1998), S. 401 f.; *Scarbrough et al.* (2013), S. 1215 ff.
598 Vgl. *Fulmer/Gelfand* (2012), S. 1170 ff.
599 Vgl. *Fulmer/Gelfand* (2012), S. 1175 ff.
600 *Colquitt/Rodell* (2011), S. 1200.
601 *Colquitt/Rodell* (2011), S. 1200.
602 Vgl. *Dietz/Den Hartog* (2006), S. 558 f.; *Ferrin et al.* (2008), S. 162 f.; *Fulmer/Gelfand* (2012), S. 1171; *Huff/Kelley* (2003), S. 82; *Kim et al.* (2004), S. 104 f.; *Tan/Lim* (2009), S. 46 ff.
603 Vgl. *Fulmer/Gelfand* (2012), S. 1171.

findet.[604] Dabei unterteilen die Autoren die Vertrauenswürdigkeit in drei Faktoren. Die Fähigkeit und die Rechtschaffenheit gelten dabei als kognitive Faktoren. Das Wohlwollen wird als affektiver Faktor charakterisiert:[605]

Fähigkeit:

Die Fähigkeit bezieht sich auf die Kompetenz, Eignung und Charakteristika des zu Vertrauenden (Trustee), eine bestimmte Aufgabe in einer bestimmten Situation zu erledigen. Unabhängig von anderen Faktoren wird hierbei situations- und aufgabenspezifisch die „reine" Fähigkeit bewertet, d. h. ohne subjektiv-emotionale Vorurteile seitens des Trauenden (Trustor). Fähigkeit ist ein dynamischer Faktor und kann sich im Zeitverlauf signifikant verändern.[606]

Rechtschaffenheit:

Rechtschaffenheit bezieht sich auf die Prinzipien des zu Vertrauenden, welche der Trauende ebenfalls als akzeptabel anerkennt. Dementsprechend geht es bei der Rechtschaffenheit um das Festhalten an gemeinsamen Prinzipien.[607]

Wohlwollen:

Losgelöst von eigennützigen Denkweisen beschäftigt sich das Wohlwollen mit dem Glauben des Vertrauenden, dass ihm der Trauende Gutes tun möchte. Wohlwollen unterstellt dabei eine gewisse Hingabe des Vertrauenden zugunsten des Trauenden.[608]

Verhaltensbasierte Beweggründe:

Im Kontext der verhaltensbasierten Beweggründe für Vertrauen findet die Regelgerechtigkeit großen Anklang in der Literatur.[609] Die Regelgerechtigkeit impliziert, dass Individuen ein fairer Prozess im Rahmen der Entscheidungsfindung wichtiger als das tatsächliche Ergebnis ist.[610] Der Entscheidungsprozess wird anhand von Konsistenz, Genauigkeit, Korrektheit, Befangenheit, Ethik und Mitspracherechten hinsichtlich der Fairness bewertet.[611]

---

604 Vgl. *Burke et al.* (2007), S. 626 f.; *Colquitt et al.* (2007), S. 909 ff.; *Colquitt et al.* (2011), S. 1000 f.; *Middelhoff et al.* (2015), S. 331; *Schoorman et al.* (2007), S. 345 f.

605 Vgl. *Mayer et al.* (1995), S. 717 ff.

606 Vgl. *Mayer et al.* (1995), S. 717 f.

607 Vgl. *Mayer et al.* (1995), S. 719 f.

608 Vgl. *Mayer et al.* (1995), S. 718 f.

609 Vgl. *Busenitz et al.* (2004), S. 794 f.; *Colquitt/Rodell* (2011), S. 1183 ff.; *Sapienza/Korsgaard* (1996), S. 544 ff.; *Shepherd/Zacharakis* (2001), S. 136 f.

610 Vgl. *Busenitz et al.* (2004), S. 794; *Korsgaard et al.* (1995), S. 63; *Korsgaard/Roberson* (1995), S. 657; *Sapienza/Korsgaard* (1996), S. 547.

611 Vgl. *Colquitt/Rodell* (2011), S. 1183.

Vertrauen und dessen Beweggründe sind keine objektiv messbaren Größen. Vertrauen ist per Definition ein individuelles, subjektives Konstrukt.[612] Folglich wird bei Studien die wahrgenommene Vertrauenswürdigkeit bzw. die wahrgenommene Regelgerechtigkeit gemessen.[613] Die vorliegende Arbeit verfolgt ebenfalls die Ansicht, dass beide Beweggründe für Vertrauen in der Post-Investment-Phase kombiniert untersucht werden sollten und bezieht diese in die empirische Untersuchung mit ein.

3.2.3 Vertrauen zwischen Gründer und Investoren

Anknüpfend an die Agency-Probleme zwischen Gründer und Investoren,[614] die Unmöglichkeit einer vollständigen Absicherung von Agency-Problemen durch Verträge[615] sowie das nicht hierarchische Beziehungsverhältnis beider Parteien[616] identifizieren *Cable/Shane* (1997), *Middelhoff et al.* (2015), *Scarbrough et al.* (2013), *Sudek* (2006) oder *Welpe* (2008) Vertrauen als zentrales Element in der Beziehung zwischen Gründer und Investoren.[617] Unabhängig von dem persönlichen Beziehungsverhältnis oder den Zielen der Beteiligungsfinanzierung sind beide Parteien an einer erfolgreichen Geschäftsentwicklung interessiert.[618] Darüber hinaus sind die Investoren Anteilseigner am Start-up, haben dementsprechende Kontroll- und Stimmrechte und bringen sich in das Start-up ein.[619] Dennoch hat der Investor i. d. R. keine Mehrheitsbeteiligung am Start-up, ist nicht in das Tagesgeschäft eingebunden und wird kein Teil des Managementteams.[620] Folglich kommt dem Vertrauen zwischen Gründer und Investoren ein erfolgskritischer Aspekt zu, da es hilft, die vorhandenen Informationsasymmetrien bzw. Agency-Konflikte abzubauen.[621]

Graebner (2009) erörtert den Abbau von Misstrauen und den Aufbau von Vertrauen während der Investment-Phase und hebt mit ihrer qualitativen Studie die Relevanz von Vertrauen für

---

612 Vgl. *Colquitt et al.* (2011), S. 1002 ff.; *Colquitt/Rodell* (2011), S. 1183 ff.; *Korsgaard/Roberson* (1995), S. 657.

613 Vgl. *Colquitt et al.* (2011), S. 1002 ff.; *Middelhoff et al.* (2015), S. 332.

614 Vgl. *Amit et al.* (1990), S. 1233 f.; *Arthurs/Busenitz* (2003), S. 151; *Osnabrugge* (2000), S. 108.

615 Vgl. *Arthurs/Busenitz* (2003), S. 158 f.; *Middelhoff et al.* (2015), S. 1; *Welter* (2012), S. 194.

616 Vgl. *Arthurs/Busenitz* (2003), S. 146; *Middelhoff et al.* (2015), S. 327; *Rousseau et al.* (1998), S. 395; *Sapienza/Korsgaard* (1996), S. 570.

617 Vgl. *Cable/Shane* (1997), S. 158; *Middelhoff et al.* (2015), S. 327 ff.; *Scarbrough et al.* (2013), S. 105 ff.; *Sudek* (2006), S. 98; *Welpe* (2008), S. 1255.

618 Vgl. *Middelhoff et al.* (2015), S. 327.

619 Vgl. *Gabrielsson/Huse* (2002), S. 142; *Kerr et al.* (2014), S. 37 ff. ; *Sapienza et al.* (2000), S. 333 ff.; *Sapienza/Korsgaard* (1996), S. 544 f.

620 Vgl. *Cable/Shane* (1997), S. 144 f.; *Sapienza et al.* (2000), S. 333 f.

621 Vgl. *Das/Teng* (1998), S. 491; *Das/Teng* (2001), S. 251 f.; *Douglas et al.* (2014), S. 300 f.; *Harrison et al.* (1997), S. 63 ff.; *Larson* (1992), S. 97 ff.; *Payne et al.* (2009), S. 157 ff.; *Sapienza/Korsgaard* (1996), S. 570 f.; *Shane/Cable* (2002), S. 367 ff.

Beteiligungsfinanzierungen hervor.[622] *Clark* (2008), *Mitteness et al.* (2012a) oder *Mitteness et al.* (2012b) untersuchen empirisch den Zusammenhang zwischen der Fähigkeit des Gründers und der Investitionsbereitschaft der Investoren und präsentieren im Ergebnis einen signifikant positiven Zusammenhang.[623] *Maxwell/Lévesque* (2014) zeigen mit ihrer empirischen Untersuchung ebenfalls die erhöhte (verringerte) Investmentbereitschaft von Business Angels, wenn der Gründer durch Signale eine positive (negative) Vertrauenswürdigkeit ausstrahlt. Ein Vertrauensbruch führt in fast allen Fällen zu einer Beendigung der Zusammenarbeit.[624] *Bottazzi et al.* (2016) bestätigen die Ergebnisse von *Maxwell/Lévesque* (2014) auf der Venture-Capital-Ebene, indem sie zeigen, dass eine einprozentige Steigerung des Vertrauens zu einer Erhöhung der Investmentbereitschaft von ca. 7 % führt.[625] *Bammens/Collewaert* (2014) belegen darüber hinaus einen positiven Effekt zwischen Vertrauen und Unternehmenserfolg.[626] *Harrison et al.* (2015) identifizieren in ihrem konzeptionellen Beitrag den Investor Fit als einen der wichtigsten Investmentkriterien von Early-stage-Investoren. Darunter zählen die Autoren sowohl charakterbasierte als auch verhaltensbasierte Beweggründe für Vertrauen.[627]

Die bisherige Forschung hat sich hauptsächlich auf einen der beiden Beweggründe für Vertrauen fokussiert.[628] *Colquitt/Rodell* (2011) etablieren in ihrem Beitrag die Verbindung zwischen Vertrauenswürdigkeit und Regelgerechtigkeit.[629] Diesen Gedanken greifen *Middelhoff et al.* (2015) auf und modellieren erstmals die drei Faktoren von Vertrauenswürdigkeit sowie Regelgerechtigkeit als Schätzgrößen für Vertrauen in der Post-Investment-Phase zwischen Gründer und Investoren.[630] Im Ergebnis zeigen die Autoren einen signifikant positiven Zusammenhang von Wohlwollen und Vertrauen in die Investoren. Fähigkeit und Rechtschaffenheit haben marginal positiv signifikante Einflüsse auf das Vertrauen. Die Regelgerechtigkeit hat jedoch einen negativen und nicht signifikanten Einfluss auf das Vertrauen. Ferner wird ein positiv signifikanter Moderationseffekt von Interaktionshäufigkeit auf Wohlwollen identifiziert.[631] In Kontrast zu den Ergebnissen von *Bammens/Collewaert* (2014) oder *Collewaert* (2012) hat

---

622 Vgl. *Graebner* (2009), S. 441 ff.
623 Vgl. *Clark* (2008), S. 271 f.; *Mitteness et al.* (2012a), S. 259; *Mitteness et al.* (2012b), S. 602.
624 Vgl. *Maxwell/Lévesque* (2014), S. 174 f.
625 Vgl. *Bottazzi et al.* (2016), S. 2285.
626 Vgl. *Bammens/Collewaert* (2014), S. 2000.
627 Vgl. *Harrison et al.* (2015), S. 540 ff.
628 Vgl. *Colquitt/Rodell* (2011), S. 1183 ff.; *Middelhoff et al.* (2015), S. 331.
629 Vgl. *Colquitt/Rodell* (2011).
630 Vgl. *Middelhoff et al.* (2015).
631 Vgl. *Middelhoff et al.* (2015), S. 340.

Wohlwollen als affektiver Faktor den stärksten Einfluss auf das Vertrauen des Gründers in der Post-Investment-Phase. *Collewaert* (2012) und *Bammens/Collewaert* (2014) identifizieren die kognitiven Faktoren der Vertrauenswürdigkeit als wichtigste Einflussfaktoren auf das Vertrauen des Gründers in die Investoren.[632] Auch hinsichtlich der Regelgerechtigkeit existieren unterschiedliche Ergebnisse in der Literatur. Während *Dirks/Ferrin* (2002) in ihrer Metaanalyse einen positiven Zusammenhang von Regelgerechtigkeit und Vertrauen aufzeigen, können die Ergebnisse von *Colquitt/Rodell* (2011) oder *Middelhoff et al.* (2015) selbigen Sachverhalt nicht bestätigen.[633]

Large/Muegge (2008) oder *Fairchild* (2011) treffen die Annahme, dass Vertrauen zwischen Gründer und Investoren in Abhängigkeit vom Investortyp unterschiedlich ausfallen könnte. *Middelhoff et al.* (2015) greifen diese Annahme auf und modellieren den Investortyp als Kontrollvariable in ihrer empirischen Studie. Im Ergebnis finden die Autoren keinen signifikanten Einfluss des Investortyps auf Vertrauen.[634] Dieses Ergebnis bekräftigt die Entscheidung für die kombinierte Betrachtung von Business Angels und Venture-Capital-Investoren im Rahmen der vorliegenden Arbeit. Obwohl sich bereits einige Studien mit Vertrauen zwischen Gründer und Investoren beschäftigen, existieren unterschiedliche empirische Ergebnisse und dementsprechend fordern Forscher weitere Studien in diesem relativ jungen Forschungsfeld.[635]

3.2.4 Kritische Würdigung

Bammens/Collewaert (2014), *Dirks* (2006), *Fulmer/Gelfand* (2012) oder *White/Dumay* (2017) kritisieren die fast ausschließlich positive Darstellung von Vertrauen in der Literatur. Hauptsächlich fokussieren sich Studien auf die Vorteile von Vertrauen zwischen Individuen und lassen potenzielle Nachteile außer Acht.[636] Zu den Nachteilen gehören der Mangel an Objektivität, die Entscheidungsfindungen bei Alternativoptionen sowie übermäßiges und blindes Vertrauen.[637]

---

632 Vgl. *Bammens/Collewaert* (2014), S. 1983; *Collewaert* (2012), S. 767 ff.; *Middelhoff et al.* (2015), S. 341.

633 Vgl. *Dirks/Ferrin* (2002), S. 618 f.; *Colquitt/Rodell* (2011), S. 1194 f.; *Middelhoff et al.* (2015), S. 343.

634 Vgl. *Middelhoff et al.* (2015), S. 337, 340.

635 Vgl. *Bammens/Collewaert* (2014), S. 2003 f.; *Bottazzi et al.* (2016), S. 2315; *Clercq/Sapienza* (2006), S. 344 f.; *Jeffrey et al.* (2016), S. 205; *Maxwell/Lévesque* (2014), S. 1075; *Middelhoff et al.* (2015), S. 343; *White Dumay* (2017), S. 202, 207.

636 Vgl. *Bammens/Collewaert* (2014), S. 1982; *Dirks* (2006), S. 20; *Fulmer/Gelfand* (2012), S. 1210 f.; *White/Dumay* (2017), S. 24.

637 Vgl. *Appelhoff et al.* (2016), S. 608; *Gargiulo/Ertug* (2006), S. 165 f.; *Patzelt/Shepherd* (2008), S. 1233 ff.

Thorgren/Wincent (2011) diskutieren in ihrem konzeptionellen Beitrag die bisherige Literatur zu den Nachteilen von Vertrauen und schlagen Lösungswege zur Moderation von Vor- und Nachteilen von Vertrauen vor,[638] da die Autoren beide Seiten als voneinander getrennte Konstrukte annehmen.[639] *Zahra et al.* (2006) identifizieren eine Überbetonung von Vertrauen in bestehenden Netzwerken als einen Nachteil, da hier bestehende Denkweisen, Entscheidungsfindungsprozesse, Implementierungsprozesse oder Kommunikationsstrukturen die Innovationskraft schwächen.[640] *Molina-Morales/Martínez-Fernández* (2009) beschreiben Vertrauen im Zusammenhang mit Innovationen als invertierte quadratische Funktion. Vertrauen erhöht bis zu einem gewissen Punkt die Innovationskraft von Start-ups, danach fällt die Innovationskraft ab und wird sogar negativ.[641] *Bammens/Collewaert* (2014) identifizieren, neben dem positiven Einfluss von Vertrauen auf den Unternehmenserfolg, Misstrauen als negativen Einflussfaktor auf den Unternehmenserfolg und verdeutlichen den positiven Mediationseffekt von Kommunikation zwischen Gründer und Investoren. Sofern jedoch Misstrauen zwischen den Parteien vorherrscht, ist der positive Mediationseffekt außer Kraft gesetzt.[642]

Lügen führen ebenfalls zu Misstrauen durch Verletzung der Regelgerechtigkeit und resultieren in reduziertem Unternehmenserfolg.[643] In diesem Zusammenhang untersuchen *Pollack/Bosse* (2014), wann und warum Investoren dem Gründer Lügen verzeihen. Als Ergebnis präsentieren die Autoren ein Modell, welches das Verzeihen einer Lüge aus der Abwägung von erwartetem Ausnutzungsrisiko und erwartetem Beziehungswert ableitet.[644]

Bottazzi et al. (2016) zeigen, dass erhöhtes Vertrauen zu einer geringeren Erfolgsquote der Investments (gemessen am Börsengang) führt, da ein Großteil der hauptsächlich auf Vertrauen basierenden Investments Early-stage-Investments sind und deren relative Investmentsummen einen marginalen Anteil am Gesamtvolumen des Fonds ausmachen.[645] Ferner hinterfragen *Carpentier/Suret* (2015) die in der Literatur präsentierten Ergebnisse, dass die Investmentbereitschaft von Business Angels mit ansteigendem Vertrauen steigt. Empirisch zeigen die Autoren einen stärkeren Einfluss von Markt- und Umsetzungsrisiken auf die Invest-

638 Zu den Lösungstaktiken zählen Competing, Accommodating, Avoiding, Callaborating und Compromising, vgl. *Thorgren/Wincent* (2011), S. 29.

639 Vgl. *Thorgren/Wincent* (2011), S. 27 ff.

640 Vgl. *Zahra et al.* (2006), S. 547 ff.

641 Vgl. *Molina-Morales/Martínez-Fernández* (2009), S. 1018 ff.

642 Vgl. *Bammens/Collewaert* (2014), S. 1997 ff.

643 Vgl. *Bosse et al.* (2009), S. 452 f.; *Pollack/Bosse* (2014), S. 745.

644 Vgl. *Pollack/Bosse* (2014), S. 743.

645 Vgl. *Bottazzi et al.* (2016), S. 2303 ff.

mentbereitschaft im Vergleich zu dem Einfluss von Agency-Risiken auf die Investmentbereitschaft. Dennoch bestätigen ihre Ergebnisse die Wichtigkeit der Vertrauenswürdigkeit in der finalen Entscheidungsfindungsphase.[646] Zwar stellen *Kelly/Hay* (2003) in ihrer Studie die Notwendigkeit von Vertrauen für Early-stage-Investments fest, kommen aber gleichzeitig zu dem Ergebnis, dass Vertrauen kein Substitut für vertragliche Vereinbarungen ist.[647]

Collewaert (2012) erörtert, dass ein funktionierendes Kooperationsverhältnis zwischen Gründer und Investoren einen regen Austausch über die jeweiligen Ansichten, Bedürfnisse, Werte und Ziele erfordert, wenngleich dieser Austausch aber auch Konflikte zwischen beiden Parteien unvermeidlich erscheinen lässt.[648] Zusätzlich argumentieren *White/Dumay* (2017), dass sich das Verhältnis zwischen Gründer und Investoren in der Post-Investment-Phase nicht alleine durch Vertrauen beschreiben lässt. Eine ebenso zentrale Dimension sind Konflikte zwischen beiden Parteien.[649]

Zusammenfassend stellt Vertrauen einen zentralen Baustein in der Zusammenarbeit von Gründer und Investoren in der Post-Investment-Phase dar, welcher allerdings noch weiterer explorativer Forschung bedarf. *Chen/Ayoko* (2012), *Langfred* (2007) oder *Simons/Peterson* (2000) zeigen einen empirischen Zusammenhang zwischen Vertrauen und Konflikten.[650] Dementsprechend identifizieren *Bammens/Collewaert* (2014), *Collewaert* (2012), *Collewaert/Fassin* (2013), *Collewaert/Sapienza* (2016) oder *Zacharakis et al.* (2010) Konflikte als einen ebenso zentralen Baustein im Verhältnis von Gründer und Investoren.[651] Folglich wird im nachfolgenden Kapitel die Literatur zu Konflikten diskutiert.

3.3 Konflikte

3.3.1 Grundlagen

Collewaert/Fassin (2013) berufen sich auf *Jehn* (1995) und *Jehn/Bendersky* (2003) und definieren Konflikt als wahrgenommene „disagreements about the work that should be done or how it should be done as well as to disagreements that arise due to differences in personalities."[652] Konflikte entstehen demzufolge durch „latent conditions such as goal incompatibilities, scarce

646 Vgl. *Carpentier/Suret* (2015), S. 815 ff.
647 Vgl. *Kelly/Hay* (2003), S. 303.
648 Vgl. *Collewaert* (2012), S. 757.
649 Vgl. *White/Dumay* (2017), S. 24.
650 Vgl. *Chen/Ayoko* (2012); *Langfred* (2007); *Simons/Peterson* (2000).
651 Vgl. *Bammens/Collewaert* (2014), S. 2002; *Collewaert* (2012); *Collewaert/Fassin* (2013); *Collewaert/Sapienza* (2016); *Zacharakis et al.* (2010), S. 112.
652 *Collewaert/Fassin* (2013), S. 636.

resources, personal differences, interference in reaching goals, inefficient communication and interdependency."[653] Dabei weisen *Collewaert/Fassin* (2013) darauf hin, dass diese latenten Gegebenheiten einen Auslöser benötigen, um in einem offenen Konflikt zu resultieren.[654] Als Konfliktauslöser gelten beispielsweise Finanzierungsentscheidungen,[655] unethisches Verhalten[656] oder über- bzw. unterdurchschnittliches Mitwirken von Investoren.[657]

Die Definition von Konflikten bezieht sich dabei auf die verschiedenen in der Literatur anzutreffenden Arten von Konflikten. In der Entrepreneurial-Finance-Literatur werden folgende Arten von Konflikten im Zusammenhang mit Start-up-Finanzierungen untersucht: Aufgabenkonflikt, Beziehungskonflikt, Prozesskonflikt sowie Zielkonflikt.[658] Tabelle 3-3 gibt einen einleitenden Überblick über die verschiedenen Konfliktarten.

Konfliktarten				
Art	Aufgaben-konflikt	Beziehungs-konflikt	Prozess-konflikt	Ziel-konflikt
Charakter	Kognitiv	Affektiv	Kognitiv	Kognitiv
Typ	Wahrgenommen	Wahrgenommen	Wahrgenommen	Tatsächlich
Kurzbeschreibung	Konkurrierende Sichtweisen auf die zu erledigenden Aufgaben	Zwischen-menschliche Diskrepanzen	Befasst sich mit dem „Wie" der Aufgabenerledigung	Konkurrierende Sichtweisen auf die zu erreichenden Ziele

Tabelle 3-3: Übersicht über die Konfliktarten

Quelle: Eigene Darstellung. Zu den Inhalten vgl. *Behfar et al.* (2010), S. 128 f.; *Chen/Ayoko* (2012), S. 21 ff.; *Collewaert* (2012), S. 768; *Collewaert/Sapienza* (2016), S. 588; *Dreu/Weingart* (2003), S. 742; *Forbes et al.*(2010), S. 585; *Jehn/Mannix* (2001), S. 238 f.; *Jehn* (1995), S. 257 ff.; *Jehn/Bendersky* (2003), S. 197 ff.; *Simons/Peterson* (2000), S. 102; *Yitshaki* (2008), S. 268.

3.3.2 Konfliktarten

Die Konfliktarten lassen sich zunächst nach deren affektivem bzw. kognitivem Charakter differenzieren.[659] Als affektiv-dysfunktionale Konfliktart wird der Beziehungskonflikt bezeichnet, während Aufgaben-, Prozess- sowie Zielkonflikte als kognitiv-funktionale Konfliktarten bezeichnet werden.[660] Darüber hinaus lassen sich die Konfliktarten dahingehend differenzieren,

653 *Collewaert/Fassin* (2013), S. 636.

654 Vgl. *Collewaert/Fassin* (2013), S. 637.

655 Vgl. *Appelhoff et al.* (2016), S. 602; *Collewaert/Fassin* (2013), S. 637; *Forbes et al.* (2010), S. 579; *Parhankangas/Landström* (2006), S. 774.

656 Vgl. *Collewaert/Fassin* (2013), S. 637.

657 Vgl. *Khanin/Turel* (2009), S. 2 f.; *Yitshaki* (2008), S. 267.

658 Vgl. *Appelhoff et al.* (2016), S. 603; *Collewaert* (2012), S. 754; *Jehn/Bendersky* (2003), S. 197 ff.; *Khanin/Turel* (2009), S. 5; *Zacharakis et al.* (2010), S. 112 ff.

659 Vgl. *Yitshaki* (2008), S. 268. Diese Ansicht wird in der Literatur kritisiert, da eine trennscharfe Unterteilung eine Vereinfachung der Komplexität ist und auch im Kontext kognitiver Konflikte Emotionen einen Einfluss haben, vgl. *Behfar et al.* (2010), S. 128.

660 Vgl. *Dreu/Weingart* (2003), S. 742; *Forbes et al.* (2010), S. 585; *Jehn* (1995), S. 257 ff.; *Jehn* (1997b), S. 88; *Yitshaki* (2008), S. 268.

dass Aufgaben-, Beziehungs- und Prozesskonflikte als wahrgenommene Konflikte klassifiziert werden.[661] Zielkonflikte werden hingegen als tatsächliche Konflikte charakterisiert.[662] In den nachfolgenden Abschnitten werden Aufgaben-, Beziehungs-, Prozess- sowie Zielkonflikte erörtert, um eine Grundlage für das Verständnis der empirischen Studien zu Konflikten im Kontext einer außerbörslichen Beteiligungsfinanzierung zu schaffen.

Aufgabenkonflikt:

Ein Aufgabenkonflikt bezieht sich auf wahrgenommene unterschiedliche Standpunkte hinsichtlich Inhalt und Umfang einer zu erledigenden Aufgabe. Dazu zählen ebenfalls unterschiedliche Meinungen, Ansichten und Ideen über die Aufgabe.[663] Ein Beispiel für einen Aufgabenkonflikt ist die Dokumentation einer strategischen Entscheidung und deren Detailgrad.[664] Während die eine Konfliktpartei möglichst umfassend die Entscheidungsschritte und relevanten Informationen darlegen möchte, will die andere Konfliktpartei aus Vertraulichkeitsgründen möglichst wenig Details über den Entscheidungsprozess preisgeben.

Beziehungskonflikt:

Ein Beziehungskonflikt liegt vor, wenn zwischenmenschliche Diskrepanzen zwischen den Konfliktparteien bestehen. Diese wahrgenommenen zwischenmenschlichen Diskrepanzen umfassen sowohl persönliche Differenzen als auch unterschiedliche Meinungen und Einstellungen hinsichtlich nicht aufgabenbezogener Angelegenheiten (z. B. Kunst, Politik oder Religion). Dementsprechend führt ein Beziehungskonflikt häufig zu Ärger, Spannung, Streit sowie Feindseligkeiten zwischen den Konfliktparteien und bezieht sich auf die individuell wahrgenommenen Gefühle und Emotionen.[665]

Prozesskonflikt:

Der Prozesskonflikt ist eine Unterform des Aufgabenkonfliktes. Er beschäftigt sich damit, wie eine Aufgabe zu erfüllen ist. Als Prozesskonflikt wird demzufolge die Meinungsverschiedenheit über Aufgabenausführung, Pflichten und Ressourcen verstanden.[666] Ein konkretes Bei-

---

661 Vgl. *Behfar et al.* (2010), S. 128 f.; *Jehn/Bendersky* (2003), S. 189 ff.

662 Vgl. *Collewaert* (2012), S. 754.

663 Vgl. *Amason/Sapienza* (1997), S. 496; *Chen/Ayoko* (2012), S. 21 f.; *Jehn* (1995), S. 258; *Jehn/Bendersky* (2003), S. 200; *Jehn/Mannix* (2001), S. 238; *Simons/Peterson* (2000), S. 102.

664 Vgl. *Chen/Ayoko* (2012), S. 21 f.

665 Vgl. *Amason/Sapienza* (1997), S. 496; *Behfar et al.* (2010), S. 128; *Jehn* (1995), S. 258; *Jehn/Bendersky* (2003), S. 200; *Jehn/Mannix* (2001), S. 238; *Simons/Peterson* (2000), S. 102.

666 Vgl. *Behfar et al.* (2010), S. 128; *Jehn* (1997a), S. 540; *Jehn/Bendersky* (2003), S. 201 f.; *Jehn/Mannix* (2001), S. 239; *Zacharakis et al.* (2010), S. 113.

spiel beläuft sich auf Unstimmigkeiten zwischen den Konfliktparteien darüber, welche Person, welche Aufgabe, mit welchen Mitteln erledigen sollte.

Zielkonflikt:

Zielkonflikte beschreiben tatsächliche Konflikte über uneinheitliche Ziele und sind sehr eng mit Aufgabenkonflikten verbunden,[667] weisen allerdings ein relevantes Unterscheidungsmerkmal auf.[668] Während Zielkonflikte sich auf tatsächliche Konflikte beziehen, umfassen Aufgabenkonflikte wahrgenommene Konflikte. Damit im Einklang stellen Forscher ebenfalls fest, dass wahrgenommene Aufgabenkonflikte über Ziele nicht mit tatsächlichen Zielkonflikten übereinstimmen müssen.[669]

Nachdem die Konfliktarten im Allgemeinen vorgestellt wurden, erfolgt im sich anschließenden Kapitel ein Literaturüberblick über empirische Studien zu Konflikten zwischen Gründer und Investoren vor dem Hintergrund einer außerbörslichen Beteiligungsfinanzierung.

3.3.3 Konflikte zwischen Gründer und Investoren

Konflikte zwischen Gründer und Investoren stehen verstärkt im Forschungsfokus empirischer Entrepreneurial-Finance-Studien.[670] *Sapienza* (1992) gilt als einer der ersten Autoren, der die Relevanz von Konflikten in der Zusammenarbeit von Gründer und Investoren identifiziert. Er stellt in seiner empirischen Analyse fest, dass Konflikte zwischen beiden Parteien den Mehrwert der Investoren signifikant verringern. Konflikt wird hierbei allerdings als eindimensionales Konstrukt erhoben und nicht in seine Unterarten differenziert.[671] Neuere Forschungsbeiträge befassen sich mit den Auswirkungen von Konflikten auf die Unternehmensentwicklung und untersuchen verschiedene Arten von Konflikten.[672] Der Hauptfokus der Forschungsarbeiten liegt hierbei auf Aufgaben- und Beziehungskonflikten.[673]

Empirische Studien identifizieren sowohl positive als auch negative Auswirkungen von Aufgabenkonflikten auf den Unternehmenserfolg.[674] *Collewaert/Sapienza* (2016) diskutieren in ihrem Beitrag, ob Aufgabenkonflikte gut oder schlecht für die Unternehmensentwicklung im

667 Vgl. *Cosier/Rose* (1977), S. 378 f.; *Eisenhardt/Bourgeois* (1988), S. 769.

668 Vgl. *Collewaert* (2012), S. 754, 759.

669 Vgl. *Arthurs/Busenitz* (2003), S. 148 f.; *Collewaert* (2012), S. 759; *Fisher* (1998), S. 315.

670 Vgl. *Collewaert* (2012); *Collewaert/Fassin* (2013); *Collewaert/Sapienza* (2016); *Forbes et al.* (2010).

671 Vgl. *Sapienza* (1992), S. 9, 15 f., 19 ff., 27.

672 Vgl. *Collewaert* (2012); *Collewaert/Sapienza* (2016); *Higashide/Birley* (2002); *Zacharakis et al.* (2010).

673 Vgl. *Collewaert* (2012), S. 754; *Collewaert/Sapienza* (2016), S. 574; *Dreu/Weingart* (2003), S. 741 ff.; *Ensley et al.* (2002), S. 365; *Forbes et al.* (2010), S. 581; *Lim et al.* (2013), S. 58 f.; *Yitshaki* (2008), S. 282 ff.

674 Vgl. *Dreu/Weingart* (2003), S. 741 f.; *Dreu* (2008), S. 29 ff.; *Wit et al.* (2012), S. 362 ff.

Allgemeinen sind.[675] Dabei stellen die Autoren die uneinheitliche Sichtweise in der Literatur dar. Einige Autoren klassifizieren Aufgabenkonflikte als negativ für die Unternehmensentwicklung, da sie zu Spannungen und schlussendlich zur Einschränkung des kreativen Denkens führen.[676] *Wit et al.* (2012) kommen in ihrer Metaanalyse zu entgegengesetzten Ergebnissen und zeigen eine positive Auswirkung von Aufgabenkonflikten auf die Unternehmensentwicklung.[677] Argumente hierfür sind das kritische Hinterfragen sowie die damit verbundene Perspektivenerweiterung.[678] Und wiederum andere Autoren greifen diese widersprüchlichen Ergebnisse auf und argumentieren, dass Aufgabenkonflikte nur unter bestimmten Umständen (z. B. harmonisches Miteinander, Investorenexpertise, klares Führungsverhältnis) positiv die Unternehmensentwicklung beeinflussen.[679]

Auch in der Entrepreneurial-Finance-Literatur herrscht bislang keine einheitliche Meinung hinsichtlich der Auswirkung von Aufgabenkonflikten auf den Unternehmenserfolg. *Higashide/Birley* (2002) zeigen einen positiven Effekt von Aufgabenkonflikten auf den Unternehmenserfolg.[680] *Brettel et al.* (2013) untersuchen den Einfluss von Konflikten auf den wahrgenommen Mehrwert von Investoren aus Sicht des Gründers und bestätigen ebenfalls einen positiven Einfluss von Aufgabenkonflikten.[681] Im Gegensatz dazu zeigen *Collewaert* (2008), (2009) einen negativen Einfluss von Aufgabenkonflikten auf den Unternehmenserfolg.[682] Selbiges Ergebnis wird von *Collewaert* (2012), *Collewaert/Sapienza* (2016) und *Zacharakis et al.* (2010) bestätigt.[683] Die Limitationen dieser Untersuchungen liegen in den unterschiedlichen Perspektiven[684] sowie situationsabhängigen Umständen[685] und vertreten damit eine hybride Ansicht auf den Einfluss von Aufgabenkonflikten auf den Unternehmenserfolg. Schlussendlich existiert zu dieser Thematik noch keine einheitliche Meinung in der Literatur und Forscher rufen zu weiteren empirischen Untersuchungen auf.[686]

---

675 Vgl. *Collewaert/Sapienza* (2016), S. 574 ff.

676 Vgl. *Collewaert/Sapienza* (2016), S. 575; *Dreu/Weingart* (2003), S. 745 f.; *Jehn/Bendersky* (2003), S. 209.

677 Vgl. *Wit et al.* (2012), S. 372.

678 Vgl. *Collewaert* (2008), S. 3; *Collewaert/Sapienza* (2016), S. 575.

679 Vgl. *Collewaert/Sapienza* (2016), S. 575, 592; *Hülsheger et al.* (2009), S. 1139 f.; *Wit et al.* (2012), S. 372 f.

680 Vgl. *Higashide/Birley* (2002), S. 70 ff.

681 Vgl. *Brettel et al.* (2013), S. 191 f.

682 Vgl. *Collewaert* (2008), S. 9; *Collewaert* (2009), S. 5.

683 Vgl. *Collewaert* (2012), S. 767 f.; *Collewaert/Sapienza* (2016), S. 584 ff.; *Zacharakis et al.* (2010), S. 120 f.

684 Vgl. *Zacharakis et al.* (2010), S. 124.

685 Vgl. *Collewaert/Sapienza* (2016), S. 592.

686 Vgl. *Brettel et al.* (2013), S. 192 f.; *Collewaert* (2012), S. 771 f.; *Collewaert/Sapienza* (2016), S. 575; *Wit et al.* (2012), S. 374 f.

Beziehungskonflikte werden in der allgemeinen Literatur zu Konflikten als negativer Einflussfaktor auf den Unternehmenserfolg angesehen.[687] Die empirischen Ergebnisse von *Brettel et al.* (2013), *Collewaert* (2009), *Collewaert/Sapienza* (2016) oder *Zacharakis et al.* (2010) belegen diesen negativen Zusammenhang auch für den Einfluss von Beziehungskonflikten auf den Unternehmenserfolg im Kontext außerbörslicher Beteiligungsfinanzierungen.[688]

Wit et al. (2012) präsentieren in ihrer Literaturauswertung mittels einer Metaanalyse, dass empirische Studien gemischte, überwiegend jedoch negative Auswirkungen von Prozesskonflikten auf den Unternehmenserfolg belegen.[689] *Zacharakis et al.* (2010) finden keine signifikanten Ergebnisse für den Einfluss von Prozesskonflikten zwischen Gründer und Investoren auf den Unternehmenserfolg. Entgegen ihren Annahmen ist das Vorzeichen positiv, jedoch weit von einem akzeptablen Signifikanzniveau entfernt.[690] *Collewaert* (2009) kommt ebenfalls zu keinem signifikanten Ergebnis über den Einfluss von Prozesskonflikten auf den Unternehmenserfolg.[691] Prozesskonflikte werden deutlich weniger empirisch untersucht als Aufgaben- und Beziehungskonflikte und eindeutige empirische Belege für den Einfluss und die Wirkrichtung von Prozesskonflikten auf den Unternehmenserfolg existieren im Rahmen der außerbörslichen Beteiligungsfinanzierung bislang nicht. Dementsprechend werden mehr Studien zu dieser Konfliktart gefordert.[692]

Jehn (1995) und *Jehn/Bendersky* (2003) unterstellen im Rahmen von Aufgabenkonflikten kongruente Ziele beider Konfliktparteien und belegen diese Zielkongruenz empirisch.[693] Bei einer außerbörslichen Beteiligungsfinanzierung haben Gründer und Investoren jedoch nicht immer dieselben Ziele[694] und dementsprechend stellt *Collewaert* (2008), (2012) diese Annahme in Frage und bezieht explizit Zielkonflikte in ihre empirische Studie mit ein. Sie zeigt dabei einen signifikant negativen Zusammenhang zwischen Zielkonflikten und dem Unternehmenserfolg.[695] Andere Autoren, wie z. B. *Yitshaki* (2008) oder *Zacharakis et al.* (2010), vertreten die Auffassung von kongruenten Zielen im Kontext einer außerbörslichen Beteiligungsfinanzie-

---

687 Vgl. *Appelhoff et al.* (2016), S. 603; *Collewaert* (2008), S. 4; *Dreu/Weingart* (2003), S. 741 f.; *Dreu* (2008), S. 29 ff.; *Higashide/Birley* (2002), S. 70 ff.; *Wit et al.* (2012), S. 362.

688 Vgl. *Brettel et al.* (2013), S. 192; *Collewaert* (2009), S. 5; *Collewaert/Sapienza* (2016), S. 584 ff.; *Zacharakis et al.* (2010), S. 121 f.

689 Vgl. *Wit et al.* (2012), S. 362 f.

690 Vgl. *Zacharakis et al.* (2010), S. 120.

691 Vgl. *Collewaert* (2009), S. 5.

692 Vgl. *Appelhoff et al.* (2016), S. 619; *Behfar et al.* (2010), S. 165 ff.; *Zacharakis et al.* (2010), S. 122.

693 Vgl. *Jehn* (1995), S. 266; *Jehn/Bendersky* (2003), S. 201.

694 Vgl. *Clercq/Manigart* (2007), S. 195; *Fiet* (1995b), S. 552 ff.; *Mason* (2006), S. 265 f.; *Politis* (2008), S. 138.

695 Vgl. *Collewaert* (2008), S. 7, 10; *Collewaert* (2012), S. 759, 768.

rung und lassen daher die Betrachtung von Zielkonflikten außer Acht.[696] In der allgemeinen Literatur zu Konflikten belegen empirische Studien, dass Zielkonflikte die Problemlösung erschweren und die kompetitive Einstellung der Konfliktparteien erhöhen.[697] Zusammenfassend existiert keine einheitliche Sichtweise, inwiefern Zielkonflikte im Rahmen einer außerbörslichen Beteiligungsfinanzierung unterstellt werden können. Insofern werden weitere empirische Studien zu dieser Thematik benötigt.

3.3.4 Kritische Würdigung

Die Darstellung der empirischen Literatur zu Konflikten zwischen Gründer und Investoren belegt den Forschungsbedarf in diesem noch sehr jungen Forschungsgebiet. *Collewaert* (2012) formuliert den aktuellen Forschungsstand daher sehr treffend als „no empirical work has examined angel investor-entrepreneur conflicts and very little work has addressed conflicts between Venture-Capitalists and entrepreneurs."[698] In der jüngsten Vergangenheit folgten dementsprechend diverse empirische Untersuchungen, welche aber zu unterschiedlichen Ergebnissen kommen und sich hauptsächlich auf Aufgaben- und Beziehungskonflikte fokussieren, während Prozess- und Zielkonflikte nur vereinzelt empirisch untersucht werden. Dementsprechend sprechen z. B. *Appelhoff et al.* (2016), *Collewaert/Fassin* (2013) oder *Forbes et al.* (2010) für die verstärkte Untersuchung sämtlicher Konfliktarten sowie mehr empirische Studien zur Klärung der konkurrierenden Ergebnisse aus.[699] Ein erster Erklärungsversuch für die Koexistenz der unterschiedlichen Ergebnisse ist die Situationsabhängigkeit des jeweiligen Konfliktes.[700] Dieser Erklärungsversuch wird von *George et al.* (2016) aufgegriffen und um Wechselwirkungen zwischen den einzelnen Konfliktarten erweitert. So zeigen die Autoren, dass Prozesskonflikt ein Mediator zwischen Aufgaben- und Beziehungskonflikt ist und dementsprechend in früheren Studien zur Verzerrung der Ergebnisse geführt haben könnte.[701]

Obwohl die Verbindung zwischen Vertrauen und Konflikten theoretisch postuliert wird, sind diesbezügliche empirische Studien im Rahmen der außerbörslichen Beteiligungsfinanzierung kaum anzutreffen. Als erste zitierfähige Studie gilt *Collewaert* (2008), welche einen positiven Moderationseffekt von Vertrauen auf Aufgabenkonflikte unterstellt und empirisch signifikant

---

696 Vgl. *Yitshaki* (2008), S. 263; *Zacharakis et al.* (2010), S. 111.
697 Vgl. *Collewaert* (2012), S. 759; *Eisenhardt/Bourgeois* (1988), S. 753; *Tjosvold* (1998), S. 337 ff.
698 *Collewaert* (2012), S. 754.
699 Vgl. *Appelhoff et al.* (2016), S. 618 f.; *Collewaert/Fassin* (2013), S. 647 f.; *Forbes et al.* (2010), S. 589 ff.
700 Vgl. *Collewaert/Sapienza* (2016), S. 592.
701 Vgl. *George et al.* (2016), S. 293.

belegt.[702] *White/Dumay* (2017) identifizieren in ihrem Literaturüberblick über Business Angels die hohe Relevanz von Vertrauen und Konflikten, stellen gleichzeitig aber auch fest, dass die Verbindung beider Konstrukte noch unzureichend erforscht ist.[703] Die theoretische Verbindung von Vertrauen und Konflikten wird in der vorliegenden Arbeit ebenfalls angenommen und in die empirische Erhebung einbezogen. Demgemäß werden beide Konstrukte separat untersucht sowie die Beziehung zueinander analysiert.

Zusätzlich zu dem bereits beschriebenen Konfliktpotenzial zwischen Gründer und Investoren identifizieren *Appelhoff et al.* (2016) unterschiedliche Entscheidungsfindungslogiken als potenzielle Konfliktauslöser, da die Denkweisen von Gründer und Investoren deutlich voneinander divergieren.[704] Im nachfolgenden Kapitel wird an diesen Gedanken angeknüpft und die vermeintlich unterschiedlichen Entscheidungsfindungslogiken von Gründer und Investoren diskutiert sowie deren Auswirkungen auf den Unternehmenserfolg präsentiert.

3.4 Theorien zur Erklärung unternehmerischen Handelns

3.4.1 Grundlagen

Alvarez et al. (2016) beschreiben in ihrem Artikel die Vielfalt an emergierenden Theorien des Entrepreneurships seit Beginn des 21. Jahrhunderts.[705] *Fisher* (2012) identifiziert in seinem Literaturüberblick Bricolage, Causation und Effectuation als die drei wesentlichen Theorien zur Erklärung unternehmerischen Handelns,[706] auf welche sich aktuelle Forschungsarbeiten stützen.[707] In der Entrepreneurial-Finance-Literatur sind Causation und Effectuation die häufigsten verwendeten Theorien zur Erklärung unternehmerischen Handelns im Kontext von außerbörslichen Beteiligungsfinanzierungen.[708] Im Hinblick auf die Forschungsfrage der vorliegenden Arbeit wird dementsprechend der Auffassung der einschlägigen Literatur gefolgt und der Bricolage-Ansatz von *Baker/Nelson* (2005) nicht weiterführend diskutiert.[709]

Sarasvathy (2001) führt die Begriffe Causation und Effectuation erstmalig in die wissenschaftliche Diskussion rund um Theorien des Entrepreneurships ein.[710] Unter dem Begriff Causation

---

702 Vgl. *Collewaert* (2008), S. 10.
703 Vgl. *White/Dumay* (2017), S. 24.
704 Vgl. *Appelhoff et al.* (2016), S. 619.
705 Vgl. *Alvarez et al.* (2016), S. 3.
706 Vgl. *Fisher* (2012), S. 1021 ff.
707 Vgl. *Deligianni et al.* (2017), S. 351 f.; *Kuechle et al.* (2016), S. 45 ff.; *Schmidt et al.* (2017), S. 3 ff.
708 Vgl. *Appelhoff et al.* (2016), S. 605 ff.; *Murnieks et al.* (2011), S. 1536 ff.; *Wiltbank et al.* (2009a), S. 119 ff.
709 Weiterführende Literatur siehe *Baker et al.* (2003); *Baker/Nelson* (2005); *Welter et al.* (2016).
710 Vgl. *Sarasvathy* (2001), S. 243 ff.

fasst die Autorin die klassische Sichtweise auf unternehmerisches Handeln zusammen, welche u. a. als Classic Approach[711] oder Creation Approach[712] in der Literatur anzutreffen ist.[713] *Sarasvathy* (2001), (2008) beschreibt dabei verschiedene Dimensionen, an welchen Causation und Effectuation unterschieden werden können.[714] *Dew et al.* (2009) unterteilen diese Dimensionen in fünf explizite Prinzipien.[715] *Grichnik et al.* (2017) greifen diese Unterteilung auf und differenzieren Causation und Effectuation anhand eines Grundprinzips und vier Kernprinzipien.[716]

Causation und Effectuation sind Logiken, welche auf in sich konsistenten und eindeutig abgrenzbaren Prinzipien basieren und mit deren Hilfe eine Ausgangsbasis für eine Entscheidungsfindung geschaffen wird.[717] Gleichermaßen definieren *Sarasvathy/Dew* (2008) Causation und Effectuation als „a set of internally consistent decision criteria for guiding action."[718] Infolgedessen sind Causation und Effectuation in der aktuellen wissenschaftlichen Literatur auch unter Entscheidungsfindungslogiken anzutreffen.[719] *Wiltbank et al.* (2006) argumentieren in ihrem Artikel, dass die Theorien zur Erklärung unternehmerischen Handelns hinsichtlich ihres Fokus auf Vorhersage und Kontrolle unterschieden werden sollten. Dabei klassifizieren die Autoren Causation als vorhersagebasierte Theorie und Effectuation als kontrollbasierte Theorie.[720] Dies spiegelt sich auch in den von *Grichnik et al.* (2017) gegenübergestellten Grund- und Kernprinzipien wider (siehe Tabelle 3-4). Charakteristisch für Causation ist dabei die klassisch kompetitive Sichtweise auf den Wettbewerb und der Fokus auf planungs- und vorhersagebasierte Zukunftstrends. Effectuation löst sich hingegen von der kompetitiven Sichtweise auf den Wettbewerb und betrachtet selbigen eher als kooperativ. Primär stehen hierbei die beeinflussbaren Situationen sowie die entsprechenden Adaptionen und Reaktionen im Fokus. Von Planung und Vorhersage wird sich im Effectuation-Ansatz eher distanziert.[721]

---

711 Vgl. *Shah/Tripsas* (2007), S. 123 ff.

712 Vgl. *Alvarez/Barney* (2007), S. 11 ff.

713 Vgl. *Fisher* (2012), S. 1021.

714 Vgl. *Sarasvathy* (2001), S. 245 ff.; *Sarasvathy* (2008), S. 15 f., 65 ff.

715 Vgl. *Dew et al.* (2009), S. 290.

716 Vgl. *Grichnik et al.* (2017), S. 61 ff.

717 Vgl. *Sarasvathy* (2008), S. 17.

718 *Sarasvathy/Dew* (2008), S. 732.

719 Vgl. *Deligianni et al.* (2017), S. 351; *Perry et al.* (2012), S. 837; *Reymen et al.* (2015), S. 353; *Reymen et al.* (2017), S. 597.

720 Vgl. *Wiltbank et al.* (2006), S. 981 ff.

721 Vgl. *Grichnik et al.* (2017), S. 60 ff.

Prinzip	Causation	Effectuation
Grundprinzip:		
Sicht auf die Zukunft	Vorhersagbar	Beeinflussbar
Kernprinzipien:		
1. Handlungsgrundlage	Zielorientiert	Mittelorientiert
2. Risikoorientierung	Erwarteter Gewinn	Tragbarer Verlust
3. Einstellung gegenüber Außenstehenden	Kompetitiv	Kooperativ
4. Einstellung gegenüber unerwarteten Situationen	Vermeiden	Nutzen

Tabelle 3-4: Unterscheidungsmerkmale von Causation und Effectuation
Quelle: Eigene Darstellung in Anlehnung an *Dew et al.* (2009), S. 290; *Grichnik et al.* (2017), S. 60.

3.4.2 Causation

Die Prämisse des Causation-Ansatzes lautet „to the extent we can predict the future, we can control it."[722] Individuen, welche ihr unternehmerisches Handeln am Causation-Ansatz ausrichten, definieren folglich ex ante ein Oberziel. Zur Erreichung dieses Ziels werden im Anschluss die dazu notwendigen unternehmerischen Gelegenheiten bzw. Ressourcen in dem bestehenden Geschäftsumfeld gesucht. Die unternehmerische Gelegenheit wird folglich entdeckt.[723] Dementsprechend sind kausale[724] Individuen stets damit beschäftigt, unternehmerische Gelegenheiten zu suchen, selbige zu bewerten und gemäß der persönlichen Nutzenmaximierung mittels Erwartungswertkalkulationen über das Verfolgen einer Gelegenheit zu entscheiden.[725] In den nachfolgenden Abschnitten werden die fünf Prinzipien des Causation-Ansatzes näher beleuchtet. Beginnend mit dem Grundprinzip werden im Nachgang die vier Kernprinzipien erörtert:

Grundprinzip: Sicht auf die Zukunft

Im Causation-Ansatz wird die Zukunft als vorhersagbare Fortschreibung der Vergangenheit aufgefasst.[726] Causation basiert auf der Annahme, dass die Zukunft nur zu dem Grad kontrolliert werden kann, soweit sie vorhersagbar ist.[727] Folglich ist eine möglichst genaue Planung und Vorhersage zukünftiger Ereignisse das übergeordnete Weltbild von Causation.

722 *Sarasvathy* (2008), S. 17.
723 Vgl. *Sarasvathy* (2001), S. 251 f.
724 Kausal wird im Kontext der Theorien zur Erklärung unternehmerischen Handelns als Adjektiv für Causation verwendet und nicht in seiner bildungssprachlichen bzw. sprachwissenschaftlichen Definition gemäß des Dudens.
725 Vgl. *Grichnik et al.* (2017), S. 62.
726 Vgl. *Dew et al.* (2009), S. 290; *Sarasvathy* (2001), S. 245.
727 Vgl. *Sarasvathy* (2008), S. 17.

Strategische Entscheidungsfindungen sollten daher immer auf ausgiebiger Informationsbeschaffung und -analyse beruhen.[728]

Kernprinzipien:

(1) Handlungsgrundlage:

Die Handlungsgrundlage ist Ausgangsbasis des Zielsetzungs- und Zielerreichungsprozesses. Der Causation-Ansatz ist ein Top-down-Zielerreichungsprozess, welcher ein ex ante festgelegtes Oberziel in mehrere Unterziele aufspaltet und die korrespondierende Ressourcenbeschaffung zum Erreichen der Ziele als zentrale Aufgabe determiniert.[729] Dementsprechend ist das Handeln zielorientiert und die benötigten Mittel werden an den gesteckten Zielen ausgerichtet. Die Ziele bestimmen somit das unternehmerische Handeln.[730] Der Causation-Ansatz ist letztendlich ein linearer Ansatz, welcher ein Oberziel verfolgt. Dieses Ziel basiert wiederum auf einer begrenzt rationalen Entscheidungsgrundlage, abhängig von der Beschaffung und Nutzung von Informationen, Opportunitätskosten sowie Risikoanalysen.[731] Als Entscheidungsmaxime für eine Alternative gilt schlussendlich die absolute Höhe des Erwartungswertes.[732]

(2) Risikoorientierung:

Die Risikoorientierung ist bei dem Causation-Ansatz auf den erwarteten Gewinn ausgerichtet und orientiert sich demgemäß an der Maximierung des Gewinnpotenzials einer rational ausgewählten Handlungsalternative, unter Berücksichtigung des jeweiligen Risikos. Das „Downside Risk“[733] rückt hierbei in den Hintergrund.[734] Die benötigten Ressourcen werden ebenfalls ex ante geplant und sämtlicher Arbeitsaufwand wird für diese Ressourcenbeschaffung verwendet.[735]

(3) Einstellung gegenüber Außenstehenden:

Im Causation-Ansatz dominiert eine kompetitive Sichtweise auf Außenstehende, wobei Kooperationen mit Kompetitoren hinsichtlich Produktentwicklung oder gemeinsamer Beschaffung möglichst vermieden werden. Die Beziehung zu externen Anspruchsgruppen ist folglich

728 Vgl. *Read/Sarasvathy* (2005), S. 50.
729 Vgl. *Dew et al.* (2009), S. 290; *Sarasvathy* (2001), S. 245; *Read/Sarasvathy* (2005), S. 50.
730 Vgl. *Dew et al.* (2009), S. 290.
731 Vgl. *Alvarez/Barney* (2007), S. 17; *Chandler et al.* (2011), S. 377.
732 Vgl. *Grichnik et al.* (2017), S. 61.
733 *Read/Sarasvathy* (2005), S. 52.
734 Vgl. *Dew et al.* (2009), S. 290; *Read/Sarasvathy* (2005), S. 52; *Sarasvathy* (2001), S. 251.
735 Vgl. *Grichnik et al.* (2017), S. 61.

durch eine kompetitive Wettbewerbsanalyse geprägt.[736] Dabei wird die Kontaktfrequenz auf ein notwendiges Minimallevel begrenzt und die Verwässerung der Anteilseigner so gering wie möglich gehalten.[737]

(4) Einstellung gegenüber unerwarteten Situationen:

Der Causation-Ansatz fokussiert sich auf die akkurate Planung der Zukunft. Somit versucht ein kausal handelndes Individuum unerwartete Situationen stets zu vermeiden. Unerwartete Situationen werden in kausalen Prozessen als störende Hindernisse aufgefasst, welche die ex ante festgelegte Zielerreichung bedrohen.[738] Einhergehend mit der kausalen Logik werden bei diesem Ansatz immer diverse Szenarien bereits vor Eintreten einer unerwarteten Situation durchgespielt, um im Idealfall immer eine passende Lösung für das auftretende Problem bereit zu halten.[739]

„Im Prinzip werden das zu gründende Unternehmen und alle seine Entwicklungen vom [kausalen] Entrepreneur am Schreibtisch durchdacht und geplant."[740] Zentraler und notwendiger Baustein der Geschäftsplanung ist dabei die Erstellung eines Businessplans.[741] *Brinckmann et al.* (2010) zeigen in ihrer Metaanalyse allerdings, dass die Erstellung eines Businessplans sich nicht immer auszahlen muss. Zwar kommen die Autoren zu dem Ergebnis, dass eine Geschäftsplanung im Allgemeinen eine wertschaffende Tätigkeit darstellt, der Nutzen dieser Planung jedoch sehr stark von kontextbezogenen Faktoren wie z. B. dem Innovationsgrad und der inhärenten Unsicherheit abhängt. Neu gegründete Unternehmen mit hohem Innovationsgrad und hoher Unsicherheit profitieren weniger von einer Geschäftsplanung als Unternehmen geringeren Innovationsgrades und geringerer Unsicherheit.[742] Genau diesen Gedanken greift *Sarasvathy* (2008) in ihrem Effectuation-Ansatz auf und beschreibt alternative Heuristiken bei unternehmerischen Gelegenheiten unter Unsicherheit.[743]

---

736 Vgl. *Read/Sarasvathy* (2005), S. 50; *Sarasvathy* (2001), S. 251.

737 Vgl. *Grichnik et al.* (2017), S. 61; *Dew et al.* (2009), S. 290.

738 Vgl. *Dew et al.* (2009), S. 290; *Read/Sarasvathy* (2005), S. 50.

739 Vgl. *Grichnik et al.* (2017), S. 61.

740 *Grichnik et al.* (2017), S. 62.

741 Vgl. *Grichnik et al.* (2017), S. 62.

742 Vgl. *Brinckmann et al.* (2010), S. 35 f.

743 Vgl. *Sarasvathy* (2008), S. 14 ff.

3.4.3 Effectuation

Der Ursprung des Effectuation-Ansatzes liegt in der explorativen Untersuchung von *Sarasvathy* (2001), (2008) über das Phänomen der unternehmerischen Erfahrung.[744] Dabei wurden unter der Verwendung einer Think-Aloud-Verbal-Protocol-Studie[745] 27 erfahrene Gründer in einem zweistündigen Experiment gebeten, zehn typische Entscheidungsfindungsprobleme eines Start-ups zu lösen und ihre Gedanken dazu in Worte zu fassen. Im Anschluss an das Lösen der Probleme wurden dieselben Gründer mittels semi-strukturierten Interviews zu Entscheidungsfindungsproblemen in ihren eigenen Start-ups befragt.[746] Im Ergebnis präsentiert *Sarasvathy* (2008) einen Effectuation-Prozess (siehe Abbildung 3-1), der die typische Entscheidungsfindungslogik eines erfahrenen Gründers abbildet und der Prämisse „to the extend we can control the future, we do not need to predict it"[747] folgt.[748]

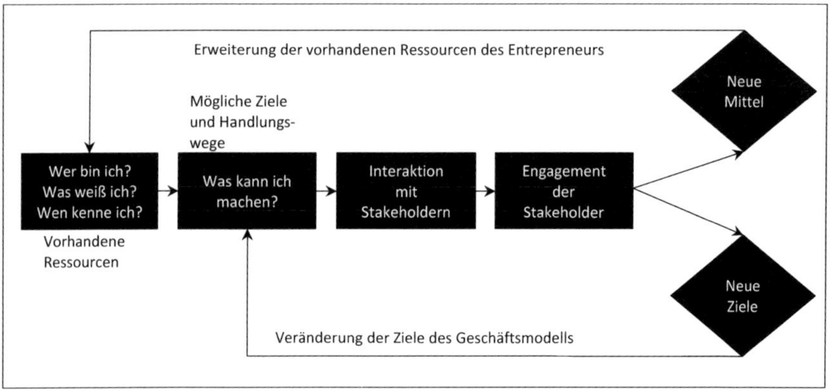

Abbildung 3-1: Der Effectuation-Prozess
Quelle: Eigene Darstellung in Anlehnung an *Grichnik et al.* (2017), S. 64; *Sarasvathy* (2008), S. 101.

Der Effectuation-Prozess beginnt mit der Analyse der zur Verfügung stehenden Ressourcen und denen sich daraus bedingenden möglichen unternehmerischen Handlungen. Die zentralen Fragen, welche sich ein effektual handelndes Individuum stellt, sind:[749]

- *Wer bin ich?* Die Ressourcen, die sich hieraus ergeben, basieren auf den Eigenschaften und Fähigkeiten des Gründers.

[744] Vgl. *Sarasvathy* (2001), S. 243 ff.; *Sarasvathy* (2008), S. 11 ff.
[745] Zur Methodologie der Think-Aloud-Verbal-Protocol-Analyse siehe *Atman/Bursic* (1998).
[746] Vgl. *Sarasvathy* (2008), S. 22 f.
[747] *Sarasvathy* (2008), S. 17.
[748] Vgl. *Sarasvathy* (2008), S. 101.
[749] Vgl. hierzu und im Folgenden *Grichnik et al.* (2017), S. 64; *Sarasvathy* (2008), S. 15, 101 ff.; *Sarasvathy et al.* (2014), S. 73 ff.

- *Was weiß ich?* Die Ressource ist in diesem Fall das Wissen des Gründers.
- *Wen kenne ich?* Das soziale Netzwerk des Gründers ist hierbei die Ressource.

Im Anschluss an die Identifikation der zur Verfügung stehenden Ressourcen wird auf die aufwändige Planung eines konkret definierten Oberziels verzichtet. Im Gegensatz dazu werden diverse mögliche Ziele und Handlungswege ausprobiert. Der effektuale Gründer beginnt also direkt mit der Umsetzung der unternehmerischen Gelegenheiten. Die Leitfrage in diesem zweiten Schritt lautet „Was kann ich machen?“ und die Wahrnehmung der unternehmerischen Gelegenheiten orientiert sich an verkraftbaren Verlusten, welche das Fortbestehen des Start-ups nicht signifikant gefährden.[750]

Durch Interaktion und Engagement der externen Interessengruppen werden in einem dritten Schritt die vorher noch sehr vage ausformulierten unternehmerischen Gelegenheiten zunehmend konkreter definierbar und dem effektualen Gründer stehen neue Mittel zur Verfügung, aus welchen sich neue Ziele formulieren lassen. Dieser Prozess ist iterativ und dementsprechend schafft der Gründer seine unternehmerischen Gelegenheiten selbst, anstelle diese zu entdecken.[751] In Anlehnung an die Struktur des vorangegangenen Kapitels wird auch in diesem Kapitel nachfolgend zunächst das Grundprinzip und im Anschluss die Kernprinzipien des Effectuation-Ansatzes diskutiert:

Grundprinzip: Sicht auf die Zukunft

Im Effectuation-Ansatz wird die Zukunft als beeinflussbar angesehen. Dabei wird davon ausgegangen, dass der Gründer durch sein proaktives Handeln die Zukunft beeinflussen und mitgestalten kann.[752] *Sarasvathy* (2008) bezeichnet dieses Prinzip auch als „The Pilot-in-the-plane Principle“[753] und identifiziert den Gründer selbst als essenziellen Steuerungsmechanismus der Zukunft.[754] Im Kern fokussiert der Gründer sich hierbei auf diejenigen Situationen, welche er kontrollieren kann. Nicht kontrollierbare zukünftige Aspekte lässt er dabei außer Acht, versucht diese nicht vorherzusagen und reagiert erst darauf, wenn diese eintreten sollten.[755] *Read et al.* (2009a) beschreiben die dahinterliegende Entscheidungsfindungslogik auch als

---

750 Vgl. *Grichnik et al.* (2017), S. 64; *Sarasvathy* (2008), S. 15, 101 ff.; *Sarasvathy et al.* (2014), S. 73 ff.

751 Vgl. *Grichnik et al.* (2017), S. 64; *Sarasvathy* (2004), S. 524; *Sarasvathy* (2008), S. 15, 101 ff.; *Sarasvathy et al.* (2014), S. 73 ff.

752 Vgl. *Sarasvathy* (2001), S. 251; *Sarasvathy* (2003), S. 208 ff.; *Wiltbank et al.* (2006), S. 991 f.

753 *Sarasvathy* (2008), S. 16, 91 ff.

754 Vgl. *Dew et al.* (2008), S. 43; *Sarasvathy* (2008), S. 16; *Sarasvathy et al.* (2014), S. 74 f.

755 Vgl. *Dew et al.* (2008), S. 34; *Read et al.* (2009a), S. 2; *Sarasvathy/Kotha* (2001), S. 35; *Sarasvathy* (2008), S. 16 ff.; *Sarasvathy et al.* (2014), S. 74 f.

„Predictive Rationality“.[756] *Wiltbank et al.* (2006) grenzt Effectuation von Vision ab, indem er dem transformativen Effectuation-Ansatz ein sehr geringes Level an Vorhersagefokussierung und ein hohes Level an Kontrollfokussierung zuspricht. Visionäre benötigen zwar auch ein hohes Level an Kontrollfokussierung, müssen jedoch gleichzeitig ein sehr hohes Level an Vorhersagefokussierung aufweisen, um ihr vorher bereits identifiziertes Ziel (die Vision) zu erreichen.[757]

Kernprinzipien:

(1) Handlungsgrundlage:

Die verfügbaren Mittel gelten als die Handlungsgrundlage des Effectuation-Ansatzes. Der effektuale Gründer fokussiert sich auf diejenigen unternehmerischen Gelegenheiten, welche er mit der gegebenen Ressourcenausstattung umsetzen kann. Der Effectuation-Ansatz ist somit ein Bottom-up-Zielerreichungsprozess, bei dem die verfügbaren Mittel die Ziele bestimmen und nicht umgekehrt.[758] Die Interaktion und das Engagement der externen Interessengruppen hilft dabei, Sub-Ziele zu formulieren und zu erreichen, aus welchen sich allmählich das Oberziel erschließen lässt.[759] Ein effektualer Gründer trifft dennoch begrenzt rationale Entscheidungen, da er mit seinen Mitteln diverse unternehmerische Gelegenheiten ausschöpfen könnte. Je nach seinen persönlichen Präferenzen und deren Abwägung entscheidet er sich für die Ausschöpfung einer oder mehrerer unternehmerischer Gelegenheiten. Der zentrale Unterschied zum Causation-Ansatz ist hierbei der Fokus auf die verfügbareren Ressourcen und die sich daraus ergebenden potenziellen Ziele, anstelle der Fokussierung auf die Ressourcenbeschaffung für das ex ante identifizierte Ziel.[760] *Sarasvathy* (2008) beschreibt die Handlungsgrundlage auch als „The Bird-in-hand Principle“,[761] bei welchem aus den zur Verfügung stehenden Mitteln etwas Neues erschaffen werden soll.[762]

(2) Risikoorientierung:

Die Risikoorientierung im Effectuation-Ansatz richtet sich an dem Prinzip des tragbaren Verlustes aus. Im Kontext des „The Affordable-loss Principle“[763] definiert der effektuale Gründer

---

[756] *Read et al.* (2009a), S. 2.
[757] Vgl. *Wiltbank et al.* (2006), S. 990 f.
[758] Vgl. *Dew et al.* (2009), S. 290; *Sarasvathy* (2001), S. 251; *Sarasvathy/Kotha* (2001), S. 47.
[759] Vgl. *Read/Sarasvathy* (2005), S. 50; *Read et al.* (2009b), S. 576; *Reymen et al.* (2017), S. 597; *Sarasvathy/ Kotha* (2001), S. 47.
[760] Vgl. *Grichnik et al.* (2017), S. 63; *Sarasvathy* (2008), S. 74 f.; *Sarasvathy et al.* (2014), S. 73.
[761] *Sarasvathy* (2008), S. 15.
[762] Vgl. *Sarasvathy* (2008), S. 15, 74 ff.
[763] *Sarasvathy* (2008), S. 15.

ex ante den maximalen Verlust, den er bei der Ausschöpfung einer unternehmerischen Gelegenheit ertragen kann, ohne das Start-up in finanzielle Schwierigkeiten zu versetzen.[764] Das Risiko orientiert sich somit ausschließlich an dem Verlustpotenzial des maximal verkraftbaren Verlustes.[765] Durch die Fokussierung auf den maximal verkraftbaren Verlust werden dem effektualen Gründer Zeit und Kosten der Informationsbeschaffung und Planung erspart und er kann direkt mit der effizienten Verwertung seiner verfügbaren Mittel beginnen.[766]

(3) Einstellung gegenüber Außenstehenden:

Der Effectuation-Ansatz sieht Außenstehende nicht als potenzielle Kompetitoren an. Stattdessen prägt das Prinzip der Partnerschaft bzw. Kooperation die Einstellung gegenüber externen Interessengruppen.[767] „The Crazy-quilt Principle“[768] hebt die Bedeutsamkeit strategischer Allianzen und vertraglicher Bindungen von Stakeholdern bereits in sehr frühen Stadien des Unternehmenslebenszyklus hervor. Schließlich werden durch die kooperative Beziehung zu Außenstehenden neue Mittel erschlossen und konsekutiv Ziele definiert.[769] *Sarasvathy* (2001) untermalt die Vorteilhaftigkeit von strategischen Allianzen durch den Abbau von Unsicherheiten und die Errichtung von Markteintrittsbarrieren.[770] *Chandler et al.* (2011) stellen in ihrer empirischen Studie fest, dass strategische Allianzen und frühe Vertragsbindungen auch für kausal handelnde Individuen eine hohe Relevanz haben. Die Autoren differenzieren ihre Ergebnisse jedoch nach den Beweggründen der Kooperation. Während der Effectuation-Ansatz den Abbau von Unsicherheiten verfolgt, steht im Causation-Ansatz der Zugang zu neuen Ressourcen im Vordergrund.[771]

(4) Einstellung gegenüber unerwarteten Situationen:

Effektuale Gründer fassen unerwartete Situationen nicht als Gefahr auf, sondern sehen diese als Chance für die Geschäftsentwicklung.[772] „The Lemonade Principle“[773] unterstellt dem

---

764 Vgl. *Read/Sarasvathy* (2005), S. 52; *Read et al.* (2009a), S. 3; *Read et al.* (2009b), S. 576; *Sarasvathy* (2008), S. 15, 81 ff.

765 Vgl. *Dew et al.* (2009), S. 290; *Sarasvathy et al.* (2014), S. 73 f.; *Welter/Kim* (2018), S. 102; *Wiltbank et al.* (2006), S. 993.

766 Vgl. *Sarasvathy* (2008), S. 15, 81 ff.

767 Vgl. *Read et al.* (2009b), S. 576; *Sarasvathy* (2008), S. 15 f., 88 f.

768 *Sarasvathy* (2008), S. 15.

769 Vgl. *Chandler et al.* (2011), S. 377; *Dew et al.* (2009), S. 290; *Grichnik et al.* (2017), S. 63; *Sarasvathy* (2008), S. 15 f., 88 f.; *Welter/Kim* (2018), S. 102; *Wiltbank et al.* (2006), S. 992; *Wiltbank et al.* (2009a), S. 117.

770 Vgl. *Sarasvathy* (2001), S. 252.

771 Vgl. *Chandler et al.* (2011), S. 377 f.

772 Vgl. *Chandler et al.* (2011), S. 377; *Perry et al.* (2012), S. 839; *Sarasvathy* (2008), S. 16, 89 ff.

773 *Sarasvathy* (2008), S. 16.

effektualen Gründer eine sehr hohe Flexibilität sowie Adaptionskraft und ermöglicht es daher, unerwartete Situationen als positive Ereignisse in den kontrollierbaren Horizont des Gründers einzubinden.[774]

3.4.4 Causation, Effectuation und Unternehmenserfolg

Der Zusammenhang von Entscheidungsfindungslogiken auf den Unternehmenserfolg von Start-ups rückt in der jüngeren Vergangenheit verstärkt in den Fokus empirischer Untersuchungen. Der derzeitige Erkenntnisstand befindet sich jedoch noch immer in einem Anfangsstadium. Hinsichtlich der Causation-Forschung existieren sehr wenige Studien, welche Causation als eigenständiges Konstrukt im Zusammenhang mit Unternehmenserfolg untersuchen.[775] *Eijdenberg et al.* (2017), *Laskovaia et al.* (2017) oder *Smolka et al.* (2016) zeigen im Ergebnis ihrer empirischen Studien, dass Causation einen signifikant positiven Einfluss auf den Unternehmenserfolg hat.[776] Ferner lassen sich in der Literatur Parallelen zu dem Causation-Ansatz identifizieren, welche auf planungs- und analysebasierten Ansätzen aufbauen. So zeigen *Brinckmann et al.* (2010) und *Delmar/Shane* (2003) einen signifikant positiven Zusammenhang zwischen Unternehmensplanung und Unternehmenserfolg.[777]

Für effektuale Entscheidungsfindungslogiken wird studienübergreifend ein positiver Zusammenhang auf den Unternehmenserfolg empirisch belegt. *Read et al.* (2009a) führen eine Metaanalyse zum Einfluss von Effectuation auf den Unternehmenserfolg durch. Die Autoren beziehen sich dabei auf 48 empirische Studien mit einem Gesamtdatensatz von 9.897 Start-ups.[778] In der Studie wird im Rahmen der Hypothesenableitung sämtlichen vier Kernprinzipien von Effectuation ein positiver Einfluss auf den Unternehmenserfolg unterstellt. Im Ergebnis können die Autoren einen signifikant positiven Einfluss der mittelorientierten Handlungsgrundlage, der kooperativen Einstellung gegenüber Außenstehenden sowie der Nutzung von unerwarteten Situationen zeigen. Lediglich die am tragbaren Verlust ausgerichtete Risikoorientierung hat keinen signifikanten Einfluss auf den Unternehmenserfolg. Zusammenfassend kommen die Autoren zu der Schlussfolgerung, dass effektuale Entscheidungsfindungslogiken sich positiv auf die Unternehmensentwicklung von Start-ups auswirken.[779]

---

774 Vgl. *Read et al.* (2009b), S. 576; *Sarasvathy* (2008), S. 89 f.; *Sarasvathy et al.* (2014), S. 74; *Welter/Kim* (2018), S. 102.

775 Vgl. *Laskovaia et al.* (2017), S. 689.

776 Vgl. *Eijdenberg et al.* (2017), S. 35; *Laskovaia et al.* (2017), S. 697 ff.; *Smolka et al.* (2016), S. 13 ff.

777 Vgl. *Brinckmann et al.* (2010), S. 33 ff.; *Delmar/Shane* (2003), S. 1175 ff.

778 Vgl. *Read et al.* (2009a), S. 574, 579.

779 Vgl. *Read et al.* (2009a), S. 582 ff.

Urban/Heydenrych (2015) modellieren in ihrer Studie in Anlehnung an *Chandler et al.* (2011) Effectuation als vierdimensionales Konstrukt mit den Dimensionen Affordable Loss, Experimentation, Flexibility und Pre-Commitment, welche sinngemäß für die vier Kernprinzipien von Effectuation stehen.[780] *Urban/Heydenrych* (2015) zeigen in ihrem Resultat ebenfalls, bis auf das Prinzip des tragbaren Verlustes, einen positiven Zusammenhang von effektualen Entscheidungsfindungslogiken und der Unternehmensentwicklung.[781] Andere Autoren, wie z. B. *Cai et al.* (2017), *Laskovaia et al.* (2017) oder *Smolka et al.* (2016), modellieren Effectuation als eindimensionales Konstrukt und kommen ebenfalls zu dem Ergebnis, dass sich effektuale Entscheidungsfindungslogiken positiv auf den Unternehmenserfolg von Start-ups auswirken.[782]

Zusätzlich zu dem direkten Einfluss von Effectuation auf den Unternehmenserfolg wird Effectuation als Moderator- und Mediatorvariable untersucht. *Deligianni et al.* (2017) belegen in ihrer Studie, bis auf das Prinzip des tragbaren Verlustes, signifikant positive Moderationseffekte von Effectuation auf den Zusammenhang von Produktdiversifikation und Unternehmenserfolg.[783] *Laskovaia et al.* (2017) identifizieren in ihrer Studie einen signifikant positiven Mediationseffekt zwischen Kultur und Unternehmenserfolg. *Mthanti/Urban* (2014) entdecken einen signifikant positiven Moderationseffekt von Effectuation auf den Zusammenhang zwischen Entrepreneurial Orientation und Unternehmenserfolg.[784]

Aktuelle Forschungsarbeiten untersuchen Causation und Effectuation hinsichtlich des Unternehmenserfolges häufig in Kombination. Die empirischen Studien von *Berends et al.* (2014), *Matalamäki et al.* (2017), *Ortega et al.* (2017), *Politis et al.* (2012) oder *Reymen et al.* (2017) kommen zu dem einheitlichen Ergebnis, dass Effectuation die dominante Entscheidungsfindungslogik unter Unsicherheit ist.[785] In gleicher Weise zeigen *Welter/Kim* (2018) in ihrem Simulationsmodell hinsichtlich der Eintrittswahrscheinlichkeit einer Zukunftsvorhersage (Erwar-

780 Vgl. *Chandler et al.* (2011), S. 381 f.; *Urban/Heydenrych* (2015), S. 127.

781 Vgl. *Urban/Heydenrych* (2015), S. 130 ff.

782 *Cai et al.* (2017), S. 7 ff.; *Laskovaia et al.* (2017), S. 696 ff.; *Smolka et al.* (2016), S. 11 ff. Zusätzlich zu der eindimensionalen Modellierung von Effectuation testen *Smolka et al.* (2016) auch die von *Chandler et al.* (2011) validierte, vierdimensionale Modellierung von Effectuation. Im Ergebnis zeigen die Autoren ebenfalls, bis auf das Prinzip des tragbaren Verlustes, einen positiven Einfluss von Effectuation auf den Unternehmenserfolg, vgl. *Smolka et al.* (2016), S. 13 ff.

783 Vgl. *Deligianni et al.* (2017), S. 360 ff.

784 Vgl. *Mthanti/Urban* (2014), S. 127 ff. Zu dem Konstrukt der Entrepreneurial Orientation siehe *Lumpkin/Dess* (1996).

785 Vgl. *Berends et al.* (2014), S. 616; *Matalamäki et al.* (2017), S. 123; *Ortega et al.* (2017), S. 1717; *Politis et al.* (2012), S. 659; *Reymen et al.* (2017), S. 595.

tungswert), dass Effectuation ab einem Risiko von größer als 25 % Causation übertrifft.[786] Andere Autoren, wie z. B. *Laskovaia et al.* (2017) oder *Smolka et al.* (2016), widmen sich nicht der Dominanzfrage einer Logik, sondern zeigen empirisch die Vorteilhaftigkeit beider Entscheidungsfindungslogiken im Hinblick auf den Unternehmenserfolg.[787] Zusammengefasst zeichnet sich Effectuation allerdings als die bevorzugte Entscheidungsfindungslogik unter Unsicherheit ab.

3.4.5 Kompatibilität von Causation und Effectuation

In der Literatur existiert keine einheitliche Meinung hinsichtlich der Kompatibilität von Causation und Effectuation. De facto lassen sich drei unterschiedliche Auffassungen in der wissenschaftlichen Diskussion identifizieren. Dementsprechend differenzieren Forscher den Kompatibilitätsgrad von Causation und Effectuation in unvereinbar, unabhängig oder vereinbar.[788]

Unvereinbarkeit:

Vertreter der Unvereinbarkeit von Causation und Effectuation sehen die jeweiligen Konstrukte als diametrale Gegensätze.[789] *Corner/Ho* (2010) unterstellen Causation und Effectuation eine widersprüchliche Einstellung hinsichtlich der Grund- und Kernprinzipien. Als Resultat ihrer theoriebildenden Fallstudienanalyse identifizieren die Autoren unterschiedliche und nicht vereinbare Handlungsmuster von effektual bzw. kausal handelnden Individuen.[790] *Brettel et al.* (2012) modellieren Causation und Effectuation in ihrer quantitativ-empirischen Erhebung als bipolares Konstrukt, welches durch eine exklusive Entweder-oder-Beziehung gekennzeichnet ist.[791] Auf dieselbe Sichtweise greifen *Brettel et al.* (2014) zurück und analysieren drei Fallstudien hinsichtlich der exklusiven Anwendung von effektualen und kausalen Entscheidungsfindungslogiken in Produktionsprozessen.[792] Schlussfolgernd wendet ein Individuum entweder effektuale oder kausale Entscheidungsfindungslogiken an.

Unabhängigkeit:

Im Kontext der unabhängigen Sichtweise auf Causation und Effectuation wird beiden Konstrukten eine orthogonale Beziehung unterstellt, welche sie als voneinander unabhängig cha-

---

786 Vgl. *Welter/Kim* (2018), S. 100.
787 Vgl. *Laskovaia et al.* (2017), S. 701 f.; *Smolka et al.* (2016), S. 1.
788 Vgl. *Reymen et al.* (2015), S. 355.
789 Vgl. *Appelhoff et al.* (2016), S. 605.
790 Vgl. *Corner/Ho* (2010), S. 637 ff., 654 ff.
791 Vgl. *Brettel et al.* (2012), S. 167 f., 176 ff.
792 Vgl. *Brettel et al.* (2014), S. 613 ff.

rakterisiert.[793] *Chandler et al.* (2011) validieren in ihrer empirischen Mixed-Methods-Erhebung die Messskalen für Causation und Effectuation und zeigen mittels Faktorenanalyse die Unabhängigkeit beider Konstrukte.[794] *Perry et al.* (2012) sprechen sich auf Basis ihres Literaturüberblicks zur Effectuation-Forschung ebenfalls für die unabhängige Betrachtung von Causation und Effectuation aus.[795] *Appelhoff et al.* (2016) vertreten ebenfalls die unabhängige Sichtweise von Causation und Effectuation und modellieren in ihrer empirischen Erhebung beide Konstrukte voneinander unabhängig.[796] Als Beispiel für die Unabhängigkeit nennen die Autoren die unabhängige Koexistenz von Mittel- und Zielorientierung. Entrepreneure können bei internen Entscheidungen mittelorientiert (effektual) agieren, in der externen Kommunikation mit Investoren gleichzeitig das Oberziel definieren (kausal), ohne dass sich beide Entscheidungsfindungslogiken gegenseitig beeinflussen.[797]

Vereinbarkeit:

Sarasvathy (2001), (2008) spricht Causation und Effectuation eine empirisch nachweisbare Kombinierbarkeit zu.[798] Effektuale sowie kausale Entscheidungsfindungslogiken sind integrale Bestandteile des menschlichen Verstandes und können gleichzeitig auftreten, sich überschneiden und sich gegenseitig beeinflussen. Dabei liegt ein besonderer Fokus auf dem Kontextbezug der Entscheidung bzw. Handlung.[799]

Diese Sichtweise greifen beispielsweise *Berends et al.* (2014), *Fisher* (2012), *Maine et al.* (2015) oder *Reymen et al.* (2015) auf und beschreiben beide Konstrukte als kompatibel und kombinierbar. *Berends et al.* (2014) beschreiben Causation und Effectuation als zwei unterschiedliche, dennoch kombinierbare Entscheidungsfindungslogiken, welche sich per se nicht gegenseitig dominieren. Die Autoren kommen mittels einer Mixed-Methods-Studie zu der Schlussfolgerung, dass effektuale sowie kausale Entscheidungsfindungslogiken im Produktinnovationsprozess kombiniert zum Einsatz kommen.[800] *Fisher* (2012) zeigt in seiner Fallstudienanalyse die Vereinbarkeit von Causation und Effectuation, indem er die Verwendung beider

---

793 Vgl. *Appelhoff et al.* (2016), S. 605.
794 Vgl. *Chandler et al.* (2011), S. 378 ff.
795 Vgl. *Perry et al.* (2012), S. 16.
796 Vgl. *Appelhoff et al.* (2016), S. 611.
797 Vgl. *Appelhoff et al.* (2016), S. 605.
798 Vgl. *Sarasvathy* (2001), S. 245; *Sarasvathy* (2008), S. 16.
799 Vgl. *Sarasvathy* (2001), S. 245.
800 Vgl. *Berends et al.* (2014), S. 619 ff.

Entscheidungsfindungslogiken hinsichtlich ihren Überlappungen und Wechselwirkungen darstellt.[801]

Maine et al. (2015) leiten mittels ihrer qualitativen Untersuchung ein Entscheidungsfindungsmodell her, welches sowohl den Wechsel von Effectuation zu Causation und umgekehrt sowie die Adaption einer kombinierten Entscheidungsfindungslogik darstellt.[802] Als Auslöser für die Adaption einer kombinierten Entscheidungsfindungslogik nennen die Autoren u. a. die Beteiligungsfinanzierung mit Venture-Capital-Investoren. Die Flexibilität und Widerstandsfähigkeit des Start-ups wird durch effektuale Entscheidungsfindungslogiken gewährleistet, wobei die Bedürfnisse der Investoren durch kausale Entscheidungsfindungslogiken befriedigt werden.[803] *Reymen et al.* (2015) tragen mit ihrem empirischen Erkenntnis einer hybriden Entscheidungsfindungslogik zur wissenschaftlichen Diskussion rund um die Kompatibilität von Causation und Effectuation bei und sprechen sich ebenfalls für die Vereinbarkeit und kombinierte Anwendung beider Logiken aus.[804]

Matalamäki et al. (2017) bestätigen die Ergebnisse früherer Studien zur Vereinbarkeit von Causation und Effectuation und kommen zu der Feststellung, dass Causation die planbare Zukunft vorhersagen lässt, während Effectuation agile und flexible Handlungsempfehlungen für unerwartete Situationen bereitstellt.[805] Die Vertreter der Vereinbarkeit gehen von einer Wechselwirkung zwischen Causation und Effectuation aus und grenzen sich damit eindeutig zum Lager der Unabhängigkeit ab. *Smolka et al.* (2016) belegen mit ihrer Studie, dass Causation und Effectuation positiv miteinander korreliert sind und dementsprechend beide Konstrukte nicht unabhängig voneinander parallel auftreten können.[806] Anknüpfend an diesen Gedanken wird im nachfolgenden Abschnitt die Dynamik der Entscheidungsfindungslogiken präsentiert.

Viele empirische Studien basieren ihre Datenerhebung auf einen festen Zeitpunkt und lassen die dynamische Entwicklung der Entscheidungsfindungslogiken über die Zeit außer Acht.[807] Neuere empirische Erhebungen greifen diese Forschungslücke auf und betrachten die Dy-

---

[801] Vgl. *Fisher* (2012), S. 1031 ff.
[802] Vgl. *Maine et al.* (2015), S. 57 ff.
[803] Vgl. *Maine et al.* (2015), S. 67.
[804] Vgl. *Reymen et al.* (2015), S. 374.
[805] Vgl. *Matalamäki et al.* (2017), S. 138.
[806] Vgl. *Smolka et al.* (2016), S. 13 ff., 21.
[807] Vgl. *Brettel et al.* (2012); *Maine et al.* (2015); *Murnieks et al.* (2011); *Werhahn et al.* (2015).

namik von Causation und Effectuation über den Zeitverlauf. So zeigen die Ergebnisse von *Berends et al.* (2014) die Vorteilhaftigkeit von Effectuation in frühen Phasen des Produktinnovationsprozesses, wohingegen in den späteren Phasen der Causation-Ansatz dominiert.[808] Selbiges bestätigen auch *Reymen et al.* (2015) für den Prozess der Unternehmensentwicklung sowie *Ortega et al.* (2017) für den Prozess der Produktentwicklung.[809] *Maine et al.* (2015) illustrieren den Wechsel und die Kombination der Entscheidungsfindungslogiken in Abhängigkeit von der dynamischen Entwicklung externer Bedingungen.[810] Dies ist im Einklang mit dem Simulationsmodell von *Welter/Kim* (2018), welches Effectuation als die dominante Entscheidungsfindungslogik bei einem Risiko von mehr als 25 % illustriert.[811] Darüber hinaus zeigen *Reymen et al.* (2017) selbigen Zusammenhang für die Entwicklung des Geschäftskonzeptes: Der Effectuation-Ansatz wird zur Bestimmung des Wertbeitrags eines spezifischen Kundensegments angewendet. Die übrigen Aspekte werden von kausalen Entscheidungsfindungslogiken geprägt. Sofern es trotz kausaler Planung zu Ressourcenengpässen kommen sollte, wird Causation durch Effectuation ersetzt.[812]

Obwohl sich eine Tendenz zur Vereinbarkeit von Causation und Effectuation in der empirischen Forschung abzeichnen lässt, existiert bislang noch keine einheitliche Meinung hinsichtlich der Frage der Kompatibilität beider Entscheidungsfindungslogiken. Das Thema wird daher im empirischen Teil der vorliegenden Arbeit wieder aufgegriffen.

3.4.6 Entscheidungsfindungslogiken von Gründer und Investoren

Die Entrepreneurial-Finance Literatur vertritt sehr dominant die Ansicht eines effektualen Gründers und von kausalen Investoren.[813] Empirischer Untersuchungsgegenstand sind überwiegend die Entscheidungsfindungslogiken des Gründers,[814] während Investoren als „predominantly causal, predictive thinkers"[815] angenommen werden, ohne dass ausreichend empirische Belege dafür erbracht werden.[816] Wie bereits in den vorangegangenen Kapiteln beschrieben, agiert der Gründer in unsicheren Situationen gemäß den Prinzipien des Effectua-

808 Vgl. *Berends et al.* (2014), S. 617.

809 Vgl. *Ortega et al.* (2017), S. 1717; *Reymen et al.* (2015), S. 374.

810 Vgl. *Maine et al.* (2015), S. 60 ff.

811 Vgl. *Welter/Kim* (2018), S. 101.

812 Vgl. *Reymen et al.* (2017), S. 1.

813 Vgl. *Appelhoff et al.* (2016), S. 604; *Read/Sarasvathy* (2005), S. 59; *Wiltbank/Sarasvathy* (2002), S. 2; *Wiltbank et al.* (2009b), S. 1.

814 Vgl. *Perry et al.* (2012); *Reymen et al.* (2015); *Smolka et al.* (2016).

815 *Read/Sarasvathy* (2005), S. 59.

816 Vgl. *Appelhoff et al.* (2016), S. 602; *Schmidt et al.* (2017), S. 4 ff., 24.

tion-Ansatzes, ist aber durchaus in der Lage, diesen mit dem Causation-Ansatz zu kombinieren sowie seine Entscheidungsfindungslogiken situationsentsprechend anzupassen.[817]

Obwohl die Entscheidungsfindungslogiken von Investoren in der Vergangenheit sehr selten in den Forschungsfokus empirischer Arbeiten gerückt wurden, lassen sich in der Literatur diverse Hinweise hinsichtlich der Präferenz des Causation-Ansatzes identifizieren. *Fried/Hisrich* (1995) und *Gorman/Sahlman* (1989) untermalen in ihren empirischen Studien die zielorientierte Herangehensweise von Investoren im Rahmen von Beteiligungsfinanzierungen.[818] Ferner zeigen die Studien von *Clercq et al.* (2006), *Macmillan et al.* (1985), *Petty/Gruber* (2011) oder *Tyebjee/Bruno* (1984), dass Investoren ihren Investmententscheidungen das Kriterium des erwarteten Gewinns zu Grunde legen.[819] Darüber hinaus sorgen sich Investoren um Marktrisiken[820] und präferieren demzufolge Analyse- und Planungsmechanismen, um unerwartete Situationen zu vermeiden.[821] Dementsprechend verwenden Investoren häufig Staged Financing-Ansätze sowie Meilensteine, mit der Absicht, das inhärente Risiko zu verringern und die Geschäftsentwicklung an planungs- und kontrollbasierte Steuerungsmechanismen zu binden.[822] Schlussendlich haben Investoren eine vorhersagbare Sicht auf die Zukunft und können mutmaßlich als kausale Entscheidungsfinder beschrieben werden.

Erste empirische Studien, welche die Entscheidungsfindungslogiken von Investoren untersuchen, geben Anlass, das rein kausale Bild von Investoren zu hinterfragen. *Wiltbank et al.* (2009a) belegen quantitativ-empirisch die Anwendung von effektualen Entscheidungsfindungslogiken bei Investoren. Die Autoren belegen, dass effektual handelnde Investoren um ca. 50 % kleinere Summen investieren, ihre Investmentausfälle reduzieren, dabei gleichzeitig jedoch die Anzahl an Investmenterfolgen aufrechterhalten.[823] In einer weiteren Studie belegen *Wiltbank et al.* (2009b) zwar die kausale Ausrichtung von Investoren in der Pre-Investment-Phase, betonen aber, dass erfahrene Investoren gegenüber effektualen Entscheidungsfindungslogiken offener sind und in der Post-Investment-Phase der Effectuation-Ansatz im

---

[817] Vgl. *Maine et al.* (2015), S. 60 ff.; *Reymen et al.* (2015), S. 374; *Sarasvathy* (2001), S. 245 ff.; *Sarasvathy* (2008), S. 16 ff.

[818] Vgl. *Fried/Hisrich* (1995), S. 102 ff.; *Gorman/Sahlman* (1989), S. 236 ff.

[819] Vgl. *Clercq et al.* (2006), S. 95 ff.; *Macmillan et al.* (1985), S. 121 ff.; *Petty/Gruber* (2011), S. 186; *Tyebjee/Bruno* (1984), S. 1051.

[820] Vgl. *Fiet* (1995a), S. 521; *Mason/Stark* (2004), S. 230 ff.

[821] Vgl. *Clercq et al.* (2006), S. 95 ff.; *Osnabrugge* (2000), S. 103 ff.; *Zacharakis/Shepherd* (2007), S. 177.

[822] Vgl. *Gompers* (1995), S. 1463 ff.; *Sahlman* (1988), S. 27 ff.; *Wang/Zhou* (2004), S. 131 ff.

[823] Vgl. *Wiltbank et al.* (2009a), S. 124 ff.

Umgang mit ungewissen Situationen auch aus Investorensicht an Bedeutung gewinnt.[824] *Murnieks et al.* (2011) untersuchen das Investitionsverhalten von Investoren in Abhängigkeit von deren Entscheidungsfindungslogiken. Im Ergebnis kann eine positive Korrelation zwischen kongruenten Entscheidungsfindungslogiken von Gründer und Investoren und der positiven Bewertung einer Investitionsalternative gezeigt werden.[825] Dementsprechend bewerten kausal handelnde Investoren Investitionsalternativen mit kausal handelndem Gründer positiver als Investitionsalternativen mit effektual handelndem Gründer und umgekehrt.

Die Forschung zu Entscheidungsfindungslogiken von Investoren befindet sich jedoch noch immer in einem Anfangsstadium und weitere empirische Belege werden benötigt, um die Akzeptanz und Anwendung effektualer Entscheidungsfindungslogiken bei Investoren zu klären. In Bezug auf diese Forschungslücke argumentieren *Appelhoff et al.* (2016), dass die Schlussfolgerung von kausalen Investoren nachvollziehbar ist, jedoch weitere empirische Studien zu Entscheidungsfindungslogiken von Investoren benötigt werden.[826] *Schmidt et al.* (2017) greifen diese Forschungslücke auf und analysieren den Investmenterfolg, gemessen an der Unternehmensbewertung, von 73 Early-stage-Investoren basierend auf deren angewandter Entscheidungsfindungslogik. Im Ergebnis identi-fizieren die Autoren einen signifikanten Anstieg des Investmenterfolges, sofern die Investoren den Effectuation-Prinzipien, insbesondere dem Prinzip der Mittelorientierung, folgen.[827]

Abschließend kann festgehalten werden, dass Gründer nach den bislang vorliegenden empirischen Erkenntnissen überwiegend effektuale Entscheidungsfindungslogiken anwenden, situationsspezifisch diese aber auch mit kausalen Prinzipien kombinieren. Wenngleich erste empirische Studien zu Entscheidungsfindungslogiken von Investoren die Akzeptanz des Effectuation-Ansatzes belegen, gelten Investoren in der Literatur überwiegend als kausal handelnde Individuen. Auch diesen Punkt greift die empirische Untersuchung der vorliegenden Arbeit auf.

3.4.7 Kritische Würdigung

Effectuation als Theorie zur Erklärung unternehmerischen Handelns erfährt vereinzelt Kritik in der Literatur.[828] Eine umfassende Kritik liefern *Arend et al.* (2015), indem sie auf bestehende

---

824 Vgl. *Wiltbank et al.* (2009b), S. 7 ff.
825 Vgl. *Murnieks et al.* (2011), S. 1548 ff.
826 Vgl. *Appelhoff et al.* (2016), S. 602.
827 Vgl. *Schmidt et al.* (2017), S. 10 ff.
828 Vgl. *Fisher* (2012), S. 1019 ff.; *Smolka et al.* (2016), S. 2 f.; *Welter et al.* (2016), S. 5 ff.

Beiträge zurückgreifen, diese kritisch evaluieren, Effectuation als fragwürdige Theorie deklarieren und im Resultat fünf Felder weiteren Forschungsbedarfs herausarbeiten.[829] *Read et al.* (2016) und *Welter et al.* (2016) greifen diese Kritik auf und liefern Beiträge zu den dort kritisierten Schwächen von Effectuation als Theorie.[830] Der Hauptkritikpunkt liegt an dem Kriterium der Unsicherheit,[831] welches *Welter et al.* (2016) und *Welter/Kim* (2018) als subjektiv, im Auge des Betrachters liegend, erörtern.[832] *Welter/Kim* (2018) zeigen mittels ihres Simulationsmodells allerdings, dass Effectuation bei einem Vorhersagerisiko von größer als 25 % die dominante Entscheidungsfindungslogik ist.[833] Folglich wird der Kritikpunkt der subjektiv wahrgenommenen Unsicherheit abgeschwächt und bestärkt Effectuation als Theorie zur Erklärung unternehmerischen Handelns. Mit der Veröffentlichung von *Arend et al.* (2015) beginnt schlussendlich eine wissenschaftliche Diskussion rund um Effectuation als Theorie und deren weiteren Forschungsbedarf, zu welcher sich diverse Autoren, wie z. B. *Arend et al.* (2016), *Garud/Gehman* (2016), *Gupta et al.* (2016), *Read et al.* (2016) oder *Reuber et al.* (2016), in hochrangigen akademischen Zeitschriften zu Wort melden und mit ihren Beiträgen Effectuation als Theorie verteidigen.[834] Dementsprechend kann Effectuation letztendlich als Theorie bezeichnet werden und rückt vermehrt in den Fokus der wissenschaftlichen Diskussion rund um das Thema der Entscheidungsfindungslogiken von Gründer und Investoren.

Der Effectuation-Ansatz wird auch im Zusammenhang mit Vertrauen diskutiert und diverse Autoren kommen zu der Schlussfolgerung, dass effektuale Entscheidungsfindungslogiken ein Individuum zu Overtrust verleiten können.[835] So argumentieren *Goel/Karri* (2006), dass Effectuation den Gründer zu Overtrust verleitet, da effektuale Heuristiken Vertrauen als Annahme voraussetzen.[836] *Sarasvathy/Dew* (2008) erwidern, dass Effectuation zwar Vertrauen annimmt, aber keine zwingende Voraussetzung für effektuale Verhaltensweisen ist.[837] *Karri/Goel* (2008) bekräftigen ihre Position und argumentieren, dass Effectuation, durch Trivialisierung des inhärenten Risikos, Vertrauen unterstellt.[838] *Ye et al.* (2008) untermauern die Argu-

[829] Vgl. *Arend et al.* (2015), S. 637 ff.
[830] Vgl. *Read et al.* (2016), S. 528 ff.; *Welter et al.* (2016), S. 13 f.
[831] Vgl. *Arend et al.* (2016), S. 522; *Arend et al.* (2015), S. 633.
[832] Vgl. *Welter et al.* (2016), S. 10; *Welter/Kim* (2018), S. 103.
[833] Vgl. *Welter/Kim* (2018), S. 100.
[834] Vgl. *Arend et al.* (2015); *Arend et al.* (2016); *Garud/Gehman* (2016); *Gupta et al.* (2016); *Read et al.* (2016); *Reuber et al.* (2016).
[835] Vgl. *Appelhoff et al.* (2016), S. 608; *Sarasvathy/Dew* (2005), S. 555; *Ye et al.* (2008), S. 6.
[836] Vgl. *Goel/Karri* (2006), S. 484 ff.
[837] Vgl. *Sarasvathy/Dew* (2008), S. 727 ff.
[838] Vgl. *Karri/Goel* (2008), S. 746.

mentation von *Goel/Karri* (2006) und behaupten, dass „entrepreneurs trust in situations where others may urge caution and seek cautionary safeguards, which may lead to a less than ideal partnership."[839] Trotz der differenzierten Auffassung über den hier dargestellten Diskurs sind sich die Autoren einig, dass im Rahmen der Theoriebildung in der Entrepreneurship-Forschung noch weiterer Forschungsbedarf hinsichtlich Effectuation und Overtrust besteht.[840]

Zusätzlich zu der Overtrust-Diskussion argumentieren *Read/Sarasvathy* (2005), dass „entrepreneurs share little common ground with investors, who are, by virtue of their task, predominantly causal, predictive thinkers"[841] und liefern damit einen Ansatzpunkt zur Verknüpfung von Theorien unternehmerischen Handelns und Konflikten, welche z. B. von *Appelhoff et al.* (2016) empirisch untersucht werden.[842]

Trotz aller Kritik zeigen aktuelle Studien auch die fruchtbare Übertragbarkeit des Effectuation-Ansatzes auf bereits etablierte Unternehmen. So illustrieren *Brettel et al.* (2012), *Kalinic et al.* (2014), *Maine et al.* (2015), *Matalamäki et al.* (2017), *Werhahn et al.* (2015) oder *Ortega et al.* (2017) die Anwendbarkeit der Effectuation-Prinzipien im Rahmen der Produkt- und Geschäftsentwicklung.[843]

Im Endeffekt lässt sich zusammenfassen, dass sich die Forschung zu Causation und Effectuation als Theorien zur Erklärung unternehmerischen Handelns noch in einem Anfangsstadium befindet und teilweise widersprüchliche Ergebnisse existieren. Folglich besteht in diesem Forschungsfeld noch weiterer Forschungsbedarf.

3.5 Zwischenfazit

Clercq/Manigart (2007) beschreiben das Mitwirken von Investoren in der Post-Investment-Phase als „black box of involvement"[844] und setzen damit den Ausgangspunkt für die wissenschaftliche Diskussion des Verhältnisses von Gründer und Investoren in der Post-Investment-Phase. Obwohl in der Vergangenheit viele Forschungsarbeiten sich empirisch und konzeptionell mit dieser Thematik auseinandersetzen,[845] vertreten *Collewaert/Sapienza* (2016) noch

---

839 *Ye et al.* (2008), S. 6.

840 Vgl. *Karri/Goel* (2008), S. 746; *Sarasvathy/Dew* (2008), S. 734 f.

841 *Read/Sarasvathy* (2005), S. 59.

842 Vgl. *Appelhoff et al.* (2016), S. 604.

843 Vgl. *Brettel et al.* (2012); *Kalinic et al.* (2014); *Maine et al.* (2015); *Matalamäki et al.* (2017); *Werhahn et al.* (2015); *Ortega et al.* (2017).

844 *Clercq/Manigart* (2007), S. 193.

845 Vgl. *Macht* (2011b), S. 270 ff.

immer die Auffassung, dass „investor-entrepreneur postinvestment relationship still remains a black box."[846]

Vor dem Hintergrund der explorativen Forschungsfrage der vorliegenden Untersuchung wurden die in der akademischen Diskussion relevanten Rahmenbedingungen einer außerbörslichen Beteiligungsfinanzierung thematisiert. Beginnend mit den inhärenten Informationsasymmetrien wurde das Agency-Verhältnis zwischen Gründer und Investoren vorgestellt und auf Grundlage begrenzter Rationalität eine Überleitung zu den verhaltenswissenschaftlichen Rahmenbedingungen geschaffen.

Das Verhältnis zwischen Gründer und Investoren in der Post-Investment-Phase ist durch Vertrauen und Konflikte geprägt. In der Literaturübersicht zu Vertrauen wurde dessen Multidimensionalität diskutiert und Vertrauen als eindimensionales Konstrukt herausgearbeitet. Empirische Studien zeigen einen positiven Einfluss von Vertrauen auf den Unternehmenserfolg, betrachten jedoch nicht sämtliche Beweggründe für Vertrauen in ihren Studien. Die fast ausschließlich positive Darstellung in der Literatur wurde als Kritikpunkt aufgegriffen und die negativen Auswirkungen auf den Unternehmenserfolg durch Overtrust erörtert.

Empirische Ergebnisse zeigen neben Vertrauen auch die Relevanz von Konflikten im Rahmen des Verhältnisses von Gründer und Investoren in der Post-Investment-Phase. Beginnend mit einem Überblick über die Literatur zu Konflikten wurden drei kognitive Konfliktarten (Aufgaben-, Prozess- und Zielkonflikt) sowie eine affektive Konfliktart (Beziehungskonflikt) ausfindig gemacht, welche in der Entrepreneurship-Literatur Anklang gefunden haben. Bezogen auf Konflikte zwischen Gründer und Investoren wurde gezeigt, dass empirische Studien sich hauptsächlich mit Aufgaben- und Beziehungskonflikten befassen, wobei für Beziehungskonflikte eine negative Auswirkung auf den Unternehmenserfolg empirisch festgestellt wird. Hinsichtlich Aufgabenkonflikten existieren unterschiedliche empirische Befunde und eine einheitliche Auffassung liegt bislang nicht vor. Mögliche Ursachen dafür liegen in der Kontext- bzw. Perspektivenbezogenheit sowie in den Wechselwirkungen von Konflikten. Prozess- und Zielkonflikte sind bislang nur vereinzelt in den Forschungsfokus empirischer Arbeiten gerückt worden.

846 *Collewaert/Sapienza* (2016), S. 588.

Abschließend befasste sich das Kapitel zu den Rahmenbedingungen der außerbörslichen Beteiligungsfinanzierung mit den Theorien zur Erklärung unternehmerischen Handelns. In diesem Rahmen wurden mit Hilfe von aktuellen Literaturüberblicken und empirischen Forschungsarbeiten der Entrepreneurial-Finance-Literatur Causation und Effectuation als die zur Anwendung kommenden Theorien der vorliegenden Arbeit identifiziert. Unter Berücksichtigung der möglichen Kombinierbarkeit und Dynamik dieser Entscheidungsfindungslogiken wurde der Gründer als effektualer und die Investoren als kausale Entscheidungsfinder charakterisiert. Die Vereinbarkeit beider Logiken wird von Forschern sowohl konzeptionell als auch empirisch diskutiert, wobei drei unterschiedliche Meinungen in der Literatur existieren: Unvereinbarkeit, Vereinbarkeit sowie Unabhängigkeit. Auch hier wurde die Verbindung zu den anderen Rahmenbedingungen der außerbörslichen Beteiligungsfinanzierung herausgearbeitet und potenzielle Wechselwirkungen beschrieben.

Indem die jeweiligen Rahmenbedingungen zunächst einzeln präsentiert wurden, konnte der weitere Forschungsbedarf in dem jeweiligen Teilgebiet der Entrepreneurial-Finance-Literatur herausgearbeitet werden. Eine Verknüpfung sämtlicher Rahmenbedingungen wird in der Literatur konzeptionell postuliert, in der vorliegenden Arbeit theoretisch dargestellt, jedoch in keiner empirischen Studie in Kombination untersucht. Um die Forschungsfrage in ganzheitlichem Kontext zu beantworten, wird im Rahmen der vorliegenden Arbeit die Kombination von Vertrauen, Konflikten und Entscheidungsfindungslogiken unter Unsicherheit aufgegriffen und in die empirische Untersuchung einbezogen. Hierzu wird die explorative Forschungsfrage mit Hilfe einer qualitativ-empirischen Studie untersucht. Darüber hinaus ist ein Großteil der hier präsentierten Studien aus exklusiven Perspektiven, d. h. entweder aus Gründer- oder Investorensichtweise erforscht.[847] Diesen Kritikpunkt greift die vorliegende Arbeit ebenfalls auf und bezieht beide Blickwinkel in die empirische Untersuchung mit ein.

---

[847] Vgl. *Collewaert* (2012), S. 770.

4 Empirische Untersuchung

4.1 Methodologische Grundlagen

4.1.1 Eigenschaften qualitativer Sozialforschung

Während im 20. Jahrhundert noch ein Disput zwischen Anhängern des quantitativen und qualitativen Lagers stattfand, gilt der Methodendualismus seit Beginn des 21. Jahrhunderts als Mehrwert für die empirische Sozialforschung, da die Stärken und Grenzen des einen Paradigmas, jene des anderen Paradigmas ergänzen.[848] Zusätzlich existieren im aktuellen wissenschaftlichen Diskurs Methodenkombinationen (Mixed-Methods), bestehend aus quantitativen und qualitativen Teilerhebungen.[849]

Unter der quantitativen Sozialforschung wird das Testen von Hypothesen und damit die Nutzung bereits vorhandener Theorien verstanden. Somit steht hier der theoretische Begründungszusammenhang im Vordergrund des Forschungsbeitrages.[850] Der Entdeckungszusammenhang bleibt dabei unbeachtet.[851] Die qualitative Sozialforschung greift diesen Gedanken auf und definiert den Entdeckungszusammenhang als Untersuchungsgegenstand der Forschung. Dabei greift sie auf die Grundgedanken der sozialwissenschaftlichen Hermeneutik zurück.[852]

Die qualitative Sozialforschung ist jedoch nicht auf eine einheitliche, theoretische und methodologische Grundposition zurückzuführen. Vielmehr werden hier verschiedene theoretische und methodologische Grundpositionen vertreten.[853] Entsprechend identifiziert *Flick* (2016) drei Grundpositionen der qualitativen Sozialforschung (symbolischer Interaktionismus, Ethnomethodologie und strukturalistische oder psychoanalytische Ansätze), welche das Verstehen des zu erforschenden Phänomens als Ziel haben.[854]

Der *symbolische Interaktionismus* beschäftigt sich mit symbolischen Interpretationsprozessen, bei denen die Wirklichkeit von selbstreflexiven sozialen Interakteuren erschaffen und ge-

---

848 Vgl. *Atteslander* (2010), S. 12 ff.; *Döring/Bortz* (2016), S. 32 f., 58 ff.; *Kelle* (2008), S. 26 ff.; *Kelle/Erzberger* (2012), S. 299 ff.; *Kuckartz* (2014), S. 16 ff.; *Mayring* (2016), S. 9 ff.

849 Vgl. *Döring/Bortz* (2016), S. 72 ff.; *Flick* (2016), S. 51 f.; *Hohenthal* (2007), S. 180 ff.; *Kelle* (2008), S. 282.

850 Vgl. *Wrona* (2006), S. 191 ff.

851 Zur Gegenüberstellung quantitativer und qualitativer Methoden siehe *Döring/Bortz* (2016), S. 32 ff.; *Lamnek* (2010), S. 241 ff.

852 Vgl. *Mayring* (2016), S. 12 ff. Die sozialwissenschaftliche Hermeneutik entstammt der philosophischen Hermeneutik und wurde maßgeblich durch Max Weber und Alfred Schütz im 20. Jahrhundert geprägt. Hierbei steht das Deuten und Verstehen sozialen Handelns im Vordergrund, vgl. *Burrell/Morgan* (2005), S. 227 ff.; *Brühl* (2015), S. 105 f.

853 Vgl. *Flick* (2016), S. 29 f.; *Wrona* (2006), S. 193.

854 Vgl. *Flick* (2016), S. 81 f.

staltet wird.[855] Folglich basiert das Handeln von Individuen auf Grundlage von Bedeutungen, sozialen Interaktionen und deren Interpretationen.[856]

Die *Ethnomethodologie* fokussiert sich auf ein stabiles Handlungssystem mit situationsspezifischen Handlungspraktiken, welche auch als „Methodizität des Alltagshandelns“[857] bezeichnet werden. Im Mittelpunkt steht dabei ein konstitutionsanalytischer Ansatz, der die situationsspezifischen Handlungspraktiken des Alltagshandelns in den Fokus der Untersuchung rückt.[858]

Strukturalistische oder *psychoanalytische Ansätze* definieren sozial oder psychisch unbewusstes Handeln als Ausgangspunkt des zu untersuchenden Phänomens.[859] „Deutungs- und handlungsgenerierende Tiefenstrukturen rekonstruieren zu wollen“,[860] steht im Vordergrund dieser Grundposition.[861]

Unabhängig von der theoretischen oder methodologischen Grundposition hat die qualitative Sozialforschung drei wesentliche positionsübergreifende Kennzeichen:[862]

(1) Gegenstandsbezug von Methode und Theorie.

(2) Selbstreflexion des Forschers über das untersuchte Phänomen.

(3) Beachtung unterschiedlicher Perspektiven.

Es existiert eine Vielzahl an Leitlinien, Prinzipien, Kennzeichen oder Standards der qualitativen Sozialforschung, welche sich auf die drei wesentlichen Kennzeichen zurückführen lassen.[863] Anlehnend an diese drei Kennzeichen stellt *Mayring* (2016) fünf Postulate auf, welche als Grundsätze der qualitativen Sozialforschung dienen:[864]

(1) Subjektbezogenheit der Forschung:
Ausgangspunkt einer qualitativ-empirischen Untersuchung sind die im Forschungsfokus stehenden Subjekte.[865]

---

855 Vgl. *Blumer* (1969); *Blumer* (1973), S. 81; *Burrell/Morgan* (2005), S. 270 ff.; *Denzin* (2012), S. 137 ff.
856 Vgl. *Abels* (2010), S. 44 ff.
857 *Bergmann* (2012), S. 54.
858 Vgl. *Bergmann* (2012), S. 54 ff.; *Burrell/Morgan* (2005), S. 260 ff.; *Garfinkel* (1967).
859 Vgl. *Derrida* (1976); *Flick* (2016), S. 82; *Lüders/Reichertz* (1986).
860 *Lüders/Reichertz* (1986), S. 95.
861 Vgl. *Lüders/Reichertz* (1986), S. 95 f.
862 Vgl. hierzu und im Folgenden *Flick* (2016), S. 23 ff.
863 Vgl. *Flick* (2016), S. 26 ff.; *Flick et al.* (2012), S. 20 ff.; *Lamnek* (2010), S. 19 ff.; *Mayring* (2016), S. 19 ff.
864 Vgl. hierzu und im Folgenden *Mayring* (2016), S. 20 ff.; *Wrona* (2005), S. 6.
865 Vgl. *Wrona* (2005), S. 6.

(2) Deskription:

Bevor eine qualitativ-empirische Datenerhebung und -analyse erfolgt, muss das zu untersuchende Phänomen im ersten Schritt möglichst genau beschrieben werden.[866]

(3) Interpretation:

Das zu untersuchende Phänomen kann nicht ausschließlich deskriptiv erklärt werden. Auf Basis der empirischen Daten besteht die Hauptaufgabe des Forschers in der Interpretation selbiger Daten.[867]

(4) Alltägliche Umgebung:

Eine qualitativ-empirische Studie muss das zu untersuchende Phänomen in seiner alltäglichen Umgebung erforschen. Laborsituationen führen unter Umständen dazu, dass das Phänomen nicht in sämtlichen Dimensionen und Eigenschaften erfasst werden kann.[868]

(5) Verallgemeinerung:

Eine Verallgemeinerung auf die Grundgesamtheit kann bei einer qualitativ-empirischen Studie nicht auf Basis von mathematisch-statistischer Methoden erfolgen. Die Verallgemeinerung wird schrittweise durch die erhobenen Daten am Einzelfall begründet.[869]

4.1.2 Forschungsprozess der Grounded Theory

Die Grounded Theory wurde 1967 von *Glaser/Strauss* als Methode der sozialwissenschaftlichen Hermeneutik veröffentlicht[870] und gilt seither als eine der ersten Rechtfertigungsgrundlagen der qualitativen Sozialforschung.[871] Methodologisch und paradigmatisch unterschiedliche Auffassungen innerhalb der qualitativen Sozialforschung haben zur Bildung von vier zentralen Ausprägungen der Grounded Theory geführt.[872] So unterscheiden *Mey/Mruck* (2011b) oder *Denzin* (2010) zwischen:[873]

---

866 Vgl. *Wrona* (2005), S. 6.

867 Vgl. *Wrona* (2005), S. 6.

868 Vgl. *Wrona* (2005), S. 6.

869 Vgl. *Wrona* (2005), S. 6.

870 Siehe *Glaser/Strauss* (1967). In der deutschen Literatur findet sich die Grounded Theory unter dem Begriff der Gegenstandsbezogenen Theorie wieder, vgl. *Breuer* (2010), S. 84.

871 Vgl. *Strübing* (2014), S. 1 f.

872 Vgl. *Denzin* (2010), S. 454 ff.; *Mey/Mruck* (2011b), S. 135 f.; *Ong* (2012), S. 418 ff.; *Strübing* (2011), S. 261 ff.; *Strübing* (2014), S. 7.

873 Vgl. *Denzin* (2010), S. 454 ff.; *Mey/Mruck* (2011b), S. 135 f. Die aktuelle Managementliteratur hat zwei weitere Ansätze zur erfolgreichen Durchführung einer Grounded Theory-Studie hervorgebracht: Den Gioia Approach nach *Gioia et al.* (2013) sowie den Tabula Geminus bzw. Twin Slate Approach nach *Kreiner* (2016), vgl. *Murphy et al.* (2017), S. 295 ff. Der Gioia Approach lehnt sich an die positivistische Grounded Theory nach *Glaser* an und versucht theoretisches Vorwissen zumindest zu Beginn der Datenerhebung zu vermeiden, vgl. *Gioia et al.* (2013), S. 17, 21. Der Twin Slate Approach basiert maßgeblich auf den Prämissen des

(1) Positivistischer Grounded Theory nach *Glaser*.[874]

(2) Konstruktivistischer Grounded Theory nach *Charmaz*.[875]

(3) Situativer Grounded Theory nach *Clarke*.[876]

(4) Systematischer Grounded Theory nach *Corbin/Strauss*.[877]

Die vorliegende Arbeit folgt der Auffassung der systematischen Grounded Theory nach *Corbin/Strauss*, welche sich wissenschaftstheoretisch an einen pragmatisch angehauchten symbolischen Interaktionismus anlehnt.[878] Die Vorteile liegen hier insbesondere in der Akzeptanz des theoretischen Vorwissens und den konkreten methodologischen Hilfestellungen im Rahmen der Durchführung der qualitativen Datenerhebung und -auswertung.[879]

Die Grounded Theory verfolgt das Ziel der Theoriebildung auf Basis einer qualitativen Analyse von Daten. Dabei liegt der Fokus auf dem Erkenntnisgewinn.[880] *Breuer* (2010) beschreibt die Forschungspraxis der Grounded Theory als „gemeinsam-interaktiv hervorgebrachte Produkte aus konkreten Handlungsfeldern und spezifischen Sub/Kulturen."[881] Somit sind die Anwendungsfelder auf konkrete bzw. spezifische Handlungen abgestellt und beanspruchen zunächst keine Allgemeingültigkeit, sondern den Erkenntnisgewinn über das konkret zu untersuchende Phänomen. Folglich wird die Forschungslogik der Grounded Theory durch einen abduktiven Forschungsprozess charakterisiert. Die induktive Hypothesenbildung steht dabei in ständigem Wechsel mit der deduktiven Überprüfung der abgeleiteten Hypothesen. Durch diesen hypothetischen Schluss (Abduktion) entstehen anfänglich Interpretationshypothesen, welche letztendlich in gegenstandsbezogene Hypothesen übergehen und eine Theoriebildung ermöglichen.[882] Abbildung 4-1 veranschaulicht den abduktiven Forschungsprozess der Grounded Theory. Darüber hinaus ist der Forschungsprozess der Grounded Theory iterativ angelegt und versteht sich als Sammlung in sich konsistenter Vorschläge zur Theoriegenerierung und -prüfung

Gioia Approaches, lässt jedoch theoretisches Vorwissen bereits zu Beginn der Datenerhebung zu, vgl. *Murphy et al.* (2017), S. 294 ff. Beide Ansätze lassen sich vermehrt in hochrangigen publizierten Artikeln als methodologischen Ansatz finden, vgl. *Gioia et al.* (2013), S. 17; *Kreiner et al.* (2015), S. 988 ff.; *Murphy et al.* (2017), S. 295.

874 Siehe *Glaser* (1978).

875 Siehe *Charmaz* (2000).

876 Siehe *Clarke* (2009).

877 Siehe *Corbin/Strauss* (1990).

878 Vgl. *Breuer* (2010), S. 53 ff.; *Brühl* (2015), S. 133; *Lamnek* (2010), S. 91; *Strübing* (2014), S. 37 f.

879 Vgl. *Corbin/Strauss* (2015), S. 78 f., 215 ff.; *Seehausen* (2014), S. 234.

880 Vgl. *Corbin/Strauss* (2015), S. 3.

881 *Breuer* (2010), S. 39.

882 Vgl. *Brühl* (2015), S. 133; *Lamnek* (2010), S. 92 f.; *Ong* (2012), S. 418; *Reichertz* (2011), S. 285 ff.; *Strübing* (2014), S. 46 ff.; *Suddaby* (2006), S. 639.

und liefert Forschern eine Anleitung zur Datenerhebung und -analyse.[883] *Flick* (2016) stellt den Forschungsprozess als zirkulares Modell dar, bei dem sich einzelne Schritte überlappen, ineinandergreifen, aufeinander aufbauen sowie zurückgreifen.[884]

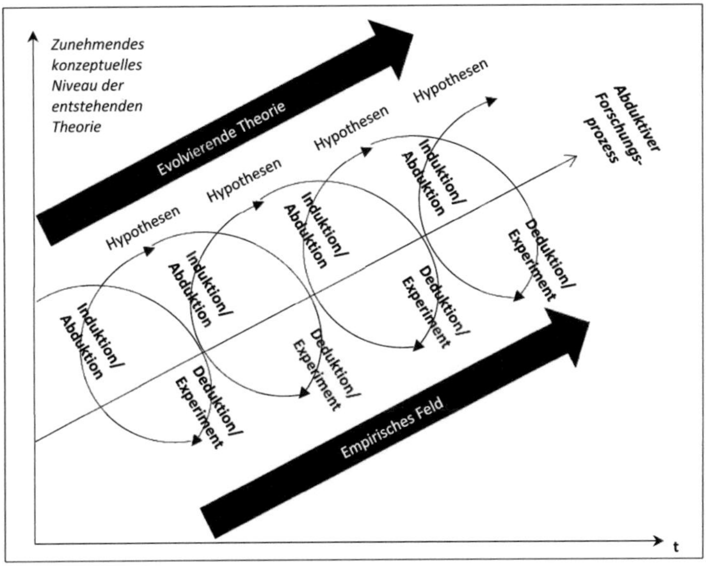

Abbildung 4-1: Abduktiver Forschungsprozess der Grounded Theory
Quelle: Eigene Darstellung in Anlehnung an *Strübing* (2014), S. 49.

Der zirkulare Forschungsprozess der Grounded Theory basiert auf theoretischem Vorwissen und darf nicht als ungeordnetes Vorgehen verstanden werden. Vielmehr wird das Vorwissen ständig überprüft, am Gegenstand getestet und in Konsequenz verworfen, erweitert oder bestätigt, solange bis eine gegenstandsbezogene Theorie entwickelt werden kann.[885] In Anlehnung an das Prinzip der hermeneutischen Spirale sollte der Forscher nach Erkenntnisgewinn in einem iterativen Prozess auf altes Datenmaterial zurückgreifen und erneut analysieren, bevor er den nächsten zu untersuchenden Fall der Stichprobe definiert.[886] Abbildung 4-2 illustriert den zirkularen Forschungsprozess der Grounded Theory. Hierbei wird zunächst auf das Vorwissen des Forschers zurückgegriffen und im Anschluss ein erster Fall zur empirischen

---

883 Vgl. *Brühl* (2015), S. 129 f.; *Corbin/Strauss* (2015), S. 6 ff.; *Flick* (2016), S. 126 f.; *Lamnek* (2010), S. 90; *Ong* (2012), S. 418.

884 Vgl. *Flick* (2016), S. 127 f.

885 Vgl. *Corbin/Strauss* (2015), S. 344; *Flick* (2016), S. 128; *Lamnek* (2010), S. 92 ff.

886 Vgl. *Brühl* (2015), S. 133; *Corbin/Strauss* (2015), S. 135 ff. Zur Bedeutung der hermeneutischen Spirale in den Sozialwissenschaften siehe *Brühl* (2015), S. 133; *Lamnek* (2010), S. 56 ff.; *Poser* (2012), S. 231. Den Ursprung hat die hermeneutische Spirale in der philosophischen Hermeneutik, vgl. *Joisten* (2009), S. 143.

Datenerhebung und -auswertung ausgewählt.[887] Auf Basis der Analyse des ersten Falls wird im Anschluss der nächste Fall ausgewählt und analysiert. Durch ständiges Vergleichen der gewonnenen Erkenntnisse kann der Forscher nach Eintreten der theoretischen Sättigung einen Theoriebeitrag zu dem untersuchten Phänomen liefern.[888]

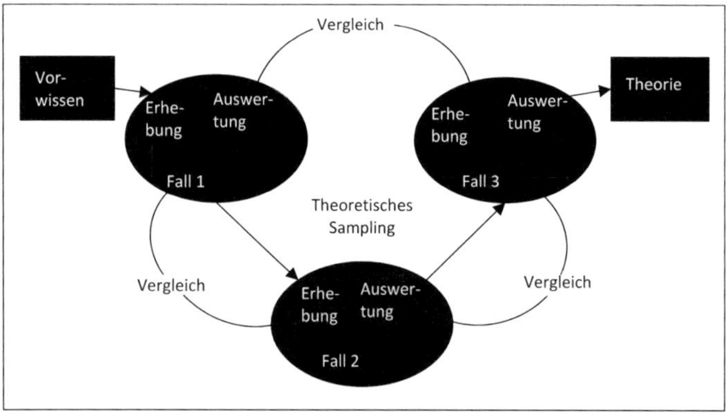

Abbildung 4-2: Zirkulares Modell des Forschungsprozesses der Grounded Theory
Quelle: Eigene Darstellung in Anlehnung an *Flick* (2016), S. 128.

An dieser Stelle gilt es anzumerken, dass der Umgang mit theoretischem und praktischem Vorwissen umstritten ist.[889] Die aktuelle qualitative Sozialforschung beschreibt Vorwissen mehrheitlich jedoch als unabdingbar und essenziell für den Forschungserfolg.[890] So argumentieren *Corbin/Strauss* (2015), dass Forscher stets durch Vorwissen geprägt sind und dieses ihnen erlaube, Verbindungen zwischen Konstrukten herzustellen und das Phänomen aus unterschiedlichen Perspektiven zu betrachten.[891] In diesem Rahmen appellieren *Breuer* (2010), *Corbin/Strauss* (2015) oder *Flick* (2016) allerdings an die Forschungsethik und den sensiblen Umgang mit theoretischem Vorwissen.[892]

Abbildung 4-3 veranschaulicht die zentralen Elemente des Forschungsprozesses der Grounded Theory, welche in den nachfolgenden Kapiteln detailliert erörtert werden. Beginnend mit dem Vorwissen auf Grundlage eines Literaturüberblicks werden die ersten Teilnehmer der Stichprobe identifiziert. Das durch Interviews, Beobachtungen oder Videos erhobene Datenma-

887 Zur Fallauswahl siehe Kapitel 4.1.3.3.
888 Zur theoretischen Sättigung siehe Kapitel 4.1.3.3.
889 Siehe *Strübing* (2011), S. 263 ff.
890 Vgl. *Brühl* (2015), S. 133; *Corbin/Strauss* (2015), S. 21 ff., 46, 77; *Flick* (2016), S. 127 f.; *Lamnek* (2010), S. 208 ff.; *Strübing* (2011), S. 273; *Strübing* (2014), S. 58 ff.
891 Vgl. *Corbin/Strauss* (2015), S. 77 ff.; *Flick* (2016), S. 128; *Strübing* (2014), S. 58 ff.
892 Vgl. *Breuer* (2010), S. 58 f.; *Corbin/Strauss* (2015), S. 77 ff.; *Flick* (2016), S. 56 ff.

terial wird in einem dreistufigen Codierprozess mit Codes versehen, welche zu Kategorien zusammengeführt werden. Auf Grundlage dieser Kategorien lassen sich durch Integration der empirischen Ergebnisse in die vorhandenen Erkenntnisse aus der Literatur gegenstandsbezogene Hypothesen über das untersuchte Phänomen aufstellen. Der ständige Abgleich bereits analysierter Daten mit neu erhobenen Daten ist dabei das Leitprinzip der Theoriebildung einer Grounded Theory-Studie. Ferner ist es für die Nachvollziehbarkeit Dritter unabdingbar den Forschungs- und Analyseprozess, beispielsweise mit Diagrammen, Memos oder Gedankenprotokollen zu dokumentieren sowie durch Selbstreflexion und Sensitivität mit theoretischem Vorwissen möglichst objektive Ergebnisse zu gewährleisten.

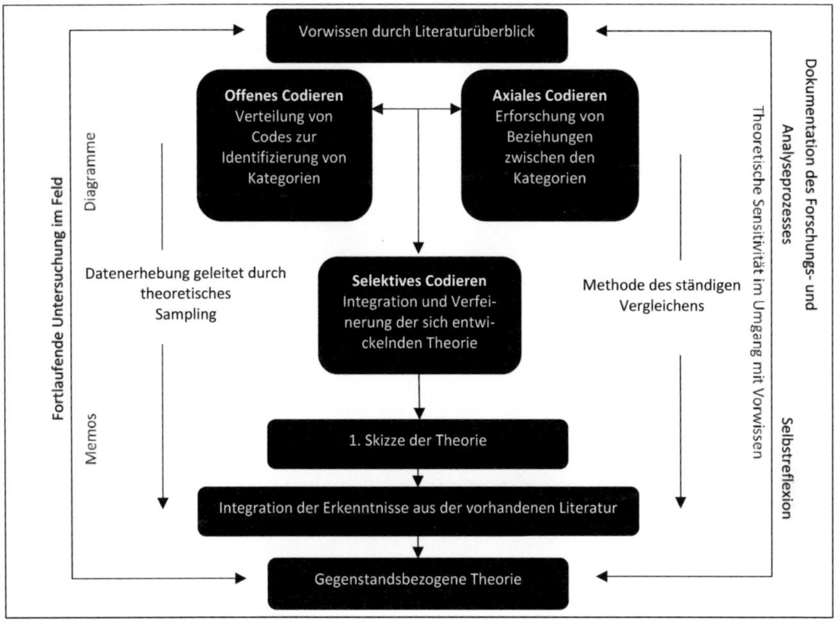

Abbildung 4-3: Zentrale Elemente des Forschungsprozesses der Grounded Theory
Quelle: Eigene Darstellung in Anlehnung an *Pryor et al.* (2009), S. 1127.

4.1.3 Datenerhebung

4.1.3.1 Problemzentriertes Interview

Corbin/Strauss (2015) präsentieren verschiedene Datenerhebungsmethoden, welche im Rahmen der Grounded Theory eigenständig oder in Kombination zur Anwendung kommen können, wie z. B. Beobachtungen, Interviews oder Videos.[893] Unter den dort aufgelisteten Metho-

[893] Vgl. *Corbin/Strauss* (2015), S. 37.

den identifizieren die Autoren das Interview und die Beobachtung als die am häufigsten verwendeten Erhebungsmethoden im Rahmen von Grounded Theory-Untersuchungen.[894] Im Vergleich zu Beobachtungen bieten Interviews die Möglichkeit, den Erkenntnisgewinn direkt mit den darauffolgenden Interviews zu verifizieren.[895] Die unterschiedlichen qualitativen Interviewformen lassen sich neben dem Grad der Standardisierung, untergliedert in un-, halb- und standardisierte Interviews, ebenfalls nach der Struktur der Interviewpartner differenzieren, welche in Einzel- oder Gruppeninterviews aufgespalten werden.[896] Un- und halbstandardisierte Interviews ermöglichen es dem Forscher, den Inhalt und den Ablauf des Interviewleitfadens im Rahmen des Datenerhebungsprozesses zu modifizieren.[897] Die Struktur und der Inhalt von standardisierten Interviewleitfäden sind dagegen nicht modifizierbar.[898] *Corbin/ Strauss* (2015) stellen fest, dass un- und halbstandardisierte Interviews am besten mit der explorativen Zielstellung der Grounded Theory harmonisieren. Standardisierte Interviews werden als ungeeignet bezeichnet, da sie die Flexibilität und das Aufdecken von Neuem weitgehend verhindern.[899] Unabhängig von der Interviewform wird im Rahmen der Datenerhebung mittels qualitativer Interviews die Audioaufzeichnung und deren Transkription empfohlen, gegebenenfalls unter Zusicherung von Anonymität und Vertraulichkeit.[900] Tabelle 4-1 stellt in Anlehnung an *Wrona* (2005) einen Überblick über die verschiedenen Formen von qualitativen Interviews dar.[901]

Das problemzentrierte Interview wurde erstmals von *Witzel* (1985) in psychologischem Kontext in den wissenschaftlichen Diskurs eingebracht und umfasst im weitesten Sinne alle halbstrukturierten, offenen Interviews.[902] Es wird zentral durch die Eigenschaft der Problemzentrierung charakterisiert,[903] welche die „Orientierung des Forschers an einer relevanten gesellschaftlichen Problemstellung“[904] umfasst. Als zweite Eigenschaft nennt *Witzel* (1985) die Ge-

894 Vgl. *Corbin/Strauss* (2015), S. 37, 40 f. Interviews werden hier als am häufigsten verwendete Form der qualitativen Datenerhebung genannt. Dies gilt ebenfalls für die deutschsprachige qualitative Sozialforschung, vgl. *Mruck/Mey* (2000).

895 Vgl. *Corbin/Strauss* (2015), S. 38, 65; *Hopf* (2012), S. 350.

896 Vgl. Atteslander (2010), S. 131 ff.; *Lamnek* (2010), S. 301 ff., *Mayring* (2016), S. 66 f.

897 Vgl. *Corbin/Strauss* (2015), S. 39 f., 142 f.; *Lamnek* (2010), S. 333; *Wrona* (2005), S. 25 f.

898 Vgl. *Hopf* (2012), S. 352 f.; *Wrona* (2005), S. 24 f.

899 Vgl. *Corbin/Strauss* (2015), S. 37 ff.

900 Vgl. *Brinkmann/Kvale* (2015), S. 203 ff.; *Corbin/Strauss* (2015), S. 44 f.; *Lamnek* (2010), S. 335; *Mayring* (2016), S. 68, 85 ff.; *Mruck/Mey* (2000).

901 Vgl. *Wrona* (2005), S. 25.

902 Vgl. *Witzel* (1985), S. 227 ff.; *Wrona* (2005), S. 25.

903 Vgl. *Witzel* (1985), S. 230.

904 *Witzel* (1985), S. 230.

genstandsorientierung, d. h. dass die verwendeten Methoden direkten Bezug zum Gegenstand haben müssen. Weiter- sowie Neuentwicklungen oder Modifikationen sind ebenfalls direkt am Gegenstand durchzuführen. Ferner hat das problemzentrierte Interview die Eigenschaft von sich abwechselnder induktiv-deduktiver Prozessorientierung bezogen auf das Phänomen und den Forschungsprozess.[905]

Methodologische Prämissen	Narratives Interview	Problemzentriertes Interview	Fokussiertes Interview	Tiefen Interview	Rezeptives Interview
Offenheit	Völlig	Weitgehend	Nur bedingt	Kaum	Völlig
Kommunikation	Erzählend	Zielorientiert fragend	Leitfaden	Fragend/ erzählend	Erzählend/ beobachtend
Prozesshaftigkeit	Gegeben	Gegeben	Nur bedingt	Gegeben	Gegeben
Flexibilität	Hoch	Relativ hoch	Relativ gering	Relativ hoch	Hoch
Explikation	Ja	Ja	Ja	Ja	Bedingt
Theoretisches Vorwissen	Relativ ohne	Konzept vorhanden	Weitgehendes Konzept	Konzept vorhanden	Relativ ohne, nur Vorverständnis
Hypothesen	Generierung	Generierung, Prüfung	Eher Prüfung, auch Generierung	Eher Prüfung, auch Generierung	Generierung, Prüfung
Perspektive der Befragten	Gegeben	Gegeben	Bedingt	Bedingt	Absolut

Tabelle 4-1: Formen qualitativer Interviews
Quelle: Eigene Darstellung in Anlehnung an *Wrona* (2005), S. 25.

Ein problemzentriertes Interview setzt Vorwissen des Forschers voraus und versucht „den Gegensatz zwischen Theoriegeleitetheit und Offenheit aufzuheben."[906] Das Vorwissen geht als heuristischer Bezugsrahmen in die Erstellung des Interviewleitfadens ein. Dabei wird darauf geachtet, dass ein weitgehend offenes Gespräch über das zu untersuchende Phänomen stattfindet.[907] Daher eignen sich problemzentrierte Interviews besonders in theoriegeleiteten Untersuchungen.[908] Zusammenfassend wird auf Grund der Nähe zur Datenauswertung und dem Forschungsfokus das problemzentrierte Interview als Datenerhebungsmethode in der vorliegenden Arbeit verwendet.

4.1.3.2 Interviewleitfaden

In Anlehnung an den Einbezug von theoretischem Vorwissen als heuristischen Bezugsrahmen kommt der Erstellung des Interviewleitfadens bei problemzentrierten Interviews besondere

[905] Vgl. *Flick* (2016), S. 210; *Witzel* (1985), S. 233 ff.
[906] *Wrona* (2006), S. 196.
[907] Vgl. *Mayring* (2016), S. 67; *Wrona* (2005), S. 25 f.; *Wrona* (2006), S. 196.
[908] Vgl. *Wrona* (2005), S. 26 f.

Beachtung zu. Der Interviewleitfaden dient neben der Erinnerungsfunktion an die Forschungsfragen auch zur Sicherstellung der Vergleichbarkeit der Interviews. Er fungiert als Kontrollinstanz und überprüft, inwieweit die zu Grunde liegenden theoretischen Aspekte bereits diskutiert wurden.[909] In halbstandardisierten Interviews wird der Leitfaden jedoch nicht wie eine Blaupause dem Gespräch aufgezwängt. Er dient als grober Orientierungsrahmen für den Gesprächsverlauf sowie zur Aufrechterhaltung von stockenden Gesprächen.[910] Dafür sorgen u. a. die Umformulierungen gestellter Fragen, weitere Vertiefungsfragen sowie stichpunktartige Kernthemen.[911] Ein Interviewleitfaden ist durch fragende und erzählanreizende Elemente charakterisiert, welche durch Ad-hoc-Fragen zu dem Verständnis und zu der Zurückspiegelung des thematisierten Phänomens ergänzt werden.[912]

Diesen Vorgaben folgend wurden für die vorliegende Untersuchung zwei theoriebasierte Interviewleitfäden für problemzentrierte Interviews entwickelt, welche dem fortschreitenden Erkenntnisstand angepasst wurden. Der erste Leitfaden wurde auf die Perspektive der Gründer, der zweite Leitfaden auf die Perspektive der Investoren abgestellt. Inhaltlich befassen sich beide Leitfäden mit identischen Schwerpunkten. Die finalen Interviewleitfäden umfassen jeweils acht Frageblöcke, welche mit offenen Einstiegsfragen beginnen und mit konkreter werdenden Vertiefungsfragen enden.[913] Dabei hebt *Witzel* (1985) die besondere Relevanz der Einstiegsfrage des Interviews hervor. Neben dem problemzentrierten Bezug zur Forschungsfrage soll sie durch erzählenden Charakter eine narrative Gesprächskultur hervorrufen, welche dem Interviewpartner die Gesprächsführung und thematische Nuancierung überlässt.[914] In den nachfolgenden Absätzen werden die thematischen Schwerpunkte der in dieser Arbeit verwendeten Interviewleitfäden erörtert:

Im ersten Frageblock werden die Interviewpartner gebeten, einen typischen Investmentzyklus von Kontaktaufnahme bis zu dem Exit bzw. der Folgefinanzierung zu beschreiben und dabei immer auf die Zusammenarbeit mit der jeweilig anderen Partei einzugehen. Diese deskriptive Grundlage bietet Spielraum für vertiefende Fragen rund um das zu untersuchende Phänomen des Mitwirkens von Investoren bei Finanzierungsentscheidungen des Gründers.

---

909 Vgl. *Flick* (2016), S. 210 f.; *Wrona* (2005), S. 26.
910 Vgl. *Flick* (2016), S. 210; *Hopf* (2012), S. 358; *Wrona* (2005), S. 26.
911 Vgl. *Mayring* (2016), S. 69 f.; *Corbin/Strauss* (2015), S. 39 f.; Wrona (2005), S. 26.
912 Vgl. *Flick* (2016), S. 210 f.; *Witzel* (1985), S. 245 ff.; *Wrona* (2005), S. 26.
913 Die Interviewleitfäden sind dem Anhang beigefügt, siehe Anhang 1 und Anhang 2.
914 Vgl. *Witzel* (1985), S. 245 f.

Der zweite Frageblock beschäftigt sich mit den Entscheidungsfindungslogiken Causation und Effectuation. Ziel ist es, den Einsatz der jeweiligen Entscheidungsfindungslogik, deren Wechsel sowie deren Kombinierbarkeit im Rahmen von Finanzierungsentscheidungen des Gründers explorativ zu erforschen. Die fünf Unterscheidungsmerkmale beider Heuristiken werden nicht als Entweder-oder-Frage abgefragt. Vielmehr wird anhand der persönlichen Einstellung zu Risiko, Unsicherheit und Geschäftsumfeld sowie der Ausgangsbasis strategischer Entscheidungen die jeweils einschlägige Entscheidungsfindungslogik deduktiv abgeleitet.

Der dritte Frageblock beschäftigt sich mit dem operativen und strategischen Mitwirken von Investoren vor dem Hintergrund nicht-monetärer Mehrwertleistungen. Zunächst werden die Mehrwertleistungen im Allgemeinen thematisiert. Im weiteren Verlauf wird das Mitwirken der Investoren bei Folgefinanzierungsentscheidungen des Gründers in den Gesprächsfokus gerückt.

Konflikte zwischen den beteiligten Parteien stehen im Fokus des vierten Frageblocks. Zunächst wird nach Konflikten bzw. Meinungsverschiedenheiten gefragt und in der Vertiefung auf die möglichen Konfliktarten sowie deren Konsequenzen eingegangen.

Anknüpfend an mögliche Konflikte wird im fünften Frageblock die Rolle von gegenseitigem Vertrauen hinterfragt. Neben den charakterbasierten Beweggründen für Vertrauen werden ebenfalls die verhaltensbasierten Beweggründe für Vertrauen abgefragt. Abschließend wird ein möglicher Vertrauensverlust und dessen Konsequenzen thematisiert.

Das Personalwesen wurde im Rahmen der Interviews häufig als Gesprächsgegenstand durch die Interviewpartner in die Diskussion eingebracht und wurde daher als sechster Frageblock nach dem dritten Interview in den Leitfaden aufgenommen. In diesem Rahmen werden mögliche Personaldefizite seitens des Start-ups diskutiert. Dabei werden das Aufdecken der Defizite sowie das Mitwirken der Investoren zur Beseitigung dieser Defizite abgefragt.

Im siebten Frageblock wird der Exit in den Mittelpunkt des Gesprächs gerückt. In diesem Zusammenhang sollen die Interviewpartner aus ihren Erfahrungen über die Initiation, Durchführung und Begleitung des Exits durch die Investoren berichten.

Zum Gesprächsabschluss wird im achten und letzten Frageblock zunächst nach den gewonnenen Erkenntnissen aus der Zusammenarbeit mit der jeweils anderen Partei im Kontext von Finanzierungsentscheidungen gefragt. Abschließend werden die Interviewpartner gefragt, ob sie noch weitere relevante Aspekte im Hinblick auf das Mitwirken von Investoren bei den Finanzierungsentscheidungen des Gründers zu berichten haben. Dies umfasst sowohl bereits thematisierte als auch gänzlich neue Aspekte. In den Interviews wurden an dieser Stelle die zentralen Aspekte des Gesprächs durch den Interviewpartner zusammengefasst und mit Ausnahme des Personalwesens keine gänzlich neuen Thematiken angesprochen.

4.1.3.3 Fallauswahl und Stichprobe

Im Rahmen der qualitativen Sozialforschung ist das Sampling bzw. die Fallauswahl von herausragender Bedeutung, da im Vergleich zur quantitativen Sozialforschung eine verhältnismäßig kleine Stichprobe untersucht wird und Stichprobenfehler folglich sehr stark ins Gewicht fallen.[915] Das theoretische Sampling ist das Leitprinzip der Stichprobenkonfiguration im Kontext der Grounded Theory.[916] Dabei bestimmt der Stand der Theorie den nächsten Fall.[917] Die ersten zu untersuchenden Fälle werden mit Hilfe eines qualitativen Stichprobenplans identifiziert. Dieser orientiert sich an der Forschungsfrage und berücksichtigt das theoretische sowie praktische Vorwissen des Forschers. Ferner definiert der qualitative Stichprobenplan diversifizierte Auswahlkriterien der Stichprobe, um eine hinreichende Variation der zu untersuchenden Fälle zu erreichen.[918]

Die Auswahlkriterien der sich emergierenden Stichprobe umfassen sowohl die Anreicherung, Verdichtung und Absicherung bereits entdeckter Konzepte und Kategorien, als auch das Aufdecken neuer Konzepte und Kategorien.[919] Folglich werden entweder Minimalvergleiche oder das Maximieren von Differenzen verfolgt. Bei Minimalvergleichen liegt der Fokus auf Ähnlichkeiten bei der Fallauswahl, um die bereits identifizierten Kategorien in ihren Ausprägungen zu bestätigen bzw. zu nuancieren und damit die theoretische Relevanz der bereits entdeckten Kategorien zu bekräftigen. Bei dem Maximieren von Differenzen steht die Suche nach Kontrastfällen im Vordergrund. Hierbei ist das Ziel, neue Kategorien in Bezug auf das zu untersuchende Phänomen zu entdecken.[920] *Corbin/Strauss* (2015) verweisen bei diesem Vorgehen auf die Methode des ständigen Vergleichs, welche den kontinuierlichen Abgleich der bereits ent-

915 Vgl. *Wrona* (2005), S. 23.

916 Vgl. *Breuer* (2010), S. 57 f.; *Charmaz* (2000), S. 519; *Corbin/Strauss* (2015), S. 134 ff.; *Strübing* (2014), S. 29 ff. Zu weiteren Samplingstrategien der qualitativen Sozialforschung siehe *Flick* (2016), S. 154 ff.; *Morse* (2010), S. 240 f.

917 Vgl. *Breuer* (2010), S. 58; *Corbin/Strauss* (2015), S. 135.

918 Vgl. *Brühl* (2015), S. 133; *Wrona* (2005), S. 23 f.

919 Vgl. *Breuer* (2010), S. 58; *Corbin/Strauss* (2015), S. 134 ff.; *Morse* (2010), S. 240 f.

920 Vgl. *Mey/Mruck* (2011a), S. 29; *Lamnek* (2010), S. 171, 213 f., 589; *Wrona* (2005), S. 23; *Strübing* (2014), S. 19 ff., 31 f.

wickelten Theorie mit neu erhobenen Daten hinsichtlich Gemeinsamkeiten und Unterschieden beschreibt.[921]

Sofern im Rahmen der Methode des ständigen Vergleichs keine neuen Erkenntnisse hinsichtlich der Theoriebildung gewonnen werden können, sprechen alle Indizien für das Vorhandensein der theoretischen Sättigung. Die theoretische Sättigung ist ein subjektiv-pragmatisches Abbruchkriterium der Datenerhebung. An dieser Stelle sind alle für das Phänomen relevanten Kategorien entwickelt und eine weitere Datenerhebung liefert keine Variationen innerhalb der Eigenschaften der Kategorien, sodass die zu entwickelnde Theorie sich mit einer weiteren Datenerhebung nicht mehr signifikant verändert.[922] Auf den bereits im Rahmen des Forschungsprozesses angesprochenen Hinweis auf die Sensibilität des Forschers hinsichtlich bereits erhobener Daten wird an dieser Stelle erneut verwiesen. Im Rahmen des theoretischen Samplings fordern *Corbin/Strauss* (2015) den Forscher auf, die bereits erhobenen und analysierten Daten kritisch zu hinterfragen, da der Forscher für das Eintreten der theoretischen Sättigung eigenverantwortlich ist und somit in einem iterativen Reflexionsprozess über den Stand der Theorie vor dem Hintergrund der Forschungsethik gewissenhaft entscheiden sollte.[923]

Schlussfolgernd ist das vermeintlich „willkürliche“ Sampling ein Hauptkritikpunkt an der Methodologie bzw. an der gesamten qualitativen Sozialforschung.[924] Als Gegenargument des Paradigmenstreits findet sich jedoch das Argument des explorativen Charakters mit dem Ziel der Theoriebildung bzw. Hypothesengenerierung. Bei der qualitativen Sozialforschung überwiegt das Erkenntnisziel über das Ziel der Repräsentativität, welches in der quantitativen Sozialforschung verfolgt wird.[925] Tabelle 4-2 gibt einen Überblick auf die im Rahmen der theoretischen Fallauswahl identifizierten Interviewpartner. Die Nummerierung der Interviews entspricht der zeitlichen Reihenfolge der Interviews, welche im Zeitraum von Mai 2016 bis November 2016 durchgeführt wurden. Insgesamt wurden sechzehn Personen interviewt, darunter acht Gründer, zwei Business Angels und sechs Venture-Capital-Investoren.

921 Vgl. *Corbin/Strauss* (2015), S. 85, 93 f.

922 Vgl. *Brühl* (2015), S. 134; *Corbin/Strauss* (2015), S. 134 ff., 239 f.; *Flick* (2016), S. 161; *Glaser/Strauss* (2008), S. 45 ff., 69; *Strübing* (2014), S. 30 ff.

923 Vgl. *Brühl* (2015), S. 134; *Böhm* (2012), S. 484; *Corbin/Strauss* (2015), S. 77 ff.; *Corbin/Strauss* (2015), S. 139 f.; *Glaser/Strauss* (2008), S. 69.

924 Vgl. *Corbin/Strauss* (2015), S. 140; *Mey/Mruck* (2011a), S. 29.

925 Vgl. *Breuer* (2010), S. 58; *Brühl* (2015), S. 134.

Interview Nr.	Fallbezeichnung	Länge (in Minuten)	Interviewpartner	Branche	Gründungs- bzw. Investmenterfahrung (in Jahren)	Anzahl Gründungen bzw. Investments	Anzahl EK-Runden
1	E 1	47	E	IT/Gesundheit	6	3	3
2	E 2	27	E	IT/ Gastronomie	2	1	2
3	E 3	46	E	IT/Kosmetik	7	4	5
4	VC 1	34	VC	IKT[926]	13	50+	50+
5	E 4	36	E	IT/Gesundheit	7	4	1
6	E 5	36	E	IT/Mobilität	4	1	1
7	E 6	34	E	IT/ High-Tech	17	3+	5+
8	E 7	45	E	IT/HR	7	2	4
9	E 8	40	E	IT/High-Tech	4	2	2
10	VC 2	38	VC	IT/High-Tech	k. A.[927]	k. A.	k. A.
11	VC 3	29	VC	IT/High-Tech	2	5	5
12	VC 4	51	VC	IT/High-Tech	2	5	5
13	BA 1	57	BA	IT/High-Tech	16	10+	10+
14	VC 5	39	VC	IT/High-Tech	15	50+	50+
15	VC 6	50	VC	IT/High-Tech	2	5	5
16	BA 2	45	BA	IT/High-Tech	3	2	2

Tabelle 4-2: Überblick über die Stichprobe
Quelle: Eigene Darstellung.

Zwölf der sechzehn Interviewpartner haben die deutsche Nationalität, ein Interviewpartner ist französischer Abstammung und drei Interviewpartner besitzen eine doppelte Staatsbürgerschaft (deutsch-französisch). Fünfzehn Interviewpartner sind männlich und die Altersgruppe liegt überwiegend zwischen dreißig und vierzig Jahren. Die Gründungserfahrung reicht von einer bis mehr als drei Gründungen und beträgt zwischen zwei und siebzehn Jahren. Die Gründer haben zwischen einer und fünf außerbörslichen Beteiligungsfinanzierungen erhalten, wobei drei Gründer Business Angel-Investments und sämtliche Gründer Venture-Capital-Investments erhalten haben. Die erhaltenen Finanzierungsvolumina der Gründer belaufen sich dabei jeweils auf insgesamt zwischen 500.000 € und über 10.000.000 €. Die Investmenterfahrung der Investoren reicht von zwei bis mehr als fünfzig Investments und beträgt zwischen zwei und sechzehn Jahren. Die jeweils möglichen, maximalen Investitionssummen variieren zwischen 25.000 € und 50.000.000 €. Auf Grund der zugesicherten Vertraulichkeit wird an dieser Stelle auf die genaue Angabe der jeweiligen Investitionssummen verzichtet. Drei der befragten Gründer sind gleichzeitig als Business Angels tätig. Vier der befragten Investoren haben Gründungserfahrung.

Im Rahmen des qualitativen Stichprobenplans der vorliegenden Arbeit wurden folgende Kriterien definiert, um zunächst eine maximale Kontrastierung der Stichprobe zu erreichen.

[926] Informations- und Kommunikationstechnologie.
[927] Keine Angabe auf Grund von Vertraulichkeit.

Folglich wurde das Ziel verfolgt, möglichst viele Kategorien in Bezug auf das zu untersuchende Phänomen zu erlangen:

- Es werden Gründer ausgewählt, die mindestens zwei außerbörsliche Beteiligungsfinanzierungen mit Business Angels und/oder Venture-Capital-Investoren erfolgreich abgeschlossen haben. Dieses a priori definierte Auswahlkriterium wurde im Rahmen des theoretischen Samplings auf eine außerbörsliche Beteiligungsfinanzierung reduziert.
- Es werden Business Angels und Venture-Capital-Investoren ausgewählt, welche keine Novizen sind. Dabei wird ebenfalls auf eine möglichst große Heterogenität hinsichtlich der maximal möglichen Investitionssummen geachtet.
- Gründer und Investoren müssen einen Geschäftssitz in Deutschland aufweisen.
- Gründer und Investoren fokussieren sich auf innovative Geschäftsmodelle mit IT-Bezug.

Anhand dieser Kriterien zur Stichprobenauswahl wurde als erster Interviewpartner ein Gründer und zugleich Business Angel identifiziert (E 1), welcher aus seinen Erfahrungen über außerbörsliche Beteiligungsfinanzierungen aus Gründerperspektive berichten sollte. Binnen seiner sechsjährigen Gründungserfahrung hat er bereits drei Start-ups gegründet und eine Business Angel- sowie zwei Venture-Capital-Finanzierungen erhalten. Die Auswertung dieses Falles diente als Grundlage für die weitere Stichprobenauswahl.

Nach Bildung der ersten Kategorien wurde zunächst das Prinzip der Maximierung von Differenzen verfolgt, um zu überprüfen, welche Relevanz die ersten Kategorien für Fälle aufweisen, in denen essenzielle Variablen abweichen. Dieser Logik folgend wurden die nächsten drei Interviewpartner im Rahmen des theoretischen Samplings identifiziert: Die Gründer E 2 und E 3, welche keine Erfahrung als Investoren haben und bislang nur von Venture-Capital-Investoren finanziert wurden, sowie VC 1, der zwar langjährige Investmenterfahrung aber keine Gründungserfahrung hat.

Auf Basis der gewonnen Erkenntnisse wurde an dieser Stelle das zu Beginn definierte Kriterium von mindestens zwei außerbörslichen Beteiligungsfinanzierungen aus Gründerperspektive aufgehoben, da sich im Rahmen des theoretischen Samplings auch Fälle als relevant erwiesen, in denen sich zwar nur eine außerbörsliche Beteiligungsfinanzierung aus Gründerperspektive nachweisen lässt, gleichzeitig aber Erfahrungen als Investor vorhanden sind. Demgemäß wurde der fünfte und sechste Fall ausgewählt (E 4, E 5). Beide Gründer sind zugleich Business Angels bzw. Board Advisors bei mehr als einem Start-up, haben allerdings jeweils nur eine außerbörsliche Beteiligungsfinanzierung, im siebenstelligen Bereich, mit Venture-Capital-Investoren durchlaufen. Beide Interviewpartner wurden zu ihren Erfahrungen aus Gründerperspektive befragt, haben jedoch die Wichtigkeit der Gründungserfahrung für Ihre Rolle als Investor bzw. Board Advisor sehr stark betont.

Um die bestehenden Kategorien in sämtlichen relevanten Dimensionen zu erfassen, wurde in der darauffolgenden Fallauswahl von der maximalen Kontrastierung Abstand genommen und das Prinzip der minimalen Kontrastierung verfolgt. In diesem Kontext wurden die Fälle sieben bis zwölf identifiziert. Im siebten bis neunten Fall (E 6, E 7 und E 8) handelt es sich um drei Gründer, von denen einer ebenfalls als Business Angel aktiv ist und welche bereits außerbörsliche Beteiligungsfinanzierungen mit Business Angels und/oder Venture-Capital-Investoren durchgeführt haben. Die Fälle zehn, elf und zwölf (VC 2, VC 3 und VC 4) umfassen drei Venture-Capital-Investoren, davon können zwei Investoren Gründungserfahrung nachweisen.

Fall dreizehn (BA 1) befasst sich mit einem Business Angel, der zugleich diverse Unternehmen gegründet hat und zusätzlich als Venture-Capital-Investor tätig ist. Die explizite Befragung zu den Erfahrungen aus Business Angel-Perspektive lieferte jedoch keine neuen Erkenntnisse im Hinblick auf die bis dato entwickelten Kategorien. Die Analyse der ersten dreizehn Fälle deutet sehr stark auf das Vorhandensein der theoretischen Sättigung hin, da seit dem zehnten Fall keine neue Kategorie mehr gebildet wurde und sich der Erkenntnisstand nicht verändert hat. Um der Kritik der Willkürlichkeit der qualitativen Sozialforschung entgegenzuwirken, wurden drei weitere Fälle (VC 5, VC 6 und BA 2) identifiziert. Dementsprechend wurden zwei weitere Venture-Capital-Investoren (VC 5, VC 6) und ein weiterer Business Angel (BA 2) befragt. Aus der Analyse dieser Interviews ergaben sich ebenfalls keine Änderungen an dem Stand der Theorie, sodass die Datenerhebung nach dem sechzehnten Fall eingestellt wurde und der Erkenntnisstand als theoretisch gesättigt gilt.

Das theoretische Sampling hat die Stichprobenkonfiguration maßgeblich geleitet. Gemäß des Convenient Samplings wurden aber auch persönliche Kontakte zur Akquisition von Interviewpartnern verwendet.[928] Sofern die dadurch identifizierten Interviewpartner als theoretisch nicht relevant eingestuft wurden, erfolgte ein Ausschluss aus der Stichprobe.

[928] Weiterführende Literatur siehe *Morse* (2010), S. 240 f.; *Osann* (2010), S. 92.

4.1.3.4 Durchführung und Transkription

Die in Tabelle 4-2 beschriebenen Interviewpartner wurden per Email mit einem Exposé zum Forschungsprojekt kontaktiert und ihre Einwilligung zur Teilnahme als Interviewpartner abgefragt. Nach der ersten unverbindlichen Zusage zur Teilnahme erhielten die Interviewpartner weitere Informationen zu dem Forschungsprojekt schriftlich per Email. Dabei wurden u. a. Informationen zu Themenschwerpunkten des Interviews, Methodologie, Gesprächsdauer und -ablauf, Aufzeichnung, Transkription sowie Datenschutz kommuniziert. Die Interviewpartner hatten die Auswahl zwischen einem persönlichen Gespräch vor Ort in den eigenen Geschäftsräumen oder einem Telefoninterview. Von den sechzehn Interviews erfolgten acht persönlich vor Ort und acht per Telefon. Die Interviewsprache war in sämtlichen Fällen Deutsch.

Die Interviews hat der Autor der vorliegenden Arbeit selbst durchgeführt. Vor Beginn der Audioaufzeichnung wurden die Interviewpartner über die Fragestellung des Forschungsvorhabens sowie über die methodologische Vorgehensweise informiert. Mittels einer Datenschutzvereinbarung wurde den Interviewpartnern schriftlich Anonymität hinsichtlich der Auswertung zugesichert. Im selben Zuge haben sämtliche Interviewpartner die Erlaubnis zur Audioaufnahme des Interviews erteilt. Im Anschluss wurde die Audioaufnahme gestartet und die Interviews erfolgten in einheitlicher Form entsprechend den bereits diskutierten Leitfäden.[929] In sämtlichen Interviews erfolgte die Audioaufnahme ohne Unterbrechung, sodass keine für die Auswertung relevanten Informationen verloren gingen. Nach Beendigung des Interviews wurden keine weiteren forschungsrelevanten Informationen durch die Interviewpartner kommuniziert.[930] Die Audioaufnahme der Interviews beträgt im arithmetischen Mittel 39 Minuten, das kürzeste Interview dauerte 27 Minuten, das längste Interview dauerte 57 Minuten.

Die Transkription der Interviewaufnahmen erfolgte durch einen Transkriptionsservice nach einfachen Regeln, d. h. wörtliche, verbal festgehaltene Aussagen ohne Stottern, Wiederholungen oder Zwischenrufe.[931] Im Anschluss hat der Autor die Trankskripte mit den Audioaufnahmen auf Konsistenz überprüft und anonymisiert, indem sensible Informationen durch entsprechende Platzhalter ersetzt wurden.[932] Von dem eingeräumten Recht der Einsicht und Ab-

---

929 Siehe Kapitel 4.1.3.2 sowie Anhang 1 und Anhang 2.

930 Zum Umgang mit forschungsrelevanten Informationen, die erst nach Beendigung der Interviewaufnahme durch den Interviewpartner preisgegeben werden siehe *Corbin/Strauss* (2015), S. 40; *Flick* (2016), S. 213; *Lamnek* (2010), S. 335; *Witzel* (1985), S. 238.

931 Zu Regeln der Transkription siehe *Dittmar* (2004), S. 50 ff.; *Kowal/O'Connell* (2012), S. 440 ff.; *Kuckartz* (2014), S. 134 ff.; *Mayring* (2016), S. 89 ff.

932 Zur Notwendigkeit der Anonymisierung siehe *Kuckartz* (2014), S. 140.

änderung der anonymisierten Transkripte durch die jeweiligen Interviewpartner wurde in keinem Fall Gebrauch gemacht. Die anonymisierten Transkripte umfassen im arithmetischen Mittel ca. 6.000 Wörter, das längste Transkript beinhaltet 8.182 Wörter, das kürzeste Transkript beläuft sich auf 3.911 Wörter.

4.1.4 Datenauswertung

4.1.4.1 Codierung

Das Ziel der qualitativen Datenanalyse ist das Interpretieren von Daten, welche zunächst eine geschlossene Oberfläche darstellen, deren Sinn erst durch deren Analyse und Interpretation erschlossen werden muss.[933] Diesen Prozess bezeichnen *Corbin/Strauss* (2015) als Codieren.[934] Folglich verstehen die Autoren unter dem Codieren das Ableiten von Konzepten und Kategorien aus Daten, welche durch Codes den interpretativen Bedeutungszusammenhang der Daten enthalten.[935] *Corbin/Strauss* (1990) unterteilen den Codierprozess in drei Stufen:[936]

(1) Offenes Codieren.
(2) Axiales Codieren.
(3) Selektives Codieren.

Dieser dreistufige Prozess ist jedoch nicht trennscharf. Anlehnend an den zirkulären Forschungsprozess der Grounded Theory ist es ein iterativer Prozess, welcher die Kombination der einzelnen Codierstufen ermöglicht.[937]

Offenes Codieren:

Im Rahmen des offenen Codierens werden die Rohdaten analytisch aufgebrochen und einzelne Textelemente mit Codes versehen. Diese Codes stehen konzeptionell für bestimmte Phänomene und deren Eigenschaften.[938] Dabei werden die Phänomene auf Gemeinsamkeiten und Unterschiede untersucht und Codes den entsprechenden Konzepten zugeordnet, welche

---

933 Vgl. *Böhm* (2012), S. 476 f.; *Strübing* (2014), S. 15 f.

934 Vgl. *Corbin/Strauss* (1990), S. 12 ff.; *Corbin/Strauss* (2015), S. 57 ff.

935 Vgl. *Corbin/Strauss* (2015), S. 57, 85, 220.

936 Vgl. *Brühl* (2015), S. 133 f.; *Böhm* (2012), S. 477 ff.; *Corbin/Strauss* (1990), S. 12 ff.; *Strübing* (2014), S. 16 f.; *Wrona* (2005), S. 32 f.

937 Vgl. *Böhm* (2012), S. 484; *Corbin/Strauss* (1990), S. 12 ff.; *Corbin/Strauss* (2015), S. 221; *Seehausen* (2014), S. 249; *Strübing* (2014), S. 17.

938 Vgl. *Breuer* (2010), S. 80 f.; *Böhm* (2012), S. 477 f.; *Corbin/Strauss* (1990), S. 12; *Corbin/Strauss* (1990), S. 57 ff., 220 ff.; *Strübing* (2014), S. 16.

die Interpretation des Forschers widerspiegeln.[939] Dabei existieren zwei Arten von Konzepten:[940]

(1) Einfache Konzepte, welche konzeptuell gegebene Begriffe für die Rohdaten umfassen.

(2) Konzepte auf einer höheren Ebene, welche abstraktere Begriffe umfassen und auf welche eine gebündelte Gruppe von einfachen Konzepten hindeutet. Konzepte auf einer höheren Ebene werden auch als Kategorie bezeichnet.

Um eine einfache Paraphrasierung des Rohmaterials zu vermeiden, weist *Böhm* (2012) auf theoriegenerierende Fragen hin,[941] die der Forscher an den Text stellen sollte. Entsprechend seiner Antwort sollte der Forscher den Code bzw. das Konzept benennen.[942] Im Zuge der Code- und Konzeptbenennung spielt das Vorwissen des Forschers eine große Rolle. Theoretische Codes sollten im Sinne der Offenheit der Codierung im Rahmen des offenen Codierens vermieden werden. Theoretische Codes sind Begriffe aus wissenschaftlichen Theorien, die auf Basis des Vorwissens des Forschers gebildet werden.[943] *Böhm* (2012) schlägt daher zunächst die Verwendung von in-vivo Codes vor,[944] welche den exakten Wortlaut des Interviewpartners als Code verwenden.[945] Bereits während des offenen Codierens kann begonnen werden, einfache Konzepte zu Kategorien zusammenzuführen.[946] Hierbei werden für die Fragestellung besonders relevante Kategorien aus den offenen Codes gebildet. Dieser Schritt gilt gleichzeitig auch als Übergang zum axialen Codieren.[947]

Axiales Codieren:

Die im Prozess des offenen Codierens entstandenen einfachen Konzepte werden sinngemäß miteinander zu Kategorien verknüpft.[948] Dabei können sowohl abstrakter bezeichnete theoretische Kategorien als auch in-vivo codierte Kategorien entstehen.[949] *Corbin/Strauss* (2015)

---

939 Vgl. *Breuer* (2010), S. 80 f.; *Corbin/Strauss* (1990), S. 12; *Corbin/Strauss* (1990), S. 57 ff., 220 ff.; *Strübing* (2014), S. 16.

940 Vgl. hierzu und im Folgenden *Corbin/Strauss* (2015), S. 76.

941 Die theoriegenerierenden Fragen sollen die Offenheit des Codierens gewährleisten und umfassen u. a. „Wer?“, „Wie?“, „Was?“, vgl. *Böhm* (2012), S. 477 f. Für eine vollständige Übersicht siehe *Böhm* (2012), S. 477 f.; *Wrona* (2005), S. 30.

942 Vgl. *Böhm* (2012), S. 478.

943 Vgl. *Böhm* (2012), S. 478.

944 Vgl. *Böhm* (2012), S. 478.

945 Vgl. *Böhm* (2012), S. 478; *Corbin/Strauss* (2015), S. 85; *Wrona* (2005), S. 29.

946 Vgl. *Böhm* (2012), S. 478; *Corbin/Strauss* (2015), S. 76, 220 f.; *Lamnek* (2010), S. 99.

947 Vgl. *Corbin/Strauss* (2015), S. 76, 220 f.

948 Vgl. *Böhm* (2012), S. 478 f.; *Corbin/Strauss* (1990), S. 13; *Corbin/Strauss* (2015), S. 76, 85, 220 ff.; *Wrona* (2005), S. 32 f.

949 Vgl. *Corbin/Strauss* (1990), S. 13; *Corbin/Strauss* (2015), S. 76, 85, 220 ff.

schlagen zur Unterstützung des axialen Codierens das Verwenden ihres Codierparadigmas vor, das die Verknüpfung und Verdichtung von Kategorien erleichtert.[950] Entsprechend des Codierparadigmas werden die Kategorien in Bezug auf kausale, intervenierende und kontextuelle Bedingungen, Aktionen und Interaktionen sowie Konsequenzen untersucht und entsprechend integriert.[951] Dabei ist es das Ziel, das Phänomen unter Berücksichtigung zeitlicher und struktureller Variationen in sämtlichen Dimensionen und Eigenschaften abzubilden und die Kategorien konzeptionell zu sättigen.[952] Abbildung 4-4 gibt einen Überblick über das offene und axiale Codieren der Grounded Theory nach *Corbin/Strauss* (1990).

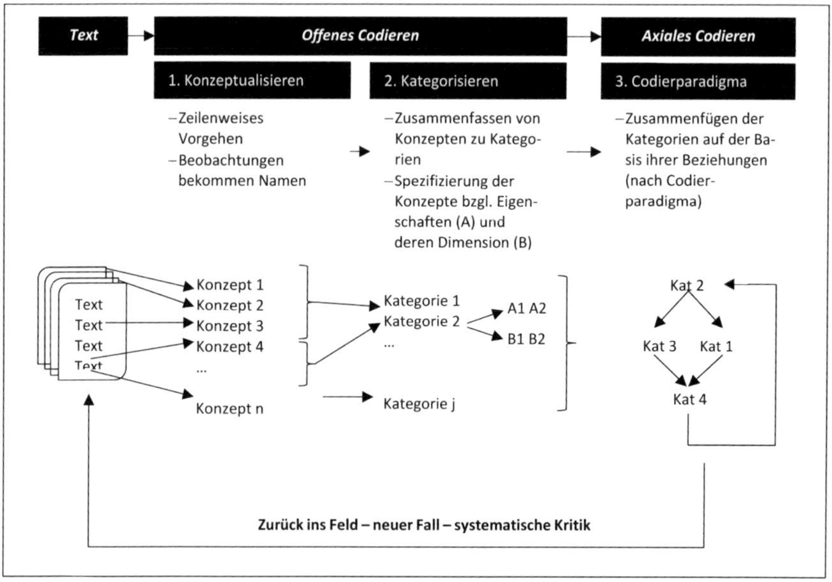

Abbildung 4-4: Offenes und axiales Codieren der Grounded Theory
Quelle: Eigene Darstellung in Anlehnung an *Wrona* (2005), S. 33.

Ein nützliches Werkzeug ist die Conditional/Consequential Matrix, welche über das reine Codierparadigma hinausgeht und der Datenauswertung mehr Komplexität verleiht, indem eine Reichweite möglicher Bedingungen und Konsequenzen aufgezeigt wird, verschiedene Perspektiven und Akteure berücksichtigt werden, Mikro- und Makroperspektiven sowie deren verschiedene Rahmenbedingungen abgebildet werden.[953] In diesem Kontext dienen Memos

[950] Vgl. *Brühl* (2015), S. 129; *Corbin/Strauss* (1990), S. 13; *Corbin/Strauss* (2015), S. 153 ff.
[951] Vgl. *Brühl* (2015), S. 132; *Böhm* (2012), S. 479 f.; *Corbin/Strauss* (2015), S. 153 ff.; *Strübing* (2014), S. 24 ff.
[952] Vgl. *Corbin/Strauss* (2015), S. 134 f., 153 ff., 220 ff.
[953] Vgl. *Corbin/Strauss* (2015), S. 160 ff.

und Diagramme der Datenstrukturierung und Visualisierung des Zusammenhangs der Konzepte und Kategorien.[954] Ferner schlagen *Corbin/Strauss* (2015) im Rahmen des axialen Codierens diverse analytische Strategien vor, die den Forscher im Hinblick auf die Forschungsergebnisse sensibilisieren und deren Substanz gewährleisten.[955] Dazu zählen beispielsweise die Flip-Flop-Technik, welche die Suche nach Extrempunkten der bereits entwickelten Kategorien umfasst, eigene Lebenserfahrung oder die rote Flagge schwenken, d. h. die Suche nach stark verallgemeinerten Formulierungen in den Transkripten, welche im Detail noch kritisch hinterfragt werden sollten.[956]

Da die Grounded Theory das Ziel der Hypothesen- bzw. Theoriebildung verfolgt, empfehlen *Corbin/Strauss* (2015) das zeitgleiche Codieren und Analysieren der Daten vor dem Hintergrund der Methode des ständigen Vergleichens.[957] Somit entwickeln sich die Kategorien und Konzepte sukzessive mit dem voranschreitenden Stand der Theorie und umfassen sowohl induktiv als auch deduktiv abgeleitete Elemente.[958] Folglich gehen offenes und axiales Codieren nahtlos ineinander über und sind oftmals nicht sehr trennscharf voneinander zu unterscheiden. Die Differenzierung soll dem Forscher jedoch bewusst machen, dass das Rohdatenmaterial zunächst in Fragmente zerlegt wird (offenes Codieren unter Verwendung von Codes und einfachen Konzepten) und im Nachgang durch die Interpretationsleistung des Forschers wieder zusammengesetzt wird (axiales Codieren unter Verwendung von Kategorien, analytischen Strategien sowie Hilfsmitteln).[959]

Im Rahmen des offenen und axialen Codierens wurden die Transkripte hinsichtlich des Mitwirkens der Investoren bei Finanzierungsentscheidungen des Gründers sowie hinsichtlich der Rahmenbedingungen einer außerbörslichen Beteiligungsfinanzierung codiert. Die offenen Codes orientieren sich sehr stark an der Sprache der Interviewpartner (in-vivo Codes) und dienen der groben kategorialen Abbildung des zu untersuchenden Phänomens. Die axialen Codes sind überwiegend abstraktere und theoriebasierte Codes, welche das Ziel der verfeinerten Abbildung der identifizierten Kategorien verfolgen. Im Rahmen der Datenerhebung und -analyse wurden Memos sowie Diagramme verwendet und dem Codierparadigma gefolgt. Die

954 Vgl. *Corbin/Strauss* (2015), S. 106 ff.
955 Vgl. *Corbin/Strauss* (2015), S. 85 ff.
956 Vgl. *Corbin/Strauss* (2015), S. 90 ff.
957 Vgl. *Corbin/Strauss* (1990), S. 10 ff.; *Corbin/Strauss* (2015), S. 64 ff.
958 Vgl. *Brühl* (2015), S. 132 ff.; *Strübing* (2014), S. 16, 46 ff.
959 Vgl. *Breuer* (2010), S. 80 ff.; *Brühl/Buch* (2006), S. 129 ff.; *Corbin/Strauss* (2015), S. 76 ff.; *Muckel* (2011), S. 341 ff.; *Strübing* (2014), S. 16, 24 ff.

Methode des ständigen Vergleichens stand dabei stets im Vordergrund und leitete das theoretische Sampling.

Selektives Codieren:

Durch die sukzessiv auftretende Sättigung der Kategorien geht der Codierprozess in das selektive Codieren über. Nach Erreichen der theoretischen Sättigung steht die Suche nach Kernkategorien im Fokus des Codierens.[960] In diesem Zusammenhang erörtert *Strauss* (1987) sechs Hinweise, wie eine Kernkategorie ausgewählt werden sollte, welche *Corbin/Strauss* (2015) in fünf praktikable Handlungsempfehlungen zusammenfassen.[961] Unter einer Kernkategorie verstehen *Corbin/Strauss* (2015) eine Kategorie, welche das zu untersuchende Phänomen abstrakt beschreibt, in Verbindung zu einer Vielzahl der restlichen Kategorien steht und den höchsten Erklärungsbeitrag in Bezug auf das Phänomen liefert, indem die Kategorie dessen Breite und Tiefe hinreichend abbildet.[962] Schlussfolgernd hebt eine Kernkategorie die Theorie über das zu untersuchende Phänomen auf ein abstrakteres Niveau und erlaubt dem Forscher somit das Formulieren von gegenstandsbezogenen Hypothesen, welche über den Einzelfall hinausgehen und eine Allgemeingültigkeit besitzen.[963]

Im Rahmen der Codierung der Interviewdaten haben sich neun Kernkategorien herauskristallisiert (siehe Abbildung 4-5). Jede dieser Kernkategorien hat einen theoretischen Bezug zu dem Großteil der identifizierten Unterkategorien und liefert somit einen Erklärungsbeitrag zu dem untersuchten Phänomen. Ferner lassen sich die Kernkategorien in den Transkripten anhand der Rohdaten nachvollziehen und weisen somit einen Bezug zum Ausgangsmaterial auf. Kapitel 4.2 präsentiert die Kernkategorien auf ihrer konzeptionellen Ebene. Dazu werden die Kernkategorien im Einzelnen auf der Basis von Zitaten aus den Interviews nachvollzogen und vor dem Hintergrund der bestehenden Literatur diskutiert.

Zusammenfassend besteht das Ziel des Codierens darin, den entwickelten Theoriebeitrag in Form von Hypothesen zu generalisieren, indem die Rohdaten durch Interpretations- und Analyseleistungen des Forschers auf ein höheres Abstraktionsniveau gehoben werden.[964] Durch diesen Schritt unterscheidet sich die Grounded Theory von einer formalen Datenauswertungs-

---

960 Vgl. *Breuer* (2010), S. 92; *Böhm* (2012), S. 482; *Corbin/Strauss* (1990), S. 14; *Corbin/Strauss* (2015), S. 188 f.; *Muckel* (2011), S. 347; *Strübing* (2014), S. 18.

961 Vgl. *Corbin/Strauss* (2015), S. 189; *Strauss* (1987), S. 36.

962 Vgl. *Breuer* (2010), S. 92; *Corbin/Strauss* (1990), S. 14; *Corbin/Strauss* (2015), S. 187 ff.

963 Vgl. *Brühl* (2015), S. 129 ff.; *Corbin/Strauss* (1990), S. 15; *Corbin/Strauss* (2015), S. 189.

964 Vgl. *Suddaby* (2006), S. 635 f.

technik, welcher auch zugleich als kritischer Erfolgsfaktor einer Grounded Theory-Studie charakterisiert wird.[965]

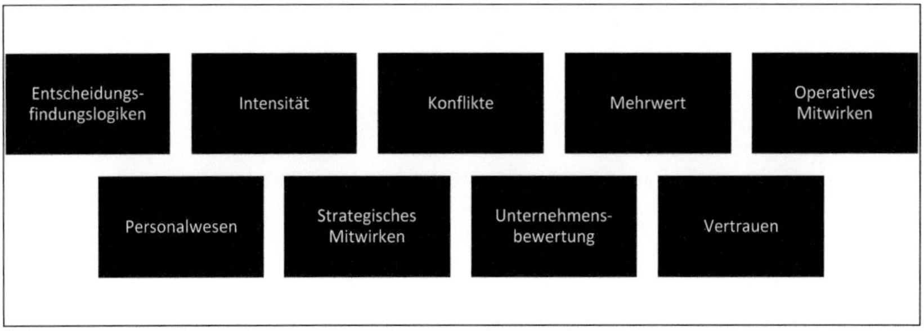

Abbildung 4-5: Überblick über die Kernkategorien der empirischen Untersuchung
Quelle: Eigene Darstellung.

4.1.4.2 Qualitative-Daten-Analyse-Software

Die Verwendung einer Qualitative-Daten-Analyse-Software (QDA-Software) zur Auswertung qualitativer Daten ist mittlerweile wissenschaftlicher Standard.[966] Die Vorteile der Verwendung von QDA-Software[967] lassen sich, neben der Effizienz bei der Auswertung großer Datensätze, im Wesentlichen auf die Strukturierung, Organisation, Visualisierung und den Vergleich von Textpassagen sowie die Nachvollziehbarkeit der Auswertung zurückführen.[968] Auf Grund der Anbietervielfalt von QDA-Software kommt der projektspezifischen Auswahl von QDA-Software eine besondere Relevanz zu.[969] Die Auswahl hängt neben der vorhandenen Hardware sowie persönlichen Präferenzen und Arbeitsstilen hauptsächlich von dem methodologischen Hintergrund der Untersuchung ab.[970]

Die vorliegende Arbeit verwendet MAXQDA 12 als QDA-Software zur Datenauswertung. MAXQDA 12 weist dabei eine besondere methodologische Nähe zur Datenauswertung der

965 Vgl. *Brühl/Buch* (2006), S. 130 f.; *Corbin/Strauss* (2015), S. 17 ff., 57 ff., 135 ff.; *Denzin* (2010), S. 456 ff.; *Suddaby* (2006), S. 637 ff.

966 Vgl. *Atteslander* (2010), S. 215 ff.; *Brinkmann/Kvale* (2015), S. 225 f.; *Corbin/Strauss* (2015), S. 203 ff.; *Dittmar* (2004), S. 209; *Döring/Bortz* (2016), S. 607 f.; *Flick* (2016), S. 451 ff.; *Kelle* (2012), S. 486 ff.; *Mayring* (2016), S. 135 ff.; *Seehausen* (2014), S. 247 f.

967 Für eine detaillierte Übersicht zu den Vorteilen von QDA-Software siehe *Dittmar* (2004), S. 210 ff.; *Döring/Bortz* (2016), S. 608 f.; *Flick* (2016), S. 455 ff.; *Kelle* (2012), S. 490; *Weitzman* (2000), S. 805 f.

968 Vgl. *Corbin/Strauss* (2015), S. 204 f.; *Dittmar* (2004), S. 210 ff.; *Flick* (2016), S. 456; *Kuckartz* (2014), S. 142ff.; *Mayring* (2016), S. 137; *Weitzman* (2000), S. 805 f.

969 Vgl. *Flick* (2016), S. 460 ff. In Anlehnung an *Atteslander* (2010) wird auf einen umfassenden Marktüberblick auf Grund der rapide wachsenden Anzahl von QDA-Softwareanbietern verzichtet, vgl. *Atteslander* (2010), S. 215. Für eine Übersicht zu verschiedenen QDA-Softwareanbietern siehe *Corbin/Strauss* (2015), S. 212; *Döring/Bortz* (2016), S. 609; *Flick* (2016), S. 562 ff.; *Mayring* (2016), S. 139.

970 Vgl. *Flick* (2016), S. 460 ff.; *Mayring* (2016), S. 139.

Grounded Theory auf. Die Vorteile liegen hier insbesondere in dem mehrstufig-hierarchischen Codier- und Kategoriensystem, der Memo- und Diagrammfunktion sowie in der integrierten Funktion zum Vergleichen von alten und neuen Textpassagen und deren Codes.[971] Dies ist im Sinne des Forschungsprozesses der Grounded Theory und der Methode des ständigen Vergleichens unter Verwendung von Memos und Diagrammen.[972]

Das mit MAXQDA 12 auszuwertende Datenmaterial umfasst die oben beschriebenen sechzehn Interviewtranskripte. *Wrona* (2005) beschreibt unter Bezugnahme auf die Methodenforschung in diesem Kontext, dass die Interviewtranskripte in sehr stark konstruktivistisch geprägten Forschungen selbst als Untersuchungsgegenstand angesehen werden.[973] Dieser Ansicht wird in der vorliegenden Arbeit nicht gefolgt. Vielmehr werden die Transkripte als eine „Beschreibung einer sozialen Welt betrachtet [...], die das eigentliche Ziel der Analyse ist."[974]

4.1.5 Gütekriterien qualitativer Sozialforschung

4.1.5.1 Klassische Gütekriterien

Wissenschaftliche Arbeiten müssen sich an bestehenden Qualitätsstandards (Gütekriterien) orientieren, um die empirische Untersuchung als allgemein anerkannt zu präsentieren.[975] Im Rahmen der quantitativen Sozialforschung gelten Objektivität, Reliabilität und Validität als klassische Gütekriterien.[976]

Objektivität:

Die Objektivität untersucht die Unabhängigkeit der Ergebnisse von der Person des Forschers. Zwei Forscher sollten bei unabhängiger Messung des gleichen Phänomens zu denselben Ergebnissen kommen.[977]

Reliabilität:

Die Reliabilität befasst sich mit der Zuverlässigkeit bzw. Genauigkeit der Messung, indem das Ergebnis auf Messfehler überprüft wird. Folglich ist die Reliabilität ein Indiz für die Reprodu-

---

971 Vgl. *Flick* (2016), S. 464; *Seehausen* (2014), S. 248; *Verbi Software. Consult. Sozialforschung. GmbH, Berlin* (2017), S. 106 ff., 152 ff., 165 ff.

972 Vgl. *Corbin/Strauss* (2015), S. 85 ff., 106 ff., 204 f.

973 Vgl. *Wrona* (2005), S. 27.

974 *Wrona* (2005), S. 27.

975 Vgl. *Wrona* (2006), S. 202.

976 Vgl. *Berger-Grabner* (2016), S. 161; *Flick* (2016), S. 489 ff.; *Lamnek* (2010), S. 127 ff.; *Mayring* (2016), S. 140 ff.; *Steinke* (2012), S. 319 ff.; *Wrona* (2006), S. 204 ff.

977 Vgl. *Berger-Grabner* (2016), S. 161; *Flick* (2016), S. 499; *Steinke* (2012), S. 320; *Wrona* (2006), S. 207.

zierbarkeit der Ergebnisse. Die Instrumente zur Bestimmung der Varianz von Messfehlern sind mathematisch-statistischer Natur.[978]

Interne und externe Validität:

Während die Reliabilität die Genauigkeit der Messung überprüft, befasst sich die interne Validität mit der Überprüfung der gemessenen Variablen auf deren Gültigkeit. Hierbei wird festgestellt, ob gemessen wurde, was gemessen werden sollte. Dies erlaubt im Endeffekt Kausalzusammenhänge zu postulieren. Die externe Validität bezieht sich auf die Generalisierbarkeit der empirischen Ergebnisse und gilt als gegeben, wenn die Ergebnisse auch zu anderen Zeitpunkten oder in anderen Stichproben ihre Gültigkeit besitzen.[979]

4.1.5.2 Übertragbarkeit klassischer Gütekriterien

Die Übertragbarkeit der klassischen Gütekriterien der quantitativen Sozialforschung auf die qualitative Sozialforschung ist in der Literatur umstritten. Demgemäß haben sich folgende drei unterschiedliche Positionen herauskristallisiert:[980]

(1) Keine Anwendbarkeit von Gütekriterien:

Konstruktivistisch geprägte Autoren argumentieren für eine generelle Ablehnung von Gütekriterien in der qualitativen Sozialforschung, da sich die Subjektivität des Forschers nicht mit objektiven Qualitätsstandards vereinbaren ließe.[981] Dieser Auffassung nach können u. a. widersprüchliche qualitative Ergebnisse koexistieren, ohne dass die Qualität selbiger überprüft werden kann. Darin begründet sich der zentrale Kritikpunkt gegenüber den Vertretern dieser Position, da eine qualitative Forschung ohne Gütekriterien als beliebig und willkürlich gelten würde.[982]

(2) Entwicklung eigener Gütekriterien:

Corbin/Strauss (1990) plädieren als Anhänger des Positivismus für die Entwicklung alternativer Gütekriterien und kritisieren die reine Übertragung quantitativer Qualitätsstandards auf qualitative Forschungsarbeiten, da diese den Spezifika der qualitativen Sozialforschung nicht ge-

---

978 Vgl. *Atteslander* (2010), S. 296; *Berger-Grabner* (2016), S. 161; *Flick* (2016), S. 489; *Mayring* (2016), S. 141 f.; *Wrona* (2006), S. 202.

979 Vgl. *Atteslander* (2010), S. 269; *Berger-Grabner* (2016), S. 161; *Flick* (2016), S. 499; *Mayring* (2016), S. 141; *Wrona* (2006), S. 202, 206.

980 Vgl. *Döring/Bortz* (2016), S. 106 ff.; *Flick* (2016), S. 487 ff.; *Kuckartz* (2014), S. 23 f.; *Lamnek* (2010), S. 130 ff.; *Steinke* (2012), S. 319 ff.; *Wrona* (2006), S. 202 ff.

981 Vgl. *Mayring* (2016), S. 141 ff.; *Steinke* (2012), S. 321; *Wrona* (2006), S. 203 f.

982 Vgl. *Steinke* (2012), S. 321 f.; *Wrona* (2006), S. 203.

recht werden.[983] Diverse Autoren schlagen daher eigens entwickelte, dem Maxim der Glaubwürdigkeit folgende Kriterien und Fragenkataloge zur Beurteilung der Güte vor.[984] Diese alternativen Gütekriterien weisen aber oftmals sehr starke Ähnlichkeit zu den klassischen Gütekriterien auf, wobei auf die Verwendung einheitlicher Begriffe bewusst verzichtet wird.[985] Die Gründe dafür sehen die Vertreter dieser Position in der unterschiedlichen Definition der Begrifflichkeiten und deren Entwicklungskontext.[986] Der Hauptkritikpunkt an dieser Position liegt insbesondere in der Nichtexistenz universell anwendbarer, einheitlicher Gütekriterien.[987]

(3) Übertragung und Anpassung der Gütekriterien:
Die Vertreter dieser Position befürworten die Übertragung der klassischen Gütekriterien (Objektivität, Reliabilität und Validität) auf die qualitative Sozialforschung. Allerdings müssen diese noch an die Spezifika der qualitativen Sozialforschung angepasst werden.[988] Die Übertragung hat den Vorteil, dass die Qualität der Forschung von Anhängern des quantitativen Forschungsparadigmas nachvollzogen werden kann, einheitliche und universell anwendbare Gütekriterien existieren und ein weiterer Argumentationspunkt für die Vereinbarkeit beider Paradigmen geschaffen wird.[989] So zeigen *Brühl/Buch* (2006), *Flick* (2016) oder *Wrona* (2006), dass klassische Gütekriterien nutzenstiftend auf qualitative Studien übertragen werden können.[990] Die vorliegende Arbeit folgt der Übertragung und Anpassung klassischer Gütekriterien.

4.1.5.3 Güte der vorliegenden empirischen Untersuchung

Tabelle 4-3 zeigt die Übertragbarkeit und Anpassung der klassischen Gütekriterien auf die qualitative Sozialforschung.[991] Demgemäß gibt *Wrona* (2006) Hinweise, wie die Prüfung des jeweiligen quantitativen Gütekriteriums auf die qualitative Sozialforschung übertragen werden kann.

Im Rahmen der vorliegenden Arbeit werden die klassischen Gütekriterien (Objektivität, Reliabilität und Validität) zur Bewertung der Güte herangezogen und auf die vorliegende qualitative Untersuchung übertragen und angepasst. Nachfolgend werden zunächst die jeweiligen

983 Vgl. *Corbin/Strauss* (1990), S. 17 ff.
984 Vgl. *Charmaz* (2006), S. 182 f.; *Corbin/Strauss* (1990), S. 17 ff.; *Corbin/Strauss* (2015), S. 350 f.; *Flick* (2016), S. 500 ff.; *Lamnek* (2010), S. 131 f.; *Mayring* (2016), S. 142 ff.; *Steinke* (2012), S. 320 f.; *Wrona* (2006), S. 204.
985 Vgl. *Flick* (2016), S. 500 ff.; *Kuckartz* (2014), S. 166 ff.; *Steinke* (2012), S. 322 f.; *Wrona* (2006), S. 204.
986 Vgl. *Mayring* (2016), S. 140 ff.; *Steinke* (2012), S. 323.
987 Vgl. *Flick* (2016), S. 500 ff.; *Mayring* (2016), S. 142 ff.; *Steinke* (2012), S. 323 ff.; *Wrona* (2006), S. 204.
988 Vgl. *Flick* (2016), S. 505 ff.; *Lamnek* (2010), S. 133 ff.; *Steinke* (2012), S. 319 f.; *Wrona* (2006), S. 204 ff.
989 Vgl. *Brühl/Buch* (2006), S. 22; *Lamnek* (2010), S. 133 ff.; *Wrona* (2006), S. 204 ff.
990 Vgl. *Brühl/Buch* (2006), S. 20 ff.; *Flick* (2016), S. 489 ff.; *Wrona* (2006), S. 204 ff.
991 Vgl. *Wrona* (2006), S. 208.

Anpassungen diskutiert und im Anschluss die Erfüllung des jeweiligen Kriteriums im Hinblick auf die empirische Untersuchung der vorliegenden Arbeit erörtert.

Kriterium	Kernaussage	Prüfung in quantitativer Sozialforschung	Verwendungsmöglichkeit in qualitativer Sozialforschung
Objektivität	Forscherunabhängigkeit	– Einsatz standardisierter Methoden/Algorithmen	– Dokumentation des Forschungsprozesses – Offenlegung von Subjektivität – Standardisierte Methoden
Reliabilität	Zuverlässigkeit, Grad der Genauigkeit einer Messung	– Z. B. Re-Test, Paralelltest, etc.	– Prozedurale Reliabilität durch Explikation (Offenlegung der Interpretationsleistung, Nachvollziehbarkeit) – Intercoder-Reliabilität[992] mittels Vergleich des Übereinstimmungsgrades von vergebenen Codes durch voneinander unabhängigen Codierern
Interne Validität	Gültigkeit von Variablen (ihrer Messung) im Modell	– Operationalisierung und Indikatorbildung – Mehrdeutigkeit	– Alltagsnähe und empirische Verankerung (in-vivo Codes) – QDA-Software – Kommunikative Validierung – Triangulation – „Falsifizierungslogik" (Suche nach Gegenevidenzen)
Externe Validität	Verallgemeinerung	– Repräsentative Stichprobe	Kontextbezug wird aufgegeben durch: – Theoretisches Sampling (maximale Kontrastierung) – Prototypenbildung – Kommunikative Validierung

Tabelle 4-3: Gütekriterien der qualitativen Sozialforschung
Quelle: Eigene Darstellung in Anlehnung an *Wrona* (2006), S. 208.

Objektivität:

Die Objektivität ist das am schwierigsten zu übertragende klassische Gütekriterium, da die subjektive Interpretationsleistung des Forschers eine zentrale Rolle in der sehr breiten Methodenvielfalt der qualitativen Sozialforschung einnimmt.[993] Als Gütekriterium kann hier somit der offene Umgang und die Transparenz mit der inhärenten Subjektivität definiert werden, indem beispielsweise der Forschungsprozess, die Codierung sowie die empirische Verankerung gut dokumentiert und nachvollziehbar dargestellt werden.[994]

Reliabilität:

Im Kontext der qualitativen Sozialforschung wird das Kriterium der prozeduralen Reliabilität zur Messung der Güte verwendet. Anlehnend an das Kriterium der Objektivität wird hierbei die Nachvollziehbarkeit der Dokumentation des theoretischen Vorwissens, der empirischen

992 Vgl. *Brennan/Prediger* (1981), S. 692 ff.

993 Vgl. *Flick* (2016), S. 499 f.; *Wrona* (2006), S. 207.

994 Vgl. *Corbin/Strauss* (2015), S. 351; *Flick* (2016), S. 499 f.; *Lamnek* (2010), S. 131; *Mayring* (2016), S. 144 f.; *Steinke* (2012), S. 324 ff.; *Wrona* (2006), S. 207.

Erhebungs- und Analysemethode sowie das Aufbereiten und Transkribieren der Rohdaten bewertet. Ferner wird die Regelkonformität des Forschers im Hinblick auf den Forschungsprozess bewertet.[995]

Bezogen auf die vorliegende empirische Untersuchung wurde der Forschungsprozess, die Codierung, die Datenanalyse, die Fallauswahl und das theoretische Vorwissen detailliert dokumentiert und offengelegt. Zusätzlich handelt es sich bei der Methodologie um eine weit verbreitete und nachvollziehbare Methode der qualitativen Sozialforschung, welche durch Regeln und Leitfäden geprägt ist.[996] Ferner wurde die Subjektivität durch iterative Codierprozesse und Hinzuziehen eines zweiten Codierers reduziert. Neben dem Autor dieser Studie war der zweite Codierer ein in die Thematik tiefgründig eingewiesener Student.[997]

Im Hinblick auf die Reduzierung von Subjektivität in der Datenauswertung wird auf die Intercoder-Reliabilität zurückgegriffen. Hierbei wird das vorhandene Datenmaterial von mindestens zwei Forschern voneinander unabhängig codiert. Dabei wird überprüft, ob die beiden voneinander unabhängigen Codierer identisches Datenmaterial mit denselben Codes versehen.[998] In der Literatur finden sich diverse statistische Maße zur zufallsbereinigten Bestimmung der Intercoder-Reliabilität.[999] Ein sehr häufig verwendetes und ebenfalls in MAXQDA 12 integriertes Maß ist Cohens Kappa (K):[1000]

$$K = \frac{(P_0 - P_C)}{(1 - P_C)}$$

Formel 4-1: Cohens Kappa

Quelle: Eigene Darstellung in Anlehnung an *Cohen* (1960), S. 39 f.

Mit:

P_0 = Anzahl der übereinstimmenden Codes,

P_C = Anzahl der erwarteten, zufällig übereinstimmenden Codes.[1001]

995 Vgl. *Corbin/Strauss* (2015), S. 342 f.; *Flick* (2016), S. 490 ff.; *Steinke* (2012), S. 326 ff.; *Wrona* (2006), S. 207.

996 Vgl. *Corbin/Strauss* (2015), S. 295 ff.; *Lamnek* (2010), S. 90 ff.

997 Zur Vereinbarkeit der Rollen von Codierer und Autor der Studie siehe *Brennan et al.* (2009), S. 802 f.

998 Vgl. *Atteslander* (2010), S. 206; *Kassarjian* (1977), S. 14; *Mayring* (2015), S. 124.

999 Zur Diskussion verschiedener Maße der Intercoder-Reliabilität siehe *Campbell et al.* (2013), S. 301 ff.; *Hayes/Krippendorff* (2007), S. 80 ff.; *Kuckartz* (2014), S. 49; *Mayring* (2015), S. 127 f.

1000 Vgl. *Cohen* (1960), S. 39 f.

1001 Die Anzahl der erwarteten zufällig übereinstimmenden Codes errechnet MAXQDA12 dabei in Anlehnung an *Brennan/Prediger* (1981) mit Hilfe der Anzahl der unterschiedlich verwendeten Kategorien beider Codierer, vgl. *Brennan/Prediger* (1981), S. 692 ff.

Grenzwerte zur Bestimmung der Güte des errechneten Cohens Kappa Wertes sind in der Literatur nicht einheitlich definiert.[1002] Es existieren jedoch Richtwerte, an denen sich diverse Forschungsarbeiten orientieren. So stellen *Landis/Koch* (1977) fest, dass Cohens Kappa Werte ab 81 % „almost perfect“[1003] sind.[1004] Folglich gelten die in der Literatur anzutreffenden Cohens Kappa Werte von >80 % als sehr gut.[1005]

In Anlehnung an die durch MAXQDA 12 gestützte Datenauswertung werden im Nachfolgenden die in die Software integrierten Messverfahren zur Bestimmung der Intercoder-Reliabilität diskutiert, welche sich durch eine zunehmende Stringenz hinsichtlich der Übereinstimmungskriterien charakterisieren lassen:[1006]

(1) Präsenz bzw. Nichtpräsenz der Codes im Dokument. Hierbei bleiben die Häufigkeit der Codes sowie deren spezifische Zuordnungszeile unbeachtet.

(2) Übereinstimmung der Präsenz bzw. Nichtpräsenz der Codes im Dokument sowie Bestimmung der jeweiligen Häufigkeiten der Codes. Die Zuordnung zu einer spezifischen Textpassage gilt hierbei erneut als irrelevant.

(3) Neben der Präsenz bzw. Nichtpräsenz der Codes im Dokument und deren jeweiligen Häufigkeiten wird überprüft, ob die verwendeten Codes auch denselben Textstellen im Dokument zugeordnet sind.

Im Rahmen der Bestimmung der Intercoder-Reliabilität der vorliegenden Datenauswertung wurde die dritte Intercoder-Reliabilitätsüberprüfung durchgeführt, da diese die striktesten Übereinstimmungskriterien voraussetzt und zur softwareintegrierten Bestimmung von Cohens Kappa herangezogen wird. Tabelle 4-4 veranschaulicht die Cohens Kappa Werte für das jeweilige Interviewtranskript.

Durch iterative, voneinander unabhängige Codierprozesse beider Codierer und der im Nachgang gemeinsamen Diskussionen über die vergebenen Codes konnte im Durchschnitt ein Cohens Kappa Wert von 88,51 % erzielt werden, der auf eine hohe Reliabilität der vorliegenden empirischen Untersuchung verweist.[1007]

[1002] Vgl. *Kury* (2014), S. 115.

[1003] *Landis/Koch* (1977), S. 165.

[1004] Vgl. *Landis/Koch* (1977), S. 165.

[1005] Siehe *Banerjee et al.* (1999), S. 6; *Campbell et al.* (2013), S. 310; *Eisend* (2014), S. 38; *Graf et al.* (2010), S. 502; *Kassarjian* (1977), S. 14; *Krippendorff* (2013), S. 325; *Popping* (1988), S. 101.

[1006] Vgl. hierzu und im Folgenden *Verbi Software. Consult. Sozialforschung. GmbH, Berlin* (2017), S. 158 ff.

[1007] Zusätzlich wurden die gewichteten Mittelwerte mit der Anzahl an Wörtern (88,64 %) und mit der Anzahl an verwendeten Codes (89,05 %) berechnet, siehe Anhang 3.

Fallbezeichnung	Cohens Kappa (90 %-Segment)
E 1	90,91 %
E 2	89,22 %
E 3	89,97 %
VC 1	90,21 %
E 4	88,73 %
E 5	74,18 %
E 6	93,10 %
E 7	90,34 %
E 8	84,31 %
VC 2	86,73 %
VC 3	85,45 %
VC 4	92,87 %
BA 1	88,98 %
VC 5	94,20 %
VC 6	87,67 %
BA 2	89,30 %
Arithmetisches Mittel	*88,51 %*

Tabelle 4-4: Intercoder-Reliabilität der empirischen Untersuchung
Quelle: Eigene Darstellung.

Interne Validität:

Die interne Validität dient zur Gütefeststellung von Operationalisierung und Kausalität im Forschungsprozess. Im Rahmen der Operationalisierung wird der Frage der Nachvollziehbarkeit Dritter sowie der Materialbegründetheit des untersuchten Phänomens nachgegangen.[1008] Codierung am Ausgangsmaterial (in-vivo Codes), kommunikative Validierung, Daten-, Forscher- und Methoden-Triangulation, sowie EDV-gestützte Datenanalyse gelten als Anhaltspunkte zur Bestimmung der Güte.[1009] Die Kausalität beschäftigt sich mit der potenziellen Mehrdeutigkeit des untersuchten Phänomens. Anlehnend an die quantitative Sozialforschung wird hier ebenfalls eine Falsifizierungslogik angewendet, welche in einer quantitativ überprüfbaren Hypothese resultiert.[1010] Die Grounded Theory greift diese Falsifizierungslogik u. a. mit ihrem zirkularen, induktiv-deduktiven Forschungsprozess und der Methode des ständigen Vergleichens auf.[1011]

Wie bereits im Rahmen des offenen Codierens beschrieben, wurde zunächst auf in-vivo Codes zurückgegriffen, um die Materialbegründetheit zu gewährleisten. Die Datenanalyse in Kapitel 4.2 orientiert sich ebenfalls am Ausgangsdatenmaterial, indem die Hypothesengenerierung mit Textbelegen aus den Interviews illustriert wird. Auf Grund der Zusicherung von Anonymität und Vertraulichkeit wurde der Anreiz zur Falschaussage der Interviewpartner verringert.

1008 Vgl. *Atteslander* (2010), S. 206; *Flick* (2016), S. 492 ff.; *Lamnek* (2010), S. 134 ff.; *Mayring* (2015), S. 124; *Wrona* (2006), S. 205.

1009 Vgl. *Mayring* (2016), S. 144 ff.; *Lamnek* (2010), S. 138 ff.; *Wrona* (2006), S. 205.

1010 Vgl. *Steinke* (2012), S. 324 ff.; *Wrona* (2006), S. 206.

1011 Vgl. *Corbin/Strauss* (2015), S. 342 f.

Durch Verwendung von MAXQDA 12 als EDV-gestützte Datenanalysesoftware ist eine nähere und einfachere Arbeit am Ausgangsmaterial möglich. Zusätzlich hilft eine QDA-Software die Komplexität der empirischen Untersuchung zu beherrschen. Nicht zuletzt wurden durch das Hinzuziehen eines zweiten Codierers die Ergebnisse trianguliert. Schlussendlich kam eine Falsifizierungslogik zum Einsatz, indem nach jedem Interview das bereits ausgewertete Datenmaterial an den neueren Erkenntnissen gespiegelt und auf Konsistenz überprüft wurde.

Externe Validität:

Die externe Validität umfasst die Gütefeststellung hinsichtlich der Generalisierbarkeit und Repräsentativität der Untersuchungsergebnisse.[1012] Auf Grund fehlender Replizierbarkeit der Ergebnisse ist die Generalisierbarkeit einer qualitativen Untersuchung nicht möglich. Dies ist auch nicht unbedingt gewünscht, denn das Ziel einer qualitativen Studie liegt in der Spezifizierung unbekannter Phänomene, nicht in deren Generalisierbarkeit.[1013] Trotz der Unmöglichkeit einer mathematisch-statischen Generalisierung auf die Grundgesamtheit, spiegelt sich dieser Gedanke in dem theoretischen Sampling der Grounded Theory wider. Durch minimale und maximale Kontrastierung der Kategorien werden die Extrempunkte der möglichen Ausprägungen der Dimensionen und Eigenschaften einer Kategorie abgebildet und das Phänomen in sämtlichen Facetten erfasst. Folglich gilt bei einer qualitativen Untersuchung, dass je differenzierter die ausgewählten Fälle sind, desto generalisierbarer werden die Aussagen über das zu untersuchende Phänomen.[1014]

Die a priori definierte Stichprobe folgte zunächst dem Prinzip der maximalen Kontrastierung der Interviewpartner. Im weiteren Verlauf der Fallauswahl wurde dem Leitbild des theoretischen Samplings gefolgt und demnach nach Fällen gesucht, welche maximale Differenzen in der Stichprobe abbilden. Hierbei wurden auf die von *Corbin/Strauss* (2015) vorgeschlagenen Strategien zurückgegriffen (z. B. ständiges Vergleichen, Selbstreflexion und Perspektivenwechsel mittels der Flip-Flop-Taktik), um eine maximale Kontrastierung zu erreichen.[1015] Somit ist zwar eine absolute Generalisierbarkeit der getroffenen Aussagen nicht möglich, dennoch ermöglicht die angewandte Vorgehensweise eine gegenstandsbezogene Hypothesen-

---

1012 Vgl. *Atteslander* (2010), S. 206; *Flick* (2016), S. 492 ff.; *Lamnek* (2010), S. 134 ff.; *Mayring* (2015), S. 124; *Wrona* (2006), S. 206.

1013 Vgl. *Wrona* (2006), S. 206.

1014 Vgl. *Corbin/Strauss* (2015), S. 134 ff., 342.

1015 Vgl. *Corbin/Strauss* (2015), S. 88 ff.

bildung, welche statistisch auf Generalisierbarkeit getestet werden kann. Zusammenfassend kann die vorliegende Untersuchung als objektiv, reliabel und valide angesehen werden.

4.2 Ergebnisse und Diskussion

4.2.1 Vorbemerkungen

In Anlehnung an den Ursprung der qualitativen Sozialforschung und dem Ziel des Entdeckungszusammenhangs steht nicht das Ableiten und empirische Testen von Hypothesen, sondern das explorative Generieren von Hypothesen im Vordergrund dieser Arbeit. Demgemäß wurden die Interviewdaten zunächst transkribiert und im Anschluss codiert. Das Codieren der Rohdaten erlaubt es, Aussagen über das untersuchte Phänomen zu treffen.[1016] Folglich wurden im ersten Schritt der Datenauswertung die Rohdaten mit offenen in-vivo Codes versehen und im Rahmen des Codierprozesses zu Kategorien zusammengefügt.[1017] Im Resultat emergierten neun Kernkategorien (siehe Abbildung 4-5, S. 151), welche sich an theoretischen Codes orientieren, einen Bezug zu den Rohdaten und Unterkategorien aufweisen und somit einen großen Erklärungsbeitrag zu dem zu untersuchenden Phänomen liefern. Auf Basis dieser Kernkategorien werden die Interviewdaten in den nachfolgenden Kapiteln analysiert. Dazu werden Zitate aus den Interviews präsentiert, welche die aufgestellten Hypothesen sowie die unterstellten Kausalzusammenhänge empirisch nachvollziehbar illustrieren. Ferner werden die nachfolgenden empirischen Ergebnisse vor dem Hintergrund bereits bestehender wissenschaftlicher Erkenntnisse gespiegelt. Sofern Inkonsistenzen, Differenzen oder Lücken bei diesem Abgleich mit der Literatur auftreten, wird der postulierte Zusammenhang in Form einer Hypothese formuliert. Die Nummerierung der Hypothesen erfolgt analog zur Reihenfolge der Auswertung der jeweiligen Kernkategorie.

In Kapitel 1.2 wurden auf Basis der übergeordneten Forschungsfrage drei Zielsetzungen der vorliegenden Arbeit abgeleitet. Der Aufbau der nachfolgenden Kapitel richtet sich an der chronologischen Reihenfolge dieser Zielsetzungen aus. Zunächst wird das Mitwirken der Investoren bei Finanzierungsentscheidungen des Gründers analysiert. Dabei werden die Ergebnisse zu sechs der neun Kernkategorien präsentiert und in die wissenschaftliche Literatur eingeordnet. Im Nachgang erfolgt die Analyse der Rahmenbedingungen einer außerbörslichen Beteiligungsfinanzierung, wobei die restlichen drei Kernkategorien ausgewertet und diskutiert werden. Der Theoriebeitrag in Kapitel 4.3.1 fasst die aufgestellten Hypothesen der vorliegenden

---

[1016] Vgl. *Corbin/Strauss* (1990), S. 12 ff.; *Corbin/Strauss* (2015), S. 57 ff.
[1017] Vgl. *Wrona* (2005), S. 33.

Arbeit zusammen. Abschließend erfolgt auf Basis der gewonnenen Erkenntnisse in Kapitel 4.3.2 die Ableitung von Praxisimplikationen, um die dritte Zielsetzung der vorliegenden Arbeit zu erfüllen. Abgerundet wird das empirische Kapitel mit den Limitationen der vorliegenden Untersuchung sowie dem sich daraus ableitenden weiteren Forschungsbedarf.

4.2.2 Mitwirken von Investoren bei Finanzierungsentscheidungen

4.2.2.1 Operatives Mitwirken

Im Kontext des operativen Geschäftes legen sowohl Gründer als auch Investoren Wert darauf, dass der Gründer der operative Geschäftsleiter ist und sich dementsprechend in seinem Fachgebiet besser auskennt als die Investoren:

> *„Man gibt Ideen und die soll das Management, denen sagst du nicht, ihr setzt das jetzt mal um, sondern sage: Komm, guck mal, das könntet ihr machen, überlegt mal, ob das eine Idee wäre. Aber mehr nicht." (BA 1)*
>
> *„Ja gut, am Ende, sage ich mal, ist man selbst der verantwortliche Unternehmer und das war bei denen auch so, zwar letztlich unsere Entscheidung, aber sie haben uns unterstützt." (E 1)*
>
> *„[...] Also wir führen das Geschäft [...]." (E 2)*
>
> *„Auch bei uns, unsere VC's haben bis zum Ende nicht unser Geschäft verstanden, haben nicht verstanden, wo die wirklichen Challenges sind, operativ." (E 4)*
>
> *„Also wir haben gesagt, das operative Geschäft ist unser Geschäft." (E 8)*
>
> *„Also idealerweise bist du eher der Sparringspartner und Impulsgeber als der Diktator." (VC 6)*
>
> *„Prinzipiell schreiben wir unseren Gründern nie etwas vor." (VC 2)*
>
> *„Nein, der Gründer entscheidet alles. Wir entscheiden gar nichts." (VC 3)*

Die hier präsentierten Zitate stehen im Einklang mit der in Kapitel 2.2.3.2 und Kapitel 2.2.4.2 erläuterten Berater- und Mentorenrolle der Investoren. In Linie mit den Ergebnissen von *Gorman/Sahlman* (1989), *Macmillan et al.* (1985) oder *Wetzel* (1983) geben die Investoren Hilfestellungen und Handlungsempfehlungen zu verschiedenen Sachverhalten. Die operative Entscheidungsgewalt liegt letztendlich bei dem Gründer.[1018] Ausnahmen von diesem Sachverhalt bilden allerdings zustimmungspflichtige Entscheidungen entsprechend den Beteiligungsverträgen bzw. der Gesellschafterstruktur des Start-ups.[1019] Die in der Literatur anzutreffende Hands-on-Rolle der Investoren wird in der Empirie ebenfalls beschrieben:[1020]

[1018] Vgl. *Gorman/Sahlman* (1989), S. 237; *Macmillan et al.* (1985), S. 32; *Wetzel* (1983), S. 27.

[1019] Vgl. *Brettel et al.* (2004), S. 636 ff.; *Grichnik et al.* (2017), S. 251; *Schefczyk* (2006), S. 29 ff.

[1020] Vgl. *Erikson/Sørheim* (2005), S. 490; *Fili/Grünberg* (2016), S. 103; *Freear et al.* (1995), S. 92 f.; *Madill et al.* (2005), S. 118; *Mason/Harrison* (1996), S. 106.

„Ich bin inzwischen jetzt schon CFO." (BA 2)

„Das hat aber auch viel mit operativer Traction zu tun. Also es gibt viele Investoren, die sagen, also ich investiere nur, wenn da erste Umsätze da sind oder Mindestumsätze da sind. Und da muss man halt auch einfach gucken, dass man [...] diese Mindestumsätze irgendwie hinkriegt. Weil sonst wird es schwer bis unmöglich, weiteres Geld zu finden." (VC 5)

Generell ist das Mitwirken von Investoren bei Finanzierungsentscheidungen des Gründers vorrangig strategischer Natur. Diese Argumentation folgt der Mehrwertdiskussion von Investoren in der Literatur. Neben der operativen Unterstützung des Gründers im Tagesgeschäft liefern die Investoren insbesondere einen Mehrwert durch Beratung, Mentoring und Monitoring in strategischen und finanziellen Fragestellungen.[1021] Ferner liefern die Investoren einen Mehrwert durch die Bereitstellung und Weitergabe von Erfahrung, Know-how und ihres Netzwerkes sowie durch ihre Hilfestellungen bei der Ressourcenbeschaffung und Umstrukturierungsmaßnahmen im Start-up.[1022]

4.2.2.2 Strategisches Mitwirken

Die Grundlage des strategischen Mitwirkens der Investoren bei Finanzierungsentscheidungen des Gründers bildet die Förderung und Weitergabe von Human- und Sozialkapital der Investoren an den Gründer.[1023] Während sich das Humankapital hauptsächlich mit der Fähigkeit und dem Wissen des Gründers befasst,[1024] zielt das Sozialkapital auf das Netzwerk des Gründers ab (siehe Kapitel 2.1.2.2 und Kapitel 2.1.2.3).[1025] Fähigkeit und Wissen sind dynamische Konstrukte und gelten als Indikatoren für das Humankapital.[1026] *Proksch et al.* (2017) identifizieren in ihrer Studie das Humankapital als eine von fünf zentralen Mehrwertleistungen von Investoren. Darunter verstehen die Autoren die Weitergabe und Übertragung von Erfahrung, Know-how und Wissen auf den Gründer.[1027] Im Rahmen der Finanzierungskriterien der Investoren wird das Humankapital des Gründers bewertet, welches als das einflussreichste Kriterium zur Beurteilung der Abgabe eines Beteiligungsfinanzierungsangebotes gilt (siehe Kapitel 2.2.5.4).[1028] Folglich ist die Weitergabe und Übertragung von Humankapital auf den Gründer

---

1021 Siehe Kapitel 2.2.3.2 und Kapitel 2.2.4.2.

1022 Vgl. *Large/Muegge* (2008), S. 25 ff.; *Politis* (2008), S. 132 ff.; *Proksch et al.* (2017), S. 131 ff.; *Sapienza* (1992), S. 12; *Sapienza et al.* (1996), S. 440; *Timmons/Bygrave* (1986), S. 169.

1023 Siehe Kapitel 2.2.3.2 und Kapitel 2.2.4.2.

1024 Vgl. *Grichnik et al.* (2017), S. 188 ff.; *Unger et al.* (2011), S. 342 ff.

1025 Vgl. *Grichnik et al.* (2017), S. 209 ff.; *Nahapiet/Ghoshal* (1998), S. 243 ff..

1026 Vgl. *Grichnik et al.* (2017), S. 188 ff.

1027 Vgl. *Proksch et al.* (2017), S. 133, 139 f. Siehe Kapitel 2.2.4.2.

1028 Vgl. *Dhochak/Sharma* (2015), S. 466; *Franke et al.* (2008), S. 462; *Kaplan/Stromberg* (2004), S. 2185 ff.; *Miloud et al.* (2012), S. 162 ff.; *Paul et al.* (2007), S. 120; *Shepherd* (1999), S. 623; *Shepherd/Zacharakis* (1999),

eine wertstiftende Aktivität von Investoren und erhöht die Chance auf eine Folgefinanzierung. Auf Grund ihrer mehrjährigen Erfahrung mit Beteiligungsfinanzierungen auf den privaten Finanzmärkten können die Investoren den i. d. R. weniger erfahrenen Gründer unterstützen und erhöhen demzufolge das Humankapital des Gründers:

> *„Ich glaube, es ist wichtig, dass man regelmäßig redet und dass sie einen vielleicht auch mal ein bisschen zur Seite nehmen können und sagen: Hier, achte mal darauf oder geh da nicht mit, was für ein Quatsch. Da verrennt ihr euch." (E 1)*

> *„[...] Aus meiner vorhergehenden Berufserfahrung habe ich viel Erfahrung mit Buy and Build, mit Venture-Capital, mit all diesen ganzen Themen. Ich habe mit zwei Venture-Capital-Firmen sehr gut zusammengearbeitet." (BA 2)*

> *„Also sie wissen, dass die Leute, die in solchen Fonds arbeiten, schon viel gesehen haben, teilweise sehr erfahren sind. Und da ist es für sie auch gut, davon zu profitieren." (VC 2)*

> *„Jetzt noch allgemein gesagt, das ist aber in der Hinsicht auch interessant, weil wir von [VC] dem Start-up sicherlich viel so auf der Finanzierungs- und Fundingseite mitgeben können. [...] Da geht es einfach auch darum, denen gewisse Erfahrungswerte auch mitzugeben und nicht nur, dass da jetzt Excelplan 100 Prozent real formal stimmt, sondern eben auch, dass es eben auch ihn so ein bisschen auf die Erfahrungswerte aus Investorensicht einfach auch hinzuweisen oder was mitzugeben." (VC 4)*

> *„[...] Wir kennen halt die Perspektive der Investoren und wir wissen, was aus Investorensicht wie bewertet wird und warum etwas interessant ist." (VC 3)*

> *„[...] Und geben auch unser Know-how weiter, wie man sozusagen mit denen ankoppelt. Weil mit einem Business Angel, der 100 Millionen auf dem Konto hat, kopple ich anders an, wie mit einem VC oder mit einem Corporate Investor oder auch einem anderen öffentlichen Investor." (VC 5)*

> *„Aber was bei ihm gut ist, dass er weiß, dass [Geschäftsmodell] in unserem Sektor und wie eine App in unserem Sektor zu gestalten ist, gibt er uns das Gefühl beziehungsweise sagt er auch, dass wir da mehr Ahnung von haben. Bei anderen Sachen ist es so: Bei Sachen, mit denen er sich auskennt, sei es nun Finanzierung, sei es nun Sales B2B, weil er halt B2B vorher gemacht hat." (E 8)*

Der hier beschriebene Sachverhalt ist deckungsgleich mit dem in der Literatur präsentierten Mehrwert von Investoren. Letztere greifen auf Markt- bzw. Industrieerfahrung sowie Know-how zurück und unterstützen den weniger erfahrenen Gründer dementsprechend mit strategischen Beratungsleistungen und Mentoring.[1029] *Fili/Grünberg* (2016) identifizieren den Führungs- und Umsetzungsprozess als eine bedeutende Aufgabe von Investoren während des Beteiligungsverhältnisses, welcher sich explizit mit dem Ausbau des Humankapitals des Gründers

S. 199 ff.; *Silva* (2004), S. 137 ff.; *Sudek* (2006), S. 98; *Tyebjee/Bruno* (1984), S. 1054.

1029 Vgl. *Gorman/Sahlman* (1989), S. 237; *Large/Muegge* (2008), S. 44; *Politis* (2008), S. 132, 136; *Wetzel* (1983), S. 27. Siehe Kapitel 2.2.3.2 und Kapitel 2.2.4.2.

befasst.[1030] Dieser Prozess lässt sich auch in den empirischen Daten wiederfinden. Die Investoren unterstützen den Gründer proaktiv in sämtlichen Themenbereichen strategischer Natur und erhöhen im Resultat das Humankapital des Gründers sowie damit verbunden die Chancen auf eine erfolgreiche Unternehmensentwicklung und Folgefinanzierung:

> *„Und dann haben wir die Angels, die [...] sich dann auch mit uns hingesetzt haben. Mit so Mini-Workshops. [...] Die haben uns hier von ihrer Erfahrung in ihrem E-Commerce-Bereich [berichtet]." (E 4)*

> *„[...] Mit einer Firma, ganz konkret, haben wir die Preise neu angeschaut. Ja, da haben wir eine Art Preisworkshop gemacht, wie man Pricing macht, was man da macht, Best Practices. [...] Das hat natürlich ihre Marge signifikant nach oben geschoben. [...] Heißt, ich gehe oft mit denen ihre Preisstrategie und ihre allgemeine Kundenstrategie durch und arbeite mit denen da dran inhaltlich." (VC 3)*

> *„[...] Wir machen zu bestimmten Themen manchmal Workshops. [...] Das kann Sales Training sein, das kann irgendwie CRM für Start-ups sein. [...] Wir haben jetzt jemand kennengelernt, der ist so ein Branding-Guru und Markenexperte, mit dem überlegen wir uns auch, dann so einen Workshop zu machen." (VC 6)*

> *„Wir machen auch so Events und immer so Themen. Wir hatten mal B2B-Sales als eins der Themen." (VC 4)*

Wie in Kapitel 2.2.3.2 und Kapitel 2.2.4.2 beschrieben, sehen *Fili/Grünberg* (2016) oder *Proksch et al.* (2017) Strukturierung und Monitoring als weitere Mehrwertleistungen von Investoren.[1031] Die Investoren wissen worauf andere Investoren bei der Beurteilung einer Investmentalternative Wert legen. Darunter zählt ein fest etabliertes und strukturiertes Berichtswesen, um ein Monitoring der operativen und strategischen Tätigkeiten des Gründers zu ermöglichen. Auf Grund ihrer Erfahrung können die Investoren dem Gründer vermitteln, wie ein Start-up aussehen sollte, damit es für potenzielle Folgeinvestoren als Investmentvehikel in Betracht kommt. Der Fokus liegt hierbei auf der zahlenbasierten Präsentation des Start-ups. Die Grundvoraussetzung dafür ist die Etablierung eines Berichtswesens und das Monitoring erfolgsrelevanter Kennzahlen:

> *„Was schon auch sehr wichtig ist und wirklich ein Mehrwert ist und überhaupt keine Formalität, ist das Thema Rechnungswesen, Zahlen. Da geht es jetzt nicht darum, eine Bürokratie aufzubauen, sondern ein Verständnis zu haben, über insbesondere die Economics des Unternehmens. Also in den Margen. Wo verdiene ich Geld? Wo gebe ich Geld aus? Das ist wichtig [...], weil am Ende muss ich schon ordentlich die Kontrolle über die Ausgaben haben, weil sonst ist das Geld halt weg." (VC 5)*

[1030] Vgl. *Fili/Grünberg* (2016), S. 102 f. Siehe Kapitel 2.2.3.2.

[1031] Vgl. *Fili/Grünberg* (2016), S. 101, 103 f.; *Proksch et al.* (2017), S. 131 ff.

„Du hast halt so eine Reporting-Pflicht, die aber recht zahlengetrieben ist. Einfach so: Wieviel gebt ihr aus? Und so weiter und so fern. Und Cashflow." (E 5)

„[...] Aber jeden Monat gibt es einen Bericht mit den Kernergebnissen des Monats, auch die Kernprojekte und usw." (E 3)

„Da ist sehr viel Reporting, da wird nachgehakt." (E 2)

„Das heißt, wir fragen: Was muss erfüllt sein dafür? Das kann Fingerzählart sein, also welche KPI's muss man erreichen, um interessant zu sein? Welche Positionierungen muss man vom Produkt erreichen?" (VC 6)

„Wie muss das Unternehmen aussehen, dass der Investor dann in einem Jahr oder zwei Jahren, wenn die nächste Runde ansteht, sozusagen Interesse hat oder bereit ist, da wieder zu investieren? [...] Das wir das Unternehmen so strukturieren, dass es halt dann irgendwie in der Lage ist, andere Investoren irgendwann zu überzeugen. [...] Und nicht so selten passiert es, dass sozusagen der Kern-USP den Gründern selber gar nicht so klar ist." (VC 5)

„[...] Einmal in der Woche machen wir so eine Übersicht: Wie steht es bei der App? Wie steht es bei den Finanzen? Wie steht's bei Kunden? Mit welchen Leuten sind wir im Gespräch? [...] Ist auch einfach eine Sache damit man sich selbst in seinem Ressort hinterfragt: Was war gut? Und was war nicht [gut]?" (E 8)

„Aber die meisten Gründer sind jetzt keine Controller oder Finanzleute, sondern die haben eine Vision, die wollen die umsetzen. [...] Da ist es manchmal schwierig herauszufinden, was sind so die zwei, drei Merkmale, die zumindest den privaten Finanzmärkten extrem wichtig sind. [...] Deswegen arbeiten wir da so eng mit den Firmen, weil wir wissen, was sind eigentlich die KPI's, die die Firmen erreichen müssen, um die nächste Finanzierungsrunde entweder von uns oder von jemand anderem zu bekommen. [...] Wie entwickeln sich gewisse KPI's? Warum? Was sind Schwierigkeiten?" (VC 3)

Die präsentierten Ergebnisse zeigen die Relevanz des zahlenbasierten, strukturierten Berichtswesens. Die Investoren vermitteln dem Gründer dahingehend Humankapital, dass sie Letzteren für das Zustandekommen seiner Cashflows sensibilisieren und dass der Gründer seine Finanzen, auf Basis eines regelmäßigen Berichtswesens, kritisch hinterfragt. Diese Thematik ist ebenfalls in der einschlägigen Fachliteratur verbreitet.[1032] *Macht/Robinson* (2009) beschreiben den wertstiftenden Charakter der Einhaltung klarer Buchführungs- und Rechnungslegungsvorschriften sowie der Etablierung eines strukturierten Berichtswesens.[1033] Durch das Monitoring des Berichtswesens können Investoren potenziell unternehmensgefährdende Sachverhalte erkennen und proaktiv Handlungsstrategien zur Beseitigung der Schwachstellen anstoßen.[1034] In Anlehnung an *Proksch et al.* (2017) zeigt auch die vorliegende Datenanalyse,

1032 Siehe Kapitel 2.2.3.2 und Kapitel 2.2.4.2.

1033 Vgl. *Achleitner et al.* (2013), S. 20; *Macht/Robinson* (2009), S. 190.

1034 Vgl. *Hoyos-Iruarrizaga et al.* (2017), S. 7; *Macht* (2011a), S. 190; *Macht* (2011b), S. 269; *Harrison et al.* (2010), S. 117; *Paul et al.* (2007), S. 119; *Politis* (2008), S. 135.

dass das Berichtswesen nicht den von den Investoren gewünschten Anforderungen entspricht und sie daher den Gründer dementsprechend darauf aufmerksam machen.[1035] Folglich verleiht die Etablierung eines Berichtswesens dem Start-up Legitimität gegenüber potenziellen Folgeinvestoren und erhöht die Chance auf eine erfolgreiche Folgefinanzierung.[1036]

Gorman/Sahlman (1989) identifizieren in ihrer empirischen Studie den erstrangigen Stellenwert von Beschaffung und Zugang zu neuen finanziellen Ressourcen.[1037] Die Hauptaufgabe von Investoren ist folglich die Unterstützung des Gründers bei der Akquisition weiterer Eigenkapitalgeber:[1038]

> *„Also, im Kern während der Beteiligung, Value-Added, ist die Anschlussfinanzierung, was aber ein sehr umfangreicher Prozess ist." (VC 5)*

Insbesondere werden in der Literatur hierbei das aktive Unterstützen bei der Finanzplanung sowie die Beratung, Organisation, Verhandlung und Vorbereitung der Folgefinanzierung identifiziert (siehe Kapitel 2.2.4.2).[1039] In diesem Kontext stellen die Interviewpartner die Relevanz der Pitches sowie die dafür unabdingbaren Pitchdecks fest:

> *„Ja, also man guckt sich natürlich die Pitchdecks an. Die Pitchdecks und das Angucken geht auch in eine Richtung, dass, gerade wenn es um Finanzierungsrunden geht, da Zahlen drinstehen, wo du auch dahinterstehst." (BA 1)*

> *„[...] Häufig gehen wir mit dem Unternehmen oder mit dem Start-up noch mal die Investorenmaterialien durch. Also, Pitchdeck, Finanzierungsplan sind eigentlich da die zwei Stichwörter, um da eben noch mal ihn auch bereit zu machen. [...] Also wir sehen da relativ viele Pitchpräsentationen und das sind auch nicht nur logische, inhaltliche Themen, sondern einfach auch so Erfahrungswerte, die wir so mitnehmen. [...] Manchmal lassen wir die sogar noch bei uns pitchen oder eigentlich fast immer, dass die sich halt auch mal vorstellen und dass wir so ein bisschen so eine herausfordernde Situation auch noch mal hervorrufen." (VC 4)*

> *„Irgendwann fängt dieser konkrete Fundraising-Prozess an. Da wissen wir, wie eine gute Präsentation aussieht, können wir [das] dem Gründer erklären. Wenn der nicht gut präsentieren kann, dann üben wir das mit dem." (VC 5)*

> *„Ich meine, als Investor bekommt man hunderttausend pro Tag irgendwelche Pitchdecks und man muss sich dann an irgendwas orientieren, aber das ist, wir waren als Gründer zwischendurch ganz schön frustriert, dass wir irgendwie die Absagen, die wir bekommen haben, fühlt sich wie bei einer Bewerbung an, dass man sagt: Ja, sehr gut was Sie uns*

1035 Vgl. *Proksch et al.* (2017), S. 138.

1036 Vgl. *Fili/Grünberg* (2016), S. 101 f.; *Macht/Robinson* (2009), S. 109 f.

1037 Vgl. *Gorman/Sahlman* (1989), S. 237. Siehe Kapitel 2.2.4.2.

1038 Vgl. *Ardichvili et al.* (2002), S. 44, 51; *Harrison/Mason* (2000), S. 234; *Macht/Robinson* (2009), S. 191; *Madill et al.* (2005), S. 117 f.; *Paul et al.* (2003), S. 322 f., 327; *Prowse* (1998), S. 790; *Sørheim* (2005), S. 180, 185; *Wong et al.* (2009), S. 228.

1039 Vgl. *Proksch et al.* (2017), S. 131, 135 f., 140.

geschickt haben, aber wir haben uns leider für einen anderen entschieden. Wo ich denke: Hm, damit lern ich gar nichts. So werde ich auch nicht besser." (E 8)

„Also, genau, haben dann einen Investor gesucht und diese Phase vor Pitch vorbereitet, noch mal Leute, denen man vertraut, rüber gucken lassen, noch mal Proben vor Leuten, die man kennt." (E 5)

„[...] Und durch Workshops. Das heißt, wir machen zu bestimmten Themen manchmal Workshops. Das kann Pitchtraining sein." (VC 6)

In Einzelfällen übernehmen die Investoren sogar das Pitchen bei potenziellen Folgeinvestoren oder begleiten den Gründer bei den Pitches:

„Die pitchen für uns bei neuen Investoren." (E 2)

„So was guckt man sich an, dass das eben wirklich sounding ist, und dann gehst du mit denen auch mit. Also, wenn das eben Investoren sind, mit denen man, a.), schon gearbeitet hat, die einen kennen, dann machst du das auf jeden Fall. Und sonst gehst du eben mit nach Anfrage, wenn die Gründer sagen: Guck mal, hier ist ein potenzieller Investor, guck du dir den mal mit an, ob das jemand ist, der eben was zur Party bringen kann. Dann gehst du auf jeden Fall mit." (BA 1)

Neben der Unterstützung bei der Akquisition weiterer Eigenkapitalgeber ist das Mitwirken der Investoren im Rahmen des Exits eine weitere Aufgabe der Investoren. *Fili/Grünberg* (2016) identifizieren im Rahmen des brückenschlagenden Prozesses von Investoren die Übernahme einer Mediationsrolle zwischen den externen Anspruchsgruppen und dem Start-up.[1040] Darunter zählt auch die Kommunikation mit potenziellen Exit-Partnern:

„Und die Gründer sind diejenigen, die Ahnung haben, operativ. Denen fehlt manchmal die Erfahrung oder auch Lebenserfahrung oder vielleicht eine Kommunikationserfahrung, weil die nicht wissen, wie sie mit potenziellen Exit-Partnern halt sprechen. Das können die VC's." (E 4)

„Im Fundraising dreht sich alles Mögliche um den Weg noch einmal zu ebnen, dass das auch wirklich ein sinnvoller Exit ist. Ist ja auch eine sehr wertstiftende Entscheidung, wenn, also, es passiert ab und zu einmal, dass Käufer auf ein Unternehmen zugehen und sagen: Ich will euch kaufen. 20 Millionen Kaufpreis. Da gibt es Situationen, wo man das sehr gerne annimmt. Aber es gibt auch Situationen, wo man das ablehnen sollte." (VC 5)

„Holst dir idealerweise noch einen Berater, einen M&A-Berater dazu, der das eben so timed, dass er noch ein paar andere anspricht, die das auch interessant finden, um einen Bieterprozess zu haben. Und dann ist unsere Rolle vielleicht zu verhandeln." (VC 6)

Die Mehrwertdiskussion in der Literatur befasst sich hauptsächlich auf einer Metaebene mit dem Unterstützen des Gründers durch die Investoren im Rahmen der Beteiligungsfinanzierung. *Proksch et al.* (2017) präsentieren in ihrer explorativen Studie erstmals konkrete Ein-

[1040] Vgl. *Fili/Grünberg* (2016), S. 100. Siehe Kapitel 2.2.3.2.

blicke in die tatsächliche Unterstützungsarbeit der Investoren. So zeigen die Autoren, dass Investoren den Gründer durch Gespräche auf die Folgefinanzierungsrunde vorbereiten, die Finanzplanung überprüfen und aktiv als Verhandlungspartner mit potenziellen Folgefinanzierungspartnern in Kontakt treten.[1041] Selbige Ergebnisse spiegeln sich auch in der vorliegenden Arbeit wider. Der explorative Forschungsbeitrag geht allerdings über den in der Literatur verankerten Wissensstand hinaus. Die Analyse zeigt, dass sich Gründer ein qualitatives Feedback zu ihren Pitches wünschen und dass die Investoren durch Trainings, Workshops und kritische Durchsicht der Pitchdecks einen maßgeblichen Anteil am Erfolg der Finanzierungsrunde haben. Der Mehrwert hinsichtlich des Humankapitals bezieht sich somit auf die Übertragung und Weitergabe zur Vorbereitung des Pitches und den Investorenunterlagen. Auf diesem Sachverhalt beruhend werden folgende Hypothesen über das Mitwirken von Investoren bei Finanzierungsentscheidungen des Gründers aufgestellt:

***H 1a**: Die Vorbereitung des Gründers auf Pitches durch die Investoren wirkt sich positiv auf das Erhalten einer Folgefinanzierung aus.*

***H 1b**: Die Teilnahme der Investoren an Vertragsverhandlungen wirkt sich positiv auf das Erhalten einer Folgefinanzierung aus.*

Das Sozialkapital befasst sich mit der Relevanz sozialer Netzwerke des Gründers auf organisationaler und individueller Ebene. In Anlehnung an die in dem Literaturteil erörterte Relevanz der individuellen Ebene steht auch in der Datenauswertung das persönliche Netzwerk des Gründers im Betrachtungsfokus (siehe Kapitel 2.1.2.3). Während die kognitive und die relationale Dimension des Sozialkapitals als Ressource gelten, stellt die strukturelle Dimension die bedingende Quelle von Sozialkapital dar.[1042] Durch soziale Netzwerke werden demnach unternehmerische Gelegenheiten erschlossen, welche dem Gründer Zugang zu neuen immateriellen sowie materiellen Ressourcen verschaffen.[1043] Die Argumentationskette folgt dabei der Kausalität, dass zunächst der Zugang zu immateriellen Ressourcen, wie z. B. Hilfestellungen, Informationen oder Kontakten geschaffen wird, welche den Zugang zu neuen materiellen Ressourcen bedingen.[1044] Eine optimale Größe sozialer Netzwerke lässt sich nicht per se bestimmen, vielmehr entscheiden individuelle Kosten-Nutzen-Abwägungen über die Größe des per-

[1041] Vgl. *Proksch et al.* (2017), S. 35 f. Siehe Kapitel 2.2.4.2.

[1042] Vgl. *Gedajlovic et al.* (2013), S. 459; *Nahapiet/Ghoshal* (1998), S. 243 f.; *Pearson et al.* (2008), S. 956 ff.; *Tsai/Ghoshal* (1998), S. 465 ff.

[1043] Vgl. *Nahapiet/Ghoshal* (1998), S. 243 ff.

[1044] Vgl. *Grichnik et al.* (2017), S. 210; *Wang* (2016), S. 300.

sönlichen Netzwerkes.[1045] Die kritischen Erfolgsfaktoren sozialer Netzwerke sind dabei Dichte, Erreichbarkeit und Zentralität.[1046]

Im Rahmen der Dichte wird das Vorhandensein bzw. Nichtvorhandensein einer sozialen Verbindung untersucht. Die Erreichbarkeit befasst sich mit der Art von bestehenden sozialen Verbindungen und differenziert zwischen direkten und indirekten Verbindungen innerhalb des Netzwerkes. Die Zentralität beschreibt die Anordnung des Gründers in seinem sozialen Netzwerk im Verhältnis zu seinen Verbindungen. Dabei gilt, je zentraler der Gründer vernetzt ist, desto effektiver und effizienter kann er das Netzwerk zur Ressourcenbeschaffung verwenden.[1047] Schlussendlich ist die Bereitstellung und Weitergabe von Sozialkapital an den Gründer eine der Schlüsselaufgaben von Investoren, um den Zugang zu zunächst immateriellen Ressourcen zu ermöglichen, welche in dem Zugang zu neuem Finanzkapital resultieren können.[1048] Der Fokus liegt auf der Übertragung von strukturellem Sozialkapital, welches die Dichte und Erreichbarkeit des Netzwerkes umfasst.[1049] Die Investoren sind im Normalfall besser vernetzt als der Gründer und ermöglichen dem Gründer Zugang zu ihrem Netzwerk:

> *„Ein optimaler Investor, der hat die finanziellen Ressourcen, um hineinzugehen ins Thema. Hat finanzielle Ressourcen, um gegebenenfalls weiter mitzugehen, in weiteren Runden. Hat ein Netzwerk, um gegebenenfalls Möglichkeiten für neue Runden zu öffnen." (E 4)*
>
> *„So einen würde ich dann als Angel nehmen, weil der dir diesen Zugang zu VC's ermöglicht, so weil VC's mit ihm gute Erfahrungen halt gemacht haben." (E 5)*
>
> *„Also, man muss enorm vernetzt sein und dann fällt es wesentlich leichter." (E 1)*
>
> *„Also, in der Regel sind Gründer nicht sehr gut vernetzt bei Investoren. Klar, woher sollen sie die auch kennen?" (VC 1)*
>
> *„[...] Ja, also die Investoren kennen sich alle untereinander und haben gewisse Beziehungen." (VC 4)*
>
> *„[...] Als Investor habe ich es im seltensten Fall wirklich gesehen, dass Investoren wirklich sich Papier anschauen, wenn sie nicht irgendwie die anderen Investoren, die schon investiert sind, [...] vorab ein bisschen kennengelernt haben." (BA 1)*
>
> *„Zweiter Punkt, wo wir helfen, würde ich sagen, ist Follow-up-Financing. Wir investieren sehr früh, wir haben Firmen oder viele unserer Firmen kriegen signifikante Folgeinvestments von späterphasigen Investoren und wir sagen auch so ein bisschen, dass das vielleicht an unserer Fähigkeit liegt, die frühzeitig mit diesen in Kontakt zu bringen. [...] Wir*

1045 Vgl. *Grichnik et al.* (2017), S. 228 f.; *Molina-Morales/Martínez-Fernández* (2009), S. 1018 ff.; *Witt et al.* (2008), S. 963 ff.

1046 Vgl. *Aldrich/Zimmer* (1986), S. 12 f. Siehe Kapitel 2.1.2.3.

1047 Vgl. *Aldrich/Zimmer* (1986), S. 13; *Grichnik et al.* (2017), S. 225.

1048 Siehe Kapitel 2.2.3.2 und Kapitel 2.2.4.2.

1049 Vgl. *Nahapiet/Ghoshal* (1998), S. 244.

netzwerken in andere Fonds, wir organisieren Veranstaltungen, Portfolio Day, wo wir späterphasige Investoren einladen und wo unser Portfolio eben anwesend ist, um da schon mal einen Kontakt herzustellen." (VC 6)

„Dann noch zwei Sätze zum Exit. [...] Auch da haben wir natürlich ein Netzwerk von Bankern, mit denen wir in der Vergangenheit zusammengearbeitet haben." (VC 3)

Die von den Interviewpartnern beschriebene Kontaktherstellung durch Weitergabe und Übertragung von Sozialkapital ist eine der Hauptaufgaben der Investoren, welche in der Literatur auch als eine der zentralen Mehrwertleistungen identifiziert wird (siehe Kapitel 2.2.3.2. und Kapitel 2.2.4.2).[1050] Dabei betonen *Large/Muegge* (2008) die zielorientierte Vorgehensweise der Investoren.[1051] *Proksch et al.* (2017) identifizieren den Zugang zu dem Netzwerk der Investoren als die wichtigste Mehrwertleistung von Investoren.[1052] Folglich werden durch den Ausbau von Dichte und Erreichbarkeit des Gründernetzwerkes direkte und reziproke Verbindungen zwischen dem Gründer und potenziellen Folgeinvestoren geschaffen und der Gründer gewinnt an Zentralität in seinem Netzwerk. Während die Literatur die Kontaktherstellung als den essenziellen Aspekt der Weitergabe und Übertragung von Sozialkapital thematisiert, zeigt sich in den Interviews, dass die Identifikation und Selektion potenzieller Folgeinvestoren die reine Kontaktherstellung dominiert und im Endeffekt den Folgefinanzierungserfolg maßgeblich beeinflusst:

„Und Leute, wenn sie nicht weiter investieren wollen, dich vielleicht auch unterstützen können, um neues Geld zu finden, weil manchmal ist ein Fonds Early-stage. So, sie sind nicht die Besten um Growth zu machen. Aber wenn sie sagen: Okay, das mache ich nicht, aber, weil es nicht mein Kerngeschäft ist, aber ich kenne Fonds und wir arbeiten schon zusammen und wir sind superzufrieden mit unserem Investment gewesen." (E 3)

„Man kennt sich, man hat ein sehr gutes Verhältnis. [...] Und da musst du eben rausfinden: Mit wem kannst du gut? Und mit wem vielleicht nicht?" (VC 6)

„So, und dann natürlich ans Investorennetzwerk. [...] Und da geht es dann darum, dass du natürlich mit ausgewählten Investoren, wo du, also wo ich sehe, die können passen, dass man die rechtzeitig im Grunde zusammenbringt, auch und dass ein Investor, ein potenzieller Follow-up-Investor die Zeit hat, im Grunde die auch kennenzulernen." (BA 1)

„Und dann machen wir natürlich selbstverständlich irgendwelche Intros zu Investoren. Wie gesagt, wir kennen die Investoren alle. Man kann auch relativ gut einschätzen, ob das für einen anderen Investor was ist. Also, ich würde jetzt nicht, beim Netzwerk sind 50 andere Investoren, ich würde jetzt nicht einfach alle 50 anschreiben, sondern ich würde natürlich mir überlegen, das diskutiere ich auch zusammen mit dem Gründer, was

---

1050 Vgl. *Ehrlich et al.* (1994), S. 69; *Large/Muegge* (2008), S. 40; *Madill et al.* (2005), S. 115 f.; *Politis* (2008), S. 135 f.; *Proksch et al.* (2017), S. 132, 138, 140; *Saetre* (2003), S. 78, 80; *Sørheim* (2005), S. 179.

1051 Vgl. *Large/Muegge* (2008), S. 40.

1052 Vgl. *Proksch et al.* (2017), S. 138 ff.

sind potenziell beste Investoren oder wo würde es wahrscheinlich am besten passen. [...] Und da ist sicherlich eine große Aufgabe, [...] auch aktiv auf andere Investoren zuzugehen." (VC 4)

„[...] Also, können wir sprechen, ob wir im Netzwerk jemand haben, dem wir das empfehlen können. Wir wissen auch, dass es viele Fonds gibt, mit viel Geld, die Sachen suchen. [...] Von den Sachen, die wirklich gut sind, kommen mehr über die Investoren, weil sie genau wissen, was wir wollen." (VC 2)

„Und ein zentraler Punkt jetzt unserer Arbeit ist, dass wir eben überlegen: Wer könnte da in Frage kommen? Das ist nicht immer ein VC. [...] Wer kommt in Frage als Investor und was erwartet der Investor? [...] Und letzten Endes machen wir Intros zu passenden Investoren." (VC 5)

„Und das Learning ist ganz klar, dass man ganz klar einen VC, der auf [Geschäftsmodell] spezialisiert ist, dem kann man das Deck schicken, aber was interessiert den das? Da hat er keine Ahnung von. Da weiß er nicht, wie er das skalieren soll oder wie er das an den Markt bringt. Da kann er seine Stärken nicht einbringen." (E 8)

Der Gründer „E6" beschreibt den Idealfall dahingehend, dass sowohl Gründer als auch Investoren bereits ein gutes Netzwerk aufgebaut haben und aus dem Gesamtportfolio die passenden Folgeinvestoren gemeinsam identifizieren:

„So, im Idealfall reden wir hier von richtig guten Leuten auf beiden Seiten. Also, ein Unternehmer, der schon vier, fünf Unternehmen gegründet hat und ein eigenes Netzwerk hat und ein Investor, der ebenfalls ein gutes eigenes Netzwerk hat. Und dann ist es nicht so schwarz-weiß, sondern dann werden alle Kontakte auf den Tisch gelegt und dann hat man eine Long-List, die fifty-fifty besteht. [...] Im Idealfall bringen beide die Kontakte ein." (E 6)

Der wertstiftende Charakter der Weitergabe und Übertragung von Sozialkapital auf den Gründer ist bereits in der Literatur fest verankert (siehe Kapitel 2.2.3.2 und Kapitel 2.2.4.2). Bezogen auf die Forschungsfrage kann jedoch ein neuer Aspekt ergänzt werden. Durch die kontextbezogene Identifikation und Vernetzung des Gründers mit passenden Folgeinvestoren kann die Chance auf eine erfolgreiche Folgefinanzierung signifikant erhöht werden. Zur empirischen Überprüfung wird daher folgende Hypothese abgeleitet:

***H 1c**: Die gemeinsame Selektion potenzieller Folgeinvestoren wirkt sich positiv auf das Erhalten einer Folgefinanzierung aus.*

Proksch et al. (2017) identifizieren erstmals die Vernetzung des Portfolios an Beteiligungsunternehmen untereinander als Mehrwert von Investoren (siehe Kapitel 2.2.4.2). Dabei kommen die Autoren jedoch zu dem Ergebnis, dass Investoren nur sehr selten ihr Portfolio miteinander vernetzen. Die ausschlaggebende Determinante ist dabei das Synergiepotenzial zwischen den

Start-ups, z. B. in Form von Kundenbeziehungen.[1053] Die Interviewteilnehmer haben die Vernetzung der Portfoliounternehmen ebenfalls thematisiert:

> *„[...] Wir vernetzen das Portfolio untereinander, sei es eben durch die Veranstaltungen, sei das durch einen Verteiler oder einen Slack Channel für das Portfolio, dass die sich austauschen können." (VC 6)*

> *„Wir machen dann so Portfolio Days, wo wir irgendwie mal die Start-ups zusammenbringen und auch Austausch zwischen den Start-ups [fördern]. [...] Wo wir eben auch die verschiedenen Start-ups, auch der unterschiedlichen Fonds, zusammenbringen, weil da gibt es schon verschiedene Anknüpfungspunkte. Wir haben auch verschiedene Kommunikationschannels zwischen den Start-ups, [...] wo die sich austauschen können, um einfach auch die Synergien zwischen den Unternehmen zu fördern." (VC 4)*

> *„[...] Der Investor ist [...] daran interessiert, dass diese Portfolio Unternehmen sich gegenseitig befruchten, beziehungsweise er hat, weil er so einen großen Dealflow auch hat, Zugang zu anderen Unternehmen." (BA 1)*

Die Datenauswertung zeigt, dass die Investoren an der Vernetzung zwischen ihren Portfoliounternehmen aus zwei Gründen interessiert sind. Primär steht das Aufdecken und Ausschöpfen von Synergien im Mittelpunkt der Vernetzung des Portfolios. Darüber hinaus können häufig auftauchende Fragestellungen informell und zeiteffizient beantwortet werden, ohne die Investoren jedes Mal formell zu konsultieren. Grundsätzlich unterstützen die vorliegenden empirischen Daten die Ergebnisse von *Proksch et al.* (2017) hinsichtlich der Synergiepotenziale.[1054] Widersprüchlich ist hingegen die zu Grunde liegende Zielstellung der Vernetzung des Portfolios untereinander: Während *Proksch et al.* (2017) ausschließlich das Synergiepotenzial als maßgebliche Determinante der Vernetzung identifizieren, zeigt die empirische Datenauswertung dieser Arbeit, dass die Portfoliounternehmen auch hinsichtlich des Informationsaustausches vernetzt werden, um eine effiziente und informelle Problemlösung herbeizuführen. Demgemäß wird folgende Hypothese aufgestellt:

> ***H 1d**: Die Vernetzung der Portfoliounternehmen seitens der Investoren wirkt sich positiv auf die Effizienz des Start-ups aus.*

4.2.2.3 Unternehmensbewertung

Die Unternehmensbewertung wurde bewusst nicht in den Interviewleitfäden als Frageblock integriert, da auf Grund der hohen praktischen Relevanz dieser Thematik nicht von der eigentlichen Fragestellung abgelenkt werden sollte und die Interviewpartner aus ihren Erfahrungen

---

[1053] Vgl. *Proksch et al.* (2017), S. 138.

[1054] Vgl. *Proksch et al.* (2017), S. 138.

zu dem Mitwirken von Investoren bei Finanzierungsentscheidungen im Allgemeinen berichten sollten. Eine explizite Frage nach der Unternehmensbewertung hätte die Interviewpartner vermeintlich zu sehr in diese Thematik vertieft. Folglich wurde präventiv auf einen Frageblock zur Unternehmensbewertung verzichtet. Dennoch entwickelte sich diese Thematik zu einem Diskussionsgegenstand im Rahmen der Interviews.

Wie bereits in Kapitel 2.2.2.2 beschrieben ist die Unternehmensbewertung Bestandteil der Investment-Phase, bei der die Höhe der Investmentsumme sowie die dafür erhaltenen Anteile am Start-up festgelegt werden.[1055] Gemäß *Carpentier/Suret* (2015), *Maxwell et al.* (2011) oder *Petty/Gruber* (2011) ist die Unternehmensbewertung elementarer Bestandteil der Investmentkriterien von Investoren.[1056] Häufig scheitern die Vertragsverhandlungen genau an diesem Punkt.[1057] Die Relevanz der Unternehmensbewertung im Zuge der Vertragsverhandlung haben die Interviewpartner ebenso betont:

> *„Wir haben zwar eine relativ hohe Bewertung durchgesetzt bei uns und das heißt, wir hatten relativ wenig Verhandlungsspielraum. […] Also das geht nur so, dass man sagt: Ja, okay, gut die Bewertung lassen wir, dafür gibt es dann eine höhere Liquidity Terms.“ (E 2)*

> *„Und dann ist immer die Frage: Okay, wieviel Geld wollt ihr? Was wollt ihr mit dem Geld machen? Was für eine Bewertung stellt ihr euch vor?“ (E 5)*

> *„Da muss man auch gucken: Zu welcher Bewertung geht die Runde? Wer macht mit? Was ist die Prognose? Wie ist der Businessplan?“ (VC 2)*

Eine hohe Unternehmensbewertung ist sowohl für den Gründer als auch für die Investoren zunächst wünschenswert. Dem Gründer werden damit die positiven Erfolgschancen seines Geschäftskonzeptes attestiert und die Investoren haben ein erfolgversprechendes Unternehmen für ihr Portfolio gewonnen. Auf der anderen Seite besteht jedoch immer das Folgefinanzierungsrisiko, welches nicht zu unterschätzen ist. Diese Argumentation folgt der Logik, dass die folgende Unternehmensbewertung höher sein sollte als die ursprüngliche Unternehmensbewertung. Sind die Erfolgsaussichten im Businessplan zu optimistisch dargestellt und nicht realisiert worden, wird sich i. d. R. kein Folgeinvestor bereiterklären, ein Beteiligungsfinanzierungsangebot zu einer höheren Unternehmensbewertung abzugeben. Das Problem der Über-

1055 Vgl. *Grichnik et al.* (2017), S. 251; *Jesch* (2004), S. 71.

1056 Vgl. *Carpentier/Suret* (2015), S. 814; *Maxwell et al.* (2011), S. 215 ff.; *Petty/Gruber* (2011), S. 178. Siehe Kapitel 2.2.5.2.

1057 Vgl. *Carpentier/Suret* (2015), S. 814; *Petty/Gruber* (2011), S. 178.

bewertung mit dem inhärenten Folgefinanzierungsrisiko wird von den Interviewpartnern durchgängig als unternehmensgefährdend empfunden:

> *„Es gibt ja genug Start-ups, […] die auch irgendwie eine Überbewertung haben und dann irgendwie eine Negativrunde machen und so. Ist auch nicht gut." (E 5)*

> *„[…] Du willst nie, dass ein Unternehmen zu hoch bewertet ist. Warum? […] Ist es eben schwer, über diese Investmentzyklen dann zukünftig Investoren auch zu kriegen, weil irgendwann, wenn es eben nicht mehr nachvollziehbar ist, es sehr schwer ist, da Neu-Investoren [zu finden]." (BA 1)*

> *„Ich bin nie ein Freund davon, zu overpacen zu Anfang. Und dann fliegst du eben auf die Schnauze. […] Ja, sondern es ist immer besser, du kannst dann noch einen nachlegen." (BA 2)*

> *„So, aber das Problem ist, dass wir ein bisschen weniger als die Prognosen gemacht haben. Und es führt dazu, dass, wenn du so viele Kosten aber weniger Umsatz hast, […] braucht man halt neues Geld. Aber das ist auch nicht so einfach, weil [die] Investoren haben gesagt: Oh, wir haben schon [Anzahl] Millionen Euro gegeben und die Ergebnisse sind nicht da." (E 3)*

Der Venture-Capital-Investor „VC 6" beschreibt zunächst die eingangs dargestellten positiven Seiten einer hohen Unternehmensbewertung und erörtert exemplarisch das latente Folgefinanzierungsrisiko. Als Handlungsempfehlung wird hier eine „realistische" Bewertung angegeben, welche nicht zu niedrig sein sollte, aber auf keinen Fall zu hoch ausfallen sollte:

> *„Also, ich glaube, was extrem wichtig ist […], dass du halt eine realistische Bewertung hast. Und dass du, wenn du das nicht hast, wirklich das Unternehmen signifikant gefährden kannst. Also, dieses Follow-up-Financing-Risiko, das ist so hoch. […] Also, ich glaube, wenn ich jetzt eines von diesem Vorlauf und Vorbereitung der Finanzierungsrunden gelernt habe, dann ist das wirklich: Überlege dir vorher einen Preis, der vielleicht nicht zu niedrig ist, aber gewiss nicht zu hoch. […] Es ist aber auch wichtig, dass du eben nicht überzogen raised, das kann dich halt killen. Wenn du halt ein Unternehmen aufziehst und da sagen wir unseren Unternehmern eben auch manchmal: Du kannst jetzt hier das Geld nehmen und diese Bewertung erzielen. Aber die ist viel zu hoch. Und in der nächsten Runde musst du dann einen kleinen Aufschlag machen. Und den wirst du nicht erreichen in der Zeit. Das heißt, du kannst jetzt nehmen und dann hast du eine super Bewertung und dann stürzt es ab oder du findest gar keinen mehr, der investiert, so what? Abgerechnet wird halt am Ende. Und wir hatten eben auch schon den Fall, dass dann jemand kommt, der steigert den Preis ins wirklich Unermessliche und steckt aber auch relativ wenig Geld rein ins Unternehmen. Und das ist natürlich erst mal toll. Dann hast du eine super Bewertung […] und für den Fonds ist das eine super Aufwertung. Virtuell alles top. Und dann steht das Unternehmen da und sagt: Du, jetzt letzte Runde war die und jetzt will ich noch ein bisschen mehr, natürlich an Unternehmensbewertung. Und dann sagen alle: Das Umsatzniveau zu Bewertung, das passt halt einfach nicht." (VC 6)*

Die Datenauswertung zeigt, dass die Unternehmensbewertung ein erfolgskritischer Faktor für das Zustandekommen einer Beteiligungsfinanzierung ist. Eine anfänglich zu hohe Unternehmensbewertung kann das Start-up einem erhöhten Folgefinanzierungsrisiko im Hinblick auf die nachfolgende Finanzierungsrunde aussetzen. Auf Grund von potenziellen Reputationsschäden ist es darüber hinaus auch für die Investoren von Interesse, nicht zu häufig eine Beteiligungsfinanzierung mit erhöhter Bewertung abzuschließen. Ferner gilt in der Literatur eine Finanzierungsentscheidung als potenzieller Konfliktauslöser zwischen Gründer und Investoren, wobei der Gründer eine möglichst hohe Unternehmensbewertung anstrebt und die Investoren eine möglichst geringe Unternehmensbewertung in der ersten Finanzierungsrunde anstreben.[1058] Daher sollten beide Seiten die Konsequenzen einer erhöhten Bewertung abwägen und gemeinsam zu einer realistischen Bewertung des Start-ups kommen, um das Folgefinanzierungsrisiko zu minimieren und somit den Grundstein für eine erfolgreiche Geschäftsentwicklung des Start-ups zu legen. Dieser Argumentationskette folgend werden zwei Hypothesen aufgestellt:

> ***H 2a***: *Eine realistische Unternehmensbewertung wirkt sich positiv auf das Erhalten einer Folgefinanzierung aus.*
>
> ***H 2b***: *Ein übermäßiger Anstieg des Unternehmenswertes wirkt sich positiv auf das Folgefinanzierungsrisiko aus.*

4.2.2.4 Personalwesen

Im Kontext der Interviews nahm das Personalwesen seitens der Investoren eine bedeutende Rolle ein und ist demgemäß zu einer der Kernkategorien im Rahmen des Codierprozesses emergiert. Auch in der Literatur ist das Personalwesen als eine Mehrwertkategorie von Investoren anzutreffen (siehe Kapitel 2.2.3.2 und Kapitel 2.2.4.2). Bei *Politis* (2008) wird es im Rahmen der Ressourcenbeschaffung von Sozialkapital thematisiert.[1059] *Large/Muegge* (2008) oder *Proksch et al.* (2017) identifizieren das Personalwesen, mit dem Fokus auf die Beschaffung von Personal, als eigenständige Mehrwertkategorie.[1060] In den Interviews wird die Relevanz des Personalwesens wie folgt charakterisiert:

> *„Es ist erst mal gar nicht so einfach und es ist auch manchmal gar nicht so gut, wenn man versucht, mehrere Rollen in einem zu haben. […] Ein kleines Start-up-Unternehmen kann sich jetzt nicht schon einen eigenständigen CFO, CTO oder weiß ich was irgendwie leisten. Aber es gibt irgendwann eine Phase, wo man dann wirklich hingehen muss und sagen muss: So, jetzt muss da jemand hin, weil das sind Kernelemente unseres Geschäftsmodells. […] Habe ein ganz gutes Netzwerk, ich kenne da ganz gute Leute, die man dann*

1058 Vgl. *Appelhoff et al.* (2016), S. 602; *Collewaert/Fassin* (2013), S. 637; *Forbes et al.* (2010), S. 579; *Parhankangas/Landström* (2006), S. 774. Siehe Kapitel 3.3.1.

1059 Vgl. *Politis* (2008), S. 138 f.

1060 Vgl. *Large/Muegge* (2008), S. 40, 44.

eben in Stellung bringen kann. Ich weiß, wo man sonst, wenn die es nicht sind, andere Leute irgendwo auch organisieren kann oder dafür gewinnen kann." (BA 2)

„Also, ich würde sagen, Aufsichtsratssitzungen oder auch jede Art von Meeting mit solchen Leuten haben einen sehr starken Controlling-Charakter, wo du dich wiederfinden kannst in Diskussionen, ob für einen Mitarbeiter X ein Gehalt von 65.000 angemessen ist oder ob nicht lieber 60.000 angemessen wäre. [...] Ein guter Investor würde so nie reagieren. Den interessiert das gar nicht. Den interessiert nur: Ist die Person, die wir einstellen, wirklich gut? Und dann ist es marginal, ob der 60.000 oder 65.000 kostet." (E 6)

„Und das Dritte ist, wobei wir oft versuchen zu helfen, weil es einfach einhergeht, ist mit der Equity-Finanzierung und werden danach auch oft neue Positionen besetzt. Das heißt, man muss Leute hiren und da helfen wir, diese Rollenbeschreibung erst mal zu kreieren, die in unser Netzwerk zu posten, aber machen auch konkrete Interviews mit möglichen Kandidaten und helfen den Kunden dann, die Richtigen auszuwählen." (VC 3)

„Das ist natürlich immer ein sehr, sehr relevantes Thema für junge Unternehmen, auch frühzeitig die richtigen Leute zu finden und zu besetzen. Da arbeiten wir beispielsweise mit denen zusammen." (VC 4)

„Und dann das Dritte ist HR. Und junge und wachsende Unternehmen brauchen viel und schnell Mitarbeiter. Wir sehen viel Leute, wir kriegen viele Bewerbungen und helfen da eben gerne. Wir halten Kontakte zu Headhuntern, um unser Portfolio da in Kontakt zu bringen. Wir haben einen standardisierten Persönlichkeitstest, den wir nicht nur selber beim Recruiting und bei irgendeinem Portfolio oder in der Investment-Phase, der Due Diligence anwenden können, sondern der steht auch unserem Unternehmensportfolio jedem frei zur Nutzung zu vergünstigten Konditionen, sodass diese, diese auch nutzen können, für ihren eigenen Hiring-Prozess." (VC 6)

In der hier präsentierten Darstellung des Personalwesens ist eine Konvergenz mit den Mehrwertleistungen aus der Literatur zu identifizieren.[1061] Wie bereits in Kapitel 2.2.3.2 beschrieben, unterstützen die Investoren den Gründer aktiv bei der Identifikation der zu besetzenden Stelle sowie bei dem Auswahlprozess der Bewerber. Bezogen auf die Forschungsfrage identifizieren die Investoren besonders die CFO-Position als kritischen Erfolgsfaktor im Rahmen des Personalwesens:

„[...] Ganz oft merkt man sehr schnell, eine Position im Unternehmen ist total schwach besetzt, [...] dann meistens ist es im Finanzbereich. [...] Das merkt man auch schnell, ja, wenn die Zahlen, die man kriegt nicht passen, da weiß man sofort, da ist im Finanzbereich eine Lücke, ja." (VC 2)

„Bei uns war das so im Case oder in dem Fall: Wir haben das Reporting, also es ging ja um die CFO-Position. Das Reporting kam verzögert, kam in einer schlechten Qualität und auch die Zahlen, die erzielt wurden, wurden einfach teilweise nicht oder die geplanten Zahlen wurden auch nicht erfüllt. [...] Und da waren wir einfach nicht zufrieden damit, was von der Start-up-Seite geleistet wurde. [...] Und dann haben wir gesagt: Hey, gerade

---

[1061] Vgl. *Large/Muegge* (2008), S. 40, 44; *Politis* (2008), S. 138 f.; *Proksch et al.* (2017), S. 133. Siehe Kapitel 2.2.3.2.

auch jetzt, wenn das Unternehmen, wie es gerade so aussieht, auch so weiterwächst, muss die Position besetzt werden, auch von einer Person, die ein bisschen Erfahrung mitbringt und gewisse Struktur. [...] Und dann haben wir eben auch vorgeschlagen, dass wir den auch gerne unterstützen bei der Suche nach einem CFO und haben dann, wie gesagt, über unser Netzwerk auch Leute gefunden. Haben teilweise Interviewprozesse begleitet und dann wurde auch eine Person eingestellt." (VC 4)

„Auf der anderen Seite haben wir eben auch die Möglichkeit, aus diesen [Anzahl] Leuten gerade die rauszufischen, [...] die eine Funktion sehr gut können. Vielleicht Marketing, Finanzierung, what ever." (VC 6)

Die Ergebnisse zeigen, dass Investoren auf Grundlage des Berichtswesens relativ schnell im Rahmen ihrer Monitoring-Aktivitäten eine schwache Besetzung der CFO-Position identifizieren können. Da das Berichtswesen die Ausgangsbasis für den Businessplan und die zukünftige Geschäftsentwicklung ist, nimmt es eine bedeutende Rolle in der Grob- und Detailanalyse-Phase potenzieller Folgefinanzierungsrunden ein.[1062] Ein sorgfältig geführtes Berichtswesen ist somit ein erfolgskritischer Faktor für die weitere Unternehmensentwicklung des Start-ups. Demgemäß nimmt der CFO eine vitale Rolle in der Vorbereitung der Finanzierungsrunden ein, da er für die zahlenbasierte Präsentation des Start-ups und dessen prognostizierter Geschäftsentwicklung zuständig ist. Folglich ist eine qualifiziert besetzte CFO-Position ein positives Signal an Folgeinvestoren. Dieser Gedanke lässt sich in der nachfolgenden Hypothese festhalten:

***H 3**: Ein qualifizierter CFO wirkt sich positiv auf das Erhalten einer Folgefinanzierung aus.*

4.2.2.5 Intensität

Die Begleitung des Gründers in der Post-Investment-Phase ist durch aktives Mentoring und Monitoring seitens der Investoren geprägt (siehe Kapitel 2.2.3.2 und Kapitel 2.2.4.2). Dabei steht das finanzwirtschaftliche Ziel der Unternehmenswertsteigerung im Mittelpunkt der Betrachtung.[1063] Charakteristisch für diese Begleitung ist ein enger Austausch zwischen Gründer und Investoren. Im Rahmen der Datenerhebung wurde die Veränderung der Intensität des gegenseitigen Austauschs sehr häufig thematisiert. Im Ergebnis zeigt die Auswertung der Interviewdaten, dass der Gründer den Investoren regelmäßige Berichte abliefert, sich über den aktuellen Stand der Unternehmensentwicklung austauscht und bedarfsorientiert die Intensität der Betreuung durch die Investoren anpasst:

„Ich glaube, es ist immer ein bisschen anders. Auch die Abstände entwickeln sich manchmal anders. Manchmal geht man dann wesentlich kürzere oder wiederum längere. [...]

1062 Vgl. *Feld/Mendelson* (2013), S. 18 f.; *Grichnik et al.* (2017), S. 250; *Jesch* (2004), S. 63 f.

1063 Vgl. *Nathusius* (2005), S. 33.

Es geht mehr darum, dass mir wichtig ist, mit den Firmen in einem engen Kontakt zu bleiben, um zu verstehen, was bei denen los ist und gleichzeitig dem Gründer eine Möglichkeit zu geben, ein Sounding Board zu haben, was inoffiziell und unkompliziert ist." (VC3)

„Also, mit Frühphaseninvestments haben wir [...] einmal monatlich Calls, halbe Stunde, sprechen über das Reporting. Wir kriegen natürlich monatlich ein Reporting, das heißt quantitativ und qualitativ für die Firma. Und da sprechen wir eben über was gelaufen ist letzten Monat, wo wir helfen können. Und ja, das ist monatlich, manchmal sogar wöchentlich. Also je nachdem, wie intensiv es ist, nimmt die Betreuung da zu oder ab." (VC 6)

„Na klar entwickelt man irgendwann mal eine gewisse Beziehung zueinander und ich sage mal, ich will jetzt auch nicht angerufen werden, wenn jetzt irgendwo, weiß nicht, mal Pillepalle passiert, sondern wenn irgendwie wesentliche Sachverhalte passieren oder bzw. die von entscheidender Bedeutung sind und das ist natürlich auch was, was ein Geschäftsführer oder was ein Gründer dahingehend dann erst lernt, wann es sinnvoll ist Investoren einzubinden." (VC 1)

„[...] Der [Name] hat da wöchentliche Meetings mit denen gemacht am Anfang und es war halt sehr viel Input und hat alles diskutiert und [Name] wollte alles wissen. Aber mittlerweile, es gibt zwar noch diesen wöchentlichen Call, aber man macht ihn alle zwei bis vier Wochen halt wirklich intensiv." (VC4)

Seitens der Gründer wird das konstante Berichtswesen und die bedarfsorientierte Betreuungsintensität ebenfalls erwähnt:

„[...] Am Anfang, es waren monatliche Treffen und dann in jedem Quartal, aber mit monatlichem Bericht. Das kommt darauf an, ob das benötigt ist oder wie eng sie einfach ihrer Teilnahme folgen wollen und wie wichtig die Teilnahme für den Fonds ist." (E 3)

„Auch da glaube ich, ist es total abhängig vom Unternehmen, vom Unternehmensstand, von den Themen, die gerade auf dem Tisch sind. [...] Aber es kann ja andere Themen geben, die viel brisanter sind und wo gerade ein großes Investment gemacht wurde, kann man auch sich wöchentlich darüber unterhalten, kann sich auch täglich darüber unterhalten, solange es denn Mehrwert bringt." (E 4)

„[...] Und dann hast du, sage ich mal, paar Jours fixes. So einmal im Monat einen etwas Längeren, einmal in der Woche so einen aktuellen Stand und natürlich, wenn etwas irgendwie aktuell brennt, dann bisschen häufiger." (E 5)

„Es ist konstant geblieben, weil wir Wochenreportings machen." (E 8)

Die Auswertung der Daten zeigt, dass ein konstantes Berichtswesen die Basis der Monitoring-Aktivitäten bildet. Dies ist im Einklang mit der bereits präsentierten Literatur und empirischen Analyse.[1064] Die Mischung aus einem konstanten Berichtswesen, gepaart mit einer bedarfs-

[1064] Vgl. *Fili/Grünberg* (2016), S. 104 f.; *Kaplan/Stromberg* (2001), S. 428 f.; *Large/Muegge* (2008), S. 44; *Macmillan et al.* (1989), S. 32; *Nathusius* (2005), S. 33; *Tyebjee/Bruno* (1984), S. 1054. Siehe Kapitel 2.2.3.2 und Kapitel 2.2.4.2.

orientierten Intensität des gegenseitigen Austauschs, führt zu einer positiven Unternehmensentwicklung des Start-ups. *Middelhoff et al.* (2015) greifen die Interaktionshäufigkeit als Moderator in ihrer Analyse auf und unterstellen einen positiven Moderationseffekt der Interaktionshäufigkeit bei dem Einfluss der Beweggründe für Vertrauen auf Vertrauen als eindimensionales Konstrukt (siehe Kapitel 3.2.3). Im Ergebnis zeigen die Autoren, entgegen ihren Erwartungen, positive, negative sowie nicht signifikante Moderationseffekte.[1065] Die vorliegende Arbeit greift die Argumentationslogik von *Middelhoff et al.* (2015) im Kontext der Hypothesenableitung auf und überträgt den Zusammenhang auf den Unternehmenserfolg des Start-ups. Hierbei wird ein direkter Einfluss auf den Unternehmenserfolg unterstellt und in folgender Hypothese festgehalten, wobei sich die Intensität auf die Häufigkeit und Länge des Austausches bezieht:

> ***H 4**: Die bedarfsorientierte Intensität des Austauschs zwischen Gründer und Investoren wirkt sich positiv auf den Unternehmenserfolg aus.*

4.2.2.6 Negativer Mehrwert

Wie bereits in Kapitel 2.2.7 angesprochen, ist der Mehrwert von Investoren eine Nettogröße. Im Rahmen der Datenerhebung wurde häufig die negative Seite des Mehrwertes, überwiegend aus der Perspektive des Gründers, angesprochen. Die fast ausschließlich positive Darstellung des Mehrwertes seitens der Investoren folgt der Darstellung in der Literatur: Die Literaturüberblicke von *Fili/Grünberg* (2016), *Large/Muegge* (2008), *Politis* (2008) oder *Proksch et al.* (2017) thematisieren ebenfalls ausschließlich die positiven Eigenschaften des Mehrwertes von Investoren (siehe Kapitel 2.2.3.2 und Kapitel 2.2.4.2).[1066] Sachlogisch liegt die positive Selbstdarstellung der Investoren in deren Geschäftsmodell und dem damit verbundenen Marketing begründet. Ein Unternehmen bewirbt i. d. R. die positiven Eigenschaften seiner Produkte. Die subjektive Abwägung der Produkteigenschaften bleibt dabei dem Kunden überlassen:

> *„Zum Thema Value-Added gibt es einen sehr zentralen Punkt: Value-Added ist eine Nettogröße. […] Weil in der ganzen Literatur findet man eigentlich nur über Value-Added und es gibt auch sehr viel Schaden, den Gesellschafter anrichten können. […] Also, im Extremfall, wenn ich gar nicht so genau weiß, was das Unternehmen macht, in das ich investiert habe und ich rufe aber jeden Tag an und gebe dem Gründer Tipps und telefoniere mit dem zwei Stunden und gebe dem Tipps und setze mich da vielleicht auch durch,*

[1065] Vgl. *Middelhoff et al.* (2015), S. 338 ff.

[1066] Vgl. *Fili/Grünberg* (2016), S. 92 ff.; *Large/Muegge* (2008), S. 25 ff.; *Politis* (2008), S. 132 ff.; *Proksch et al.* (2017), S. 131 ff.

dass der das dann macht, dann zerstöre ich als Investor massiv Wert, weil einfach Quatschtipps gegeben werden." (VC 5)

„Das muss man sich in Erfahrung bringen von anderen Gründern. [...] Aber man sollte sich jemanden aussuchen, der nicht zu kompliziert ist. Denn es gibt Investoren, die sich sehr stark einmischen, das kann glaube ich, ein Problem werden." (E 2)

„Und man hat immer Angst, dass Fonds irgendwie sich zu viel einmischen und die Firma statt der Manager führen." (E 3)

„Zu denken: Na, ich selber habe es ja auch schon mal gemacht und ich kenne mich halt voll aus und deshalb erzähle ich dir, du 24-jähriger, ich erzähle dir jetzt mal, wie das funktioniert. Das ist ja bestimmt auch richtig, bis zu einem gewissen Punkt. Aber ich glaube, diesen Punkt zu definieren, wo man sich selber zurückhalten sollte, das ist ganz schwierig. Und ich glaube, ganz viele schießen darüber hinaus und sind deshalb mit diesem ganz großen Ego zu sehr präsent." (E 4)

„Da trennt sich auch die Spreu vom Weizen, ob die Gemengelage der Gesellschafter in Aktionismus ausbricht oder ob die da wirklich einen kühlen Kopf und eine ruhige Hand haben und in der Lage sind, die wirklichen Treiber und Problempunkte herauszuarbeiten." (E 6)

„Deswegen sagt der [Name] auch: Ihr solltet euch nicht mit mir beschäftigen. Wenn ihr mir Berichte schreibt, weiß ich, dass ihr nicht beim Kunden seid. Also kümmert euch um Kunden. Das wahre Geld kommt vom Kunden und nicht vom Investor." (E 7)

Die hier veranschaulichte Negativseite des Mehrwertes befasst sich mit dem vermeintlich übereifrigen Eingreifen der Investoren in den Entscheidungsbereich des Gründers und lässt sich in der folgenden Hypothese festhalten:

***H 5a**: Erhöhtes Eingreifen der Investoren in den Entscheidungsbereich des Gründers wirkt sich negativ auf den Unternehmenserfolg aus.*

Durch die nachfolgenden Zitate werden die in der Literatur belegten Agency-Kosten im Sinne von Zeitaufwand als Leitmotiv des Mentorings und Monitorings illustriert (siehe Kapitel 3.1.1).[1067] Hierbei erfolgt aus Gründersicht immer eine Kosten-Nutzen-Abwägung zwischen Aufwand und Mehrwert für das Start-up:

„Und ist für dich ansprechbar, wenn du es brauchst, aber drängt sich nicht in der Form auf, dass du auf einmal X Prozent an Arbeitszeit mit einem Reporting verbringen musst, wo dann nichts dabei herumkommt. Also, wenn ich Zahlen reporte, damit jemand mehr weiß, dann sollte die Person mir auch schon Mehrwert geben." (E 4)

„Weil natürlich jeder Investor, den du an Bord hast, dich auch viel kostet. Also, nicht nur wirtschaftlich, sondern der kostet dich Zeit, der kostet dich Kraft und Nerven. [...] Und wenn es dann so ist, dass eben ein Investor-Reporting eines ist, was dann ablenkt, dann würde ich sagen: Ich kann verstehen, dass Ihr Interesse ist, dass Sie gerne jetzt hier das Reporting haben und auch in dem Umfang. Das ist aus Ihrer Sicht sicherlich richtig, aber,

[1067] Vgl. *Noble* (2001), S. 364; *Proksch et al.* (2017), S. 133.

wenn wir uns jetzt gemeinsam auf die Gesellschafterbank setzen und auf die Firma gucken, dann müssen wir eben auch ehrlich miteinander sein und sagen: Wenn wir den Bericht schreiben, dann wird im Zweifel ein Kunde weniger Ende des Jahres da sein. Das heißt dann für nächstes Jahr, keine Ahnung, 250.000 Euro weniger Umsatz. Wollen wir das? [...] Mittlerweile weiß ich halt, die Stunde, die ich da einen [VC]-Bericht schreibe, da kann ich irgendwie auch mit drei Kunden telefonieren oder hier irgendwie zwei Jobinterviews führen. Also, alles, was die Firma weiterbringt, als dass ich Unterlagen zu [VC] schicke." (E 7)

„[...] Man kann es in Geld ausdrücken, weil am Ende brauchst du X Stunden pro Woche, um diese Bedürfnisse zu befriedigen und das muss er eben machen. Ja, das ist so. Das sind Nebenkosten der Finanzierungsform Venture-Capital, ganz plump gesagt. Und da muss das halt von vorne herein, ich glaube, da ist es am leichtesten, wenn man gar nicht erst Widerstände sucht, sondern wenn man sich damit abfindet, was eben die Bedürfnisse sind und die versucht, sie so billig wie möglich zu decken. Und das kann im Extremfall dazu führen, dass man Mitarbeitern, halt einen Mitarbeiter dafür einstellt, nur einen Papierberg zu produzieren. Da muss man sich jetzt überlegen: Was kostet mich ein halber Mitarbeiter im Verhältnis zum Gesamtkapital, das ich da eingeworben habe? Und ist das einfach noch gerechtfertigt oder nicht?" (E 6)

Vor dem Hintergrund der Opportunitätskosten sollten sich Gründer und Investoren folglich problemspezifisch die Frage nach Kosten und Nutzen des Berichtswesens stellen. Eine ökonomische Beantwortung dieser Fragestellung auf Basis einer Kosten-Nutzen-Berechnung erscheint dabei als rationale Handlungsempfehlung. Dieser Sachverhalt lässt sich in folgender Hypothese festhalten:

***H 5b**: Ein erhöhter Aufwand für das Berichtswesen wirkt sich negativ auf den Unternehmenserfolg aus.*

Darüber hinaus lässt sich aus den Interviews eine Divergenz zwischen wahrgenommenen und tatsächlichen Mehrwertleistungen der Investoren identifizieren:

„Mündlich war aber auch abgesprochen, dass er dann natürlich Mentoring macht, dass er das Ganze, dass er sein Netzwerk zur Verfügung stellt, dass er uns auch mitverkauft, dass er uns in seine Welt mit reinbringt. [...] Der realistische Fall war dann allerdings, dass wir vom Netzwerk gar nichts abbekommen haben. [...] Mentoring lief so ab, dass es eher so ist, als ob der Oberlehrer sich vorne hinsetzt und seinen Schülern erklärt, wie die Welt funktioniert. Also, es war wenig Dialog, viel Monolog." (E 8)

„Viele VC's sagen dann so: Ja, sie haben halt unfassbare Connections und keine Ahnung wie. Aber letztendlich sind das halt alles Sachen, die du halt nicht dann auf Papier bringst am Ende des Tages. [...] Dass so ein Investment Manager oder Managerin von dem VC zu einem Geschäftspartner von mir meinte so: Ja, sie hat nicht verstanden, wieso wir irgendwie das aufgegeben haben oder das nicht weiterverfolgt haben, sie hätten ja so viele Kontakte bereitgestellt und so. Und ich habe meinem Partner [...] gesagt, wenn sie mir eine Email zeigt, wo sie das gemacht haben, verzichte ich auf meinen gesamten Anteil an der Company. [...] Das ist nie passiert und die eigene Wahrnehmung ist dann so:

> *Ja, ich habe doch hier lauter Intros gemacht und so. Nicht eine Intro, also, nicht mal eine formelle so: Hey, Mensch XY bei relevantem Unternehmen, die haben gerade bei denen investiert, guck doch mal, ob ihr mal zusammenkommt." (E 5)*

Ferner übertragen Investoren nur dann das Sozialkapital auf den Gründer, wenn sie von der positiven Geschäftsentwicklung des Start-ups überzeugt sind und demzufolge ihre Reputation bei anderen Anspruchsgruppen nicht gefährden:

> *„Aber es kann auch sein, dass du einfach die Intros nicht kriegst oder dass du nicht Zugang hast, schnell genug zu den Netzwerken, die du brauchst, um die richtigen Leute zu treffen." (E 1)*
>
> *„Das heißt, wir wurden nicht vorgestellt, weil er immer sagte, wir sind noch nicht weit genug." (E 8)*
>
> *„Was ich aber sagen will, wir bilden uns immer erst selber eine Meinung über das Investment und über die aktuelle Situation und wenn wir es dann für angemessen wahrnehmen, das jetzt auch zu fördern, dann machen wir das auch. [...] Aber, wie gesagt, ich würde so ein Intro auch nur machen, wenn ich davon überzeugt bin bei dem Start-up. Und dann sind es häufig auch sehr positive Gespräche." (VC 4)*
>
> *„Und wir haben da nicht geholfen, die herzustellen, weil wir eben gesagt haben, lasst uns erst mal auf eine Bewertung einigen und dann rausgehen." (VC 6)*

Abschließend können Investoren auch Finanzierungsrunden blockieren, wenn sie von der Geschäftsentwicklung des Start-ups nicht überzeugt sind oder die Konditionen der neuen Beteiligungsfinanzierung inakzeptabel erscheinen:

> *„[...] Bei bestimmten Finanzierungsrunden kannst du auch blockieren." (BA 1)*
>
> *„Wir haben einen [Land] Fonds gefunden. [...] Wurde gesagt: Okay, ich gebe [Anzahl] Million Euro auf den Tisch, aber mit diesen und diesen Konditionen. Und die anderen Investoren haben gesagt: Ach, diese Konditionen sind zu streng. [...] Wir wollen das Geld und die Investoren sagen: Nein, das ist nicht gut für uns, weil unsere Liquidity Preference nicht respektiert wird. [...] Am Ende wird diese Investition nicht gemacht, weil die Investoren gesagt haben: Ich will das nicht. Es kann passieren, dass es nicht ideal ist." (E 3)*

Die hier beschriebene Negativseite des Mehrwertes der Investoren betont den hohen Stellenwert einer rationalen Kosten-Nutzen-Abwägung der Betreuungsleistungen von Investoren und kann im Extremfall zu einer signifikanten Unternehmenswertminderung des Start-ups führen.

4.2.3 Rahmenbedingungen

4.2.3.1 Vertrauen

Die Interviewpartner charakterisieren gegenseitiges Vertrauen und das gemeinsame Miteinander als wichtigen Bestandteil einer erfolgreichen Unternehmensentwicklung und ziehen dabei Parallelen zu einer Ehegemeinschaft:

> *„Das Vertrauen bei dem Gründer ist, dass du immer ihn begleitest und dass du natürlich nachhaltig, ich meine, das ist wie in einer Ehe." (BA 1)*

> *„Das ist ja wie eine Ehe. Und ist vielleicht noch intensiver, weil alles so hineingepresst wird in so einen zeitlichen Druck, mit so vielen Emotionen mit dabei. Und dann sitzt du da mit jemandem am Tisch und kennst den gar nicht und musst dich aber jetzt mit dem arrangieren. Und du weißt aber auch, wenn hier gleich die Tassen fliegen, im übertragenen Sinne, dann musst du auch morgen dir nochmal in die Augen gucken können. Also, alles wie in einer Ehe. Deshalb dieser alte Spruch: Drum prüfe, wer sich ewig bindet." (E 4)*

> *„Und ich glaube, über die Zeitdauer ist es dann eben noch mal einfach eine zwischenmenschliche Beziehung. [...] Das heißt, du musst eigentlich mit Leuten zusammenarbeiten oder dir auswählen, die sich auch zwischenmenschlich gut finden. Weil, wenn du jemanden nicht gut findest, nicht magst, dann hörst du nicht auf seinen Rat auch." (VC 6)*

> *„Ja, man sollte sich vorher überlegen, ob man miteinander arbeiten möchte. Aber das habe ich zum Glück gemacht. Ich könnte mit jedem meiner Gründer auch in den Urlaub fahren. Aber ansonsten, ja das macht doch keinen Sinn. Das dauert einfach. Man arbeitet jahrelang zusammen. Man will auch irgendwie ein Vertrauensverhältnis aufbauen. Da muss ich mich einfach auch auf einer persönlichen Ebene verstehen." (VC 3)*

In Kapitel 3.2.1 wurde Vertrauen als ein- bzw. multidimensionales Konstrukt diskutiert. Die Vertreter der multidimensionalen Vertrauensdefinition folgen der Auffassung, dass Vertrauen affektive, behavioristische und kognitive Dimensionen aufweist.[1068] Somit kann Vertrauen hinsichtlich einer Dimension vorliegen, hinsichtlich einer anderen Dimension allerdings nicht. Gegenseitiges Vertrauen als ganzheitliches Konstrukt prägt maßgeblich das Beziehungsverhältnis zwischen Gründer und Investoren und ist für eine erfolgreiche Unternehmensentwicklung des Start-ups unabdingbar.[1069] Dementsprechend liegt Vertrauen bzw. Misstrauen vor und ist eine subjektiv-individuelle Abwägung, weshalb die vorliegende Arbeit Vertrauen als eindimensionales Konstrukt annimmt.

Die eindimensionale Vertrauensdefinition folgt der Definition von *Mayer et al.* (1995), wobei auch hier eine Multidimensionalität durch die unterschiedlichen Beweggründe für Vertrauen

---

[1068] Vgl. *Johnson/Grayson* (2005), S. 501.

[1069] Vgl. *Cable/Shane* (1997), S. 158; *Fairchild* (2011), S. 360 ff.; *Middelhoff et al.* (2015), S. 327 ff.; *Scarbrough et al.* (2013), S. 105 ff.; *Sudek* (2006), S. 98; *Welpe* (2008), S. 1255.

impliziert wird.[1070] Gemäß des Literaturüberblicks von *Fulmer/Gelfand* (2012) lassen sich die Beweggründe für Vertrauen in charakterbasierte und verhaltensbasierte Beweggründe differenzieren (siehe Kapitel 3.2.2).[1071] Die charakterbasierten Beweggründe befassen sich mit der Vertrauenswürdigkeit eines Individuums, welche mittels der kognitiven Faktoren Fähigkeit und Rechtschaffenheit sowie mittels des affektiven Faktors Wohlwollen gemessen wird. Während sich die Fähigkeit auf das Humankapital eines Individuums bezieht, thematisiert die Rechtschaffenheit gemeinsame Prinzipien und Wertvorstellungen. Auf affektiver Ebene wird im Rahmen des Wohlwollens die Hingabe des Vertrauenden zugunsten des Trauenden bewertet.[1072] Im Rahmen der verhaltensbasierten Beweggründe hat sich als Messgröße die Regelgerechtigkeit in der Literatur als dominanter Faktor etabliert. Hierbei wird die Fairness eines Prozesses bewertet, unabhängig von dem tatsächlichen Ergebnis. Die Fairness wird dabei anhand der Kriterien Befangenheit, Ethik, Genauigkeit, Konsistenz, Korrektheit sowie Mitspracherechten abgewogen.[1073]

In den vorliegenden empirischen Daten lässt sich ebenfalls die Relevanz des jeweiligen Beweggrundes identifizieren. Zunächst werden die charakterlichen Beweggründe für Vertrauen analysiert. Vor dem Hintergrund der Vertrauenswürdigkeit befassen sich sowohl Gründer als auch Investoren mit der Fähigkeit der jeweils anderen Partei. Die Gründer legen dabei Wert auf Erfahrung, Referenzen sowie die Fähigkeit, einen über die Kapitalbereitstellung hinausgehenden Mehrwert für das Start-up leisten zu können:

> *„Es gibt Business Angels, die erfahren sind und es gibt Business Angels, die, habe ich diesen Begriff immer mal gehört, dass jemand sagt, er angelt ein bisschen rum. Das trifft es ganz gut. [...] Und haben dann aber gesagt: Okay, es gibt für uns ein paar Parameter, die jetzt immer stimmen müssen, damit wir mit einem Investor überhaupt interagieren, sonst lassen wir es halt sein. Geld ist halt nicht alles." (E 8)*

> *„Es gibt auch nicht den VC, ja. Und es kommt sehr auf die Sozialisierung der handelnden Personen an, aus welchem Stall die kommen. Und das ist ein riesen Unterschied, ja. Und du hast halt Investoren, die null Komma null Value-Added haben." (E 6)*

> *„Also, am Anfang ist es immer gut, einen namhaften Investor zu haben. Aber ich glaube, am Anfang gucken alle nur, was es bringen kann. [...] Da gibt es einige, aber die meisten Business Angels auch nicht so wirklich, also dass sie unkomplizierte Abläufe und dass sie Geld haben. Das ist, glaube ich, das Wichtigste und ob sie gegebenenfalls noch Kontakte*

1070 Vgl. *Colquitt et al.* (2011), S. 1001; *Fulmer/Gelfand* (2012), S. 1170 ff.; *Mayer et al.* (1995), S. 712.
1071 Vgl. *Fulmer/Gelfand* (2012), S. 1175 ff.
1072 Vgl. *Mayer et al.* (1995), S. 717 ff.
1073 Vgl. *Busenitz et al.* (2004), S. 794; *Colquitt/Rodell* (2011), S. 1183; *Korsgaard et al.* (1995), S. 63; *Korsgaard/Roberson* (1995), S. 657; *Sapienza/Korsgaard* (1996), S. 547.

> *haben und Interesse haben, bei einem weiteren Funding einen weiter zu unterstützen." (E 2)*
>
> *„Generell vom Operativen bringt er ein Netzwerk mit, was dir hilft, für Geschäftspartner, Kooperationen [...]." (E 4)*
>
> *„[...] Dass man Leute an Bord hat, die für das, was man so vorhat, auch die richtige Einstellung, den richtigen Mindset mit sich bringen. Und da gibt es sicherlich einen großen Unterschied zwischen den Investoren, die selbst unternehmerisch denken und agieren und reine Finanzinvestoren." (E 7)*
>
> *„Weil Geld kriegst du von allen. Ist einfach so. Wenn du ein gutes Team bist, das Geld, das ist wirklich nicht schwer zu kriegen. Und das ist halt der Punkt: Was soll im Grunde ein Investor mitbringen? Ein Investor, und das ist wirklich für jeden Gründer heute so, dass man sich die ganz genau anschaut, nach der Möglichkeit nachzulegen. Also, wirklich über den Investitionszyklus nicht zum Risiko zu werden, sondern, dass die da mitgehen können. Wenn sie das können, dann ist der zweite Punkt eben, und das ist eigentlich der wichtige Punkt, dass sie ein Netzwerk haben, was dir hilft, zu skalieren und im Markt zu skalieren." (BA 1)*

Im Ergebnis liegt das Hauptaugenmerk der Gründer bei der Bewertung der Fähigkeit von Investoren in der Abwägung, ob die Investoren einen Mehrwert für das Start-up liefern können oder rein aus finanziellem Interesse handeln. Bei letzterer Eigenschaft bewerten die Gründer die Fähigkeiten der Investoren eher negativ und dementsprechend die Investoren als nicht vertrauenswürdig. Dieser Sachverhalt ist bereits in der Literatur belegt (siehe Kapitel 2.2.6.2).[1074] *Fairchild* (2011) unterteilt die Finanzierungskriterien des Gründers in ökonomische und verhaltenswissenschaftliche Kriterien. Zu den ökonomischen Kriterien zählt auch der Mehrwert von Investoren.[1075] Die verhaltenswissenschaftlichen Beweggründe sind auf das von *Clercq/Sapienza* (2001) entwickelte Konstrukt der Relational Rents gestützt und befassen sich mit den übrigen Beweggründen für Vertrauen.[1076]

Die Investoren beurteilen im Rahmen der Fähigkeit hauptsächlich das Humankapital des Gründers sowie dessen Geschäftsidee und Track Record:

> *„Das heißt die grundsätzliche Frage: Was kann unser Team bauen? Ist das eine geile Story? Ist das eine große Sache, an der wir arbeiten können?" (E 1)*
>
> *„[...] Im Endeffekt investieren wir auf Basis eines Unternehmenskonzeptes und natürlich der Protagonisten, der Gründer. [...] Venture-Capital-Finanzierung hat sehr viel mit Vertrauen zu tun. Vertrauen in die Sache, die präsentiert wird und natürlich Vertrauen in die Personen, die die Sache entwickeln wollen. [...] Wie gesagt, wir investieren ohne*

1074 Vgl. *Chemmanur/Chen* (2014); *Hellmann et al.* (2017); *Kim/Wagman* (2016); *Leshchinskii* (2003); *Schwienbacher* (2007); *Schwienbacher* (2013).

1075 Vgl. *Fairchild* (2011), S. 360 ff.

1076 Vgl. *Clercq/Sapienza* (2001), S. 110 ff.; *Fairchild* (2011), S. 360 ff.

Sicherheiten. […] Und somit ist diese Due Diligence der Person oder der Protagonisten sehr, sehr wichtig." (VC 1)

„Ich nenne das irgendwie Product-Market-Founder-Fit." (VC 3)

„Ich würde mal sagen, eine der größten Aufgaben unsererseits ist, die Person einzuschätzen. Und gerade Early-stage-Investment, viel der Entscheidung geht auf das Team zurück. Und wir würden nur investieren, wenn wir einfach von den Leuten überzeugt sind und wenn die auch von uns überzeugt sind wahrscheinlich. Also, das geht einher mit einem gewissen Vertrauen, einem gewissen, einfach persönlichen Fit auch, glaube ich, so ein bisschen." (VC 4)

„Und es gibt auch sehr viele Investoren, die dort sagen, dass sie eigentlich auch nur in Leute investieren wollen, die sehr gerne auch schon mal irgendwie gescheitert sind oder auch schon einmal etwas aufgebaut haben. Egal, wie erfolgreich das war, um eben unbedingt diese Erfahrung gemacht zu haben." (E 1)

„Natürlich ist Vertrauen sehr wichtig im Sinne von der Investor muss Vertrauen in das Team haben, weil am Ende investieren sie mehr in Leute als in ein Projekt. […] Aber das ist genau, wie du mich fragen würdest: Okay, wie kann man Vertrauen in jemanden haben, den man einstellt? Du hast ein gutes Feeling gehabt. Du bist von ihm überzeugt, von seinen Lebensläufen überzeugt. Du hast auch eine Meinung aus deinem Netzwerk geholt und die sagen: Okay, es ist ein guter Typ. Das Projekt ist überzeugend. Hat auch andere Projekte gemacht, die erfolgreich gewesen sind. Ja, natürlich muss er Vertrauen haben." (E 3)

Darüber hinaus lässt sich auch feststellen, dass ein gewisses Grundvertrauen bzw. ein Vertrauensvorschuss der jeweils anderen Partei eingeräumt wird, welcher sich positiv auf das Beziehungsverhältnis zwischen Gründer und Investoren auswirkt:

„Also, Grundvertrauen einfach, weil ich gesehen habe: Eine grundehrliche Haut, möchte das unbedingt, ist da schon lange dabei, weiß, wovon er redet […]." (BA 2)

„Nein, also da ist dann natürlich ein großer Vertrauensvorschuss schon mal, einfach, weil es ansonsten zu viele Ressourcen kosten würde, wenn du wirklich irgendwie jedes Thema fünfmal hinterfragst." (E 4)

„Also auch sehr stark Vertrauen vorschießend. Was natürlich ein Verhältnis extrem prägt." (E 7)

„Und dass du also da einen bestimmten Track hast und auf der anderen Seite auch einen bestimmten Reach hast, dass die Leute wissen, die sind auch nicht die Einzigen, die mit dir arbeiten. Du arbeitest, und das ist auch, dass du eben ein weites Netzwerk hast und viele Leute in dich schon vertrauen. Und dann musst du eben immer mit einem offenen Visier kämpfen." (BA 1)

„Was uns an ihm überzeugt hat, ist erstmal, also, wir kannten ihn beide persönlich vorher. Ein bisschen besser. Also, nicht ein bisschen besser, sondern so vom Sehen und man kannte sich." (E 8)

„[…] Wir hatten eine Situation, die zunächst mal, unabhängig von dem Investment, ein gewisses Vertrauen begründet hat." (E 7)

Ein zentrales Investmentkriterium der Investoren ist die Abwägung des Humankapitals des Gründers bzw. des Gründungsteams (siehe Kapitel 2.2.5.4).[1077] Im Rahmen der Analyse des Humankapitals wird laut *Harrison et al.* (2015) der Investor Fit gemessen, welcher zu großen Teilen aus der subjektiven Bewertung des Vertrauens in den Gründer besteht.[1078] Die Interviewauswertung spiegelt diesen Sachverhalt wider. Ferner lassen sich auch die Ergebnisse von *Clark* (2008), *Mitteness et al.* (2012a) oder *Mitteness et al.* (2012b) in der vorliegenden Arbeit nachvollziehen, welche zeigen, dass das Vertrauen der Investoren in die Fähigkeit des Gründers die Investmentbereitschaft signifikant erhöht (siehe Kapitel 3.2.3).[1079] Die Ergebnisse der Datenauswertung suggerieren somit einen positiven Zusammenhang zwischen der Fähigkeit des Gründers und dem Erfolg der Finanzierungsrunde. Selbigen Zusammenhang zeigen auch *Middelhoff et al.* (2015) in ihrer Studie zu Vertrauen zwischen Gründer und Investoren in der Post-Investment-Phase, indem sie empirisch einen marginal positiv signifikanten Einfluss von der Fähigkeit der Investoren und dem Vertrauen des Gründers in selbige zeigen.[1080] Dieses Resultat wird ebenso von *Collewaert* (2012) und *Bammens/Collewaert* (2014) bestätigt, indem sie den beiden kognitiven Beweggründen für Vertrauen den höchsten Einfluss auf die Vertrauenswürdigkeit in die Investoren unterstellen.[1081] Folglich nimmt auch die Rechtschaffenheit als kognitiver Beweggrund eine wichtige Rolle in dem Vertrauensverhältnis zwischen Gründer und Investoren ein. Die wahrgenommene Rechtschaffenheit befasst sich mit der Prinzipienkonvergenz beider Parteien:

> *„Und da sind wir auf einer Wellenlinie gewesen [...] und darum haben wir uns entschieden, mit ihm zu arbeiten, weil das Gefühl da war.“ (E 8)*
>
> *„Aber ganz viel würde ich vom Ruf abhängig machen und mit anderen Gründern sprechen, die mit denen schon Erfahrung haben. [...] Und man kann mit den Leuten reden, die da schon investiert haben. [...] Ich glaube, das Vertrauen, das kommt halt über die Gespräche und über das gemeinsame miteinander sein. [...] Und Zweitens eben, das auf einer persönlichen Ebene eine Riesenbereicherung ist. Also, dieses Mentortum ist jetzt wahrscheinlich mittlerweile eher in eine Freundschaft übergegangen.“ (E 4)*
>
> *„Und plötzlich wurde uns also eine katastrophale Referenz zuteil, die dann, also von unserem Investor ausgesprochen wurde, über drei Ecken. [...] Und dann hat er also auch sehr offen gesagt: Jungs, also, ich kenne euch ja nicht, aber ich kann euch nur wirklich warnen, diesen Burschen da mit an Bord zu nehmen, weil der war bei mir in der Company*

1077 Vgl. *Dhochak/Sharma* (2015), S. 466; *Franke et al.* (2008), S. 462; *Kaplan/Stromberg* (2004), S. 2185 ff.; *Miloud et al.* (2012), S. 162 ff.; *Paul et al.* (2007), S. 120; *Shepherd* (1999), S. 623; *Shepherd/Zacharakis* (1999), S. 199 ff.; *Silva* (2004), S. 137 ff.; *Sudek* (2006), S. 98; *Tyebjee/Bruno* (1984), S. 1054.

1078 Vgl. *Harrison et al.* (2015), S. 540 ff.

1079 Vgl. *Clark* (2008), S. 271 f.; *Mitteness et al.* (2012a), S. 259; *Mitteness et al.* (2012b), S. 602.

1080 Vgl. *Middelhoff et al.* (2015), S. 340.

1081 Vgl. *Bammens/Collewaert* (2014), S. 1983; *Collewaert* (2012), S. 767 ff. Siehe Kapitel 3.2.3.

hier angestellt und hat da dies gemacht und das gemacht. Also, sehr kriminelle Machenschaften. Und hat da also sehr offen drüber gesprochen. Insofern war da von Anfang an eine Situation, die darüber hinaus ging, dass man sich erst mal irgendwo auf einen Kaffee trifft, weil er uns da vor einer großen Dummheit bewahrt hat." (E 7)

„Ja, und das siehst du eben, wenn du so einen hast wie den [Name], der hat halt, der ist recht early, der hat noch nicht so richtig selber gegründet, aber der ist mit denen auf einer Wellenlänge, kann mit T-Shirt und Turnschuhen auf zig Events rumgurken [...]." (BA 1)

„Es gibt da einen Seniorpartner, also das ist irre, der hat echt den Ruf im Markt, dass er eine bestimmte Persönlichkeit hat, der brüllt in Beiratssitzungen. Der rennt raus, knallt die Türen zu. Und das hat dazu geführt, dass beispielsweise Start-ups teilweise sagen, pass mal auf hier, es ist toll, was ihr hier macht, aber den setzt ihr uns nicht in den Beirat, den wollen wir nicht. Sonst könnt ihr auch nicht investieren." (BA 1)

„[...] Im Gründungsteam es Probleme gab, weil der eine Gründer eben nicht vertrauenswürdig war. Nicht vertrauenswürdig, weil er wirklich krumme Sachen gemacht hat. [...] Das war echt hart, weil es waren so Sachen, die waren schon sehr Borderline, auch was die Kriminalität angeht." (BA 1)

„Du vertiefst noch mal die Reference Calls, gerade auch zum Team. Wir haben jetzt für das Team auch einen Persönlichkeitstest, den die vorher machen, sodass wir einen sehr guten Eindruck über die Persönlichkeiten auch haben vom Team." (VC 6)

Der hochrangige Stellenwert gemeinsamer Prinzipien zeigt, dass die Rechtschaffenheit einen Einfluss auf das gegenseitige Vertrauen hat. Diesen positiven Effekt können *Middelhoff et al.* (2015) auf einem marginal signifikanten Level empirisch belegen und *Dirks/Ferrin* (2002) bestätigen diese Auffassung in ihrer Metaanalyse.[1082] Während die kognitiven Beweggründe für Vertrauen nur einen marginal signifikant positiven Einfluss auf das Vertrauen in den Gründer haben, belegen *Middelhoff et al.* (2015) einen signifikant positiven Einfluss von Wohlwollen auf das Vertrauen in die Investoren.[1083] In der vorliegenden Studie wird das Wohlwollen im Einklang mit der in Kapitel 3.2.3 diskutierten Literatur von beiden Parteien als sehr positiven Einflussfaktor auf das gegenseitige Vertrauen dargestellt:

„Du machst halt alles im Sinne der Firma. [...] Dich interessiert natürlich das Wohl des Unternehmens und eigentlich des Gründungsteams." (BA 1)

„[...] Eine Stunde später habe ich dann eine Email in Kopie gekriegt, in der er dann seinem Bankberater also schrieb und sagte, dass er also den Großteil der [Anzahl] Euro, also alles, was nicht die eigentliche Einlage war, dann schon vorab überwies. Ohne, dass wir eine einzige Unterschrift geleistet hatten. [...] Dann hast du natürlich eine große Bindung und neigst jetzt also wirklich nicht dazu, zu sagen: Okay, also dieses Vertrauen würde ich jetzt missbrauchen, sondern ganz im Gegenteil." (E 7)

[1082] Vgl. *Dirks/Ferrin* (2002), S. 618 f.; *Middelhoff et al.* (2015), S. 340.

[1083] Vgl. *Middelhoff et al.* (2015), S. 340.

„Und ja, also am Ende auch als Ansprechpartner für die Gründer zur Verfügung zu stehen, wenn die am Ende auch Sorgen und Nöte haben, Fragen haben, Austausch suchen." (VC 5)

„[VC] geht es insbesondere darum, dass die sagen: Hey, gut schaut her, wir wollen, dass ihr gut wachst. Wir wollen, dass ihr etwas wagt. Wir wollen, dass ihr vorankommt und da tun wir alles für. [...] Naja, also da muss man differenzieren ein bisschen, ich glaube, das Wichtigste ist, dass so ein Investor eine gewisse Loyalität zum Projekt hat, das heißt, auch noch da ist für dich, wenn es mal nicht so gut läuft." (E 2)

„Ich glaube, man [baut] Vertrauen auf, indem man eben sehr gut kommuniziert, den Prozess sehr offenlegt. Eben dem Unternehmer auch seine Ängste nimmt." (VC 6)

„Im besten Fall hat man ja weiter ein gutes Verhältnis miteinander und ein Verhältnis, wo man auch mal Fünfe gerade sein lassen kann und sagen kann: Komm, hier, du machst das. Ich mache das. Wir müssen uns jetzt nicht darum streiten, wer jetzt eine Anwaltsrechnung über 8.000 Euro übernimmt. Das ist irgendwie auch egal am Ende. Dass man entsprechend großzügig miteinander umgeht." (E 4)

„Also, was man ganz viel erlebt, und das ist natürlich für ein Unternehmen sehr unklug, wenn sie so siegessicher sind, weil sie gerade ein, zwei gute Gespräche hatten und dann müssen sie einen Monat später zurückkommen und sagen: Das ist alles nichts geworden. Schwierig, also und vor allem, weil sie bei dem ersten Mal so ein bisschen arrogant waren. Dann ist es ganz schwer, wieder auf ein ganz neutrales Niveau zurückzukommen." (VC 2)

„Wir versuchen auch eine recht enge Beziehung zum Gründer aufzubauen. Beispielsweise, ganz simpel, aber wir nutzen teilweise auch [Kurzmitteilungsdienst] in der Kommunikation, weil [Kurzmitteilungsdienst] ist irgendwie eher so ein persönliches Ding. Habe ich auf meinem Handy, antworte ich schnell und das ist noch mal ein anderes Kommunikationslevel als jetzt nur eine Email zu schreiben. Wir versuchen da schon, auch eine persönliche Beziehung aufzubauen und wir kommunizieren halt eben dem Start-up relativ deutlich und klar, wo wir helfen können." (VC 4)

Die Auswertung der Literatur sowie der empirischen Interviewdaten illustriert den positiven Effekt affektiver und kognitiver Beweggründe auf das Vertrauen beider Parteien. Hinsichtlich der verhaltensbasierten Beweggründe lassen sich in der Literatur zunächst widersprüchliche Befunde finden (siehe Kapitel 3.2.3). *Dirks/Ferrin* (2002) kommen in ihrer Metaanalyse zu der Schlussfolgerung, dass die wahrgenommene Regelgerechtigkeit einen positiven Einfluss auf das Vertrauen hat.[1084] Dieser Zusammenhang kann von *Colquitt/Rodell* (2011) oder *Middelhoff et al.* (2015) empirisch nicht mit ausreichendem Signifikanzniveau bestätigt werden. Dennoch argumentieren die Autoren für einen positiven Zusammenhang und sehen einen möglichen Grund in der unpräzisen Messskala, da diese nicht im Kontext von Vertrauen zwischen

[1084] Vgl. *Dirks/Ferrin* (2002), S. 618 f.

Gründer und Investoren entwickelt wurde.[1085] Die Interviewpartner beschreiben den Einfluss der Regelgerechtigkeit wie folgt:

> *„Also, du versuchst am Anfang, so viel wie möglich rauszubekommen und dann irgendwie guckst du: Hält jemand Wort? Hat er einfach mehr versprochen als er liefert?“ (E 5)*
>
> *„Wurde ich verarscht? Nein, von den Investoren nicht.“ (E 4)*
>
> *„Aber wir achten schon sehr drauf, was einer sagt. Also, ich schicke euch die Präsentation morgen und dann kommt sie nach einer Woche, das ist nicht gerade vertrauensfördernd. Also, machen die, was sie sagen?“ (VC 5)*
>
> *„[...] Was wir ihm erzählt haben, das, was er vielleicht im Lebenslauf gesehen hat und das, was dann tatsächlich passiert ist, das war deckungsgleich. Also, es war nicht so, ich meine, da gibt es ja Leute, die sagen: Ja, und wir sparen jetzt. Und fahren dann mit dem Porsche durch die Gegend. So das extreme Beispiel. Das baut natürlich kein Vertrauen auf.“ (E 7)*
>
> *„Und du hast auch selten das Problem, dass Leute was versprechen und nicht machen oder irgendwas im Rücken machen. Das kann passieren, aber ich würde sagen, Vertrauen in diesem Sinn, also Non Disclosure und irgendwie fair, fair zu sein.“ (E 3)*
>
> *„Wenn ich investiere und der macht was hinter meinem Rücken, das geht nicht.“ (BA 1)*
>
> *„Aber ihr müsst einen Vorschlag machen, der für euch und für mich so gut ist, dass wir langfristig zusammenarbeiten können. Also, ihr könnt mich jetzt einmal über das Ohr hauen. Das werde ich aber merken. Da gibt es kein zweites Mal. [...] Also, macht einfach was, was für beide Seiten fair ist.“ (E 7)*
>
> *„Man nimmt ja für sich auf: Wie präsentieren die Sachverhalte? Wie sind die in der Diskussion? Wie gesagt, sind die offen oder verschlossen? Beratungsresistent oder nicht? Sind die verlässlich? Halten die Sachen ein, die sie einem zugesagt haben?“ (VC 1)*

Verstöße gegen die Regelgerechtigkeit werden im Einklang mit den Ergebnissen von *Bosse et al.* (2009) und *Pollack/Bosse* (2014) von den Interviewpartnern als vertrauensmindernd beschrieben:[1086]

> *„Ich glaube, in dem Fall, wo jemand sich persönlich angegriffen fühlt, weil irgendwas passiert ist und jemand sagt: Nein, jetzt muss ich dir das aber irgendwie reinwürgen, da geht es halt nur Downhill. Das ist ja irgendwie wiederum vielleicht so eine Ehe, wenn da die Leute dann vor Gericht [gehen], einfach nur aus einer persönlichen Motivation heraus, gar nicht mal, weil es sachlich gerechtfertigt ist.“ (E 4)*
>
> *„Ja, wenn man im Endeffekt, ich will nicht sagen, angelogen wurde oder Sachen halt in einer gewissen anderen Art und Weise dargestellt wurden. [...] Und wie gesagt, dann gibt es natürlich immer den Punkt, wenn es mal zu einer Folgefinanzierung kommt, dann wirst du natürlich auch nur Geld geben an Personen, die dich in der Vergangenheit definitiv nicht verarscht haben.“ (VC 1)*

[1085] Vgl. *Colquitt/Rodell* (2011), S. 1195, 2011 f.; *Middelhoff et al.* (2015), S. 340, 343.

[1086] Vgl. *Bosse et al.* (2009), S. 452 f.; *Pollack/Bosse* (2014), S. 745. Siehe Kapitel 3.2.3.

„Und dann natürlich, es ist eine sehr intensive Zusammenarbeit, wenn man anfängt in die Due Diligence zu gehen und in Vertragsverhandlungen und da darf das Vertrauen natürlich nicht kaputtgehen und das merkt man ganz schnell. Wenn man sagt: An dem Tag kriegst du das. Wenn man es nicht kriegt, ist es schon mal ganz schlecht. Wenn man es vor allem unentschuldigt nicht kriegt. Wenn man merkt, es laufen Verhandlungen woanders, die man nicht mitbekommt, da ist das Vertrauen ist sehr schnell verspielt." (VC 2)

„Also, konsistente Aussagen. [...] Also, am Anfang sagen sie noch 50.000 Umsatz und dann an anderer Stelle sagen sie: Wir haben 100.000 Umsatz. Dann ist das schon einmal nicht sehr vertrauenswürdig. Und noch schlimmer ist es, wenn sie sagen, sie haben Umsatz und dabei sind es erste Kontakte. Also, sie sagen, sie haben Kunden [...] und dann sind es aber gar keine Kunden, sondern sind Termine bei Firmen, die sie hatten, die dann vielleicht Kunden werden können. Also, wenn sie einfach falsche Dinge sagen, ganz klar. Also, sie wissen, Unwahrheiten fördern nicht gerade das Vertrauen. [...] Und eine andere nicht so schöne Lessons Learnt ist, dass Gründer, insbesondere in bestimmten Situationen, nicht die Wahrheit sagen. Klar, weil wenn ein Unternehmen kurz vorm Scheitern steht, erzähle ich alles, nur um eine Finanzierung zu kriegen." (VC 5)

„So ein Vertrauen besteht normalerweise auch immer ganz gut, bis eben es zu einem Vertrauensverlust kommt. Vertrauensverlust heißt, weiß nicht, er lügt mich an, er schickt mir irgendwelche falschen Dokumente, er hintergeht mich irgendwie." (VC 4)

Die Datenauswertung illustriert die Wichtigkeit der Regelgerechtigkeit im Beziehungsverhältnis zwischen Gründer und Investoren. Dabei wird darauf aufmerksam gemacht, dass die Fairness hinsichtlich jeglicher Thematiken besonders geschätzt wird. Demnach sind die hier getroffenen Aussagen deckungsgleich mit den empirischen Befunden sowie den Diskussionen der nicht signifikanten Ergebnisse in der Literatur.[1087] Die Regelgerechtigkeit wirkt sich folglich positiv auf das Beziehungsverhältnis zwischen Gründer und Investoren aus und erhöht im Endeffekt den Unternehmenserfolg. Da die Literatur noch uneinheitliche Ergebnisse hinsichtlich dieses Zusammenhangs aufweist, wird folgende Hypothese formuliert:[1088]

***H 6a**: Die positiv wahrgenommene Regelgerechtigkeit wirkt sich positiv auf den Unternehmenserfolg aus.*

Maxwell/Lévesque (2014) zeigen bei Vertrauensbruch im Normalfall eine Beendigung der gemeinsamen Zusammenarbeit.[1089] Zu dieser Schlussfolgerung lassen sich ebenfalls Aussagen in der vorliegenden Datenauswertung finden:

„Also, das hatten wir auch mal, dass dann der Gründer versucht, irgendwie Investoren gegenseitig auszuspielen. [...] Klar, die wollen sich verkaufen und das ist ja auch gut in einer gewissen Weise, aber das darf nicht darüber übergehen, dass man einen anlügt.

1087 Vgl. *Colquitt/Rodell* (2011), S. 1195, 2011 f.; *Middelhoff et al.* (2015), S. 340, 343.

1088 Vgl. *Dirks/Ferrin* (2002), S. 618 f.; *Colquitt/Rodell* (2011), S. 1194 f.; *Middelhoff et al.* (2015), S. 343.

1089 Vgl. *Bottazzi et al.* (2016), S. 2285. Siehe Kapitel 3.2.3.

Also, das, wenn sowas passiert, ist das Investment, glaube ich, sofort gescheitert oder der Prozess." (VC 4)

„Beides, aber wenn sie plötzlich kein Vertrauen mehr in das Management haben, ist es vorbei. So, in diesem Sinne ist Vertrauen super wichtig. Ja, es ist, es geht in die Teilrichtung. Ich habe so einen Freund da, [der hat] eine Firma gegründet. Die haben einen Fonds gefunden und so weiter. Und nach [Anzahl] Jahren hat der Fonds ihn entlassen. Natürlich hatten sie dann kein Vertrauen und deswegen ist das gescheitert." (E 3)

„Wenn man bewusst getäuscht wurde, dann gibt es natürlich Garantien oder sonstige Regeln in Beteiligungsverträgen, wo man natürlich auch noch, weiß ich nicht, dagegen klagen kann. Aber wenn du einmal die juristische Keule gegen eine Person herausholst, dann ist sowieso das Vertrauen im Eimer. Also, dann kann man gleich das Thema einpacken." (VC 1)

„Und meistens endet es dann auch mit dem Austausch der Geschäftsführung. Weil es, also, wenn das Vertrauen dann so zerrüttet ist, dann geht es nicht mehr." (VC 2)

Eine der größten Herausforderungen ist in dem hier beschriebenen Kontext der Abbau von Informationsasymmetrien durch Vertrauen.[1090] Die präsentierte Analyse der Beweggründe für Vertrauen bekräftigt die in der Literatur dominierende Aussage der Relevanz von Vertrauen in dem informationsasymmetrischen Beziehungsverhältnis zwischen Gründer und Investoren (siehe Kapitel 3.2.3).[1091] Darüber hinaus zeigt die empirische Datenauswertung eine erhöhte Investmentbereitschaft seitens der Investoren, wenn sie in den Gründer vertrauen. Dieser Zusammenhang wird von *Bottazzi et al.* (2016), *Carpentier/Suret* (2015) und *Maxwell/Lévesque* (2014) empirisch belegt.[1092] Auf Grund der dynamischen, subjektiv-individuellen Eigenschaft von Vertrauen, ist es schwer, die Vertrauenswürdigkeit sowie Regelgerechtigkeit ex ante gänzlich zu bewerten. Vor dem Hintergrund der Forschungsfrage ist die Hauptaufgabe der Investoren schlussfolgernd die Rolle als Vertrauensvermittler, positiver Signal- sowie Referenzgeber auf Grund seiner Reputation am Markt einzunehmen:

„Okay, jetzt wird die Runde gemacht. Wir sind da als Garant für potenzielle Neu-Investoren, Mit-Investoren, Trustbuilder. Also, wir müssen ansprechbar sein, beziehungsweise oftmals ist es auch so, dass du eben über die Runden [mitgehst], damit die investieren. Die sagen: Hey, Trustbuilder, geh mal mit bei der gleichen Bewertung, auch wenn es nur symbolisch ist. [...] Und das ist auch dieses Trustbuilding wieder. Also, wenn du mit irgendwelchen Zahlen kommst und da Hockey Sticks drin sind, die nicht nachvollziehbar,

---

1090 Vgl. *Cable/Shane* (1997), S. 158; *Middelhoff et al.* (2015), S. 327 ff.; *Scarbrough et al.* (2013), S. 105 ff.; *Sudek* (2006), S. 98; *Welpe* (2008), S. 1255.

1091 Vgl. *Bammens/Collewaert* (2014), S. 2000; *Cable/Shane* (1997), S. 158; *Middelhoff et al.* (2015), S. 327 ff.; *Scarbrough et al.* (2013), S. 105 ff.; *Sudek* (2006), S. 98; *Welpe* (2008), S. 1255.

1092 Vgl. *Bottazzi et al.* (2016), S. 2285; *Carpentier/Suret* (2015), S. 815 ff.; *Maxwell/Lévesque* (2014), S. 174 f. Siehe Kapitel 3.2.3.

auf die du selber nicht investierst hast, damit zu möglichen Partnern gehst, am Ende sagen die auch: Ist ja nicht besonders professionell." (BA 1)

„Aber es ist ja immer eine sehr persönliche Sache der Investitionsentscheidung. Also, wenn ich als Unternehmer eine Reputation habe und Leute mit mir in der Vergangenheit gute Erfahrungen gemacht haben, dann vertrauen die mir viel schneller Geld an. Und umgekehrt genauso: Wenn jetzt ein Investor jemanden hat, der ihm vertraut, dann kann er den auch schneller an Bord holen. Der persönliche Faktor spielt eine riesige Rolle." (E 6)

„Man kann natürlich sagen, ein Alt-Investor, der weitermacht ist eigentlich ideal, weil das zeigt, der hat Vertrauen in das Unternehmen. [...] Und wenn er auch noch mitmacht, gibt es natürlich schon nochmal Vertrauen." (VC 2)

„Der Investor, der potenzielle neue Investor, will natürlich auch mit dem bestehenden Investor mal sprechen und ihn um seine persönliche Meinung bitten." (VC 4)

„Und da parallel gibt es natürlich eine Strecke, wenn mir jemand etwas zeigt oder ich irgendwo an einen Deal rangehe und das ist eine sehr hochqualitative Sache, dann überspringt das dieses Screening-Meeting und geht direkt in die nächste Stufe." (VC 6)

Proksch et al. (2017) identifizieren in ihrem Literaturüberblick zum Mehrwert von Investoren das Mitwirken bei Finanzierungsrunden als eine zentrale Mehrwertleistung von Investoren, welches sich als positives Signal für potenzielle Folgeinvestoren darstellen lässt.[1093] Diese Signalwirkung wird auch als Verleihung von Legitimität in der Literatur angetroffen.[1094] Die hier präsentierten Ergebnisse bekräftigen zunächst die unterstellte positive Signalwirkung und Legitimitätsverleihung bereits vorhandener Investoren, gehen aber über den aktuellen Wissensstand der Literatur hinaus. Durch Interaktion mit potenziellen Folgeinvestoren verleihen bestehende Investoren dem Start-up Legitimität und agieren als Vertrauensvermittler zwischen Gründer und potenziellen Folgeinvestoren und erhöhen somit die Chance auf eine Folgefinanzierung auf Grund erhöhten Vertrauens in den Gründer. Dieser Sachverhält lässt sich in zwei Hypothesen ausdrücken. Zunächst ist ein direkter Einfluss der Interaktion zwischen bestehenden und neuen Investoren auf das Vertrauen neuer Investoren in den Gründer denkbar. Darüber hinaus ist ein Mediationseffekt der Interaktion zwischen bestehenden und neuen Investoren auf den Einfluss von Vertrauen in den Gründer und die Investmentbereitschaft neuer Investoren denkbar. Beide Sachverhalte werden in den folgenden Hypothesen festgehalten:

***H 6b**: Die Interaktion zwischen bestehenden und neuen Investoren wirkt sich positiv auf das Vertrauen neuer Investoren in den Gründer aus.*

1093 Vgl. *Proksch et al.* (2017), S. 131, 135 f., 140. Siehe Kapitel 2.2.4.2.

1094 Vgl. *Fili/Grünberg* (2016), S. 101 f.; *Macht/Robinson* (2009), S. 109 f. Siehe Kapitel 2.2.3.2.

***H 6c**: Die Interaktion zwischen bestehenden und neuen Investoren wirkt als positiver Mediator auf den Einfluss von Vertrauen auf den Erhalt einer Folgefinanzierung.*

4.2.3.2 Konflikte

Collewaert/Fassin (2013) beschreiben Konflikte als wahrgenommene Differenzen hinsichtlich persönlicher Einstellungen oder aufgabenbezogener Meinungsverschiedenheiten.[1095] Entsprechend dieser bereits in Kapitel 3.3.1 hergeleiteten Definition muss eine Meinungsverschiedenheit zunächst vorliegen und von der jeweils anderen Partei auch als solche wahrgenommen werden. Sofern keine Meinungsverschiedenheiten existieren, emergieren aus latenten Konfliktpotenzialen keine offenen Konflikte zwischen Gründer und Investoren:

> *„Eine Firma, die sich gut entwickelt, hat man ja nie Probleme. [...] Probleme hat man nur dann, wenn es nicht gut geht." (E 6)*
>
> *„Und wenn das gut läuft, dann läuft es gut. [...] Wenn du deliverst ist es gut. Und wenn nicht, dann fallen aber halt auch so ein paar Dominosteine um. Und erst recht, wenn du jetzt einen institutionellen Investor mitnehmen willst." (E 7)*
>
> *„Jetzt ist es natürlich so, dass man dieses Einschnüren immer nur merkt, wenn es nicht läuft." (E 8)*
>
> *„In der Zusammenarbeit mit einem VC ist es eigentlich recht simpel, solange alles so läuft, wie es halt irgendwie auf dem Plan steht." (E 5)*

Appelhoff et al. (2016), *Forbes et al.* (2010) oder *Parhankangas/Landström* (2006) sehen Finanzierungsentscheidungen als potenziellen Konfliktauslöser (siehe Kapitel 3.3.1).[1096] Die Interviewpartner illustrieren das Konfliktpotenzial bzw. die daraus resultierenden Konflikte im Kontext einer neuen Beteiligungsfinanzierung oder dem Exit wie folgt:

> *„Ja, also die hatten natürlich, konnten natürlich auch ihre Meinung entsprechend sagen und wenn wir uns dagegen entschlossen hätten zu verkaufen, also wir als ursprüngliche Gründer, dann wäre natürlich auch die operative Zusammenarbeit später ein bisschen schwierig geworden. Aber auch wir haben uns dann dafür entschlossen, zu verkaufen. [...] Und das ist natürlich für alle eine Extremsituation. Jeder möchte für sich am meisten irgendwie herausholen." (E 4)*
>
> *„Und jeder Investor möchte sich natürlich da am besten vertreten fühlen, weshalb das nicht immer einfach ist." (VC 4)*
>
> *„Und das war so ein Punkt, wo wir halt mit denen, also, sind wir nicht übereingekommen und [es] hat sich die Möglichkeit ergeben, das Unternehmen zu verkaufen." (E 5)*
>
> *„Das zweite Interesse ist, dass man natürlich ein großes Interesse hat, so wenig Anteile wie möglich abzugeben." (E 7)*

[1095] Vgl. *Collewaert/Fassin* (2013), S. 636.

[1096] Vgl. *Appelhoff et al.* (2016), S. 602; *Forbes et al.* (2010), S. 579; *Parhankangas/Landström* (2006), S. 774.

„Und ich hatte jetzt eben auch einmal den Fall, dass du, dass einfach der Unternehmer Vorstellungen über Bewertungen hatte, die komplett unrealistisch sind." (VC 6)

Die Datenauswertung zeigt, dass bei Finanzierungsrunden, Unternehmensbewertungen und Exits ein latentes Konfliktpotenzial existiert, welches relativ häufig in einem offenen Konflikt resultiert, da beide Parteien ihre eigenen Interessen sehr vehement vertreten und versuchen, ihre eigenen Ansichten durchzusetzen. In der einschlägigen Literatur werden Konflikte in vier Typen kategorisiert: Aufgaben-, Beziehungs-, Prozess- sowie Zielkonflikte (siehe Kapitel 3.3.2).[1097] Aufgabenkonflikte befassen sich mit konkurrierenden Sichtweisen auf die zu erledigenden Aufgaben.[1098] Bezogen auf die Forschungsfragen konnten im Rahmen der Datenauswertung keine Indizien für einen Aufgabenkonflikt hinsichtlich des Mitwirkens von Investoren bei Finanzierungsentscheidungen des Gründers gefunden werden. Allerdings zeigt die Datenauswertung, dass Aufgabenkonflikte im Rahmen der Post-Investment-Phase vorkommen und sich häufig auf die operativen Geschäftsabläufe sowie das Geschäftsmodell des Start-ups beziehen:

„Zum Beispiel, wir waren uns nicht einig, ob man diese Investition von diesem [Land] Fonds nehmen soll und jetzt wollen sie einfach die Aktivität ein bisschen neu ausrichten und sie sind nicht überzeugt, dass wir etwas in dieser Richtung machen sollen." (E 3)

„Ich habe mich teilweise gegen den Willen meiner Investoren durchgesetzt und am Ende haben sie gesagt, du hattest doch Recht." (E 6)

„Und dann die Konflikte, die es da geben kann, das ist normales Geschäftsrisiko würde ich sagen, also mehr als das ist es nicht. Mit dem Unternehmen, klar, ich meine, je nachdem wie die bisherige Struktur da ist, wer die Unternehmensleitung innehat, was die Probleme sind, ja, und was sie machen wollen, und was wir für richtig halten, das sind natürlich Sachen, die per se konfliktuell sein können." (VC 2)

„Der Gründer hat sich da am Anfang ein bisschen dagegengestellt. Oder nicht nur ein bisschen, aber er hat sich dagegengestellt, weil er halt gesagt hat, er kennt die Industrie viel besser und das wird so sein und das dauert aber noch ein bisschen und er braucht jetzt noch mal viel Geld, damit er das mal ein bisschen weiterfinanzieren kann. Und dann haben relativ schnell auch zusammen mit anderen, also wir haben dann mit Experten dann gesprochen, die in der Industrie auch tätig sind, und die haben dann eher sogar unsere Meinung vertreten. Ihm da deutlich gemacht, was jetzt zu tun sein müsste oder was jetzt passieren muss." (VC 4)

„Dann sagst du: Ich habe mir überlegt, wir, keine Ahnung, verkaufen jetzt Tierzubehör im Internet. Und nach zwei Jahren sagst du: Ach, nein, Tierzubehör ist irgendwie blöd. Aber wir haben along the way gemerkt, dass irgendwie Schmuck sich auch gut verkauft.

1097 Vgl. *Appelhoff et al.* (2016), S. 603; *Collewaert* (2012), S. 754; *Jehn/Bendersky* (2003), S. 197 ff.; *Khanin/Turel* (2009), S. 5; *Zacharakis et al.* (2010), S. 112 ff.

1098 Vgl. *Amason/Sapienza* (1997), S. 496; *Chen/Ayoko* (2012), S. 21 f.; *Jehn* (1995), S. 258; *Jehn/Bendersky* (2003), S. 200; *Jehn/Mannix* (2001), S. 238; *Simons/Peterson* (2000), S. 102.

Es wird dir kaum gelingen, so einen Pivot mit einer Struktur von institutionellen Investoren durchzusetzen." (E 7)

In der Literatur lässt sich eine uneinheitliche Sichtweise auf den Einfluss von Aufgabenkonflikten auf den Unternehmenserfolg identifizieren (siehe Kapitel 3.3.3). *Collewaert/Sapienza* (2016) zeigen in ihrer Studie den negativen Einfluss von Aufgabenkonflikten auf den Unternehmenserfolg, da Aufgabenkonflikte das kreative Denken einschränken.[1099] *Wit et al.* (2012) zeigen für Aufgabenkonflikten hingegen einen positiven Einfluss auf die Unternehmensentwicklung und argumentieren mit dem kritischen Hinterfragen des konkreten Sachverhaltes.[1100] Auch im Beziehungsverhältnis zwischen Gründer und Investoren lassen sich konkurrierende empirische Befunde wiederfinden. Während *Brettel et al.* (2013) oder *Higashide/Birley* (2002) einen positiven Einfluss von Aufgabenkonflikten zwischen Gründer und Investoren empirisch belegen, zeigen *Collewaert* (2008), (2009), (2012), *Collewaert/Sapienza* (2016) oder *Zacharakis et al.* (2010) einen negativen Einfluss von Aufgabenkonflikten auf den Unternehmenserfolg.[1101]

Schlussendlich vertreten *Collewaert/Sapienza* (2016) vor dem Hintergrund der uneinheitlichen empirischen Ergebnisse eine hybride Auffassung zum Einfluss von Aufgabenkonflikten auf den Unternehmenserfolg und argumentieren mit der Kontextbezogenheit der spezifischen Aufgabe.[1102] Diese hybride Auffassung lässt sich auch in der vorliegenden Datenauswertung identifizieren und liefert dementsprechend einen Beitrag zur wissenschaftlichen Diskussion rund um Aufgabenkonflikte zwischen Gründer und Investoren in der Post-Investment-Phase, indem sowohl positive als auch negative Auswirkungen mit Zitaten aus den Interviews illustriert wurden.

Beziehungskonflikte beinhalten zwischenmenschliche Diskrepanzen zwischen den Konfliktparteien.[1103] Auch hier lassen sich hinsichtlich der Forschungsfrage keine empirischen Belege in den Daten finden. Im Einklang mit der in Kapitel 3.3.3 präsentierten Literatur lassen sich

---

1099 Vgl. *Collewaert/Sapienza* (2016), S. 575; *Dreu/Weingart* (2003), S. 745 f.; *Jehn/Bendersky* (2003), S. 209.

1100 Vgl. *Collewaert* (2008), S. 3; *Collewaert/Sapienza* (2016), S. 575.

1101 Vgl. *Brettel et al.* (2013), S. 191 f.; *Collewaert* (2012), S. 767 f.; *Collewaert/Sapienza* (2016), S. 584 ff.; *Higashide/Birley* (2002), S. 70 ff.; *Zacharakis et al.* (2010), S. 120 f.

1102 Vgl. *Collewaert/Sapienza* (2016), S. 592.

1103 Vgl. *Amason/Sapienza* (1997), S. 496; *Behfar et al.* (2010), S. 128 ; *Jehn* (1995), S. 258; *Jehn/Bendersky* (2003), S. 200; *Jehn/Mannix* (2001), S. 238; *Simons/Peterson* (2000), S. 102.

allerdings die negativen Auswirkungen von Beziehungskonflikten zwischen Gründer und Investoren in der Post-Investment-Phase in den Interviews identifizieren:[1104]

> *„Persönlich sollte man eigentlich sich nie so nahekommen, dass da Persönlichkeiten mit hineinspielen. Also, in der Regel sollte man schon so professionell sein, dass das Operative natürlich immer im Mittelpunkt steht." (VC 1)*
>
> *„Also du wirst niemanden, den du nicht gut findest, der dich nicht gut findet, den wirst du nicht überzeugen oder beeinflussen können." (VC 6)*
>
> *„Oder wenn ich intensiv streite, also im Sinne von ich werde persönlich, was dann ja eher dazu führt, dass ja man nicht mehr richtig zusammenarbeiten kann." (VC 5)*
>
> *„Also, wenn ihm was nicht schmeckt, dann wird er auch durchaus sehr direkt und sehr grantig und gibt einem mal eine drüber. [...] Aber das ist natürlich auch nicht so einfach, wenn man jetzt ein sehr persönliches Verhältnis hat. Das ist ja dann schon fast familiär. [...] In einem sehr emotionalisierten Verhältnis, ist es natürlich eine Dimension, die man sich auch erst erarbeiten muss. Und ich glaube, da haben wir jetzt aber ein gutes Miteinander." (E 7)*

Bereits festgestellt wurde, dass Konflikte i. d. R. nur dann vorliegen, wenn eine unerwartete Situation auftritt, welche nicht der ex ante Erwartungshaltung entspricht. Dabei werden häufig externe Einflussfaktoren als verschuldend charakterisiert und nicht die Investoren verantwortlich gemacht:

> *„Vor allem in dem Moment, wo die Sache nicht so gut läuft. Da ist es schwierig, weil sich viele Gründer auch angegriffen fühlen und nicht einsehen möchten, dass sie etwas nicht richtig gemacht haben und verdienen nichts, sondern das ist dann der Markt oder es dauert halt länger. Das führt schon zu Reibungen." (VC 3)*
>
> *„Und wenn es nicht funktioniert, sind normalerweise die Investoren nicht schuld. Da ist vielleicht dein Produkt, ist nicht gut. Dein Team ist nicht gut. Dein Markt ist nicht gut. Du hast es schlecht implementiert oder du hast eine gute Idee, gute Implementierung aber einen sehr kleinen Markt." (E 3)*
>
> *„Ich will jetzt auch gar nicht sagen, dass es bei vielen Unternehmern auch so nicht ist, dass man sagt: Wenn die blöden Investoren jetzt nicht wären, dann wären wir jetzt erfolgreich, sondern, ich glaube, man muss sich selber fragen: Hat man ein gutes Team? Hat man eine gute Idee?" (E 1)*
>
> *„[...] Also, es hätte besser laufen können. Das hängt aber weniger mit den Investoren zusammen als mit dem Marktumfeld und mit den Entwicklungen der Industrie per se. Aber [es] hätte schon besser laufen können. Also, ist nicht alles ideal gelaufen." (E 2)*

[1104] Vgl. *Appelhoff et al.* (2016), S. 603; *Brettel et al.* (2013), S. 192; *Collewaert* (2009), S. 5; *Collewaert* (2008), S. 4; *Collewaert/Sapienza* (2016), S. 584 ff.; *Dreu/Weingart* (2003), S. 741 f.; *Dreu* (2008), S. 29 ff.; *Higashide/Birley* (2002), S. 70 ff.; *Wit et al.* (2012), S. 362; *Zacharakis et al.* (2010), S. 121 f.

Während der Fokus empirischer Arbeiten im Kontext der außerbörslichen Beteiligungsfinanzierung hauptsächlich auf Aufgaben- und Beziehungskonflikten liegt, analysiert die vorliegende Arbeit alle vier Arten von Konflikten (siehe Kapitel 3.3.3).[1105] Der Prozesskonflikt ist eine Unterform des Aufgabenkonfliktes und befasst sich mit Diskrepanzen hinsichtlich der Art und Weise, wie eine Aufgabe auszuführen ist.[1106] In Anlehnung an die Argumentation im Rahmen der Analyse des Aufgabenkonfliktes bezieht sich der Prozesskonflikt auch eher auf Unstimmigkeiten in operativen Abläufen bzw. im Hinblick auf das Geschäftsmodell:

> *„[...] Wir verstehen uns nach wie vor gut, aber es gibt jetzt schon manchmal Konflikte, weil wir da einfach unterschiedliche Prioritäten setzen. [...] Du, ist alles schön, alles toll, aber wir brauchen für das nächste superschöne Modell eine Anwendung. Nein, wir brauchen jetzt eine Anwendung, die wirklich auch funktioniert." (BA 2)*
>
> *„Und da diskutierst du schon und da wird es dann auch mal heißer in einer Diskussion, weil bestimmte Sachen nicht so schnell umgesetzt werden, wie sie umgesetzt werden könnten." (BA 1)*
>
> *„Schwierig wird es dann eher, wenn du halt ein gänzlich anderes Geschäftsmodell halt aufziehen willst. [...] Als wir diesen Hardware-Weg gehen wollten und halt ein neues Modell, weil der VC war einfach hardwareavers. Er wollte einfach diesen Weg nicht gehen." (E 5)*
>
> *„Und eigentlich ist es ja definitiv immer eine spannende Herausforderung, in dem Markt, wo das Unternehmen agiert, zu gucken: Wie kann man sich noch besser positionieren? Oder was sind bessere Strategien oder noch bessere Vorgehensweisen [...]?" (VC 1)*
>
> *„Und wenn man halt merkt, das ist eine falsche Richtung, die führt nicht weiter, muss man halt refokussieren. Und eben diese Diskussion: Was ist der richtige Fokus? Refokussieren wir uns? In diese Diskussion bringen wir uns aktiv ein, da haben wir eine Meinung." (VC 5)*

Zielkonflikte sind thematisch sehr eng mit Aufgabenkonflikten verknüpft, unterscheiden sich allerdings dahingehend, dass nicht eine wahrgenommene, sondern eine tatsächliche Differenz der Zielvorstellungen vorliegt.[1107] Grundsätzlich gibt es das gemeinsame Ziel von Gründer und Investoren, eine erfolgreiche Unternehmensentwicklung zu erzielen. Während dieses Ziel zunächst für beide Parteien gleich ist, unterscheidet sich jedoch die Operationalisierung dieses Ziels, da jede Partei ihre eigenen Interessen vehement vertritt. Besonders im Rahmen der Finanzierungsrunde, Unternehmensbewertung, Insolvenz oder Exit treten Zielkonflikte zwischen Gründer und Investoren auf:

1105 Vgl. *Collewaert* (2012), S. 754; *Collewaert/Sapienza* (2016), S. 574; *Dreu/Weingart* (2003), S. 741 ff.; *Ensley et al.* (2002), S. 365; *Forbes et al.* (2010), S. 581; *Lim et al.* (2013), S. 58 f.; *Yitshaki* (2008), S. 282 ff.

1106 Vgl. *Behfar et al.* (2010), S. 128; *Jehn* (1997a), S. 540; *Jehn/Bendersky* (2003), S. 201 f.; *Jehn/Mannix* (2001), S. 239; *Zacharakis et al.* (2010), S. 113.

1107 Vgl. *Collewaert* (2012), S. 754, 759. Siehe Kapitel 3.3.2.

„Es kann manchmal Interessenkonflikte geben, wenn zum Beispiel man sich nicht auf die Bewertung einigt. Jetzt, das ist der Konflikt, weil du willst eine Kapitalerhöhung machen.“ (E 3)

„Sonst ist es sicherlich auch so, klar, gerade wenn es jetzt Unternehmen auch mal nicht so gut geht und dann irgendwann vielleicht auch eine Zahlungsunfähigkeit zustande kommt oder man nicht mal mehr darum herumkommt, ist es sicher auch unsere Aufgabe, das Ganze ein bisschen zu strukturieren und natürlich auch unsere Interessen der LPs zu vertreten.“ (VC 4)

„Das heißt, am Anfang sitzt du im gegensätzlichen Boot, was Bewertung angeht. Du willst für dein Fixinvestment möglichst viele Anteile haben. Theoretisch wärst du in der nächsten Runde dann im selben Boot, aber du willst ja auch nachlegen. Deswegen hast du da eben auch einen Interessenskonflikt.“ (VC 6)

„[...] Wenn wir keinen Exit haben wollten, die aber einen wollen, dann kann es da bestimmt auch zu Konflikten kommen, ansonsten gibt es relativ wenig Konflikte.“ (E 2)

„[...] Das ist ja deren Aufgabe, deshalb haben sie auch Geld eingesammelt von ihren eigenen Investoren, das Geld zu mehren. Und so lange das halt aligned ist mit dem, was für mich wichtig ist, geht man zusammen und in dem Moment, wo das halt nicht mehr aligned, dann geht es halt auseinander.“ (E 4)

„Und natürlich gibt es Interessenskonflikte zwischen Gründer und Investoren. [...] Allein aus der unterschiedlichen Portfoliogröße, ergeben sich hier riesige Konflikte, weil der Investor will vielleicht einen aggressiven Wachstumskurs fahren und der Gründer vielleicht nicht, der ist eher vorsichtig. Der Investor kann bei einem aggressiven Wachstumskurs noch einmal nachinvestieren, noch mehr Anteile bekommen. Der Gründer hat dann logischerweise eins zu eins weniger Anteile.“ (VC 5)

Der hier dargestellte Sachverhalt zeigt zunächst erneut das Konfliktpotenzial von Finanzierungsentscheidungen im Rahmen der außerbörslichen Beteiligungsfinanzierung. Ebenfalls lassen sich Parallelen zu der bereits analysierten Kategorie der Unternehmensbewertung feststellen. Hypothese H 2a besagt, dass eine realistische Unternehmensbewertung sich positiv auf das Erhalten einer Folgefinanzierung auswirkt.[1108] Gleichzeitig birgt dieses Mitwirken bei der Unternehmensbewertung aber auch ein großes Konfliktpotenzial, da Gründer und Investoren unterschiedliche Ziele verfolgen. Der Gründer möchte eine möglichst hohe Unternehmensbewertung, wobei die Investoren genau das Gegenteil anstreben. Zielkonflikte zwischen Gründer und Investoren haben folglich einen Einfluss auf die Angemessenheit des Unternehmenswertes. Der dabei erwartete Effekt ist positiv, da der Zielkonflikt das Folgefinanzierungsrisiko in den Fokus der Betrachtung rückt und dieses Risiko dementsprechend durch kritische Reflexion gemindert werden kann. Sinngemäß wird folgende Hypothese ausformuliert:

[1108] Siehe Kapitel 4.2.2.3.

***H 7a**: Zielkonflikte zwischen Gründer und Investoren wirken sich positiv auf die Angemessenheit des Unternehmenswertes aus.*

Collewaert/Sapienza (2016) diskutieren den hybriden Einfluss von Konflikten auf den Unternehmenserfolg des Start-ups vor dem Hintergrund situationsabhängiger Umstände.[1109] *Zacharakis et al.* (2010) erörtern in diesem Zusammenhang die Perspektivenbezogenheit von Konflikten.[1110] Basierend auf den Erkenntnissen der Literaturauswertung argumentiert die vorliegende Arbeit für die Etablierung eines rationalen Konfliktmanagements, welches sich positiv auf den Unternehmenserfolg des Start-ups auswirkt (siehe Kapitel 3.3.3). Auch die Interviewpartner betonen die Relevanz einer rationalen Streitkultur hinsichtlich des Unternehmenserfolges des Start-ups:

> *„Also, am Ende, Streit an sich ist ja nichts Schlimmes. Also, Streit ist ja: Ich habe unterschiedliche Positionen und diskutiere um die Positionen, verteidige auch meine Position. Wir wollen auch Gründer haben, die jetzt nicht gleich zu allem Ja und Amen sagen. Das heißt, ein Streit ist durchaus positiv. Am Ende ist halt entscheidend, man muss halt die Kurve kriegen, also und dann irgendwann, nach einer vernünftigen Zeit, einen Konsens hinkriegen. […] Aber Streit an sich ist jetzt nichts Negatives." (VC 5)*
>
> *„Ja, man kann das sehr rational diskutieren." (E 3)*
>
> *„Und ansonsten, das Zweite ist eben, dass man sich aber auch klarmachen muss, dass es nicht sein kann, dass man sich immer über alles einig ist und dementsprechend eine sehr gesunde Streitkultur zu etablieren, Diskussionskultur, indem man dann eben auch über die Themen diskutiert. Auf einem übergeordneten, nicht einfach operativen Niveau, sondern auf einem übergeordneten Niveau, dass die Gründer halt das Sparring kriegen." (E 7)*
>
> *„Ja, ich glaube, was halt oft da eben auch ist in diesem Punkt, würde ich sagen, so Konfliktmanagement. Das hat man zwischen Gründern, das hat man vorher zwischen Gründern und anderen Investoren. Und ich glaube, da haben wir auch einige Cases, wo wir sehr gut sind und gut geholfen haben." (VC 6)*
>
> *„Wie kannst du das lösen und möglichst so lösen, dass das nicht die weitere Entwicklung jetzt von dem Team stört." (BA 1)*
>
> *„Und dann wird das halt diskutiert und dann wird geguckt: Okay, was ist denn der beste Weg für das Unternehmen? Was ist das Beste für uns alle? […] Und dann versuchen wir, einen Konsens zu finden und den finden wir auch. […] Und Investoren sollten aber auch ein bisschen dazulernen, wie sie vielleicht auf Gründer zugehen. Das können einige ganz gut, andere können es halt gar nicht." (E 8)*
>
> *„Und dann werden Gespräche geführt und man diskutiert. Und das ist auch wichtig zu diskutieren und wir wollen die Stellungnahme, Meinung des Gründers verstehen. Er soll unsere Meinung dazu verstehen." (VC 4)*

[1109] Vgl. *Collewaert/Sapienza* (2016), S. 592.

[1110] Vgl. *Zacharakis et al.* (2010), S. 124.

Die Datenauswertung zeigt, dass durch die Etablierung eines rationalen Konfliktmanagements das Ziel einer gemeinsamen Konsensfindung verfolgt wird, welche schlussendlich die Auswirkung von Konflikten auf den Unternehmenserfolg positiv beeinflusst. Somit liefert die vorliegende Arbeit einen weiteren Beitrag zu der bis dato noch unterforschten wissenschaftlichen Diskussion hinsichtlich Konflikten zwischen Gründer und Investoren im Kontext der außerbörslichen Beteiligungsfinanzierung. Demgemäß wird folgende Hypothese aufgestellt:

> ***H 7b**: Ein rationales Konfliktmanagement moderiert den Einfluss von Konflikten auf den Unternehmenserfolg positiv.*

Die Ergebnisse von *Wit et al.* (2012) zeigen den positiven Einfluss von Aufgabenkonflikten auf die Unternehmensentwicklung. Die Autoren argumentieren, dass durch kritisches Hinterfragen sowie Perspektivenerweiterung die Konfliktparteien zur Selbstreflexion und Überprüfung ihrer eigenen Standpunkte bewegt werden.[1111] In Anlehnung an diese Ergebnisse lassen sich ebenfalls empirische Indizien in den Interviewdaten wiederfinden:

> *„[...] Da auch gewisse Diskussionen herauszufordern. Also zu sagen: Hey, guck mal, das ist unser Plan. Da sind irgendwie die Zahlen 50 Prozent darunter. [...] Warum ist das so? [...] Da ist es manchmal auch die Funktion von [VC], ein bisschen querzugehen oder auch ein bisschen mal ein hartes Wort einzulegen, weil im Endeffekt es geht um Business und nicht nur um persönliche Beziehungen." (VC 4)*

> *„Und im Endeffekt geht es dann eher darum, natürlich wir haben ein großes Portfolio, wo man sehr gut vergleichen kann, aber die richtigen Fragen zu stellen: Habt ihr dort ein ordentliches Konzept? Ist das Konzept validiert? Habt ihr euch von draußen Feedback eingeholt? Von wem habt ihr die Informationen? Können wir die validieren? Und nicht nur, dass der sagt: Nein, ich habe das gemacht und das ist so. Also, wenn man so eine Antwort dann gibt, dann läuten eigentlich die Alarmglocken, weil man dann eigentlich weiß, dass er es für sich nicht hinterfragt hat oder bzw. nicht überprüft hat." (VC 1)*

> *„Sie haben natürlich auch den Finger in die Wunde gelegt. Haben natürlich auch ihren eigenen Standpunkt irgendwo auch vertreten." (E 1)*

> *„Weil, wenn ihm was nicht passt, dann sagt er das. Und man muss auch fairerweise sagen, er macht es eigentlich auch nur, wenn das Hand und Fuß hat. Also, es ist auch so, dass wir dann tatsächlich mal kurz innehalten und sagen: Ja, nicht ganz falsch. Auch, wenn man es dann nicht hören will." (E 7)*

Durch gezieltes Herausfordern eines offenen Konfliktes seitens der Investoren wird der Gründer zum kritischen Hinterfragen seiner Tätigkeiten bewegt. Im Resultat wird somit eine Evaluierung der Tätigkeiten angestoßen, welche zu einem positiven Einfluss auf die Geschäftsentwicklung führt. Dementsprechend lässt sich folgende Hypothese formulieren:

[1111] Vgl. *Collewaert* (2008), S. 3; *Collewaert/Sapienza* (2016), S. 575. Siehe Kapitel 3.3.3.

***H 7c**: Das Herausfordern von Konflikten durch die Investoren wirkt sich positiv auf den Unternehmenserfolg aus.*

Während *White/Dumay* (2017) den gegenseitigen Einfluss von Vertrauen und Konflikten theoretisch eruieren, kann *Collewaert* (2008) einen positiven Moderationseffekt von Vertrauen auf Aufgabenkonflikte erstmals empirisch belegen.[1112] Der Zusammenhang beider Konstrukte im Rahmen der außerbörslichen Beteiligungsfinanzierung ist jedoch bislang noch nicht im Detail erforscht (siehe Kapitel 3.3.4).[1113] Dieser theoretisch stipulierte Zusammenhang kann anhand der vorliegenden Datenauswertung nachvollzogen werden. Die Analyse der Interviews zeigt die Verbindung zwischen Vertrauen und dem Ausbruch latenter Konflikte. Die Datenauswertung hinsichtlich Beziehungskonflikte und Vertrauen veranschaulicht die Korrelation von Vertrauen und Konflikten. Durch Beurteilung der charakter- und verhaltensbasierten Beweggründe für Vertrauen wird das eindimensionale Konstrukt als positiv bzw. negativ bewertet. Sofern Vertrauen als positiv bewertet wird, entsteht ein Vertrauensvorschuss, welcher dem Ausbruch latenter Konflikte vorbeugt. Demnach kann ein direkter negativer Einfluss von Vertrauen auf das Zustandekommen offener Konflikte unterstellt werden. Ferner ist ein Moderationseffekt denkbar. Solange die Vertrauenswürdigkeit und Regelgerechtigkeit als positiv bewertet werden, könnte ein positiver Moderationseffekt von Konflikten auf den Unternehmenserfolg vorliegen. Konkret wird der direkte Einfluss von Vertrauen auf Konflikte anhand folgender Hypothese festgehalten:

***H 7d**: Vertrauen hat einen negativen Einfluss auf das Zustandekommen offener Konflikte zwischen Gründer und Investoren.*

Auf Basis der vorliegenden Daten werden die stärksten Effekte für den Einfluss von Vertrauen auf Beziehungskonflikte sowie für den Einfluss von Wohlwollen und Rechtschaffenheit auf Zielkonflikte erwartet. Hinsichtlich der Operationalisierung der Konstrukte sollten im Rahmen des empirischen Testens der Hypothesen sämtliche Beweggründe für Vertrauen auf sämtliche Arten von Konflikten getestet werden.

4.2.3.3 Entscheidungsfindungslogiken von Gründern

Aktuelle Forschungsarbeiten der Entrepreneurial-Finance-Literatur stützen sich auf die Entscheidungsfindungslogiken Causation und Effectuation als Theorien zur Erklärung unterneh-

---

[1112] Vgl. *Collewaert* (2008), S. 10; *White/Dumay* (2017), S. 24.
[1113] Vgl. *White/Dumay* (2017), S. 24.

merischen Handelns.[1114] *Sarasvathy* (2001) gilt als Urheberin der Effectuation-Theorie[1115] und fasst die bislang in der Literatur identifizierten, klassischen Theorien zur Erklärung unternehmerischen Handelns unter der Causation-Theorie zusammen.[1116] In Kapitel 3.4.1 wurden Causation und Effectuation als in sich konsistente Ansätze zur Entscheidungsfindung beschrieben und anhand von fünf Prinzipien trennscharf voneinander abgegrenzt.[1117] Grundsätzlich differenzieren sich beide Theorien hinsichtlich der Einstellung gegenüber Vorhersage und Kontrolle. So klassifizieren *Wiltbank et al.* (2006) Causation als vorhersagebasierte und Effectuation als kontrollbasierte Theorie zur Erklärung unternehmerischen Handelns.[1118] Diese Differenzierung beider Theorien lässt sich ebenfalls an der Gegenüberstellung von den Grund- und Kernprinzipien beider Ansätze nachvollziehen. Zurückgreifend auf *Sarasvathy* (2001), (2008) erörtern *Dew et al.* (2009) die Prinzipien der jeweiligen Theorie.[1119] *Grichnik et al.* (2017) stellen das übergeordnete Grundprinzip beider Theorien anhand der Sicht auf die Zukunft gegenüber. Die Kernprinzipien differenzieren die Autoren anhand von Handlungsgrundlage, Risikoorientierung, Einstellung gegenüber Außenstehenden sowie Einstellung gegenüber unerwarteten Situationen (siehe Kapitel 3.4.1).[1120] Der aktuelle Stand der Forschung belegt sowohl für Causation als auch Effectuation einen positiven Einfluss auf den Unternehmenserfolg (siehe Kapitel 3.4.4).[1121] Während für beide Entscheidungsfindungslogiken ein positiver Einfluss auf den Unternehmenserfolg empirisch belegt werden kann, zeigen *Berends et al.* (2014), *Matalamäki et al.* (2017), *Ortega et al.* (2017), *Politis et al.* (2012), *Reymen et al.* (2017) oder *Welter/ Kim* (2018), dass Effectuation die dominante Entscheidungsfindungslogik unter Unsicherheit ist (siehe Kapitel 3.4.5).[1122] In den empirischen Daten der vorliegenden Arbeit wird die inhärente Unsicherheit im Kontext einer außerbörslichen Beteiligungsfinanzierung wie folgt charakterisiert:

> *„Start-up heißt immer, dass es einen innovativen, ungewissen Zukunftskern hat." (E 8)*
> *„Natürlich bist du unsicher, weil obwohl du überzeugt bist, dass es funktionieren kann,*

1114 Vgl. *Appelhoff et al.* (2016), S. 605 ff.; *Murnieks et al.* (2011), S. 1536 ff.; *Wiltbank et al.* (2009a), S. 119 ff. Siehe Kapitel 3.4.1.

1115 Vgl. *Maine et al.* (2015), S. 54 f.; *Welter/Kim* (2018), S. 102.

1116 Vgl. *Sarasvathy* (2001), S. 243 ff.

1117 Vgl. *Sarasvathy* (2008), S. 17.

1118 Vgl. *Wiltbank et al.* (2006), S. 981 ff.

1119 Vgl. *Dew et al.* (2009), S. 290; *Sarasvathy* (2001), S. 245 ff.; *Sarasvathy* (2008), S. 15 f., 65 ff.

1120 Vgl. *Grichnik et al.* (2017), S. 60.

1121 Vgl. *Cai et al.* (2017), S. 7 ff.; *Eijdenberg et al.* (2017), S. 35; *Laskovaia et al.* (2017), S. 697 ff.; *Read et al.* (2009a), S. 582 ff.; *Smolka et al.* (2016), S. 13 ff.; *Urban/Heydenrych* (2015), S. 130 ff.

1122 Vgl. *Berends et al.* (2014), S. 616; *Matalamäki et al.* (2017), S. 123; *Ortega et al.* (2017), S. 1717; *Politis et al.* (2012), S. 659; *Reymen et al.* (2017), S. 595; *Welter/Kim* (2018), S. 100.

solange du es nicht gesehen hast, kannst du nicht sicher sein. Man kann überzeugt sein, aber nicht sicher.“ (E 3)

„Also, ich glaube, dass abstrakt zumindest jedem klar ist, wenn er irgendwie in ein Unternehmen investiert, […] wo es keine Garantie gibt, weil das schon fünfmal gemacht worden ist oder weil die Firma eigentlich schon fertig ist. Aber letztlich immer, wenn du in ein neues Unternehmen investierst, kann es sein, dass dein Investment scheitert. […] Also, steckt ja so in der DNA.“ (E 7)

Diese inhärente Unsicherheit charakterisieren die Interviewpartner ebenfalls anhand von statistischen Ausfallquoten:

„Aber, was eben viele vergessen, dass selbst die erfolgreichsten VC's, mit der meisten Erfahrung und den besten Leuten, ja immer noch, sage ich mal, in sieben von zehn Fällen falsch liegen.“ (E 1)

„Also, bei uns ist es so: Zehn Investments sagen wir mal, machen wir pro Fonds, jetzt beispielhaft. Sechs davon, wissen wir, gehen pleite. Zwei entwickeln sich, so zwei, drei ganz okay. Und eines ist richtig gut.“ (VC 4)

„Und ich glaube, Unternehmer, wenn die diese statistische Quote sehen würden, dann dürften die das eigentlich nicht machen, was sie tun.“ (VC 6)

„[…] Von 100 Investments sind 90 eh im Eimer […].“ (E 7)

„Man sagt ja immer, sieben von zehn scheitern, zwei sind okay. Die gehen plus minus null raus. Und einer ist eben einer, der das Geld wieder einspielt oder so ähnlich.“ (E 8)

„[…] Aber man muss auch immer wissen, wie die Statistik aussieht und dass zwischen 80 und 90 Prozent der Unternehmen einfach nichts werden. Und das muss man sich immer wieder klarmachen.“ (VC 2)

Anhand des hier dargestellten Sachverhaltes lässt sich die Unsicherheit im Rahmen von außerbörslichen Beteiligungsfinanzierungen mit Investoren als sehr hoch charakterisieren. In Verbindung mit den Erkenntnissen aus der Literatur, dass unter Unsicherheit Effectuation die dominante Entscheidungsfindungslogik ist, sollte diese hier folglich angewandt werden (siehe Kapitel 3.4.5). Allerdings lassen sich sowohl für kausale als auch für effektuale Handlungsmuster Indizien in der Datenauswertung finden. Beginnend mit der Sichtweise der Gründer werden Belege aus den Interviewdaten für beide Entscheidungsfindungslogiken anhand der Kern- und Leitprinzipien im nachfolgenden präsentiert.

Das übergeordnete Grundprinzip zur Differenzierung von Causation und Effectuation befasst sich mit der Sicht auf die Zukunft. Der Causation-Ansatz unterstellt dabei eine vorhersagbare Sichtweise auf die Zukunft, welche auf der Planung und Fortschreibung von Vergangenheitsdaten basiert (siehe Kapitel 3.4.2).[1123] Die Gründer heben dabei die Planung der zukünftigen

---

[1123] Vgl. *Dew et al.* (2009), S. 290; *Sarasvathy* (2001), S. 245.

Geschäftsentwicklung, basierend auf Vergangenheitsdaten sowie das Finanzkapital als limitierende Ressource, besonders hervor:

> *„[...] Wie man immer mit Unsicherheiten umgeht: Man guckt. Man sondiert die Lage. Schaut, wie sehen Vergangenheitswerte aus. Und was ist da Sache? Und dann sagt man ganz klar: Okay, hey, schaut her, das wollen wir machen. So, schätzt man so ein und dann machen wir das." (E 2)*

> *„Wir hatten auch einen Zeitrahmen, dass das so, sage ich mal, in einem, eineinhalb Jahren passieren sollte. Das ist ja auch nicht so unüblich. [...] Das war klar, wir hatten da eben das Geld, was wir hatten. Damit konnten wir die Gehälter zahlen. Damit konnten wir ein Team aufbauen, was für Series A okay ist, also Seed-finanziert, aber darüber hinaus war eben auch nach eineinhalb Jahren so ein bisschen Schluss. Das war von Anfang an so budgetiert, sodass es auch genauso aufgegangen ist von den Zahlen her." (E 1)*

> *„Also, wir haben eine Absage bekommen von einem VC. [...] Hat der einfach glatt gesagt: Totaler Schwachsinn, man würde niemals [Geschäftsmodell] investieren. Das war O-Ton. Und obwohl wir so die empirischen, also Zahlen hatten und Studien und die jetzt das belegen, also nicht nur von uns, sondern halt auch so vom externen Markt, die belegen, dass das natürlich nicht so ist [...]." (E 5)*

> *„Beim zweiten Gespräch war es so, dass wir klipp und klar gesagt haben, wie unsere Vorstellungen sind." (E 8)*

> *„Dass man Annahmen hat und die versucht zu validieren [...]." (E 6)*

Das Grundprinzip des Effectuation-Ansatzes vertritt die Ansicht einer beeinflussbaren Zukunft (siehe Kapitel 3.4.3). Demnach kann der Gründer durch sein eigenes unternehmerisches Handeln die Zukunft selbst gestalten und ist nicht an Prognosen basierend auf Vergangenheitswerten gebunden.[1124] Auch für diese Sichtweise der Zukunft lassen sich empirische Belege in den Interviewdaten aus Sicht der Gründer finden:

> *„Und wir stimmen mit unserem Investor oder mit unserem Business Angel noch überein, dass Finanzpläne, die fünf Jahre in die Zukunft geschrieben sind mit irgendwelchen Zahlen, doch dolles Glaskugelgucken sind. Und dann arbeiten wir lieber daran, dass wir jetzt Zahlen im Hier und Jetzt haben [...]." (E 8)*

> *„Oder müssen wir uns eingestehen, dass irgendwo was an Erkenntnissen dazugekommen ist, was uns jetzt darauf hinweist, dass wir noch mal hinterfragen müssen. Was ja in der Regel nun permanent der Fall ist, wenn man Dinge tut, die halt sonst noch keiner getan hat. Ist ja doch schon ein bisschen wie Columbus damals." (E 7)*

> *„So, das ist wirklich interessant, weil das langfristige Szenario war nicht mehr dasselbe, wie das ursprüngliche Setup." (E 3)*

> *„Und man arbeitet natürlich auch, ich sage mal, erst mal machen, ja. Das wird schon irgendwie und dann gucken wir." (E 1)*

1124 Vgl. *Sarasvathy* (2001), S. 251; *Sarasvathy* (2003), S. 208 ff.; *Wiltbank et al.* (2006), S. 991 f.

„Also, letztendlich, es geht doch um die Frage: Hat man ein gemeinsames Verständnis von so einem ähnlichen Trial-and-Error-Ansatz?“ (E 6)

„Und du agierst ja immer mit einer gewissen Geschwindigkeit, in der du schon unterwegs bist. Und auch immer vor dem Hintergrund von sehr begrenzten Ressourcen und musst die Ressourcen, die du hast, optimal verteilen. Und hast aber eigentlich gar keine Ahnung wie. [...] Gewisse Bauchentscheidung auch. Aber auch da weißt du nicht genau, wie sehr du dich auf deinen Bauch verlassen kannst, weil du bist halt nicht der Typ, der schon irgendwie fünfmal solche Sachen gemacht hat, sondern du machst es vielleicht zum ersten Mal.“ (E 4)

Die Zielorientierung ist ein Kernprinzip des Causation-Ansatzes (siehe Kapitel 3.4.2). Dabei findet ein Top-down-Zielerreichungsprozess statt, bei dem Ziele definiert werden und die dafür benötigten Ressourcen bzw. Mittel beschafft werden müssen.[1125] Auf Basis der Daten lässt sich feststellen, dass Gründer hinsichtlich des Kernprinzips der Handlungsgrundlage kausale Entscheidungsfindungslogiken anwenden, indem sie für ein festgelegtes Ziel die Ressourcen beschaffen:

„Und wir dann sagen: Okay wir wollen eine neue Businessline aufmachen. Dann müssen wir dann entsprechend die Ressourcen klarmachen, also wie in jedem anderen Unternehmen eigentlich auch.“ (E 2)

„[...] Aber das Ziel war erst mal eigentlich auch [Anzahl] Millionen auch zu bekommen, [Anzahl] Millionen Dollar, um das größer zu machen, weil es auch eine enorme Infrastrukturinvestition erfordert hat. [...] Das war von vornherein ganz klar definiert. [...] Ja, so haben wir losgelegt und das Ziel war dann eben mit dieser Finanzierung und mit diesem Produkt so fertig zu bauen.“ (E 1)

„Also, wenn er dann jetzt sein Geld investiert hat und wir sagen: Also, Ende des Jahres wollen wir da und da stehen. Dass er nach Hause fahren kann und sagen: Okay, darauf arbeiten die Jungs jetzt hin. Das fühlt sich für mich richtig an, das als Ziel zu haben. [...] Weil, wenn die Ziele gleich sind, dann muss man sich über die Mittel eben natürlich vielleicht nicht mehr ganz so lange unterhalten. [...] Und wir sind jetzt an einem Punkt, so würde ich es wahrscheinlich sagen, wir sind jetzt an einem Punkt, wo eben klar ist, wenn wir das Ziel erreichen wollen, dann brauchen [wir] diese Kundenaufmerksamkeit. Heißt, dass wir uns genauer anhören, was die wollen. Das heißt, dass wir Gespräche führen. Und dann bin ich zuversichtlich, dass wir das bis Ende des Jahres schaffen.“ (E 7)

„[...] Ziel ist definiert, den Weg kannst du dir selber entscheiden.“ (E 5)

„Was beim Zweiten aber anders war, ist, dass wir uns die Zeit einfach genommen haben und auch selbst irgendwie erklärt haben, was unsere Ziele sind.“ (E 8)

Im Effectuation-Ansatz werden die verfügbaren Ressourcen als Handlungsgrundlage aufgefasst (siehe Kapitel 3.4.3). Kerngedanke bei der Mittelorientierung sind die zur Verfügung stehenden Mittel und dementsprechend findet ein Bottom-up-Zielerreichungsprozess statt. Ba-

---

[1125] Vgl. *Dew et al.* (2009), S. 290; *Sarasvathy* (2001), S. 245; *Read/Sarasvathy* (2005), S. 50.

sierend auf den verfügbaren Mitteln werden Ziele definiert, welche zu neuen Mitteln und wiederum neuen Zielen führen:[1126]

„Nein, wir hatten keine klaren strategischen Ziele. [...] Aber wir haben dadurch halt diese einzelnen Sachen verstanden und dann gesagt: Ey, das muss doch größer gehen. Da muss es doch irgendwas geben, was spannend ist und womit wir auch in irgendeiner Form Geld verdienen können." (E 4)

„Wir können diese Seite gründen und wir können mal gucken. Dann hat er gesagt: Okay, aber das ist ein Nebengeschäft. Und dann habe ich gesagt: Okay, dann machen wir das wirklich klein. Power of Zero, mit wenig Geld, weil wir schon die Produkte haben." (E 3)

„Wir sind halt da weiter durch die Gegend getingelt, haben mit den ersten [Anzahl] Euro so einen Dummy und einen MVP gebaut. Das heißt, also irgendwann gab es auch ein bisschen was im Produkt zu sehen. Wir haben parallel dann die ersten Verträge reingeholt." (E 7)

„Und wenn irgendetwas nicht funktioniert, muss man etwas ändern. Und man kann die Sache halt nur begrenzt oft ändern, das heißt, man überlegt sich: Okay, wo ist, was ändern wir wo? [...] Das Geld ist einfach eine beschränkte Ressource da." (E 2)

Hinsichtlich der Risikoorientierung definiert der Causation-Ansatz den erwarteten Gewinn als Entscheidungsgrundlage. Dabei wird sich auf Basis einer rationalen Abwägung der Alternativen auf diejenige Alternative fokussiert, welche bei gleichem Risiko den höchsten erwarteten Gewinn verspricht (Siehe Kapitel 3.4.2).[1127] Die Gründer beschreiben dies als „One-shot", der hinsichtlich des Überlebens des Start-ups am Markt entscheidet:

„Das ist ein One-shot." (E 5)

„Aber du weißt dann auch, du hast diesen Shot, wenn es damit dann nicht kommt, wenn du damit die Traction dann nicht bekommst, dann bekommst du auch keine Folgeinvestitionen. [...] Da muss man es einfach hinkriegen, das zu skalieren und versucht man einfach aus den Margen rauszuholen und kosteneffizient das zu machen. [...] Und du musst mit allem raus. Du musst die Ressourcen einsetzen, um überhaupt erfolgreich zu werden und da kann man nicht sparsam sein." (E 1)

„Also, es gibt ja keine andere Möglichkeit damit abzulegen und zu sagen: Okay, gut, wir schätzen das Risiko, klar, wir wissen, eine bestimmte Sensitivität ist da, wir glauben, dass der Quotient größer ist als das Risiko, deswegen machen wir das." (E 2)

„Bei der ersten Bestellung verdienst du kein Geld. Aber wenn sie nur einmal noch bestellen, dann hast du deine Akquisitionskosten zurückbezahlt. [...] Wenn sie drei Mal in ihrem Leben bestellen, fängst du an Geld zu verdienen." (E 3)

„Natürlich kannst du dir irgendwie ausrechnen: Was haben die für eine Audience? Was gibt es da potenziell für Impressions, für Click-to-Rates, für Conversions, etc.? [...] Aber

---

1126 Vgl. *Dew et al.* (2009), S. 290; *Sarasvathy* (2001), S. 251; *Sarasvathy/Kotha* (2001), S. 47.

1127 Vgl. *Grichnik et al.* (2017), S. 61.

am Ende weißt du das nicht. Am Ende kann auch halt, auch eine von solchen Fehlentscheidungen das Überleben der Firma aufs Spiel setzen." (E 4)

„Okay, wir haben den und den Case. Und wenn du X Euro reingibst, können wir Y Installationen erreichen oder Y Kunden oder sowas, weil wir einfach so und so aufgestellt sind. [...] Und haben uns dann in eine Abhängigkeit gegeben, die eigentlich für uns eine Einbahnstraße war, die dann irgendwie auch zum Verlust von allem, wenn man so möchte, geführt hat [...]." (E 8)

Während das kausale Prinzip der Risikoorientierung das Überleben des Start-ups am Markt riskiert, definiert der Effectuation-Ansatz den tragbaren Verlust als Ausgangsbasis der Entscheidungsfindung hinsichtlich der Risikoorientierung (siehe Kapitel 3.4.2 und Kapitel 3.4.3). Dabei wird ex ante ein maximal tragbarer Verlust für eine Alternative definiert, der die Existenz des Start-ups nicht signifikant gefährdet.[1128] Diese Logik wird ebenfalls von den Interviewpartnern bei der Abwägung neuer unternehmerischer Gelegenheiten beschrieben:

„Ganz klein, nur um diese ersten KPI's zu haben. Du brauchst nicht eintausend Kunden, um zu wissen, ob die Kunden deine Produkte mögen und deine Kunden deine Produkte nachbestellen. [...] Wenn die ersten KPI's gut sind, dann werden wir aus unserem Geld in Werbung investieren, um [Geschäftsmodell] zu haben. Und dann, wenn das funktioniert, Anfang [Datum] werden wir sagen: Okay, das sind unsere KPI's, wir können so viel für [Geschäftsmodell] machen. Das ist die Kundenakquise, das ist einfach leicht dann. Das können wir jetzt weiterentwickeln mit Branding. [...] Das war mehr eine Pay-to-see-Logik." (E 3)

„Wir hatten ein kleines Übungsprojekt davor gemacht. Mein Mitgründer und ich haben so einen kleinen Onlineshop aufgesetzt und haben damit für uns selber gelernt, verstanden, nachvollzogen, wie das eigentlich funktioniert, das mit dem [Geschäftsmodell]. Haben dann 3.000, 4.000 Euro Umsatz im Monat gemacht. Also, ein ganz kleines Projekt." (E 4)

„Bis jetzt haben wir es immer geschafft, dass wir sagen: Okay, wir probieren das jetzt aus und messen den Erfolg und wenn es nicht geklappt hat, probieren wir das andere." (E 8)

„[...] Dann diese Agilität zu finden, Sachen auszuprobieren: Das war nichts, hopp, das nächste." (E 6)

Die Einstellung gegenüber Außenstehenden differenziert beide Theorien in kompetitive und kooperative Standpunkte (siehe Kapitel 3.4.1).[1129] Der Causation-Ansatz verfolgt dabei die Grundhaltung einer kompetitiven Wettbewerbsanalyse.[1130] Demgegenüber sind Kooperation und Partnerschaften das Leitmotiv des Effectuation-Ansatzes, bei welchem externe Interes-

---

1128 Vgl. *Read/Sarasvathy* (2005), S. 52; *Read et al.* (2009a), S. 3; *Read et al.* (2009b), S. 576; *Sarasvathy* (2008), S. 15, 81 ff.

1129 Vgl. *Dew et al.* (2009), S. 290; *Grichnik et al.* (2017), S. 60.

1130 Vgl. *Read/Sarasvathy* (2005), S. 50; *Sarasvathy* (2001), S. 251. Siehe Kapitel 3.4.2.

sengruppen nicht als Kompetitoren betrachtet werden, sondern als potenzielle Partner für die Erschließung neuer Mittel und Ziele.[1131] *Chandler et al.* (2011) argumentieren in diesem Zusammenhang jedoch, dass auch für kausal agierende Individuen Partnerschaften und Kooperationen vor dem Hintergrund der Ressourcenbeschaffung eine relevante Rolle einnehmen und identifizieren den Abbau von Unsicherheiten als Maxime des Handelns im Rahmen der kooperativen Einstellung gegenüber Außenstehenden.[1132] Die kausale Sichtweise der Ressourcenbeschaffung spiegelt sich auch in den Interviewdaten wider:

> *„[...] Was er sehr gut macht, [Geschäftsmodell] B2B verkaufen. Hat er gegründet. Die Firma macht nach [Anzahl] Monaten [Anzahl] Millionen Euro Umsatz und dann haben wir gemeinsam diskutiert und ich gesagt: Warum machst du kein B2C Geschäft? Wieso ein anderes Geschäft? Ich mache nur große Quantitäten. Ich bin, habe mir noch nie eine Internetseite gegründet. B2C kenne ich nicht, will ich nicht machen. Wie gesagt, kann ich nicht richtig. Nicht, dass ich nicht will, aber ich kann das nicht. Ja, okay, machen wir es zusammen. Also, ich habe die Erfahrung dafür." (E 3)*

> *„Und dann klingelt das Telefon und dann sagt jemand: Ja, hallo, hier ist die Firma [Unternehmen] aus [Ort]. Wir würden gerne mit Ihnen eine Kooperation machen. So, wow. Also, [Unternehmen] ist ja schon irgendwie ein Name und ein echt ganz großer Player. Und dann haben wir mit denen lange verhandelt über eine Kooperation, die so aussah, dass man in die Läden hineinkommt, in so Prospekte hineinkommt, auf die Webseite und so. Also, eine unglaubliche Audience auf einmal hat, aber dafür auch ein starkes Investment unserer Seite notwendig war. Und da haben wir uns am Ende dafür entschieden. Wir haben dann diese Kooperation gemacht." (E 4)*

Der hier aufgezeigte Sachverhalt weist Parallelen zu der Analyse des strategischen Mitwirkens von Investoren auf (siehe Kapitel 4.2.2.2). Im Zuge der Analyse zu der Weitergabe und Übertragung von Sozialkapital auf den Gründer wurde die Vernetzung des Portfolios untereinander diskutiert. Die kausale Entscheidungsfindungslogik hinsichtlich Kooperationen und Netzwerken zu Gunsten der Ressourcenbeschaffung spiegelt den Gedanken der Synergieschaffung durch Vernetzung des Portfolios wider. Ferner führt der Gründer kompetitive Wettbewerbsanalysen im Rahmen der Erstellung des Businessplans durch, wobei die Markt- und Wettbewerbsposition dargestellt wird. Letztendlich dient diese Wettbewerbsanalyse als Plausibilisierung des Geschäftsmodells und wird als Verkaufsargument gegenüber den Investoren verwendet:

> *„Die Idee selber, wenn sie dann zur Realisierung kommt, ist ein Milliardenmarkt, das ist klar. [...] Wir wissen, dass der eine oder andere versucht, da vielleicht irgendwie, da auch*

[1131] Vgl. *Chandler et al.* (2011), S. 377; *Dew et al.* (2009), S. 290; *Grichnik et al.* (2017), S. 63; *Sarasvathy* (2008), S. 15 f., 88 f.; *Welter/Kim* (2018), S. 102; *Wiltbank et al.* (2006), S. 992; *Wiltbank et al.* (2009a), S. 117.

[1132] Vgl. *Chandler et al.* (2011), S. 377 f. Siehe Kapitel 3.4.3.

Fuß zu fassen. [...] Die Frage ist: Sind es wir oder ist es irgendein anderes System?" (BA 2)

„Weil wir schauen uns natürlich auch nur Unternehmen an, die eine gewisse Alleinstellung besitzen am Markt mit ihrem Produkt [...]." (VC 1)

„Was steckt hinter der Technologie? Was kann die Technologie? Wie ist da der Status? Welche Kundenmärkte werden adressiert? [...] Wettbewerb und so weiter." (VC 5)

„Weil das Problem ist, jetzt schön und gut, aber wir investieren nicht genug Geld in ein Ziel und andere Unternehmen sind schneller. [...] Das ist halt die perfekte Situation, weil du da bist. Du hast irgendwie das professionell gemacht und bist über deinen Plänen. Sag nur: Leute haben mehr Geld als ich und sie können mich töten." (E 3)

„[...] Da geht's um ganz viele Details und [...] in welcher Position man ist, also die Position am Markt. Wie gut ist das Team? Und all solche Sachen spielen da mit rein. [...] Der Businessplan ist natürlich eine Verkaufsunterlage de facto an deine Investoren. Und die hat aber in der Regel nichts mit der Realität zu tun." (E 2)

„Und schließlich natürlich, dass er glaubt, dass das, was die vorhaben, sich im Markt dann auch durchsetzen kann. [...] Also sehr langfristig orientierter, unternehmerischer Investor, [...] [der] sehen will, wie der Markt reagiert auf das, was man vorhat." (E 7)

Der Gründer „E 7" beschreibt die anfänglich kompetitive Einstellung gegenüber Außenstehenden im Rahmen von Investorenmeetings wie folgt:

„Ich glaube, es war der [Name], der das mal gesagt hat, irgendwie hier von [Unternehmen], irgendwie so: Ach ja, mit den Investorenmeetings, tell them what they want to hear and then carry on." (E 7)

Anhand dieses Zitats lässt sich die zunächst kausale Entscheidungsfindungslogik der Gründer als Plausibilisierung der Geschäftsidee gegenüber den Investoren nachvollziehen. De facto wenden Gründer allerdings auch das „The Crazy-quilt Principle"[1133] an, welches den kooperativen Umgang mit externen Anspruchsgruppen in den Vordergrund rückt.[1134] Folglich lässt sich die Entscheidungsfindung der Gründer im Kontext der Einstellung gegenüber Außenstehenden in der Post-Investment-Phase ebenso auf effektuale Prinzipien zurückführen. Die Gründer betonen dabei den offenen Umgang mit ihrer Geschäftsidee und das Eingehen von Partnerschaften hinsichtlich gemeinsamer Produktentwicklung:

„Also, [Unternehmen] war fast zeitgleich, als wir dann mit dem Produkt rauskamen, auch rausgekommen. Das war für uns eigentlich ein Erfolg, weil wir merkten, der Markt ist so groß und es schadet uns nicht, sondern es dient uns eher, wenn wir da andere auch noch haben, die da mit für streiten. Und das war für uns auch eine Bestätigung, dass wir zumindest von der Analyse, von der Idee her, von der Einschätzung her, richtig lagen. [...]

1133 *Sarasvathy* (2008), S. 15. Siehe Kapitel 3.4.4.

1134 Vgl. *Chandler et al.* (2011), S. 377; *Dew et al.* (2009), S. 290; *Grichnik et al.* (2017), S. 63; *Sarasvathy* (2008), S. 15 f., 88 f.; *Welter/Kim* (2018), S. 102; *Wiltbank et al.* (2006), S. 992; *Wiltbank et al.* (2009a), S. 117.

Und hatten dann, ich weiß nicht, was waren das, je nachdem, das waren sehr viele Sachleistungen auch, weil sie auch die ganze Produktentwicklung für uns übernommen haben. Das heißt, das kann man nicht eins zu eins umrechnen, weil da [wir] es natürlich nicht eingekauft haben, sondern direkt mit ihnen entwickelt haben." (E 1)

„Also, wir haben halt zum Beispiel mit anderen Start-ups kooperiert und API's angeboten [...]." (E 5)

„Und da haben wir gelernt, dass es immer darum geht, schlauere, wie gesagt, sich immer mehr Information zu holen, mit der Idee auch offen umzugehen. Früher, den Fehler habe ich selbst gemacht und ich, das ist auch immer das, wenn mich jemand fragt: Gibt es eine Sache, die du Leuten raten würdest? Ja, man redet über seine eigene Idee. Wer soll sie denn klauen? Also ich weiß nicht wie, ich kenne kaum ein Beispiel, wo jemandem die Idee geklaut wurde." (E 8)

„Also, ich finde, ein, also, der CEO, der Unternehmer ist, seine Ratschläge holt er sich besser von Peer Group Partnern, von anderen Unternehmern, ja? Und da gibt es Austauschplattformen, wie [Name], wo das stattfindet." (E 6)

„Was haben Andere mal gehabt, die vielleicht ein vergleichsartiges Produkt hatten? [...] Und ich glaube, da gibt es einige Kniffe und Wege einfach, die man nach und nach halt lernt oder sich anschaut oder auch abschaut einfach, merkt wie es andere machen, die einfach dafür sorgen, dass man viel gelassener mit solchen Situationen umgeht oder auch mit den Menschen umgeht." (E 4)

Das vierte Kernprinzip des Causation-Ansatzes besteht darin, dass unerwartete Situationen vermieden werden sollen (siehe Kapitel 3.4.2). Dieser Auffassung folgend werden unerwartete Situationen als Hindernis bezogen auf den Zielerreichungsprozess angesehen und sollen durch Planungen und Vorhersagen ausgeschlossen werden. Der Leitgedanke dieses Prinzips ist das Durchexerzieren diverser Szenarien, um über eine passende Lösung für das möglicherweise auftretende Problem zu verfügen.[1135] Die Datenauswertung zeigt die grundsätzlich vermeidende Einstellung der Gründer gegenüber unerwarteten Situationen. Dabei werden zahlenbasierte, rationale Entscheidungen und ex ante Bindung der Tranchenauszahlungen an Meilensteine besonders hervorgehoben:

„[...] Sondern probierst natürlich, möglichst smarte Entscheidungen zu machen, möglichst sehr zahlenbasiert." (E 4)

„Und im Endeffekt haben wir eigentlich, Investoren, genauso wie du, ein relativ klares Verständnis von dem Risiko. Und du sagst, du musst versuchen, das möglichst zu minimieren mit deinem Step-by-Step." (E 6)

„Also, wir versuchen das in Strukturen zu gießen, indem wir natürlich in jeder Finanzierungsrunde auch Meilensteine festlegen." (E 7)

„Also, wenn es heißt, irgendwie, irgendwer macht eine 400 Millionen Dollar Runde oder sowas, musst du dir klar sein, dass die keine 400 Millionen Dollar bekommen, ja. Es muss

[1135] Vgl. *Dew et al.* (2009), S. 290; *Grichnik et al.* (2017), S. 61; *Read/Sarasvathy* (2005), S. 50.

klar sein, dass sie irgendwie sowas wie 100 bekommen, dann noch mal 150 und dann vielleicht noch mal die anderen 150, wenn sie bestimmte Ziele erreicht haben. Entweder Umsatz oder keine Ahnung, aber irgendwelche Messbarkeiten müssen ja dahinter gelegt werden und das ist natürlich auch fair, weil du verkaufst natürlich da irgendwie so eine Vision und sagst: Ja, ich werde hier X, Y, Z Umsatz machen und das wird so krass abgehen. Dann sagt der VC: Okay, dann gebe ich dir jetzt genau so viel Geld, wie in deinem Businessplan steht, bis du zu diesem Punkt kommst." (E 5)

Durch die hohe Unsicherheit im Geschäftsumfeld von Start-ups lassen sich unerwartete Situationen i. d. R. jedoch nicht gänzlich durch Planungen und Vorhersagen vermeiden. Insbesondere, wenn es um den Soll-Ist-Abgleich und das Erreichen von Meilensteinen geht, treten unerwartete Situationen auf:

„Also Soll-Ist-Abgleich ist so eine Sache. Ich sag mal, so 89 Prozent der Start-ups sind ja unter Soll." (E 2)

„Es ist auch so, dass bei Meilensteinen, die wir in der frühen Phase nicht erreicht haben, er noch mal relativ klar war und gesagt hat: Also, solange ich sehe, dass die Erfolgsaussichten steigen, [...] ist mir eigentlich egal, was wir an Meilensteinen vereinbart haben. Hauptsache, die Firma wächst und gedeiht und am Ende kommt was dabei raus." (E 7)

„Man braucht nicht zwanzig Jahre Erfahrung zu haben, um zu sagen: Okay, so viel Kosten wie im Businessplan, weniger Umsatz, du hast ein Problem." (E 3)

„[...] Da wird geplant, man macht 20 Millionen Umsatz, und dann sind es am Ende nur 18 Millionen. Ja, und dann gibt es natürlich Typen, die feuern dann die halbe Geschäftsführung, weil sie sagen: Plan nicht erfüllt, raus, ist mir auch egal warum. So, und dann gibt es auch andere, die geben sich dann die Mühe zu verstehen: Okay, was ist da eigentlich schiefgelaufen? Hatten wir naive Annahmen? Ist da ein dickes Ding weggebrochen? Ist da irgendwas, in Anführungsstrichen, kann man was dafür oder kann man nichts dafür?" (E 6)

Diese unerwarteten Situationen werden allerdings vom Gründer als unternehmerische Gelegenheit wahrgenommen. In Anlehnung an das vierte Effectuation-Prinzip werden diese Situationen nicht als Gefahr aufgefasst, sondern als nutzbare Chance angesehen (siehe Kapitel 3.4.3). Durch hohe Wandlungsfähigkeit werden unerwartete Situationen in das Geschäftsumfeld des Start-ups eingebunden.[1136] Die Gründer beschreiben den Umgang mit unerwarteten Situationen und Planabweichungen wie folgt:

„Wir haben das Gründerteam verändert. [...] Haben da aber unseren Informatiker, unseren CTO, mit reingeholt, der einfach auch gesagt hat, er hätte Lust darauf und möchte da auch irgendwie aktiv mit dabei sein, nicht nur passiv als Arbeitnehmer ist jetzt übertrieben, aber einfach unternehmerisch mehr tätig sein. Spielte uns natürlich super in die Karten. Einen Techniker zu bekommen ist immer gut." (E 8)

1136 Vgl. *Chandler et al.* (2011), S. 377; *Perry et al.* (2012), S. 839; *Sarasvathy* (2008), S. 16, 89 ff.

„Wir haben ja auch zwischendurch dann einmal einen Pivot gemacht. [...] Also, das war natürlich auch ein Strategieschwenk und es hat dann auch eine Zeit gedauert, um zu begründen, warum das sinnvoll ist und warum wir jetzt das eine Thema, dass wir nun mal für sinnvoll hielten, ursprünglich, nicht mehr mit Priorität verfolgen. [...] Und wenn es nicht läuft, na dann muss man halt auf ein neues Thema oder ein neues Team setzen." (E 7)

„Das so eine Idee nicht funktioniert, dann wird das Team trotzdem aufgehen. Es wird irgendwas gelehrt. Es wird irgendwas teilzeitentwickelt, was wieder für etwas anderes gut ist. Das ist ein enormer Netzwerkeffekt." (E 1)

„Also, das heißt, prinzipiell hast du deine Strategie und so weiter. Dann machst du eine Investitionsrunde und, ja. Und dann es kann so passieren, dass du ein paar Gelegenheiten hast, eine andere Firma zu kaufen oder schneller irgendwas auf den Markt zu bringen als du gedacht hattest und deswegen musst du Vorfinanzierung haben. Oder [...] leider deine Pläne nicht erreicht hast und du brauchst den richtigen Weg weiterzugehen. [...] Ein Pivot ist immer möglich, wenn man das gut überzeugen kann." (E 3)

„Zum Beispiel, du willst halt irgendwie was bauen und das willst du lizensieren, an einen Betreiber oder so. Und dann sagt der Betreiber: Nein, ich möchte dafür keine Lizenzgebühren zahlen, ich möchte es kaufen. Oder: Ich möchte irgendwie Pay-as-you-use. [...] Dann musst du zum VC zurück und sagen: Okay, das ist halt irgendwie so, weil in dem Term Sheet, also für diesen Meilenstein, so bevor du die nächste Tranche ausgezahlt bekommst, steht dann drin, du musst einen Vertrag mit folgenden Inhalten abgeschlossen haben und wenn die Inhalte halt dann abweichen so, dann musst du halt vorher absprechen und sagen: Okay, das ist, so und so hat sich das geändert. Da gibt sich der VC recht, das geht eigentlich ganz locker." (E 5)

Die Frage nach der Kompatibilität beider Entscheidungsfindungslogiken ist in der Literatur umstritten. So lassen sich die Sichtweisen der Vereinbarkeit, Unvereinbarkeit sowie Unabhängigkeit der Konstrukte in der empirischen Forschungslandschaft antreffen (siehe Kapitel 3.4.5).[1137] *Corner/Ho* (2010) betonen die widersprüchliche Grundeinstellung von Causation und Effectuation und sehen beide Theorien folglich als unvereinbar.[1138] *Brettel et al.* (2012), (2014) berufen sich ebenfalls auf eine unvereinbare Grundposition beider Konstrukte und modellieren sie als bipolares Konstrukt.[1139] Die Vertreter der unvereinbaren Sichtweise von Causation und Effectuation unterstellen beiden Entscheidungsfindungslogiken demnach eine exklusive Anwendbarkeit. *Appelhoff et al.* (2016), *Chandler et al.* (2011) oder *Perry et al.* (2012) argumentieren für die Unabhängigkeit beider Theorien.[1140] So kann ein Gründer beispielsweise gegenüber externen Anspruchsgruppen ein klar definiertes Ziel kommunizieren, interne

1137 Vgl. *Appelhoff et al.* (2016), S. 611; *Brettel et al.* (2012), S. 167 f., 176 ff.; *Brettel et al.* (2014), S. 613 ff.;*Chandler et al.* (2011), S. 378 ff.; *Reymen et al.* (2017), S. 355; *Sarasvathy* (2001), S. 245; *Sarasvathy* (2008), S. 16.

1138 Vgl. *Corner/Ho* (2010), S. 637 ff., 654 ff.

1139 Vgl. *Brettel et al.* (2012), S. 167 f., 176 ff.; *Brettel et al.* (2014), S. 613 ff.

1140 Vgl. *Appelhoff et al.* (2016), S. 605; *Chandler et al.* (2011), S. 378 ff.; *Perry et al.* (2012), S. 16.

Zielfindungsprozesse jedoch an den zur Verfügung stehenden Mitteln ausrichten, ohne dass sich beide Sachverhalte gegenseitig beeinflussen. *Sarasvathy* (2001), (2008) beschreibt Causation und Effectuation als miteinander kombinierbar und spricht sich für eine Vereinbarkeit beider Konstrukte aus, da sie integrale Entscheidungsfindungsheuristiken des menschlichen Verstandes repräsentieren und sich somit überschneiden und gegenseitig beeinflussen können.[1141] Diese Position vertreten ebenfalls die empirischen Arbeiten von *Berends et al.* (2014), *Fisher* (2012), *Maine et al.* (2015), *Matalamäki et al.* (2017) oder *Reymen et al.* (2015). Hierbei erörtern die Autoren Causation und Effectuation vor dem Hintergrund einer hybriden Entscheidungsfindungslogik.[1142] Die Differenzierung zu der unabhängigen Sichtweise wird dabei an der Unterstellung einer von null abweichenden Korrelation beider Konstrukte ausgemacht.[1143]

Die Auswertung der vorliegenden Interviewdaten liefert einen Beitrag zu der wissenschaftlichen Diskussion der Kompatibilität von Causation und Effectuation, welche in Kapitel 3.4.5 erörtert wurde. Auf Grund der hier präsentierten Daten lassen sich keine Hinweise auf eine Unvereinbarkeit beider Entscheidungsfindungslogiken identifizieren. Für die Unabhängigkeit beider Konstrukte dürfte keine Korrelation beider Theorien vorliegen. Die Zitate aus den Interviews zeigen allerdings, dass beispielsweise auf Basis von Vergangenheitsdaten und kompetitiven Wettbewerbsanalysen Businesspläne und Geschäftsmodelle kausal formuliert werden. Unerwartete Situationen werden jedoch nicht als Hindernisse empfunden, sondern als unternehmerische Gelegenheiten wahrgenommen, welche die Ziele auf Grund neuer Mittel verändern können, welche wiederum an die Investoren als externe Anspruchsgruppe kommuniziert werden. Daher wird in Anlehnung an *Smolka et al.* (2016) auf Basis der vorliegenden Interviewdaten eine von null abweichende Korrelation beider Theorien unterstellt.[1144]

Folglich wird in der vorliegenden Arbeit für die Vereinbarkeit beider Konstrukte argumentiert. Der Gründer kann demnach sowohl kausal als auch effektual agieren, wobei die eine Entscheidungsfindungslogik die jeweils andere beeinflusst. Ein weiteres Beispiel für die Vereinbarkeit beider Logiken ist die Risikoeinstellung des Gründers. Obwohl der Gründer zunächst die Alternativen anhand des erwarteten Gewinns abwägt, ergeben sich auf Grund der inhärenten Un-

---

[1141] Vgl. *Sarasvathy* (2001), S. 245; *Sarasvathy* (2008), S. 16.

[1142] Vgl. *Berends et al.* (2014), S. 619 ff.; *Fisher* (2012), S. 1031 ff.; *Maine et al.* (2015), S. 57 ff.; *Matalamäki et al.* (2017), S. 138; *Reymen et al.* (2015), S. 374.

[1143] Vgl. *Smolka et al.* (2016), S. 13 ff., 21.

[1144] Vgl. *Smolka et al.* (2016), S. 13 ff., 21.

sicherheit des Geschäftsumfeldes immer wieder Situationen, in denen die ausgewählte Alternative nicht den erwarteten Gewinn abwirft. Diese Situationen müssen nicht zwangsläufig in einer Insolvenz des Start-ups resultieren. Vielmehr ergeben sich hieraus unternehmerische Gelegenheiten zur Abänderung oder Neuausrichtung des Geschäftsmodells, welche im Endeffekt wiederum anhand der erwarteten Gewinne evaluiert werden können.

Brettel et al. (2012), *Maine et al.* (2015), *Murnieks et al.* (2011) oder *Werhahn et al.* (2015) messen Causation und Effectuation an einem festen Zeitpunkt und lassen die Dynamik beider Theorien außen vor.[1145] Diese statische Modellierung ist ein möglicher Rechtfertigungsgrund für exklusive oder unabhängige Sichtweisen auf Causation und Effectuation (siehe Kapitel 3.4.5). Vertreter der Vereinbarkeit von Causation und Effectuation beziehen in ihren empirischen Studien die Dynamik mit ein und erörtern die Kombination beider Entscheidungsfindungslogiken vor diesem Hintergrund. In frühen Stadien des Unternehmenszyklus belegen Forscher die Vorteilhaftigkeit von Effectuation, wobei in den späteren Phasen dem Causation-Ansatz eine dominierende Rolle zugesprochen wird.[1146] Folglich argumentieren die Forscher mit dem Grad der wahrgenommenen Unsicherheit und kommen zu dem Ergebnis, dass in Situationen unter Unsicherheit Effectuation präferiert wird, wobei in sichereren Situationen Causation als bevorzugte Entscheidungsfindungslogik identifiziert wird.[1147] Diese Argumentation kann ebenfalls anhand der Interviewdaten und Diskussion der Ergebnisse für die Vereinbarkeit beider Theorien nachvollzogen werden und wird in folgender Hypothese festgehalten:

***H 8a**: Causation und Effectuation weisen eine von null abweichende Korrelation zueinander auf.*

4.2.3.4 Entscheidungsfindungslogiken von Investoren

Nach dem aktuellen Stand der Forschung werden Investoren als kausale Entscheidungsfinder charakterisiert (siehe Kapitel 3.4.6).[1148] Diese Annahme liegt in der Literatur zu den Investmentmotiven und Auswahlkriterien der Investoren begründet.[1149] Allerdings liegen hierfür nicht ausreichende empirische Belege vor.[1150] Folglich lassen sich in der jüngsten Vergan-

[1145] Vgl. *Brettel et al.* (2012); *Maine et al.* (2015); *Murnieks et al.* (2011); *Werhahn et al.* (2015).

[1146] Vgl. *Berends et al.* (2014), S. 617; *Ortega et al.* (2017), S. 1717; *Reymen et al.* (2015), S. 374.

[1147] Vgl. *Maine et al.* (2015), S. 60 ff.; *Welter/Kim* (2018), S. 101.

[1148] Vgl. *Appelhoff et al.* (2016), S. 604; *Read/Sarasvathy* (2005), S. 59; *Wiltbank/Sarasvathy* (2002), S. 2; *Wiltbank et al.* (2009b), S. 1.

[1149] Vgl. *Clercq et al.* (2006), S. 95 ff.; *Fried/Hisrich* (1995), S. 102 ff.; *Gorman/Sahlman* (1989), S. 236 ff.; *Macmillan et al.* (1985), S. 121 ff.; *Petty/Gruber* (2011), S. 186; *Tyebjee/Bruno* (1984), S. 1051.

[1150] Vgl. *Appelhoff et al.* (2016), S. 602; *Schmidt et al.* (2017), S. 4 ff., 24.

genheit erste empirische Studien finden, welche die Entscheidungsfindungslogiken von Investoren untersuchen. *Wiltbank et al.* (2009a) belegen mit ihrer Studie, dass Investoren auch effektuale Entscheidungsfindungslogiken anwenden und somit ihre Ausfallraten reduzieren.[1151] Darüber hinaus zeigen *Wiltbank et al.* (2009b) zwar die Präferenz für den Causation-Ansatz bei der Identifizierung und Auswahl von Investmentalternativen, liefern jedoch empirische Indizien, dass Investoren gegenüber effektualen Entscheidungsfindungslogiken in der Post-Investment-Phase sensibilisiert sind.[1152] Eine neuere Studie von *Schmidt et al.* (2017) bestätigt die Anwendung effektualer Entscheidungsfindungslogiken von Investoren und zeigt einen positiven Zusammenhang zwischen Effectuation und Investmenterfolg.[1153] Um einen Beitrag zu dieser Thematik zu leisten, werden im Folgenden die vorliegenden Daten hinsichtlich kausaler und effektualer Entscheidungsfindungslogiken von Investoren analysiert.[1154]

Die planbare Sicht auf die Zukunft ist das dominierende Prinzip der Entscheidungsfindungslogik von Investoren vor dem Investment. Durch Grob- und Detailanalyse der Investmentalternativen werden auf Basis der präsentierten Vergangenheits- und Planungsdaten kausale Investmententscheidungen getroffen:[1155]

> *„Die vertiefte Due Diligence läuft dann ab über einen Zeitraum von ungefähr sechs bis acht Wochen, mal schneller, mal auch langsamer. Und im Grunde geht es um das Thema Details verstehen, alle Facetten einer Beteiligung. […] In Summe: Wie weit kommen die in der Seed-Phase? Also mit der Seed-Finanzierung erreicht man ja einen gewissen Status. Ist dieser Status so, dass man dann auch wieder eine Weiterfinanzierung akquirieren kann?“ (VC 5)*

> *„[…] Man hat die ersten, hat so das Basisgerüst einfach abgearbeitet: Team, Produkt, Service, Markt, Wettbewerb, Actuals, KPI's, Visionen und Daten zur Finanzierungsrunde. Und auf Basis dieses Gerüsts bespricht man die Firmen. […] Meistens treffen wir dann eine Investmententscheidung, die halt auf den Analysen, auch die in der Zwischenzeit angefertigt wurden, besteht. […] Und deswegen musst du auch eigentlich vorausdenken: Okay, wenn ich jetzt das mache, was passiert dann in vier, fünf Jahren?“ (VC 6)*

> *„Dann gibt es eine Detailanalyse, wo wir dann eben spezifisch auch, ja, die Finanzpläne anschauen, gewisse Reference Calls machen und auch im Detail mit dem Markt und den aktuellen Trends auseinandersetzen, weil neben dem Team ist sicherlich das Timing immer eine sehr, sehr wichtige Komponente.“ (VC 4)*

> *„[…] Es gab keinen Kapitalgeber mehr, weil halt niemand wusste, wie der Markt sich entwickeln würde.“ (BA 1)*

[1151] Vgl. *Wiltbank et al.* (2009a), S. 124 ff.
[1152] Vgl. *Wiltbank et al.* (2009b), S. 7 ff.
[1153] Vgl. *Schmidt et al.* (2017), S. 10 ff.
[1154] Vgl. *Appelhoff et al.* (2016), S. 602.
[1155] Vgl. *Grichnik et al.* (2017), S. 250; *Jesch* (2004), S. 63 f.; *Nathusius* (2001), S. 78; *Nathusius* (2005), S. 31.

Den Investoren ist aber auch bewusst, dass ihre Investments i. d. R. nicht so verlaufen, wie geplant. Veranschaulicht wurde dies eingangs mit der inhärenten Unsicherheit und der statistischen Ausfallquote der Investments (siehe Kapitel 4.2.2.3). Darüber hinaus lassen sich Parallelen zu den Ergebnissen von *Proksch et al.* (2017) identifizieren.[1156] Auch in der vorliegenden Datenerhebung finden sich Indizien dafür, dass Investoren an das Verfehlen von Meilensteinen gewöhnt sind und darauf nicht unmittelbar mit einem Abbruch des Investments reagieren.[1157] Ferner beschreiben die Investoren ihre Entscheidungen als subjektiv und die Zukunft als nicht planbar. Durch Vertrauen in das Human- und Sozialkapital des Gründers hoffen die Investoren darauf, dass der Gründer, trotz Planabweichungen, das Start-up zu einem erfolgreichen Investment führt. Dementsprechend können auch hier effektuale Entscheidungsfindungslogiken anhand der Interviewdaten nachvollzogen werden:

> *„Weil umso früher ein Unternehmen, umso mehr Theorie ist die Zukunft." (VC 1)*

> *„Und dann gibt es die dritte Gruppe und investiert man halt in Hardcore-Innovation, wo eigentlich die Leute, auch die Investoren selbst, nach viel irrationaleren Kriterien urteilen, weil das so nicht vorhersehbar ist, was damit mal passiert. Sie müssen sich eigentlich mehr in so ein Team oder in so eine ganz vage Idee und Vision verlieben und das Gefühl haben, dass man da richtig etwas bewegen kann. Aber da hat man eigentlich gar keine fundamentalen Zahlen um irgendetwas beurteilen zu können. [...] Es sind keine rationalen Entscheidungen unbedingt, absolut nicht." (E 1)*

> *„[...] Ich glaube, viele Investoren sind daran gewöhnt, dass man sowieso seine Ziele nicht erreicht, aber dass man trotzdem die guten Maßnahmen trifft und so." (E 3)*

> *„Also, die Themen habe ich ja schon gesagt, ja: Umsätze, Team natürlich ganz stark, aber das weiß man, das ist ein Allgemeinplatz. Wenn die Leute nichts taugen, dann braucht man eigentlich, egal wie die Idee ist, nichts machen und das ist wahnsinnig subjektiv auch." (VC 2)*

> *„Also, wir arbeiten wenig mit Meilensteinen, weil du das ansprichst. Ich weiß, dass das andere Fonds mehr machen. Wir haben da ein bisschen die Philosophie, dass wir dem Unternehmer auch ein bisschen Freiheit geben können." (VC 6)*

Die Handlungsgrundlage der Investoren folgt ausschließlich der zielorientierten Ansicht des Causation-Ansatzes. Das Geschäftsmodell der Investoren besteht in der ökonomischen Wertschaffung durch das Erzielen von Kapitalerträgen, gemessen an der Differenz von Investitionssumme und Wiederverkaufswert der erhaltenen Anteile am Start-up.[1158] Die dafür benötigten Mittel sind das von den Beteiligungsfonds sowie Privatinvestoren bereitgestellte Kapital. Für

1156 Siehe Kapitel 2.2.4.2.

1157 Vgl. *Proksch et al.* (2017), S. 131 f., 137, 140.

1158 Vgl. *Beyer* (2002), S. 231 f.; *Kühl* (2003), S. 17 ff.; *Leopold et al.* (2003), S. 177 f.; *Meinecke/Meinecke* (2005), S. 124.

mittelorientierte Entscheidungsfindungslogiken bei Investoren lassen sich keine Indizien in den empirischen Daten finden:

> *„Und am Ende des Tages, will ich meinen Euro vermehren. Und ich will auch mindestens, also ich will ihn definitiv zurückhaben. […] Weil du hast ja als Investor immer ein ganz großes Ziel, einen erfolgreichen Exit." (VC 1)*
>
> *„Und wir haben jetzt ein Renditeziel. […] Wir müssen das Geld wieder irgendwie kriegen, ja, und dann spielt dieser Exit-Gedanke, also wir haben keine Hektik dabei, wir wissen auch, dass bei uns jetzt nichts passiert, wenn das Geld jetzt nicht so schnell, wie wir es denken reinkommt, aber es muss wieder rein. […] Wir schauen uns auch an, was die Exit-Möglichkeiten sind, weil es ist für uns, also für uns ist ein Unternehmen, das so vor sich hindümpelt, keinen Exit macht, eigentlich genauso verlorenes Geld, wie ein Unternehmen, was in die Insolvenz geht." (VC 2)*
>
> *„Ja, also es ist so, jeder, der hier hinkommt und Geld von uns annimmt, dem wird bewusst sein, dass wir das eben, dass unser Geschäftsmodell ist, in Firmen zu investieren und diese eben auch zu verkaufen nach einer Haltedauer. […] Es ist schon auch, wenn wir investieren oder fragen uns schon: Wer kann das mal kaufen? Wen interessiert das strategisch? Weil das ist eben sehr relevant. Und du hast eben in den Kreditverträgen, sorry, in den Beteiligungsverträgen eben auch Klauseln, dass du meistens sicherstellen kannst, nach einer gewissen Haltedauer, dass es auch zum Exit kommt." (VC 6)*
>
> *„[…] Wir sind natürlich auch daran interessiert, dass das Start-up groß wird und erfolgreich wird und dann teuer verkauft wird." (VC 4)*

Petty/Gruber (2011) oder *Carpentier/Suret* (2015) analysieren in ihren empirischen Studien die Investmentkriterien von Investoren und kommen zu dem Resultat, dass Investoren das Renditepotenzial als zentrales Investmentkriterium definieren (siehe Kapitel 2.2.5.2).[1159] Der zielorientierten Renditeerwartung von Investoren folgend legen Letztere ihrer Entscheidungsfindung das kausale Auswahlkriterium des erwarteten Gewinns zu Grunde. Der erwartete Gewinn wird dabei jedoch an dem Gesamtportfolio der Investoren gemessen:

> *„Zu Renditezielen, ich sage mal so, es gibt natürlich VC's, die suchen das nächste [Einhorn]. Klar, den Wunsch hat man immer. Bei uns ist dann vielleicht der Anspruch nicht ganz so hoch. Nichtsdestotrotz sind wir schon auf der Suche nach Unternehmen, die überdurchschnittliches Wachstumspotenzial halt haben." (VC 1)*
>
> *„Und deswegen ist es sehr wichtig abzuschätzen eigentlich: Das kann schiefgehen, aber wenn es klappt, dann kommt das raus. Und dieses Verhältnis zu beurteilen, ist, glaube ich, der Key." (VC 6)*
>
> *„[…] Aber du musst halt irgendwie quantifizieren, was ist weniger risikoreich als das andere?" (BA 2)*
>
> *„Und ein großer Fehler aus unserer Sicht ist, zu viel parallel zu versuchen. Und was wir für richtig halten, ist, sich zu fokussieren auf eine Anwendung, auf ein Produkt. Das hat*

1159 Vgl. *Carpentier/Suret* (2015), S. 814; *Petty/Gruber* (2011), S. 178.

zwar das Risiko, dass diese Anwendung, das Produkt, dann doch nicht so richtig fliegen, erhöht aber die Chance, weil einfach viel mehr Energie, Durchschlagskraft hinter der Richtung stehen." (VC 5)

„Und natürlich am Anfang muss man sein Portfolio auch besonders vorsichtig zusammenstellen, also die Sachen, die extrem risikoreich sind, können wir im Moment als erste Deals sicherlich nicht machen, ja. Es ist vielleicht etwas, was man mal hin und wieder eins machen kann, aber dann eben später." (VC 2)

Das kausale Kriterium des erwarteten Gewinns richtet sich an der Maximierung des Gewinnpotenzials aus.[1160] Folglich suchen Investoren immer nach der rational ausgewählten Investmentalternative, welche bei gleichem Risiko den höchsten Gewinn erwarten lässt.[1161] Zusätzlich zur Maximierung des Gewinns ist dabei das Ziel, das Portfolio zu diversifizieren, um das Gesamtrisiko des Portfolios zu verringern.[1162] Während der erwartete Gewinn als Entscheidungsfindungslogik auf Portfolioebene zur Anwendung kommt, lässt sich für das individuelle Investment jedoch das effektuale Auswahlkriterium des maximal verkraftbaren Verlustes anhand der Interviewdaten nachvollziehen:

„Und wir wissen, dass Teil dieses Geschäftsmodelles Totalverlust ist. Und das muss man verstehen, um das Geschäft auch zu machen, weshalb unser Risikoprofil und unsere Annahmen da sicherlich auch darauf ausgelegt sind und wir akzeptieren das." (VC 4)

„Der Investor hat ein Portfolio von Unternehmen und der Gründer hat eins. Und genaugenommen ist es dem Investor egal nicht, aber es ist für den Investor nicht so schlimm, wenn eins seiner Unternehmen scheitert." (VC 5)

„Ist der Unternehmer vielleicht ein bisschen optimistischer, weil er hat eine Karte, er setzt alles auf eine Karte. Und der Investor setzt im Fonds auf 25, 30 Karten. Das heißt, für ein einzelnes Unternehmen muss eben der Unternehmer, glaube ich, noch mal da optimistischer sein und ich glaube, uns ist auch eben viel klarer, dass wir ein Portfolio aufbauen und ein hoher Prozentsatz von diesem Portfolio wird ausfallen." (VC 6)

Das Prinzip des maximal verkraftbaren Verlustes orientiert sich an der Limitation des Verlustpotenzials im Rahmen der Entscheidungsfindung.[1163] Dabei gilt der Verlust bis zu einer Zielgröße als verkraftbar, welche das Unternehmen nicht in finanzielle Schwierigkeiten versetzt.[1164] Die Investoren kalkulieren einen Totalverlust in ihr Geschäftsmodell ein und sind in der Lage, diesen zu verkraften. Somit basiert die individuelle Investmententscheidung auf

---

[1160] Vgl. *Dew et al.* (2009), S. 290. Siehe Kapitel 3.4.2.

[1161] Vgl. *Dew et al.* (2009), S. 290; *Read/Sarasvathy* (2005), S. 52; *Sarasvathy* (2001), S. 251.

[1162] Zu dem Konzept der Diversifikation siehe *Markowitz* (1952).

[1163] Vgl. *Dew et al.* (2009), S. 290. Siehe Kapitel 3.4.3.

[1164] Vgl. *Read/Sarasvathy* (2005), S. 52; *Read et al.* (2009a), S. 3; *Read et al.* (2009b), S. 576; *Sarasvathy* (2008), S. 15, 81 ff.

effektualen Entscheidungsfindungslogiken, wobei auf Portfolioebene der erwartete Gewinn als Entscheidungsfindungslogik herangezogen wird.

Die kompetitive Sichtweise gegenüber Außenstehenden beinhaltet laut *Chandler et al.* (2011) auch Kooperationen mit anderen Unternehmen vor dem Leitmotiv der Ressourcenbeschaffung (siehe Kapitel 3.4.3).[1165] Durch Vernetzung zu anderen Investoren werden reziprok neue Investmentalternativen erschlossen, welche dem Causation-Ansatz zugeordnet werden können:

> *„Der wohl wichtigste Kanal ist das persönliche Netzwerk, wo wir dann eben auch sehr gute Deals eben auch reinbekommen." (VC 4)*

> *„[...] Und tausche mich über die Deals aus. Und dadurch kriege ich neue Deals und die kriegen eben auch Deals. Das ist so ein bisschen Sharing [...]." (VC 6)*

Überwiegend lassen sich jedoch effektuale Verhaltensmuster bei der Einstellung gegenüber Außenstehenden beobachten. Hierbei stehen Kooperationen und Partnerschaften im Vordergrund, welche sich durch gemeinsame Investments charakterisieren lassen. Das Ziel ist dabei der Abbau von Unsicherheiten und die Diversifikation von Risiko:[1166]

> *„Auf uns zukommen, tatsächlich Investoren, die sagen: Ich habe in der Pipeline jetzt was und ich denke, das würde ganz gut passen, ja. Das Ticket ist für mich ein bisschen groß, wir würden gerne das Risiko teilen. Wir halten es für ganz gut. (VC 2)*

> *„Zumal wir eigentlich auch nie im Lead und nie alleine investieren im Early-stage-Bereich. Also im Lead schon, aber nicht ganz alleine." (VC 3)*

> *„Wir glauben dran, aber, wenn wir jetzt kein Kapital-, Geldgeber kriegen, weiter das Risiko alleine wollen wir nicht tragen. (BA 1)*

> *„Wir sind da in der Minderheit beteiligt. Wir waren jetzt auch nicht der Lead-Investor, weshalb wir jetzt nicht die größten Anteile haben." (VC 4)*

> *„Das ist ein wesentlicher Punkt, dass im Investorenkreis einer die Lead-Rolle übernimmt, die Führungsrolle, weil viele Köche verderben den Brei. [...] Und wenn es mehrere Investoren gibt, dann muss halt der Lead-Investor die anderen Investoren auch mit einbinden." (VC 5)*

> *„Das erste Mal generell, also wir machen Lead-Investments, wir machen aber auch, müssen nicht den Lead machen. Also, wir machen beides." (VC 6)*

Investoren versuchen unerwartete Situationen durch Analysen und Planungen möglichst zu vermeiden. Dieses kausale Prinzip prägt die Auswahl von Investmentalternativen sowie die

---

[1165] Vgl. *Chandler et al.* (2011), S. 377 f.

[1166] Vgl. *Chandler et al.* (2011), S. 377 f.; *Dew et al.* (2009), S. 290; *Grichnik et al.* (2017), S. 63; *Sarasvathy* (2008), S. 15 f., 88 f.; *Welter/Kim* (2018), S. 102; *Wiltbank et al.* (2006), S. 992; *Wiltbank et al.* (2009a), S. 117.

Planung der Geschäftsentwicklung durch das Festlegen von Meilensteinen und Soll-Plan-Daten:

> *„[...] Und umso später du natürlich einsteigst und das Unternehmen einen Track Record hat, also entsprechende Kunden, dann kannst du die Kennzahlen, die dort dargestellt werden, die zu einer Skalierung führen sollen, kannst du besser validieren. Und das ist jetzt für mich, sagen wir mal so, wo ich natürlich versuche, ich will nicht sagen, mir das Leben einfacher zu machen, aber halt doch, ja, viele Risiken zu minimieren." (VC 1)*

> *„Es kann sein, dass du, das mache ich viel, dass du persönliche Hypothesen hast. Dass du sagst, zum Beispiel jetzt das Thema, da wird mehr kommen. Und dann mit diesem Thema systematisch überlegst: Wie sieht da die Wertschöpfungskette aus? In welchem Teil der Wertschöpfungskette kann man vielleicht einen großen Revenue Pool erreichen? Und gibt es da irgendwelche Firmen? Und so arbeitest du dich da vor." (VC 6)*

> *„Mit diesen Fast Track-Kandidaten, denen geben wir eine Chance, vier Wochen Vorlauf, und Ergebnis soll möglich sein, einen festen LOI mit klaren Definitionen, was noch alles erforderlich ist, wie viel Geld für wie viele Prozente, etc., etc. Was die Meilensteine sind, wie sie sich Exit vorstellen und so weiter und so fort." (BA 2)*

> *„An das Investment ist meistens ein Businessplan mit Milestones gebunden. Der Businessplan enthält unter anderem einen Profit and Loss Account, wo man sagt: Ok, das ist euer Budget, so viel sollt ihr ausgeben. Und das sind die Zahlen, die ihr damit erreichen sollt." (VC 3)*

> *„Die Finanzierung oder die Auszahlung findet immer in Tranchen statt. Wir würden ja nie alles sofort auszahlen, sondern haben da natürlich auch eine gewisse, nicht Macht, aber eine gewisse Einflussnahme, um zu sagen: Hey, guck mal, Tranchenauszahlung ist an die drei KPI's gebunden. Wenn diese KPI's nicht erreicht werden, dann müssen wir da noch mal reden." (VC 4)*

In Kapitel 3.1.2 und Kapitel 4.2.3.3 wurde die Unsicherheit im Rahmen von außerbörslichen Beteiligungsfinanzierungen diskutiert. Die Interviewdaten illustrieren in diesem Kontext, dass die Planungsdaten mit den tatsächlich erzielten Ergebnissen in der Realität in den seltensten Fällen übereinstimmen:

> *„Ich sage mal, wir sind jetzt nicht jemand, oder ein VC, der sollte schon dahingehend abgehärtet sein, dass Sachen nicht so eintreffen, wie sie mal vielleicht kommuniziert wurden." (VC 1)*

> *„Ja, auf der anderen Seite gibt es eigentlich kaum einen Case wo alles nach Plan läuft. Habe ich noch nie erlebt. Also jedes Investment läuft nicht nach Plan. Zumindest nicht ganz." (VC 3)*

> *„Also das ist der Regelfall, dass die nicht erfüllt werden, leider. Die Meilensteine sind oft relativ, also die sind immer deutlich unter Business Plan formuliert und werden trotzdem oft nicht erfüllt." (VC 5)*

Sofern Planabweichungen eintreten, versuchen Investoren die Gründe zunächst kausal zu erklären und suchen nach rationalen Erklärungsmustern für die Soll-Ist-Differenz vor dem Hintergrund des Ziels der Renditemaximierung:

> *„Wie gehen wir damit um? Also ich glaube, wir adressieren das ganz klar an den Unternehmer und sagen: Okay, das ist der Plan. Woran liegt das? Liegt das am Plan? Ist der Plan vielleicht schlecht? Ist der Plan gut, aber ist es dann doch operativ schwieriger aufgrund von Marketing und Kundengewinnung, aufgrund von Cashing? Also, dass die Bezahlung doch später stattfindet als du angenommen hast? Oder was ist der Treiber, der nicht stimmt? Was ist der Treiber in deiner Planung, der angepasst werden muss?" (VC 6)*

> *„Wenn die Abweichung jetzt zum Beispiel nur eine zeitliche Verzögerung ist, dauert halt alles irgendwie länger und kommt aber dann doch so, wie geplant, nur ein bisschen später, dann ist es im Prinzip kein Problem, dann würde man einfach noch einmal auszahlen, also würde man trotzdem auszahlen." (VC 5)*

> *„Die Frage ist, was nicht nach Plan läuft. Wenn kein Kunde irgendwie zu uns kommen möchte oder unsere Kunden-Position-Costs viermal so hoch sind, wie wir angenommen haben, dann gibt es vielleicht einfach keine Nachfrage nach dem Produkt. […] Da muss man verstehen, woran das liegt und was die Konsequenzen sind. Wenn der, eine Konsequenz was passieren kann, ist, wenn der Business Plan unter Plan ist, kann es sein, dass die Firma zu viel Geld ausgibt oder zu wenig Geld einnimmt. Beides hat als Konsequenz, dass sie weniger Zeit hat, bis sie kein Cash mehr hat und dementsprechend gegebenenfalls früher Geld aufnehmen muss." (VC 3)*

> *„[…] Eine weitere Runde ist ja per se nichts Schlimmes, ja, aber ist diese Exit-Perspektive noch da, ja? Das wird immer wieder gestellt, die Frage." (VC 2)*

Lassen sich im ersten Schritt keine kausalen Gründe für die Planabweichungen feststellen, wenden die Investoren effektuale Entscheidungsfindungslogiken an. Vor diesem Hintergrund sehen sie unerwartete Situationen als Chance für die weitere Unternehmensentwicklung und ermutigen den Gründer zu der Änderung des Geschäftsmodells und zu dem Übergang in eine Probierphase:

> *„Und dann haben wir noch den Fall, dass es halt unter Plan ist und eigentlich seitwärts oder eher drunter läuft. Das ist ein bisschen schwieriger die Situation, weil dann hängt es halt nicht damit zusammen, dass es vielleicht ein bisschen langsamer geht oder vielleicht einfach der Plan falsch war, sondern es hängt wahrscheinlich damit [zusammen], dass es irgendwie eigentlich nicht funktioniert. Und das ist schon tough. […] Aber man versucht eben, sehr viel auszuprobieren und sich schnell zu wenden und eigentlich auch mit kleinem Pivot rauszufinden: Woran hakt es jetzt? […] Und das Beste, was du dann machen kannst, ist eben, das Business mit ein bisschen weniger Spending aufzuziehen und eben in so eine Probierphase überzugehen, wo du verschiedene Sachen ausprobierst und dann eben versuchst, rauszufinden, woran es bisher gelegen hat. Und wenn das auch nicht klappt, dann musst du vielleicht dir überlegen: Okay, vielleicht ist das Geschäfts-*

modell, das wir haben, nicht ideal. Was haben wir aktuell, was können wir noch vielleicht da rausholen?" (VC 6)

„Und bei dem einen Case, wie gesagt, war es jetzt gerade so, dass wir da jetzt so ein bisschen Turnaround gemacht haben. [...] Und dann war es jetzt in dem Fall einfach so, dass dann unsere Überlegungen sinnvoller waren für das Unternehmen und er jetzt das Geschäftsmodell ein bisschen ändern wird oder schon dabei ist. Und es trägt schon erste Früchte." (VC 4)

„[...] Als Investor, dann sagst du, komm, lass uns lieber was anderes machen, oder komm mit einem anderen Produkt und mit deinem Team [...]." (BA 1)

Die hier dargestellte Auswertung der Entscheidungsfindungslogiken von Investoren liefert zwei Beiträge. Zunächst lässt sich die Vereinbarkeit von kausalen und effektualen Entscheidungsfindungslogiken nachvollziehen. *Smolka et al.* (2016) folgend können somit für Investoren ebenfalls überlappende Entscheidungsfindungslogiken identifiziert werden.[1167] Während z. B. das kausale Ziel der Gewinnmaximierung die Zusammensetzung des Gesamtportfolios prägt, werden einzelne Investments anhand des effektualen Entscheidungskriteriums des maximal verkraftbaren Verlustes bewertet. Schlussfolgernd liefert auch die Analyse der Entscheidungsfindungslogiken von Investoren weitere empirische Indizien für die Vereinbarkeit von Causation und Effectuation im Entrepreneurial-Finance-Kontext.

Damit eng verbunden ist der zweite Beitrag, welcher dem Aufruf von *Appelhoff et al.* (2016) nach mehr empirischen Studien zur tatsächlichen Verwendung von Causation und Effectuation im Kontext von professionellen Investoren folgt (siehe Kapitel 3.4.5).[1168] Die Datenanalyse leistet einen Beitrag zu dieser Forschungslücke und zeigt, dass Investoren sowohl kausale als auch effektuale Entscheidungsfindungslogiken im Rahmen von außerbörslichen Beteiligungsfinanzierungen anwenden. Folglich unterstützen die vorliegenden Ergebnisse die Erkenntnisse von *Murnieks et al.* (2011), *Schmidt et al.* (2017) *Wiltbank et al.* (2009a) und *Wiltbank et al.* (2009b), indem empirisch die Anwendung effektualer Entscheidungsfindungslogiken von Investoren illustriert wird (siehe Kapitel 3.4.6).[1169] Darüber hinaus lässt sich ein Handlungsmuster von Investoren im Umgang mit unerwarteten Situationen feststellen. Investoren reagieren auf unerwartete Situationen zunächst mit kausalen Handlungsmustern zur Problemlösung. Führen diese zu keiner rationalen Lösung, werden sie mit effektualen Verhaltensweisen kom-

[1167] Vgl. *Smolka et al.* (2016), S. 13 ff., 21. Siehe Kapitel 3.4.5.

[1168] Vgl. *Appelhoff et al.* (2016), S. 602.

[1169] Vgl. *Murnieks et al.* (2011), S. 1548 ff.; *Schmidt et al.* (2017), S. 10 ff.; *Wiltbank et al.* (2009a), S. 124 ff.; *Wiltbank et al.* (2009b), S. 7 ff.

biniert, um eine erfolgreiche Entwicklung des Investments zu realisieren. Zusammenfassend werden die Ergebnisse in folgender Hypothese festgehalten:

***H 8b**: Die Erhöhung der Unsicherheit wirkt sich positiv auf die Verwendung effektualer Entscheidungsfindungslogiken von Investoren aus.*

4.3 Kritische Würdigung

4.3.1 Theoriebeitrag

Die Analyse der empirischen Daten liefert einen Beitrag zur wissenschaftlichen Diskussion rund um das Mitwirken von Investoren bei Finanzierungsentscheidungen des Gründers. In diesem noch relativ jungen Forschungsgebiet existieren bereits zahlreiche konzeptionelle und empirische Arbeiten, welche sich vor allem mit der Mehrwertleistung von Investoren beschäftigen, die Frage allerdings ungeklärt lassen, wie Investoren bei den Finanzierungsentscheidungen des Gründers mitwirken.[1170] Forschungsarbeiten in der Entrepreneurial-Finance-Literatur betrachten die verhaltenswissenschaftlichen Rahmenbedingungen der außerbörslichen Beteiligungsfinanzierung i. d. R. einzeln und argumentieren auf theoretischer Ebene für einen Zusammenhang der Konstrukte.[1171] Um die übergeordnete Fragestellung vollumfassend zu klären, wurden sämtliche Rahmenbedingungen in die empirische Untersuchung integriert. Die vorliegenden empirischen Ergebnisse wurden vor dem Hintergrund der bestehenden Erkenntnisse aus der Literatur gespiegelt. So konnten insgesamt 19 Hypothesen aufgestellt werden, welche sich in Anlehnung an die Zielsetzungen der vorliegenden Arbeit in die beiden Abschnitte (1) Mitwirken von Investoren und (2) Rahmenbedingungen untergliedern.

Der erste Abschnitt von Hypothesen befasst sich mit dem Mitwirken von Investoren bei Finanzierungsentscheidungen der Gründer und umfasst die Kernkategorien strategisches Mitwirken, Unternehmensbewertung, Personalwesen, Intensität sowie negativer Mehrwert. Im Rahmen des strategischen Mitwirkens wurden vier Hypothesen aufgestellt, welche einen explorativen Erkenntnisbeitrag zur wissenschaftlichen Diskussion und Beantwortung der Forschungsfrage liefern. Dabei wurde insbesondere die Weitergabe und Übertragung von Human- und Sozialkapital auf den Gründer identifiziert:

1170 Vgl. *Denis* (2004); *Erikson/Sørheim* (2005); *Freear et al.* (1995); *Gorman/Sahlman* (1989); *Madill et al.* (2005); *Kaplan/Stromberg* (2004); *Large/Muegge* (2008); *Mason/Harrison* (1996); *Politis* (2008); *Proksch et al.* (2017); *Sapienza* (1992); *Sapienza et al.* (1996).

1171 Vgl. *Appelhoff et al.* (2016), S. 619; *Bammens/Collewaert* (2014), S. 2002; *Collewaert* (2012); *Collewaert/Fassin* (2013); *Collewaert/Sapienza* (2016); *Zacharakis et al.* (2010), S. 112.

***H 1a**: Die Vorbereitung des Gründers auf Pitches durch die Investoren wirkt sich positiv auf das Erhalten einer Folgefinanzierung aus.*

***H 1b**: Die Teilnahme der Investoren an Vertragsverhandlungen wirkt sich positiv auf das Erhalten einer Folgefinanzierung aus.*

***H 1c**: Die gemeinsame Selektion potenzieller Folgeinvestoren wirkt sich positiv auf das Erhalten einer Folgefinanzierung aus.*

***H 1d**: Die Vernetzung der Portfoliounternehmen seitens der Investoren wirkt sich positiv auf die Effizienz des Start-ups aus.*

Hinsichtlich der Kernkategorie Unternehmensbewertung wurden zwei Hypothesen ausformuliert, welche sich mit der realistischen Höhe des Unternehmenswertes sowie dem daraus resultierenden Folgefinanzierungsrisiko beschäftigen:

***H 2a**: Eine realistische Unternehmensbewertung wirkt sich positiv auf das Erhalten einer Folgefinanzierung aus.*

***H 2b**: Ein übermäßiger Anstieg des Unternehmenswertes wirkt sich positiv auf das Folgefinanzierungsrisiko aus.*

Im Rahmen der Analyse der Kernkategorie Personalwesen wurde auf Basis der Interviewdaten eine Hypothese abgeleitet, welche sich mit der erfolgskritischen Relevanz der CFO-Position in einem Start-up auseinandersetzt. Die Investoren unterstützen den Gründer hierbei insbesondere durch Identifikation und Auswahl eines qualifizierten CFO:

***H 3**: Ein qualifizierter CFO wirkt sich positiv auf das Erhalten einer Folgefinanzierung aus.*

Die Kernkategorie Intensität bezieht sich auf den Austausch zwischen Gründer und Investoren, wobei die bedarfsorientierte Intensität des Austauschs als erfolgssteigernd erörtert wurde. Dieser Sachverhalt resultierte in folgender Hypothese:

***H 4**: Die bedarfsorientierte Intensität des Austauschs zwischen Gründer und Investoren wirkt sich positiv auf den Unternehmenserfolg aus.*

Der Mehrwert von Investoren wurde sowohl in der Theorie als auch in der Datenerhebung als Nettogröße charakterisiert. Auf Basis der Interviewdaten ließen sich im Rahmen der Kernkategorie negativer Mehrwert schließlich zwei Hypothesen ableiten:

***H 5a**: Erhöhtes Eingreifen der Investoren in den Entscheidungsbereich des Gründers wirkt sich negativ auf den Unternehmenserfolg aus.*

***H 5b**: Ein erhöhter Aufwand für das Berichtswesen wirkt sich negativ auf den Unternehmenserfolg aus.*

Der zweite Abschnitt von Hypothesen befasst sich mit den Rahmenbedingungen einer außerbörslichen Beteiligungsfinanzierung und umfasst die Kernkategorien Vertrauen, Konflikte sowie Entscheidungsfindungslogiken. Im Zuge der Analyse der Interviewdaten kristallisierten sich hinsichtlich der Kategorie Vertrauen drei Hypothesen heraus, welche sich einerseits mit dem direkten Zusammenhang von wahrgenommener Regelgerechtigkeit auf den Unternehmenserfolg und andererseits mit der Rolle der Investoren als Vertrauensvermittler auseinandersetzen:

> ***H 6a***: *Die positiv wahrgenommene Regelgerechtigkeit wirkt sich positiv auf den Unternehmenserfolg aus.*
>
> ***H 6b***: *Die Interaktion zwischen bestehenden und neuen Investoren wirkt sich positiv auf das Vertrauen neuer Investoren in den Gründer aus.*
>
> ***H 6c***: *Die Interaktion zwischen bestehenden und neuen Investoren wirkt als positiver Mediator auf den Einfluss von Vertrauen auf den Erhalt einer Folgefinanzierung.*

Im Rahmen der Kernkategorie Konflikte konnte ein direkter Zusammenhang von Zielkonflikten und Angemessenheit des Unternehmenswertes unterstellt werden. Ferner wurde ein rationales Konfliktmanagement sowie das bewusste Herausfordern von Konflikten durch die Investoren als positiv hinsichtlich des Unternehmenserfolges erörtert und abschließend ein Kausalzusammenhang von Vertrauen und Konflikten abgeleitet. Zusammenfassend wurden vier Hypothesen aufgestellt:

> ***H 7a***: *Zielkonflikte zwischen Gründer und Investoren wirken sich positiv auf die Angemessenheit des Unternehmenswertes aus.*
>
> ***H 7b***: *Ein rationales Konfliktmanagement moderiert den Einfluss von Konflikten auf den Unternehmenserfolg positiv.*
>
> ***H 7c***: *Das Herausfordern von Konflikten durch die Investoren wirkt sich positiv auf den Unternehmenserfolg aus.*
>
> ***H 7d***: *Vertrauen hat einen negativen Einfluss auf das Zustandekommen offener Konflikte zwischen Gründer und Investoren.*

Die im Rahmen der Kernkategorie Entscheidungsfindungslogiken entwickelten Hypothesen leisten zunächst einen Beitrag zur wissenschaftlichen Diskussion hinsichtlich der Kombinierbarkeit von Causation und Effectuation, indem empirische Indizien für die Vereinbarkeit beider Entscheidungsfindungslogiken präsentiert wurden. Darüber hinaus wurden effektuale Heuristiken von Investoren belegt, obwohl die bisherige Forschung die Investoren prädominant als kausal beschreibt. Schlussendlich erfolgte die Aufstellung zweier Hypothesen:

***H 8a**: Causation und Effectuation weisen eine von null abweichende Korrelation zueinander auf.*

***H 8b**: Die Erhöhung der Unsicherheit wirkt sich positiv auf die Verwendung effektualer Entscheidungsfindungslogiken von Investoren aus.*

Tabelle 4-5 gibt eine zusammenfassende Übersicht über die aufgestellten Hypothesen.

Hypothese	Inhalt
Abschnitt 1: Mitwirken von Investoren	
H 1a	Die Vorbereitung des Gründers auf Pitches durch die Investoren wirkt sich positiv auf das Erhalten einer Folgefinanzierung aus.
H 1b	Die Teilnahme der Investoren an Vertragsverhandlungen wirkt sich positiv auf das Erhalten einer Folgefinanzierung aus.
H 1c	Die gemeinsame Selektion potenzieller Folgeinvestoren wirkt sich positiv auf das Erhalten einer Folgefinanzierung aus.
H 1d	Die Vernetzung der Portfoliounternehmen seitens der Investoren wirkt sich positiv auf die Effizienz des Start-ups aus.
H 2a	Eine realistische Unternehmensbewertung wirkt sich positiv auf das Erhalten einer Folgefinanzierung aus.
H 2b	Ein übermäßiger Anstieg des Unternehmenswertes wirkt sich positiv auf das Folgefinanzierungsrisiko aus.
H 3	Ein qualifizierter CFO wirkt sich positiv auf das Erhalten einer Folgefinanzierung aus.
H 4	Die bedarfsorientierte Intensität des Austauschs zwischen Gründer und Investoren wirkt sich positiv auf den Unternehmenserfolg aus.
H 5a	Erhöhtes Eingreifen der Investoren in den Entscheidungsbereich des Gründers wirkt sich negativ auf den Unternehmenserfolg aus.
H 5b	Ein erhöhter Aufwand für das Berichtswesen wirkt sich negativ auf den Unternehmenserfolg aus.
Abschnitt 2: Rahmenbedingungen	
H 6a	Die positiv wahrgenommene Regelgerechtigkeit wirkt sich positiv auf den Unternehmenserfolg aus.
H 6b	Die Interaktion zwischen bestehenden und neuen Investoren wirkt sich positiv auf das Vertrauen neuer Investoren in den Gründer aus.
H 6c	Die Interaktion zwischen bestehenden und neuen Investoren wirkt als positiver Mediator auf den Einfluss von Vertrauen auf den Erhalt einer Folgefinanzierung.
H 7a	Zielkonflikte zwischen Gründer und Investoren wirken sich positiv auf die Angemessenheit des Unternehmenswertes aus.
H 7b	Ein rationales Konfliktmanagement moderiert den Einfluss von Konflikten auf den Unternehmenserfolg positiv.
H 7c	Das Herausfordern von Konflikten durch die Investoren wirkt sich positiv auf den Unternehmenserfolg aus.
H 7d	Vertrauen hat einen negativen Einfluss auf das Zustandekommen offener Konflikte zwischen Gründer und Investoren.
H 8a	Causation und Effectuation weisen eine von null abweichende Korrelation zueinander auf.
H 8b	Die Erhöhung der Unsicherheit wirkt sich positiv auf die Verwendung effektualer Entscheidungsfindungslogiken von Investoren aus.

Tabelle 4-5: Übersicht über die Hypothesen
Quelle: Eigene Darstellung.

Zusammenfassend liefert die empirische Untersuchung einen Forschungsbeitrag zu den im Normalfall unabhängig voneinander untersuchten Rahmenbedingungen der außerbörslichen Beteiligungsfinanzierung in der Entrepreneurial-Finance-Forschung und vereint diese erstmals in einer kombinierten Studie. Darüber hinaus wird auf den Kritikpunkt der exklusiven Perspektiven aktueller Forschungsarbeiten reagiert, indem sowohl Gründer als auch Investoren in die Datenerhebung einbezogen wurden.[1172]

4.3.2 Praxisimplikationen

Die vorliegende Arbeit liefert diverse Implikationen für die Praxis der Zusammenarbeit zwischen Gründer und Investoren in der Post-Investment-Phase, welche sich sachlogisch aus dem Theoriebeitrag ableiten lassen.

Der erste Hypothesenabschnitt befasst sich mit dem Mitwirken von Investoren bei Finanzierungsentscheidungen des Gründers (H 1a – H 5b). Die sich daraus ergebenden Praxisimplikationen beziehen sich zunächst auf die Zusammenarbeit und Vorbereitung einer Folgefinanzierungsrunde.[1173] Investoren können durch ihre Erfahrung den Gründer bei der Aufbereitung der Investorenmaterialien unterstützen, da sie genau wissen, worauf andere Investoren in der Grobanalysephase achten. Dies schlägt sich vor allem in den Pitches und Pitchdecks nieder. Folglich ist eine enge Zusammenarbeit in diesen Angelegenheiten von hoher praktischer Relevanz. Als konkrete Handlungsempfehlung ergibt sich hieraus insbesondere das gemeinsame Erstellen von Pitchdecks, bestehend aus der Unternehmenspräsentation, der strategischen Geschäftsausrichtung der nachfolgenden Jahre sowie der zukünftigen Finanzplanung. Ferner können die Investoren den Gründer durch gezielte Pitchtrainings auf die Vorstellung bei Folgeinvestoren vorbereiten.

Ebenso ist die Unterstützung des Gründers bei der Selektion von potenziellen Folgeinvestoren von hoher Bedeutung.[1174] Durch das Einbinden der Investoren in die Auswahl und Identifikation von potenziellen Folgeinvestoren erhöht sich die Chance auf eine erfolgreiche Folgefinanzierung, da die Investoren sich untereinander kennen und dementsprechend auf eine positive Referenz des bisherigen Investors mit einer erhöhten Aufmerksamkeit bzw. Investmentbereitschaft reagieren. Schlussendlich empfiehlt es sich, bestehende Investoren in Vertragsverhandlungen mit Folgeinvestoren einzubinden, da diese auch hier ihre Erfahrung und Verhandlungsmacht wertstiftend einbringen können.[1175]

Mit der Teilnahme der Investoren an Vertragsverhandlungen eng verbunden ist die Frage nach der Unternehmensbewertung. Vor dem Investment haben beide Seiten eine unterschiedliche

[1172] Vgl. *Collewaert* (2012), S. 770.
[1173] Siehe Hypothese H 1a.
[1174] Siehe Hypothese H 1c.
[1175] Siehe Hypothese H 1b.

Vorstellung über die Höhe der Unternehmensbewertung, wobei die Gründer möglichst wenig Anteile für relativ viel Beteiligungskapital anstreben. Auf Basis der Interviewdaten hat sich gezeigt, dass eine hohe Unternehmensbewertung zunächst für beide Seiten als vorteilhaft erscheint. Der Gründer erhält eine Bestätigung für seine bisher geleistete Arbeit und die Investoren können ihr Portfolio mit einem erfolgsversprechenden Unternehmen erweitern. Auf den zweiten Blick liegt genau in diesem Punkt auch der größte Risikofaktor für beide Seiten. Das Folgefinanzierungsrisiko nach einer hohen Bewertung gilt es nicht zu unterschätzen. Das Folgefinanzierungsrisiko impliziert, dass die darauffolgende Unternehmensbewertung höher ausfallen sollte, als die ursprüngliche Bewertung.[1176] Entwickelt sich das Start-up nicht wie geplant, kann es zu einer Herabstufung des Unternehmenswertes in der Folgefinanzierungsrunde kommen. Diese Herabstufung des Unternehmenswertes ist für den Gründer nicht wünschenswert, da es dementsprechend schwieriger wird, neue Investoren zu finden. Für die Investoren resultiert aus dieser Herabstufung ein monetärer Verlust. Darüber hinaus können hierdurch potenzielle Reputationsschäden der Investoren am Markt entstehen. Folglich ist eine Praxisimplikation für beide Seiten, dass die Unternehmensbewertung vor dem Hintergrund des Folgefinanzierungsrisikos rational festgelegt werden sollte und eine realistische Unternehmensbewertung als Handlungsempfehlung ausgemacht wird.[1177]

Des Weiteren hat die empirische Datenauswertung gezeigt, dass eine Vernetzung der Portfoliounternehmen untereinander zu einer Effizienzsteigerung der Start-ups führt.[1178] Als Handlungsempfehlung für Gründer und Investoren ist somit ein proaktives Einfordern der Vernetzung zu anderen Portfoliounternehmen festzuhalten. Neben Effizienzsteigerungen durch den informellen Austausch über Probleme im Tagesgeschäft oder den Umgang mit externen Anspruchsgruppen können auch Synergiepotenziale ausgeschöpft werden.

Ferner legen die Investoren großen Wert auf die Etablierung eines strukturierten Berichtswesens. Auf der einen Seite werden die Monitoring-Aktivitäten der Investoren vereinfacht und eine Ausgangsbasis für strukturierte Planungsdaten geschaffen. Dies verleiht dem Start-up externe Legitimität und erhöht somit die Chance auf eine erfolgreiche Folgefinanzierung. Das Berichtswesen wird auf der anderen Seite aber von dem Gründer als bürokratisch und wenig wertstiftend aufgefasst. Begründet liegt die nachfolgende Praxisimplikation in den Opportuni-

---

[1176] Siehe Hypothese H 2b.
[1177] Siehe Hypothese H 2a.
[1178] Siehe Hypothese H 1d.

tätskosten zwischen dem Zeitaufwand für Berichtswesen und beispielsweise der Kundenakquisition: Je mehr Zeit ein Gründer in das Schreiben von Investorenberichte investiert, desto weniger kann er Zeit für Kundenakquisition verwenden, wodurch das Geschäftsergebnis am Jahresende gemindert wird.[1179] Folglich sollten beide Seiten diesbezüglich einen praktikablen Kompromiss finden, welcher sowohl die Bedürfnisse der Investoren befriedigt als auch die Opportunitätskosten des Gründers in einem verkraftbaren Rahmen hält. Damit einher geht die qualifizierte Besetzung der CFO-Position.[1180] Ein unqualifizierter CFO führt auf Grund von schlechtem Berichtswesen zu Reibungen zwischen den Stakeholdern. Auf solch eine schwach besetzte Stelle gilt es seitens der Investoren aufmerksam zu machen. Zusätzlich sollten die Investoren den Gründer bei der Suche nach geeigneten Kandidaten aktiv unterstützen.

Abschließend ist der Austausch zwischen beiden Parteien und das erhöhte Eingreifen der Investoren in den Entscheidungsbereich des Gründers von praktischer Relevanz. Eine bedarfsorientierte Intensität des Austauschs zwischen beiden Parteien wird als Handlungsempfehlung für die Zusammenarbeit zwischen Gründer und Investoren ausgesprochen.[1181] Bei akuten und erfolgsrelevanten Angelegenheiten, z. B. bei der Folgefinanzierung, sollten sich beide Parteien häufiger und intensiver austauschen als bei einer rein informativen Besprechung des aktuellen Unternehmensstandes. In diesem Zusammenhang sollten Investoren auf ein moderates Level an Eingreifen in den Entscheidungsbereich des Gründers achten, da die Gründer sich i. d. R. besser in ihrem operativen Geschäftsumfeld auskennen als die Investoren.[1182] Dennoch sollten die Investoren auf grobes Fehlverhalten des Gründers hinweisen und, falls nötig, auch operativ aktiv werden.

Aus dem zweiten Hypothesenabschnitt hinsichtlich der Rahmenbedingungen einer außerbörslichen Beteiligungsfinanzierung (H 6a – H 8b) lassen sich ebenfalls Praxisimplikationen ableiten. Das Vertrauensverhältnis zwischen Gründer und Investoren ist eine notwendige Bedingung für die erfolgreiche Geschäftsentwicklung. Die Beweggründe für Vertrauen sind sehr individuelle Konstrukte und nur schwer ex ante zu beurteilen. Die empirische Auswertung hat den positiven Einfluss der Regelgerechtigkeit auf das Vertrauensverhältnis zwischen beiden Parteien aufgezeigt.[1183] Für die Praxis bedeutet das, dass sowohl Gründer als auch Investoren

---

1179 Siehe Hypothese H 5b.
1180 Siehe Hypothese H 3.
1181 Siehe Hypothese H 4.
1182 Siehe Hypothese H 5a.
1183 Siehe Hypothese H 6a.

zu ihren Aussagen stehen, Lügen vermeiden sowie auf einen fairen Umgang miteinander achten sollten. Um eine Vertrauensbasis zu schaffen, agieren vorhandene Investoren als Vertrauensvermittler zwischen Gründer und Folgeinvestoren.[1184] Durch reziproke Vertrauensverbindungen zwischen Alt-Investoren und Gründer sowie Alt-Investoren und Folgeinvestoren, können Alt-Investoren eine Vertrauensbasis schaffen, welche sich positiv auf das Zustandekommen einer neuen außerbörslichen Beteiligungsfinanzierung auswirkt.[1185] Als Praxisimplikation ist somit ein Austausch bestehender Investoren mit neuen Investoren auszumachen, wodurch das Vertrauensverhältnis zwischen Gründer und neuen Investoren ex ante bereits einen Vertrauensvorschuss erfährt und Informationsasymmetrien abgebaut werden. Darüber hinaus wirkt sich gegenseitiges Vertrauen positiv auf Konflikte zwischen beiden Parteien aus, indem es das Ausbrechen eines offenen Konfliktes vorbeugt und somit die Unternehmensentwicklung positiv beeinflusst.[1186]

Überdies lassen sich auch aus der Analyse der Konflikte zwischen Gründer und Investoren folgende Praxisimplikationen ableiten. Streit ist per se nichts Negatives und kann zur erfolgreichen Geschäftsentwicklung beitragen. Auf Basis der empirischen Interviewdaten wurde ein rationales Konfliktmanagement als nutzenstiftend für den Erfolg des Start-ups ausgemacht.[1187] In diesem Zusammenhang wurde ebenso das Herausfordern von Konflikten seitens der Investoren als nutzenstiftend beschrieben. Dies wurde einerseits im Allgemeinen sowie andererseits konkret im Zusammenhang mit Zielkonflikten und dem Unternehmenswert erörtert.[1188] Für die Praxis lassen sich hieraus konkrete Handlungsempfehlungen ableiten: Zunächst empfiehlt es sich eine rationale Streitkultur zu etablieren, welche auf einem unpersönlichen Level die Meinungsverschiedenheiten subjektbezogen diskutiert. Eine ebenso relevante Aufgabe der Investoren liegt darin, dass sie auf Grund ihrer Erfahrung auch bewusst einen Konflikt herausfordern sollten, wenn sie der Meinung sind, dass die Aktivitäten des Gründers eine unternehmensgefährdende Richtung einschlagen. Folglich sollten die Investoren ihrer Monitoring-Rolle gerecht werden und dem Gründer damit einen Perspektivenwechsel auf seine Aktivitäten aufzeigen. Dieser Perspektivenwechsel befruchtet die Kreativität des Gründers und dient zur Validierung der getroffenen Entscheidungen. Bezogen auf das bereits ange-

---

1184 Siehe Hypothese H 6b.
1185 Siehe Hypothese H 6c.
1186 Siehe Hypothese H 7d.
1187 Siehe Hypothese H 7b.
1188 Siehe Hypothese H 7c und Hypothese H 7a.

sprochene Folgefinanzierungsrisiko ist es eine Aufgabe der Investoren, im Hinblick auf die Unternehmensbewertung bei einer Folgefinanzierungsrunde, bewusst einen Zielkonflikt herauszufordern, um den Gründer auf das Risiko einer vermeintlich zu hohen Unternehmensbewertung hinzuweisen.

Abschließend lässt sich eine weitere Handlungsempfehlung resultierend aus den Entscheidungsfindungslogiken von Investoren ableiten. Die Verwendung effektualer Handlungsmuster seitens der Investoren impliziert den offenen Umgang mit unerwarteten Situationen. Folglich sollten unerwartete Situationen – häufig im Rahmen von Plan- und Meilensteinverfehlungen – nicht per se als Hindernis angesehen werden, sondern als Chance beispielsweise für eine Neuausrichtung des Geschäftsmodells.[1189] Dabei lässt sich auf Basis der empirischen Daten das Handlungsmuster einer zunächst kausalen Problemlösung feststellen. Führen kausale Handlungsmuster zu keiner adäquaten Problemlösung, sollten zunächst effektuale Prinzipien angewendet werden, anstelle das Investment direkt zu beenden.[1190]

4.3.3 Limitationen und weiterer Forschungsbedarf

Die Ergebnisse der vorliegenden empirischen Untersuchung unterliegen den nachfolgend diskutierten Limitationen, woraus sich der weitere Forschungsbedarf ergibt.

Im Rahmen der Datenerhebung wurden nur Gründer und Investoren mit Geschäftssitz in Deutschland befragt. Folglich sind die Ergebnisse der empirischen Untersuchung nur auf Deutschland anzuwenden. Demgemäß sollten weitere Studien zu dem Mitwirken von Investoren bei Finanzierungsentscheidungen des Gründers in anderen Ländern durchgeführt werden. Auf Grund des großen Venture-Capital-Marktes der USA sollte hier eine vergleichende Studie erfolgen. Darüber hinaus bieten sich auch Großbritannien oder Frankreich für vergleichende, innereuropäische Studien an, da diese beiden Länder ebenfalls einen großen Venture-Capital-Markt aufweisen. Selbst für die deutschsprachigen Länder Österreich und Schweiz könnten abweichende Ergebnisse festgestellt werden, weshalb auch hier der Gültigkeitsbereich der vorliegenden empirischen Erhebung limitiert wird. Differenzen der Resultate könnten sich möglicherweise auf Grund unterschiedlicher Rechtssysteme ergeben.

[1189] Siehe Hypothese H 8b.
[1190] Siehe Hypothese H 8a.

In diesem Kontext könnte auch die Kultur der Interviewpartner einen Einfluss auf das Ergebnis haben. Durch unterschiedliche Investmentkulturen oder Risikoaversionen anderer Kulturräume könnten sich ebenfalls divergierende Ergebnisse feststellen lassen. In den USA herrscht beispielsweise eine eher aggressive Investmentkultur, wohingegen in Deutschland eine eher konservative Investmentkultur festgestellt werden kann. Auf Grund dessen sollte die empirische Erhebung in anderen Kulturräumen repliziert werden, um für den Einfluss der Kultur auf die vorliegenden empirischen Ergebnisse zu kontrollieren.

Im Rahmen der Datenerhebung wurden, bis auf eine Ausnahme, ausschließlich männliche Interviewteilnehmer befragt. Obwohl keine Indizien für einen Gender-Bias sprechen, könnten die Ergebnisse mit weiblichen Interviewteilnehmern anders ausfallen, beispielsweise durch den Einfluss von stereotypischen Verhaltensweisen des jeweiligen Geschlechtes. Dies gilt es in weiteren explorativen Studien festzustellen. Sofern ein Gender-Bias aufgezeigt werden kann, ergeben sich auch hieraus weitere Forschungsmöglichkeiten. So könnte untersucht werden, ob das Geschlecht einen signifikanten Einfluss auf den Erhalt einer Folgefinanzierung hat. Weiterführend sollte untersucht werden, ob das Geschlecht einen Einfluss auf eine oder mehrere der Rahmenbedingungen der außerbörslichen Beteiligungsfinanzierung hat. Hieraus ergeben sich folglich sowohl qualitative als auch quantitative Fragestellungen für weiterführende Studien.

Ferner wurde die Stichprobenauswahl ausschließlich auf erfolgreiche Gründer und Investoren limitiert. Gemessen an der Zielsetzung der vorliegenden empirischen Erhebung lässt sich diese Stichprobenauswahl rechtfertigen. Dennoch könnte ein Survivorship-Bias vorhanden sein und die Ergebnisse bei der Befragung von weniger erfolgreichen Gründern oder Investoren von den hier präsentierten Ergebnissen abweichen. Mögliche Divergenzen der Ergebnisse könnten aus Beziehungskonflikten und dem damit verbundenen Misstrauen zwischen Gründer und Investoren stammen.

Im Rahmen der Interviewauswertung lässt sich eine Divergenz zwischen wahrgenommener und tatsächlicher Mehrwertleistung der Investoren erahnen. Beispielsweise spricht der Gründer „E 5" diese Divergenz an, indem er feststellt, dass seine Investoren von der Einbindung des Gründers in das Investorennetzwerk überzeugt sind, obwohl der Gründer nach seiner Auffassung nicht Teil des Investorennetzwerkes wurde.[1191] Diese Thematik sollte in einer weite-

---

[1191] Siehe S. 193 f.

ren Studie vertiefend aufgegriffen werden. Aus diesen Differenzen könnten sich neue Forschungsfragen vor dem Hintergrund des negativen Mehrwertes von Investoren ergeben.

Im Zusammenhang mit dem qualitativen Forschungsdesign ergeben sich auch Limitationen der empirischen Ergebnisse. Obwohl sich die vorliegende Arbeit an Standards und Gütekriterien der qualitativen Sozialforschung orientiert, ist eine Verallgemeinerung der Ergebnisse auf die statistische Grundgesamtheit nicht möglich. Durch das subjektiv-pragmatische Abbruchkriterium der theoretischen Sättigung könnten bei weiteren Interviews gegebenenfalls noch neue Kategorien emergieren, welche die Ergebnisse erweitern oder deren Gültigkeitsbereich einschränken. Im selben Kontext kann auch das theoretische Sampling kritisch hinterfragt werden. Auch hier ist eine gewisse Subjektivität des Forschers nicht gänzlich auszuschließen.

Im Rahmen der theoretischen Kapitel zu den Rahmenbedingungen der außerbörslichen Beteiligungsfinanzierung wurden verschiedene in der Literatur existierende Definitionen und Auffassungen diskutiert. Die auf Basis des theoretischen Vorwissens erstellten Interviewleitfäden folgen einer dieser kontrovers diskutierten Auffassungen. So wurde beispielsweise Vertrauen als eindimensionales Konstrukt angenommen oder die vier in der Entrepreneurial-Finance-Literatur überwiegend empirisch untersuchten Konfliktarten als theoretische Ausgangsbasis definiert. Daher sollten weitere Studien basierend auf anderen theoretischen Annahmen durchgeführt werden, welche unter Umständen zu konkurrierenden Ergebnissen führen oder explorativ neue Sachverhalte aufdecken.

Abschließend hat sich die vorliegende qualitative Studie das Aufstellen von Hypothesen als Ziel gesetzt. Demzufolge besteht weiterer Forschungsbedarf hinsichtlich des quantitativ-empirischen Testens der aufgestellten Hypothesen. Durch das Testen der Hypothesen wird eine Verallgemeinerbarkeit der Ergebnisse auf die Grundgesamtheit gewährleistet. In Abhängigkeit des Signifikanzniveaus eröffnen nicht signifikante Ergebnisse weiteren explorativen Forschungsbedarf.

5 Schlussbetrachtung

Die vorliegende Arbeit befasst sich mit Fragestellungen zu dem Mitwirken von Investoren bei Finanzierungsentscheidungen des Gründers in der Post-Investment-Phase. Einem explorativen Forschungsdesign folgend wurden auf Basis einer Literaturauswertung deutsche Gründer und Investoren zu ihren Erfahrungen aus Finanzierungsrunden befragt.

In Kapitel 1 erfolgte zunächst die Erörterung der Problemstellung und Zielsetzung. Auf Basis der zu Grunde liegenden Forschungsfrage, „Wie wirken Investoren bei Finanzierungsentscheidungen des Gründers mit?", wurden zwei zentrale Problemstellungen erläutert. Die erste zentrale Problemstellung liegt in der bis dato noch offenen Forschungslücke des Mitwirkens von Investoren bei Finanzierungsentscheidungen des Gründers. Um die Forschungsfrage vollumfassend zu klären, befasst sich die zweite zentrale Problemstellung mit den Forschungslücken hinsichtlich der Rahmenbedingungen einer außerbörslichen Beteiligungsfinanzierung. Hierzu existieren in der aktuellen Literatur bislang widersprüchliche Aussagen und es herrscht ein Defizit an empirischen Studien. Die übergeordnete Forschungsfrage konnte in drei zentrale Zielsetzungen untergliedert werden, welche sich in einen Theoriebeitrag zu dem Mitwirken von Investoren bei Finanzierungsentscheidungen des Gründers, in einen Theoriebeitrag zu den Rahmenbedingungen einer außerbörslichen Beteiligungsfinanzierung sowie in das Ableiten von Praxisimplikationen für die Zusammenarbeit von Gründer und Investoren in der Post-Investment-Phase differenzieren.

Beginnend mit dem Ressourcenmanagement von Start-ups in Kapitel 2 erfolgte die Darstellung der erfolgskritischen Relevanz der materiellen Ressource Finanzkapital. Dabei wurde explizit auf die Finanzierungsbesonderheiten von Start-ups eingegangen und Schwierigkeiten im Hinblick auf die Finanzplanung vor dem Hintergrund der zur Verfügung stehenden Finanzierungsquellen erörtert. Als wichtige Finanzierungsquellen für Start-ups in dem Early-stage-Bereich stellten sich Business Angels und Venture-Capital-Investoren heraus. Die Besonderheiten der außerbörslichen Beteiligungsfinanzierung mit Investoren wurden anhand eines typischen Investmentprozesses abgebildet sowie die essenzielle Rolle des über die Kapitalbereitstellung hinausgehenden Mehrwertes diskutiert. In diesem Zusammenhang konnte die Unterstützung des Gründers durch die Investoren bei der Akquisition neuen Eigenkapitals als Mehrwertleistung festgestellt werden. Auf dieser Basis wurde die Forschungslücke verdeutlicht, dass das Mitwirken von Investoren bei Finanzierungsentscheidungen des Gründers noch unzureichend erforscht ist.

Konsekutiv thematisierte Kapitel 3 die Rahmenbedingungen der außerbörslichen Beteiligungsfinanzierung vor dem Hintergrund der Agency-Theorie. Auf Grund hoher Informationsasymmetrien zwischen Gründer und Investoren sind begrenzt rationale Entscheidungen als Handlungsgrundlage der Beteiligten identifiziert worden. Darauf aufbauend wurde im Rahmen der Diskussion von Lösungsmechanismen für Agency-Konflikte die besondere Relevanz von verhaltenswissenschaftlichen Konstrukten erklärt. Beginnend mit einem Überblick über die einschlägige Literatur erfolgte die Definition von Vertrauen als eindimensionales Konstrukt, wobei die charakterlichen und verhaltensbasierten Beweggründe für Vertrauen dessen Multidimensionalität abbilden. Daran anknüpfend präsentierte die vorliegende Arbeit eine Diskussion des Vertrauensverhältnisses zwischen Gründer und Investoren. Als Kernaussage konnte festgehalten werden, dass sich Vertrauen positiv auf den Unternehmenserfolg des Start-ups auswirkt und potenziellen Agency-Konflikten entgegenwirkt. Ferner wurde der Zusammenhang von Vertrauen und Konflikten theoretisch erörtert. Die empirische Verbindung beider Konstrukte im Rahmen der Zusammenarbeit von Gründer und Investoren in der Post-Investment-Phase erfolgte bislang allerdings noch nicht. Dieser Forschungslücke hat sich die vorliegende Arbeit angenommen und Vertrauen und Konflikte in einer kombinierten Studie untersucht.

Im weiteren Verlauf des dritten Kapitels wurde die Literatur zu Konflikten im Überblick dargestellt. Dabei konnte festgestellt werden, dass die wissenschaftliche Diskussion im Entrepreneurial-Finance-Bereich Aufgaben-, Beziehungs-, Prozess- sowie Zielkonflikte als Untersuchungsgegenstand definiert, wobei vor allem Aufgaben- und Beziehungskonflikte empirisch untersucht werden. Im Rahmen der Diskussion bisheriger empirischer Studien konnten widersprüchliche Ergebnisse identifiziert werden.

Abschließend befasste sich Kapitel 3 mit den Theorien zur Erklärung unternehmerischen Handelns. In diesem Kontext wurden Causation und Effectuation als die in der aktuellen wissenschaftlichen Diskussion einschlägigen Theorien herausgearbeitet. Die Abgrenzung beider Entscheidungsfindungslogiken erfolgte anhand von fünf Kern- und Grund-prinzipien, wobei die Frage der Kombinierbarkeit in wissenschaftlichen Beiträgen bislang nicht einheitlich beantwortet wird. In der Literaturauswertung konnten drei Positionen diesbezüglich festgestellt werden, welche sich in Vereinbarkeit, Unvereinbarkeit sowie Unabhängigkeit unterteilen. Dabei veranschaulichte die Arbeit, dass Gründer unter Unsicherheit effektuale Entscheidungsfindungslogiken anwenden, wobei Investoren stets kausale Verhaltensmuster unterstellt werden, ausreichend empirische Belege dafür jedoch ausbleiben. Diese Forschungslücken waren ebenfalls Gegenstand der empirischen Untersuchung.

In Kapitel 4 erfolgte zunächst die Erörterung des Forschungsprozesses der Grounded Theory. Dieser Methodologie folgend wurden die Eigenschaften qualitativer Sozialforschung erläutert und das Ziel des Entdeckungszusammenhangs herausgearbeitet. Darin begründet liegt die Auswahl einer qualitativen Untersuchungsmethodologie für die vorliegende Arbeit. Weiterführend wurde der Prozess der Datenerhebung mittels problemzentrierter Interviews charakterisiert und die theoretische Fallauswahl der Interviewteilnehmer illustriert. Konsekutiv erfolgte die Beschreibung des Codierprozesses im Kontext der Datenauswertung sowie ein Überblick über die gebildeten Kernkategorien. Die Grundüberlegungen der Methodik wurden mit einer Diskussion zur Übertragbarkeit klassischer Gütekriterien auf qualitative Forschungsarbeiten abgerundet, wobei diese Kriterien auch auf die vorliegende empirische Untersuchung zur Anwendung kamen.

Die empirische Erhebung basiert auf sechzehn Interviews, davon acht mit Gründern, sechs mit Venture-Capital-Investoren und zwei mit Business Angels. Durch iteratives Codieren und ständigen Abgleich des bereits erhobenen Datenmaterials mit neuen Daten emergierten im Rahmen des Codierprozesses neun Kernkategorien. Diese dienten als Ausgangsbasis für das Aufstellen von Hypothesen über das zu untersuchende Phänomen der vorliegenden Arbeit. Der explorativen Forschungsmethodik folgend wurden die Ergebnisse zunächst präsentiert und vor dem Hintergrund bestehender Literatur diskutiert. Auf Basis der Ergebnisdiskussion konnten neunzehn empirisch überprüfbare Hypothesen als zentraler Theoriebeitrag der empirischen Untersuchung festgehalten werden, welche sich in zwei Abschnitte untergliedern, um eine Trennung der wissenschaftlichen Beiträge zu dem Mitwirken von Investoren einerseits und den Rahmenbedingungen einer außerbörslichen Beteiligungsfinanzierung andererseits herbeizuführen.

Der erste Hypothesenabschnitt befasst sich mit dem Theoriebeitrag zum Mitwirken der Investoren bei Finanzierungsentscheidungen des Gründers und umfasst zehn Hypothesen. Vor diesem Hintergrund konnten die Vorbereitung der Pitchdecks und Pitches durch die Investoren, die Teilnahme der Investoren an Vertragsverhandlungen, die gemeinsame Selektion von Folgeinvestoren, die Vernetzung der Portfoliounternehmen durch die Investoren, eine realistische Unternehmensbewertung vor dem Hintergrund des Folgefinanzierungsrisikos, die CFO-

Stellenbesetzung, die bedarfsorientierte Intensität der Interaktionen zwischen Gründer und Investoren, das Eingreifen der Investoren in den Entscheidungsbereich des Gründers sowie der Kosten-Nutzen-Abgleich von Berichtswesen als wichtige Ergebnisse der qualitativen Untersuchung identifiziert werden.

Der zweite Hypothesenabschnitt widmet sich dem Theoriebeitrag zu den verhaltenswissenschaftlichen Konstrukten Vertrauen, Konflikte und Entscheidungsfindungslogiken, welche als Rahmenbedingungen einer außerbörslichen Beteiligungsfinanzierung gelten und erstmals kombiniert in einer empirischen Studie untersucht wurden. Im Rahmen der Auswertung der Kernkategorie Vertrauen konnten drei Hypothesen abgeleitet werden. Zentral wurde dabei die Rolle bestehender Investoren als Vertrauensvermittler zwischen Gründer und potenziellen Folgeinvestoren festgestellt. Hinsichtlich der Kernkategorie Konflikte konnten vier Hypothesen aufgestellt werden. Die empirische Datenauswertung indizierte einen positiven Einfluss von Zielkonflikten auf die Angemessenheit des Unternehmenswertes. Von besonderer praktischer Relevanz hinsichtlich des Unternehmenserfolges zeichnete sich das Etablieren einer rationalen Streitkultur sowie das Herausfordern von Konflikten durch die Investoren ab. Diese Erkenntnisse stellen ebenfalls einen wichtigen Theoriebeitrag dar. Weiterhin konnte ein Kausalzusammenhang zwischen Vertrauen und dem Zustandekommen offener Konflikte im Rahmen der außerbörslichen Beteiligungsfinanzierung unterstellt werden.

Die Auswertung der Kernkategorie Entscheidungsfindungslogiken resultierte in zwei Hypothesen. Zunächst konnte ein Beitrag zur uneinheitlichen Sichtweise bisheriger Studien auf die Kompatibilität von Causation und Effectuation geleistet werden. Die Auswertung der Interviewdaten spricht für die Vereinbarkeit beider Logiken. Dementsprechend wurde beiden Logiken eine von null abweichende Korrelation unterstellt. Darüber hinaus lieferte die Datenanalyse empirische Indizien für die Verwendung effektualer Entscheidungsfindungslogiken von Investoren, welche bislang in der wissenschaftlichen Literatur als unzureichend erforscht gelten.

Die Diskussion der Praxisimplikationen erfolgte im Rahmen der kritischen Würdigung in Kapitel 4.3.2. Dabei konnten auf Basis des Theoriebeitrags konkrete Handlungsempfehlungen für die Zusammenarbeit zwischen Gründer und Investoren in der Post-Investment-Phase abgeleitet werden. Als herausragende Elemente wurden dabei das erfolgskritische Mitwirken der Investoren bei Pitches, die Sensibilisierung beider Parteien hinsichtlich des Folgefinanzierungsrisikos im Kontext der Unternehmensbewertung sowie die Etablierung einer rationalen Streitkultur, geprägt durch gegenseitiges Vertrauen, erörtert. Abgerundet wurde das vierte Kapitel durch die Limitationen der empirischen Untersuchung, wobei das Aufzeigen des weiteren Forschungsbedarfs erfolgte. Erneut wird an dieser Stelle darauf hingewiesen, dass das Ableiten von Hypothesen nur der erste Schritt hinsichtlich eines allgemeingültigen Theoriebeitrags ist. Um die Allgemeingültigkeit sowie die Repräsentativität der Ergebnisse zu überprüfen, sollten weitere Untersuchungen durchgeführt werden. Dies bezieht sich einerseits auf das quantitativ-empirische Testen der aufgestellten Hypothesen sowie andererseits auf neue qualitativ-empirische Theoriebeiträge für andere Regionen und Kulturräume.

Zusammenfassend konnte durch das explorative Forschungsdesign unter Verwendung einer qualitativen Methodologie ein Theoriebeitrag zu dem Mitwirken von Investoren bei Finanzierungsentscheidungen des Gründers erbracht werden. Zusätzlich liefert die vorliegende Arbeit einen Theoriebeitrag zu den in der Literatur bislang widersprüchlich betrachteten verhaltenswissenschaftlichen Rahmenbedingungen der außerbörslichen Beteiligungsfinanzierung. Nicht zuletzt wurde die hohe Praxisrelevanz der Forschungsfrage erörtert und analog zu dem Theoriebeitrag diverse Praxisimplikationen für die Zusammenarbeit zwischen Gründer und Investoren in der Post-Investment-Phase abgeleitet.

Anhang

Anhang 1: Interviewleitfaden für Interviews mit Gründern

Frageblock 1: **Offene Einstiegsfrage**

Basisfrage:

Schildern Sie mir bitte einen typischen Finanzierungszyklus und gehen Sie dabei auf die Zusammenarbeit mit den Investoren hinsichtlich der Folgefinanzierung bzw. des Exits ein.

Inhalt

- Ablauf des Finanzierungsprozesses
- Auswahlkriterien des Gründers
- Ziele der Finanzierung
- Zusammenarbeit mit Investoren
- Einflussnahme auf die Finanzierungsentscheidung

Aufrechterhaltungs- und Vertiefungsfragen

1. Nach welchen Kriterien wählen Sie einen Investor aus?
2. Wie ist die Zusammenarbeit bzw. das Verhältnis mit den Investoren?
3. Ändert sich das im Zeitablauf und inwiefern?
4. Wie verläuft die Kontaktaufnahme?
5. Worauf achten Sie bei den Pitches, Unternehmensbewertungen und Vertragsverhandlungen?
6. Macht es einen Unterschied, ob Sie bisher von BA oder VC finanziert wurden?

Frageblock 2: **Entscheidungsfindungslogiken: Causation und Effectuation**

Basisfrage:

Was ist der Ausgangspunkt Ihrer Finanzierungsentscheidung?

Inhalt

- Goals vs. Means
- Predict vs. Control

Aufrechterhaltungs- und Vertiefungsfragen

1. Haben Sie klare Ziele vor Augen? Oder entscheiden Sie auf Basis Ihrer persönlichen Mittel?
2. Sind Planungen und/oder das Bauchgefühl ausschlaggebend?
3. Inwiefern nutzen Sie dazu bestehende Netzwerke?
4. Welche Rolle spielen Meilensteine, Planungs- und Kontrollsysteme in diesem Zusammenhang?

Basisfrage:

Welche Rolle spielen Risiko und Rendite bei der Finanzierung?

Inhalt

- Expected Return vs. Affordable Loss
- Predict vs. Control

Aufrechterhaltungs- und Vertiefungsfragen

1. Ist es Ihnen wichtig, Ihr Unternehmen nicht in finanzielle Schwierigkeiten zu bringen?
2. Passen Sie darauf auf, dass Sie niemals mehr verlieren als Sie sich leisten können?
3. Setzten Sie sich Investmentlimits/Risikolimits?
4. Investieren Sie große Summen in einem Investment oder eher aufgespalten in mehrere kleinere Investments?

<u>*Basisfrage:*</u>

Wie gehen Sie mit unerwarteten Entwicklungen Ihres Start-ups um?

Inhalt	*Aufrechterhaltungs- und Vertiefungsfragen*
➢ Avoid Surprises vs. Leverage Contingencies ➢ Predict vs. Control	1. Versuchen Sie unvorhersehbare Sachen zu vermeiden oder nehmen Sie alles wie es kommt und machen das Beste daraus? 2. Was ist schwierig, wo liegen die Probleme? 3. Wie gut sind die Planungen? Planen Sie überhaupt? 4. Wenn Dinge nicht laufen wie geplant, wie reagieren Sie? 5. Sind Sie offen für sich spontan ergebende Investmentprojekte/Finanzierungspartner?

Basisfrage:

Welche Rolle spielen informelle Geschäftsbeziehungen zu Gründern und anderen Investoren?

Inhalt	*Aufrechterhaltungs- und Vertiefungsfragen*
➢ Competitive Analysis vs. Co-creation and Partnership	1. Hatten Sie schon sehr früh viele informelle Verpflichtungen/Zusagen? 2. Haben Sie viele Verträge/Patente schon sehr früh genutzt?

Frageblock 3: **Mitwirken von Investoren**
<u>*Basisfrage:*</u>

Wie sind die Investoren in Ihre operativen, strategischen Entscheidungen und vor allem in Ihre Finanzierungsentscheidungen eingebunden?

Inhalt	*Aufrechterhaltungs- und Vertiefungsfragen*
➢ Operatives Mitwirken ➢ Strategisches Mitwirken ➢ Mitwirken bei Finanzierungsentscheidungen ➢ Auswahl Folgefinanzierungspartner ➢ Zeitpunkt des Exits	1. Wie sind die Investoren in operative/strategische Entscheidungen eingebunden? 2. Was bedeutet Hands-on für Sie? 3. Wie häufig treffen Sie die Investoren und was besprechen Sie gemeinsam mit den Investoren? 4. Wovon hängt das Ausmaß des Mitwirkens ab? 5. Wie machen Sie den Investoren klar, dass sie sich zurückziehen müssen und Sie alleine entscheiden lassen sollten? 6. Wie drückt sich der Value-Added von Investoren aus und ist dieser Bestandteil der Verträge? 7. Welche Rolle spielt die Verwässerung von Anteilen im Hinblick auf Ihre Motivation? 8. Worauf achten Sie bei der Auswahl der Folgefinanzierung bzw. dem Zeitpunkt des Exits und was tragen die Investoren dazu bei?

Frageblock 4: **Konflikte**
Basisfrage:

Hatten Sie schon mal Konflikte/Meinungsverschiedenheiten mit den Investoren?

Inhalt
- Ursachen und Konsequenzen von Konflikten
- Positive bzw. negative Auswirkungen von Konflikten auf das Investment

Aufrechterhaltungs- und Vertiefungsfragen
1. Welche Art von Konflikten haben Sie erlebt? Aufgaben-, Prozess-, Ziel-, Interessen- und/oder Beziehungskonflikte?
2. Zu welchen Konsequenzen führt der respektive Konflikt?
3. Wie werden Konflikte gelöst?
4. Wie wirken sich Konflikte auf die Geschäftsentwicklung des Start-ups aus?

Frageblock 5: **Vertrauen**
Basisfrage:

Welche Rolle spielt gegenseitiges Vertrauen im Kontext von Finanzierungsentscheidungen?

Inhalt
- Charakterliche und verhaltensbasierten Beweggründe für Vertrauen
- Positive bzw. negative Auswirkungen von Vertrauen auf das Investment

Aufrechterhaltungs- und Vertiefungsfragen
1. Woran machen Sie Vertrauen aus? Fähigkeiten, Qualifikationen, Erfahrungen?
2. Wohlwollen: Sind Sie um das Wohlergehen der Investoren besorgt? Sind die Investoren um Ihr Wohlergehen besorgt?
3. Rechtschaffenheit: Machen Sie bzw. die Investoren immer das was Sie bzw. die Investoren versprechen?
4. Zwingen Sie den Investoren Ihre Meinung auf? Zwingen Ihnen die Investoren deren Meinung auf?
5. Herrscht ein Grundvertrauen, da ein beiderseitiges Interesse an der erfolgreichen Geschäftsentwicklung besteht?
6. Ist Vertrauen ein Substitut für Monitoring?
7. Wie verändert sich Vertrauen über die Zeit?
8. Was ist die Konsequenz eines Vertrauensverlusts?

Frageblock 6: **Personalwesen**
Basisfrage:

Welches Thema spielt das Personalwesen bei Start-ups, wie sind die Investoren darin integriert? Gibt es oft „falsche" Positionsbesetzungen im Finanzierungsbereich?

Inhalt
- Defizit bei Finanzierungsplanung oftmals im Personalwesen begründet
- Mitwirken bei Auswahl und Einstellung neuer Mitarbeiter
- Bessere Finanzierungsplanung und Pitches durch neue Stellenbesetzung

Aufrechterhaltungs- und Vertiefungsfragen
1. Woran machen Sie eine falsche Stellenbesetzung im Finanzierungsbereich aus?
2. Warum ist es erfolgskritisch einen kompetenten CFO zu haben?
3. Wie helfen Sie bei der Auswahl und Besetzung von CFOs?
4. Wie machen die Investoren die Fehlbesetzung einleuchtend?
5. Was sind die Konsequenzen einer Falschbesetzung bzw. einer nachfolgenden Neubesetzung der Stelle?

Frageblock 7: **Exit**
<u>*Basisfrage:*</u>

Wie verläuft der Exit und wie begleiten die Investoren die Vorbereitungen Ihres bzw. deren Exits?

Inhalt	*Aufrechterhaltungs- und Vertiefungsfragen*
➢ Initiation und Durchführung des Exits ➢ Investorenseitige Begleitung des Exits ➢ Veränderung des Verhältnisses zum Gründer	1. Wer initiiert den Exit? 2. Wie verlaufen Exit-Verhandlungen? 3. Haben Sie von Anfang an den Exit im Auge? 4. Ändert sich etwas bei dem Verhältnis zu den Investoren bei Beginn der Exit-Verhandlungen? Will jeder das Beste für sich selbst? 5. Welche Probleme treten im Rahmen von Exits auf? 6. Wie einigt man sich auf eine Unternehmensbewertung bei Exit?

Frageblock 8: **Lessons Learnt und offene Schlussfrage**
<u>*Basisfrage:*</u>

Was sind Ihre Lessons Learnt in Rahmen der Zusammenarbeit mit Investoren hinsichtlich Finanzierungsentscheidungen?

<u>*Basisfrage:*</u>

Gibt es noch etwas, dass Sie mir im Rahmen der Zusammenarbeit mit Investoren hinsichtlich Finanzierungsentscheidungen mitteilen möchten?

Quelle: Eigene Darstellung.

Anhang 2: Interviewleitfaden für Interviews mit Investoren

Frageblock 1: **Offene Einstiegsfrage**
<u>*Basisfrage:*</u>

Schildern Sie mir bitte einen typischen Investitionszyklus und gehen Sie dabei auf die Zusammenarbeit mit den Gründern hinsichtlich der Folgefinanzierung bzw. des Exits ein.

Inhalt	*Aufrechterhaltungs- und Vertiefungsfragen*
➢ Ablauf des Investitionsprozesses ➢ Auswahlkriterien des Investors ➢ Ziele des Investments ➢ Zusammenarbeit mit Gründer ➢ Einflussnahme auf die Finanzierungsentscheidung	1. Nach welchen Kriterien wählen Sie ein Start-up aus? 2. Wie ist die Zusammenarbeit bzw. das Verhältnis mit den Gründern? 3. Ändert sich das im Zeitablauf und inwiefern? 4. Wie verläuft die Kontaktaufnahme? 5. Worauf achten Sie bei den Pitches, Unternehmensbewertungen und Vertragsverhandlungen? 6. Macht es einen Unterschied, ob das Unternehmen bisher von BA oder VC finanziert wurde?

Frageblock 2: **Entscheidungsfindungslogiken: Causation und Effectuation**

Basisfrage:

Was ist der Ausgangspunkt Ihrer Investmententscheidung?

Inhalt	*Aufrechterhaltungs- und Vertiefungsfragen*
➢ Goals vs. Means ➢ Predict vs. Control	1. Haben Sie klare Ziele vor Augen? Oder entscheiden Sie auf Basis Ihrer persönlichen Mittel? 2. Sind Planungen und/oder das Bauchgefühl ausschlaggebend? 3. Inwiefern nutzen Sie dazu bestehende Netzwerke? 4. Welche Rolle spielen Meilensteine, Planungs- und Kontrollsysteme in diesem Zusammenhang?

Basisfrage:

Welche Rolle spielen Risiko und Rendite bei den Investments?

Inhalt	*Aufrechterhaltungs- und Vertiefungsfragen*
➢ Expected Return vs. Affordable Loss ➢ Predict vs. Control	1. Ist es Ihnen wichtig, Ihr Unternehmen nicht in finanzielle Schwierigkeiten zu bringen? 2. Passen Sie darauf auf, dass Sie niemals mehr verlieren als Sie sich leisten können? 3. Setzten Sie sich Investmentlimits/Risikolimits? 4. Investieren Sie große Summen in einem Investment oder eher aufgespalten auf mehrere kleine Investments?

Basisfrage:

Wie gehen Sie mit unerwarteten Entwicklungen Ihrer Investments um?

Inhalt	*Aufrechterhaltungs- und Vertiefungsfragen*
➢ Avoid Surprises vs. Leverage Contingencies ➢ Predict vs. Control	1. Versuchen Sie unvorhersehbare Sachen zu vermeiden oder nehmen Sie alles wie es kommt und machen das Beste daraus? 2. Was ist schwierig, wo liegen die Probleme? 3. Wie gut sind die Planungen? Planen Sie überhaupt? 4. Wenn Dinge nicht laufen wie geplant, wie reagieren Sie? 5. Sind Sie offen für sich spontan ergebende Investmentprojekte/Finanzierungspartner?

Basisfrage:

Welche Rolle spielen informelle Geschäftsbeziehungen zu Gründern und anderen Investoren?

Inhalt	*Aufrechterhaltungs- und Vertiefungsfragen*
➢ Competitive Analysis vs. Co-creation and Partnership	1. Hatten Sie schon sehr früh viele informelle Verpflichtungen/Zusagen? 2. Haben Sie viele Verträge/Patente schon sehr früh genutzt?

Frageblock 3: **Mitwirken von Investoren**
Basisfrage:

Wie sind Sie in die operativen, strategischen Entscheidungen und vor allem in die Finanzierungsentscheidungen des Gründers eingebunden?

Inhalt

- Operatives Mitwirken
- Strategisches Mitwirken
- Mitwirken bei Finanzierungsentscheidungen
- Auswahl Folgefinanzierungspartner
- Zeitpunkt des Exits

Aufrechterhaltungs- und Vertiefungsfragen

1. Wie sind Sie in operative/strategische Entscheidungen eingebunden?
2. Was bedeutet Hands-on für Sie?
3. Wie häufig treffen Sie die Gründer und was besprechen Sie gemeinsam mit den Gründern?
4. Wovon hängt das Ausmaß des Mitwirkens ab?
5. Wie erkennen Sie den Zeitpunkt, an dem Sie sich zurückziehen müssen und den Gründer alleine lassen sollten?
6. Wie drückt sich Ihr Value-Added aus und ist dieser Bestandteil der Verträge?
7. Welche Rolle spielt die Verwässerung von Anteilen im Hinblick auf die Motivation der Gründer?
8. Worauf sollte der Gründer bei der Auswahl der Folgefinanzierung bzw. dem Zeitpunkt des Exits achten?

Frageblock 4: **Konflikte**
Basisfrage:

Hatten Sie schon mal Konflikte/Meinungsverschiedenheiten mit den Gründern?

Inhalt

- Ursachen und Konsequenzen von Konflikten
- Positive bzw. negative Auswirkungen von Konflikten auf das Investment

Aufrechterhaltungs- und Vertiefungsfragen

1. Welche Art von Konflikten haben Sie erlebt? Aufgaben-, Prozess-, Ziel-, Interessen- und/oder Beziehungskonflikte?
2. Zu welchen Konsequenzen führt der respektive Konflikt?
3. Wie werden Konflikte gelöst?
4. Wie wirken sich Konflikte auf die Entwicklung des Investments/Geschäftsentwicklung des Start-ups aus?

Frageblock 5: **Vertrauen**
Basisfrage:

Welche Rolle spielt gegenseitiges Vertrauen im Kontext von Finanzierungsentscheidungen der Gründer?

Inhalt

- Charakterliche und verhaltensbasierten Beweggründe für Vertrauen
- Positive bzw. negative Auswirkungen von Vertrauen auf das Investment

Aufrechterhaltungs- und Vertiefungsfragen

1. Woran machen Sie Vertrauen aus? Fähigkeiten, Qualifikationen, Erfahrungen?
2. Wohlwollen: Sind Sie um das Wohlergehen des Gründers besorgt? Sind die Gründer um Ihr Wohlergehen besorgt?
3. Rechtschaffenheit: Machen Sie bzw. die Gründer immer das was Sie bzw. die Gründer versprechen?
4. Zwingen Sie dem Gründer Ihre Meinung auf? Zwingen Ihnen die Gründer deren Meinung auf?
5. Herrscht ein Grundvertrauen, da ein beiderseitiges Interesse an der erfolgreichen Geschäftsentwicklung besteht?
6. Ist Vertrauen ein Substitut für „Monitoring"?
7. Wie verändert sich Vertrauen über die Zeit?
8. Was ist die Konsequenz eines Vertrauensverlusts?

Frageblock 6: **Personalwesen**

Basisfrage:

Welches Thema spielt das Personalwesen bei Start-ups, wie sind Sie darin integriert? Gibt es oft „falsche" Positionsbesetzungen im Finanzierungsbereich?

Inhalt

- Defizit bei Finanzierungsplanung oftmals im Personalwesen begründet
- Mitwirken bei Auswahl und Einstellung neuer Mitarbeiter
- Bessere Finanzierungsplanung und Pitches durch neue Stellenbesetzung

Aufrechterhaltungs- und Vertiefungsfragen

1. Woran machen Sie eine falsche Stellenbesetzung im Finanzierungsbereich aus?
2. Warum ist es erfolgskritisch einen kompetenten CFO zu haben?
3. Wie helfen Sie bei der Auswahl und Besetzung von CFOs?
4. Wie machen Sie dem Gründer die Fehlbesetzung einleuchtend?
5. Was sind die Konsequenzen einer Falschbesetzung bzw. einer nachfolgenden Neubesetzung der Stelle?

Frageblock 7: **Exit**

Basisfrage:

Wie verläuft der Exit und wie begleiten Sie den Gründer in den Vorbereitungen seines bzw. Ihres Exits?

Inhalt

- Initiation und Durchführung des Exits
- Investorenseitige Begleitung des Exits
- Veränderung des Verhältnisses zum Gründer

Aufrechterhaltungs- und Vertiefungsfragen

1. Wer initiiert den Exit?
2. Wie verlaufen Exit-Verhandlungen?
3. Haben Sie von Anfang an den Exit im Auge?
4. Ändert sich etwas bei dem Verhältnis zum Gründer bei Beginn der Exit-Verhandlungen? Will jeder das Beste für sich selbst?
5. Welche Probleme treten im Rahmen von Exits auf?
6. Wie einigt man sich auf eine Unternehmensbewertung bei Exit?

Frageblock 8: **Lessons Learnt und offene Schlussfrage**

Basisfrage:

Was sind Ihre Lessons Learnt in Rahmen der Zusammenarbeit mit Gründern hinsichtlich deren Finanzierungsentscheidungen?

Basisfrage:

Gibt es noch etwas, dass Sie mir im Rahmen der Zusammenarbeit mit Gründern hinsichtlich deren Finanzierungsentscheidungen mitteilen möchten?

Quelle: Eigene Darstellung.

Anhang 3: Berechnung gewichteter Cohens Kappa Werte

Fallbezeichnung	K	Anzahl der Wörter je Transkript	Anzahl der Codes je Transkript	Gewichtung der Wörter mit K	Gewichtung der Codes mit K
E 1	90,91 %	7.728	264	7.025,52	240,00
E 2	89,22 %	3.911	204	3.489,39	182,01
E 3	89,97 %	7.263	349	6.534,52	314,00
VC 1	90,21 %	4.970	419	4.483,44	377,98
E 4	88,73 %	6.580	408	5.838,43	362,02
E 5	74,18 %	5.918	275	4.389,97	204,00
E 6	93,10 %	4.923	348	4.583,31	323,99
E 7	90,34 %	8.182	890	7.391,62	804,03
E 8	84,31 %	6.696	325	5.645,40	274,01
VC 2	86,73 %	4.134	309	3.585,42	268,00
VC 3	85,45 %	3.918	323	3.347,93	276,00
VC 4	92,87 %	7.296	603	6.775,80	560,01
BA 1	88,98 %	7.485	463	6.660,15	411,98
VC 5	94,20 %	5.580	414	5.256,36	389,99
VC 6	87,67 %	6.406	511	5.616,14	447,99
BA 2	89,30 %	5.008	215	4.472,14	192,00
Summe		95.998	6.320	85.095,55	5.627,98
Mittelwerte	*88,81 %*	*6.000*	*395*	$K_{gewichtet}$[1192] *= 88,64 %*	$K_{gewichtet}$[1193] *= 89,05 %*

Quelle: Eigene Darstellung.

[1192] $K_{gewichtet}$ wird durch den Quotienten aus der Summe der mit K gewichteten Wörter und der Summe der Anzahl an Wörtern je Transkript berechnet.

[1193] $K_{gewichtet}$ wird durch den Quotienten aus der Summe der mit K gewichteten Codes und der Summe der Anzahl an Codes je Transkript berechnet.

Literaturverzeichnis

Abels, Heinz (2010), Herbert Blumer: Symbolischer Interaktionismus. In: *Abels, H.* (Hrsg.), Interaktion, Identität, Präsentation. Kleine Einführung in interpretative Theorien der Soziologie, 5. Aufl., Wiesbaden, S. 43–57.

Achleitner, Ann-Kristin (2001), Venture Capital. In: *Breuer, R.-E.* (Hrsg.), Handbuch Finanzierung, 3. Aufl., Wiesbaden, S. 513–529.

Achleitner, Ann-Kristin (2002), Handbuch Investment Banking, 3. Aufl., Wiesbaden.

Achleitner, Ann-Kristin/Bassen, Alexander/Jais, Sebastian D./Nietzer, Peter (2004), Controlling von Buyout-Transaktionen durch Private-Equity-Gesellschaften. In: *Weber, J.* (Hrsg.), Investitionscontrolling, Wiesbaden, S. 32–46.

Achleitner, Ann-Kristin/Bassen, Alexander/Pietzsch, Luisa (2001), Kapitalmarktkommunikation von Wachstumsunternehmen. Kriterien zur effizienten Ansprache von Finanzanalysten, Stuttgart.

Achleitner, Ann-Kristin/Engel, Nico/Reiner, Uwe (2013), The Performance of Venture Capital Investments. Do Investors Overreact?, Review of Financial Economics, 22. Jg., Nr. 1, S. 20–35.

Achleitner, Ann-Kristin/Nathusius, Eva (2004a), Unternehmensbewertung bei Venture-Capital-Finanzierungen, Wirtschaftswissenschaftliches Studium, 33. Jg., Nr. 3, S. 134–139.

Achleitner, Ann-Kristin/Nathusius, Eva (2004b), Venture Valuation - Bewertung von Wachstumsunternehmen. Klassische und neue Bewertungsverfahren mit Beispielen und Übungsaufgaben, Stuttgart.

Achleitner, Ann-Kristin/Wahl, Simon (2004a), Einführung in das Thema Private Debt und Überblick. In: *Achleitner, A.-K./Einem, C. v./Schröder, B. v.* (Hrsg.), Private Debt - alternative Finanzierung für den Mittelstand. Finanzmanagement, Rekapitalisierung, institutionelles Fremdkapital, Stuttgart, S. 1–4.

Achleitner, Ann-Kristin/Wahl, Simon (2004b), Private Debt als alternative Finanzierungsform für mittelständische Unternehmen. In: *Achleitner, A.-K./Einem, C. v./Schröder, B. v.* (Hrsg.), Private Debt - alternative Finanzierung für den Mittelstand. Finanzmanagement, Rekapitalisierung, institutionelles Fremdkapital, Stuttgart, S. 41–80.

Akerlof, George A. (1970), The Market for "Lemons". Quality Uncertainty and the Market Mechanism, The Quarterly Journal of Economics, 84. Jg., Nr. 3, S. 488–500.

Alchian, Armen A./Demsetz, Harold (1973), The Property Right Paradigm, Journal of Economic History, 33. Jg., Nr. 1, S. 16–27.

Aldrich, Howard E./Zimmer, Catherine (1986), Entrepreneurship Through Social Networks. In: *Sexton, D. L./Smilor, R. W.* (Hrsg.), The Art and Science of Entrepreneurship, Cambridge Mass., S. 3–23.

Alvarez, Sharon A./Audretsch, David/Link, Albert N. (2016), Advancing Our Understanding of Theory in Entrepreneurship, Strategic Entrepreneurship Journal, 10. Jg., Nr. 1, S. 3–4.

Alvarez, Sharon A./Barney, Jay B. (2007), Discovery and Creation. Alternative Theories of Entrepreneurial Action, Strategic Entrepreneurship Journal, 1. Jg., Nr. 1-2, S. 11–26.

Amason, Allen C./Sapienza, Harry J. (1997), The Effects of Top Management Team Size and Interaction Norms on Cognitive and Affective Conflict, Journal of Management, 23. Jg., Nr. 4, S. 495–516.

Amatucci, Frances M./Sohl, Jeffrey E. (2004), Women Entrepreneurs Securing Business Angel Financing. Tales from the Field, Venture Capital, 6. Jg., Nr. 2-3, S. 181–196.

Amit, Raphael/Glosten, Lawrence/Muller, Eitan (1990), Entrepreneurial Ability, Venture Investments, and Risk Sharing, Management Science, 36. Jg., Nr. 10, S. 1233–1246.

Andrieu, Guillaume/Groh, Alexander P. (2018), Specialist Versus Generalist Investors. Trading Off Support Quality, Investment Horizon and Control Rights, European Economic Review, 101. Jg., S. 459–478.

Ang, James S./Cole, Rebel A./Lin, James W. (2000), Agency Costs and Ownership Structure, The Journal of Finance, 55. Jg., Nr. 1, S. 81–106.

Appelhoff, Daniel/Costa, Filipe de/*Brettel, Malte* (2013), Crowdfunding und -investing in Start-Up- und Seedingphasen junger Unternehmen. In: *Piller, F. T./Hilgers, D.* (Hrsg.), Praxishandbuch Technologietransfer. Innovative Methoden zum Transfer wissenschaftlicher Ergebnisse in die industrielle Anwendung, Düsseldorf, S. 91–112.

Appelhoff, Daniel/Mauer, René/Collewaert, Veroniek/Brettel, Malte (2016), The Conflict Potential of the Entrepreneur's Decision-Making Style in the Entrepreneur-Investor Relationship, International Entrepreneurship and Management Journal, 12. Jg., Nr. 2, S. 601–623.

Aram, John D. (1989), Attitudes and Behaviors of Informal Investors toward Early-Stage Investments, Technology-Based Ventures, and Coinvestors, Journal of Business Venturing, 4. Jg., Nr. 5, S. 333–347.

Ardichvili, Alexander/Cardozo, Richard N./Tune, Kathleen/Reinach, Judy (2002), The Role of Angel Investors in the Assembly of Non-Financial Resources of New Ventures. Conceptual Framework and Empirical Evidence, Journal of Enterprising Culture, 10. Jg., Nr. 1, S. 39–65.

Arend, Richard J./Sarooghi, Hessamoddin/Burkemper, Andrew C. (2015), Effectuation As Ineffectual? Applying the 3E Theory-Assessment Framework to a Proposed New Theory of Entrepreneurship, Academy of Management Review, 40. Jg., Nr. 4, S. 630–651.

Arend, Richard J./Sarooghi, Hessamoddin/Burkemper, Andrew C. (2016), Effectuation, Not Being Pragmatic or Process Theorizing, Remains Ineffectual. Responding to the Commentaries, Academy of Management Review, 41. Jg., Nr. 3, S. 549–556.

Armstrong, Chris/Davila, Antonio/Foster, George (2006), Venture-backed Private Equity Valuation and Financial Statement Information, Review of Accounting Studies, 11. Jg., Nr. 1, S. 119–154.

Arthurs, Jonathan D./Busenitz, Lowell W. (2003), The Boundaries and Limitations of Agency Theory and Stewardship Theory in the Venture Capitalist/Entrepreneur Relationship, Entrepreneurship Theory and Practice, 28. Jg., Nr. 2, S. 145–162.

Atherton, Andrew (2012), Cases of Start-Up Financing, International Journal of Entrepreneurial Behavior & Research, 18. Jg., Nr. 1, S. 28–47.

Atman, Cynthia J./Bursic, Karen M. (1998), Verbal Protocol Analysis as a Method to Document Engineering Student Design Processes, Journal of Engineering Education, 87. Jg., Nr. 2, S. 121–132.

Atteslander, Peter (2010), Methoden der empirischen Sozialforschung, 13. Aufl., Berlin.

Baeyens, Katleen/Vanacker, Tom/Manigart, Sophie (2006), Venture Capitalists' Selection Process. The Case of Biotechnology Proposals, International Journal of Technology Management, 34. Jg., Nr. 1-2, S. 28–46.

Baker, Ted/Miner, Anne S./Eesley, Dale T. (2003), Improvising Firms. Bricolage, Account Giving and Improvisational Competencies in the Founding Process, Research Policy, 32. Jg., Nr. 2, S. 255–276.

Baker, Ted/Nelson, Reed E. (2005), Creating Something from Nothing. Resource Construction through Entrepreneurial Bricolage, Administrative Science Quarterly, 50. Jg., Nr. 3, S. 329–366.

Balachandra, Lakshmi/Briggs, Tony/Eddleston, Kim/Brush, Candida G. (2017), Don't Pitch Like a Girl! How Gender Stereotypes Influence Investor Decisions, Entrepreneurship Theory and Practice, online, S. 1–22.

Bammens, Yannick/Collewaert, Veroniek (2014), Trust Between Entrepreneurs and Angel Investors. Exploring Positive and Negative Implications for Venture Performance Assessments, Journal of Management, 40. Jg., Nr. 7, S. 1980–2008.

Banerjee, Mousumi/Capozzoli, Michelle/McSweeney, Laura/Sinha, Debajyoti (1999), Beyond Kappa. A Review of Interrater Agreement Measures, Canadian Journal of Statistics, 27. Jg., Nr. 1, S. 3–23.

Barney, Jay B./Busenitz, Lowell W./Fiet, James O./Moesel, Douglas D. (1989), The Structure of Venture Capital Governance. An Organizational Economic Analysis of Relations between Venture Capital Firms and New Ventures, Academy of Management Proceedings, 1989. Jg., Nr. 1, S. 64–68.

Bassen, Alexander/Gröne, Florian (2003), Controlling von Start-up-Unternehmen aus der Perspektive von Venture-Capital-Gesellschaften, Controlling, 15. Jg., Nr. 6, S. 293–300.

Becker, Barbara/Gassmann, Oliver (2006), Corporate Incubators. Industrial R&D and What Universities Can Learn from Them, The Journal of Technology Transfer, 31. Jg., Nr. 4, S. 469–483.

Becker, Hans P. (2004), Investieren und Finanzieren. In: *Irgel, L.* (Hrsg.), Gablers Wirtschaftswissen für Praktiker. Zuverlässige Orientierung in allen kaufmännischen Fragen, 5. Aufl., S. 165–198.

Becker, Hans P. (2013), Investition und Finanzierung. Grundlagen der betrieblichen Finanzwirtschaft, 6. Aufl., Wiesbaden.

Becker, Wolfgang/Rech, Stefan (2014), Dienstleistungscontrolling. Grundlagen - Ansätze - Entwicklungsperspektiven, Stuttgart.

Behfar, Kristin J./Mannix, Elizabeth A./Peterson, Randall S./Trochim, William M. (2010), Conflict in Small Groups. The Meaning and Consequences of Process Conflict, Small Group Research, 42. Jg., Nr. 2, S. 127–176.

Belleflamme, Paul/Lambert, Thomas/Schwienbacher, Armin (2013), Individual Crowdfunding Practices, Venture Capital, 15. Jg., Nr. 4, S. 313–333.

Belleflamme, Paul/Lambert, Thomas/Schwienbacher, Armin (2014), Crowdfunding. Tapping the Right Crowd, Journal of Business Venturing, 29. Jg., Nr. 5, S. 585–609.

Berends, Hans/Jelinek, Mariann/Reymen, Isabelle/Stultiëns, Rutger (2014), Product Innovation Processes in Small Firms. Combining Entrepreneurial Effectuation and Managerial Causation, Journal of Product Innovation Management, 31. Jg., Nr. 3, S. 616–635.

Berger-Grabner, Doris (2016), Wissenschaftliches Arbeiten in den Wirtschafts- und Sozialwissenschaften. Hilfreiche Tipps und praktische Beispiele, 3. Aufl., Wiesbaden.

Bergmann, Jörg R. (2012), Harold Garfinkel und Harvey Sacks. In: *Flick, U./Kardorff, E.* von/*Steinke, I.* (Hrsg.), Qualitative Forschung. Ein Handbuch, 9. Aufl., Reinbeck, S. 51–62.

Berk, Jonathan B./DeMarzo, Peter/Harford, Jarrad (2015), Fundamentals of Corporate Finance, 3. Aufl., Boston u. a.

Betsch, Oskar/Groh, Alexander P./Schmidt, Kay (2000), Gründungs- und Wachstumsfinanzierung innovativer Unternehmen, München u. a.

Bettignies, Jean-Etienne de/*Brander, James A.* (2007), Financing Entrepreneurship. Bank Finance Versus Venture Capital, Journal of Business Venturing, 22. Jg., Nr. 6, S. 808–832.

Beyer, Andreas S. (2002), Wertorientiertes Innovationsmanagement, Dissertation, Technische Universität Berlin, 2002, Lohmar.

Bieg, Hartmut/Kußmaul, Heinz/Waschbusch, Gerd (2016), Investition, 3. Aufl., München.

Birkigt, Klaus/Stadler, Marinus M. (2002), Corporate Identity - Grundlagen. In: *Birkigt,K./Stadler, M. M./Funck, H. J.* (Hrsg.), Corporate Identity. Grundlagen, Funktionen, Fallbeispiele, 11. Aufl., München, S. 13–64.

Block, Joern H./Vries, Geertjan de/*Schumann, Jan H./Sandner, Philipp* (2014), Trademarks and Venture Capital Valuation, Journal of Business Venturing, 29. Jg., Nr. 4, S. 525–542.

Blumer, Herbert (1969), Symbolic Interactionism. Perspective and Method, Englewood Cliffs.

Blumer, Herbert (1973), Der methodologische Standort des symbolischen Interaktionismus. In: *Arbeitsgruppe Bielefelder Soziologen* (Hrsg.), Alltagswissen, Interaktion und gesellschaftliche Wirklichkeit, Reinbeck, S. 80–146.

Böhm, Andreas (2012), Theoretisches Codieren. Textanalyse in der Grounded Theory. In: *Flick, U./Kardorff, E.* von/*Steinke, I.* (Hrsg.), Qualitative Forschung. Ein Handbuch, 9. Aufl., Reinbeck, S. 475–485.

Bonacich, Phillip (1972), Factoring and Weighting Approaches to Status Scores and Clique Identification, The Journal of Mathematical Sociology, 2. Jg., Nr. 1, S. 113–120.

Bonacich, Phillip/Lloyd, Paulette (2001), Eigenvector-like Measures of Centrality for Asymmetric Relations, Social Networks, 23. Jg., Nr. 3, S. 191–201.

Bonnet, Christophe/Wirtz, Peter (2012), Raising Capital for Rapid Growth in Young Technology Ventures. When Business Angels and Venture Capitalists Coinvest, Venture Capital, 14. Jg., Nr. 2-3, S. 91–110.

Bosse, Douglas A./Phillips, Robert A./Harrison, Jeffrey S. (2009), Stakeholders, Reciprocity, and Firm Performance, Strategic Management Journal, 30. Jg., Nr. 4, S. 447–456.

Bottazzi, Laura/Da Rin, Marco/Hellmann, Thomas F. (2016), The Importance of Trust for Investment. Evidence from Venture Capital, Review of Financial Studies, 29. Jg., Nr. 9, S. 2283–2318.

Brandkamp, Michael/Zillikens, Stefanie (2017), Die Venture-Finanzierung im Life-Science-Bereich. In: *Becker, J./Villinger, T. R.* (Hrsg.), Life Science Venturing. Herausforderung - Spezifika - Prozess, Wiesbaden, S. 189–204.

Braun, Hendrik (2013), Venture Capital-Fonds und Business Angels. Entstehung und Effekt von Kooperationen, Dissertation, Ludwig-Maximilians-Universität München, 2012, Wiesbaden.

Brealey, Richard A./Myers, Stewart C./Allen, Franklin (2011), Principles of Corporate Finance, 10. Aufl., New York.

Brebeck, Frank/Kohtes, Wolfgang/Schönbeck, Tobias (2005), Traditionelle und innovative Unternehmensbewertung durch Finanzinvestoren. In: *Berens, W./Brauner, H. U./Frodermann, J.* (Hrsg.), Unternehmensentwicklung mit Finanzinvestoren. Eigenkapitalstärkung, Wertsteigerung, Unternehmensverkauf, Stuttgart, S. 85–112.

Brennan, Niamh M./Guillamon-Saorin, Encarna/Pierce, Aileen (2009), Methodological Insights, Accounting, Auditing & Accountability Journal, 22. Jg., Nr. 5, S. 789–832.

Brennan, Robert L./Prediger, Dale J. (1981), Coefficient Kappa. Some Uses, Misuses, and Alternatives, Educational and Psychological Measurement, 41. Jg., Nr. 3, S. 687–699.

Brettel, Malte (2003), Business Angels in Germany. A Research Note, Venture Capital, 5. Jg., Nr. 3, S. 251–268.

Brettel, Malte/Bendig, David/Keller, Michael/Friederichsen, Niklas/Rosenberg, Marius (2014), Effectuation in Manufacturing. How Entrepreneurial Decision-making Techniques Can Be Used to Deal with Uncertainty in Manufacturing, Procedia CIRP, 17. Jg., S. 611–616.

Brettel, Malte/Jaugey, Cyril/Rost, Cornelius (2000), Business Angels. Der informelle Beteiligungskapitalmarkt in Deutschland, Wiesbaden.

Brettel, Malte/Mauer, René/Appelhoff, Daniel (2013), The Entrepreneur's Perception in the Entrepreneur-VCF Relationship. The Impact of Conflict Types on Investor Value, Venture Capital, 15. Jg., Nr. 3, S. 173–197.

Brettel, Malte/Mauer, René/Engelen, Andreas/Küpper, Daniel (2012), Corporate Effectuation. Entrepreneurial Action and its Impact on R&D Project Performance, Journal of Business Venturing, 27. Jg., Nr. 2, S. 167–184.

Brettel, Malte/Meier, Degenhard/Reißig-Thust, Solveig (2004), Vertragsgestaltung von Venture Capitalists und Business Angels im Vergleich, Finanz Betrieb, 6. Jg., Nr. 9, S. 636–645.

Brettel, Malte/Rudolf, Markus/Witt, Peter (2005), Finanzierung von Wachstumsunternehmen. Grundlagen - Finanzierungsquellen - Praxisbeispiele, Wiesbaden.

Breuer, Franz (2010), Reflexive Grounded Theory. Eine Einführung für die Forschungspraxis, 2. Aufl., Wiesbaden.

Brinckmann, Jan/Grichnik, Dietmar/Kapsa, Diana (2010), Should Entrepreneurs Plan or Just Storm the Castle? A Meta-analysis on Contextual Factors Impacting the Business Planning-performance Relationship in Small Firms, Journal of Business Venturing, 25. Jg., Nr. 1, S. 24–40.

Brinkmann, Svend/Kvale, Steinar (2015), Interviews. Learning the Craft of Qualitative Research Interviewing, 3. Aufl., Los Angeles.

Brühl, Rolf (2015), Wie Wissenschaft Wissen schafft. Wissenschaftstheorie für Sozial- und Wirtschaftswissenschaften, Konstanz u. a.

Brühl, Rolf/Buch, Sabrina (2006), Einheitliche Gütekriterien in der empirischen Forschung? Objektivität, Reliabilität und Validität in der Diskussion, Working Paper Nr. 20, ESCP-EAP Europäische Wirtschaftshochschule, Berlin.

Brüse, Markus (2011), Mezzanine-Kapital für den Mittelstand. Eine empirische Analyse aus Unternehmenssicht in quantitativer und qualitativer Art, Dissertation, Bergische Universität Wuppertal, 2011, Lohmar u. a.

Brush, Candida G./Greene, Patricia G./Balachandra, Lakshmi/Davis, Amy E. (2014), Women Entrepreneurs 2014. Bridging the Gender Gap in Venture Capital, Sponsored by EY, Babson, and Dina Project, in: https://www.babson.edu/Academics/centers/blank-center/

global-research/diana/Documents/diana-project-executive-summary-2014.pdf, abgerufen am 7. 2. 2018.

Bruton, Garry D./Ahlstrom, David (2003), An Institutional View of China's Venture Capital Industry, Journal of Business Venturing, 18. Jg., Nr. 2, S. 233–259.

Bruton, Garry D./Fried, Vance H./Hisrich, Robert D. (1997), Venture Capitalist and CEO Dismissal, Entrepreneurship Theory and Practice, 21. Jg., Nr. 3, S. 41–54.

Bundesministerium für Wirtschaft und Energie (2017a), Gründer Zeiten 11. Rechtsformen, in: http://www.existenzgruender.de/SharedDocs/Downloads/DE/GruenderZeiten/GruenderZeiten-11.pdf?__blob=publicationFile, abgerufen am 30. 11. 2017.

Bundesministerium für Wirtschaft und Energie (2017b), Gründer Zeiten 06. Existenzgründungsfinanzierung, in: http://www.bmwi.de/Redaktion/DE/Publikationen/Gruenderzeiten/infoletter-gruenderzeiten-nr-06-existenzgruendungsfinanzierung.pdf?__blob=publicationFile&v=23, abgerufen am 24. 8. 2017.

Burke, C. Shawn/Sims, Dana E./Lazzara, Elizabeth H./Salas, Eduardo (2007), Trust in Leadership. A Multi-level Review and Integration, The Leadership Quarterly, 18. Jg., Nr. 6, S. 606–632.

Burr, Wolfgang (2003), Motive und Voraussetzungen bei Lizenzkooperationen. In: *Zentes, J./Swoboda, B./Morschett, D.* (Hrsg.), Kooperationen, Allianzen und Netzwerke. Grundlagen - Ansätze - Perspektiven, 2. Aufl., Wiesbaden, S. 543–562.

Burrell, Gibson/Morgan, Gareth (2005), Sociological Paradigms and Organisational Analysis. Elements of the Sociology of Corporate Life, Aldershot u. a.

Busenitz, Lowell W./Fiet, James O./Moesel, Douglas D. (2004), Reconsidering the Venture Capitalists' "Value Added" Proposition. An Interorganizational Learning Perspective, Journal of Business Venturing, 19. Jg., Nr. 6, S. 787–807.

Bygrave, William D. (2000), Calling on Family and Friends for Start-Up Cash. In: *Birley, S./Muzyka, D. F.* (Hrsg.), Mastering Entrepreneurship. Complete MBA Companion in Entrepreneurship, London u. a., S. 97–98.

Cable, Daniel M./Shane, Scott (1997), A Prisoner's Dilemma Approach to Entrepreneur-Venture Capitalist Relationships, The Academy of Management Review, 22. Jg., Nr. 1, S. 142–176.

Cacciotti, Gabriella/Hayton, James C. (2015), Fear and Entrepreneurship. A Review and Research Agenda, International Journal of Management Reviews, 17. Jg., Nr. 2, S. 165–190.

Cai, Li/Guo, Runping/Fei, Yupeng/Liu, Zhao (2017), Effectuation, Exploratory Learning and New Venture Performance. Evidence from China, Journal of Small Business Management, 55. Jg., Nr. 3, S. 388–403.

Campbell, John L./Quincy, Charles/Osserman, Jordan/Pedersen, Ove K. (2013), Coding In-depth Semistructured Interviews, Sociological Methods & Research, 42. Jg., Nr. 3, S. 294–320.

Cardon, Melissa S./Mitteness, Cheryl R./Sudek, Richard (2017), Motivational Cues and Angel Investing. Interactions among Enthusiasm, Preparedness, and Commitment, Entrepreneurship Theory and Practice, 41. Jg., Nr. 6, S. 1057–1085.

Carpentier, Cécile/Suret, Jean-Marc (2015), Angel Group Members' Decision Process and Rejection Criteria. A Longitudinal Analysis, Journal of Business Venturing, 30. Jg., Nr. 6, S. 808–821.

Carter, Richard B./van Auken, Howard (2005), Bootstrap Financing and Owners' Perceptions of their Business Constraints and Opportunities, Entrepreneurship & Regional Development, 17. Jg., Nr. 2, S. 129–144.

Casson, Mark/Giusta, Marina D. (2007), Entrepreneurship and Social Capital. Analysing the Impact of Social Networks on Entrepreneurial Activity from a Rational Action Perspective, International Small Business Journal, 25. Jg., Nr. 3, S. 220–244.

Chandler, Gaylen N./DeTienne, Dawn R./McKelvie, Alexander/Mumford, Troy V. (2011), Causation and Effectuation Processes. A Validation Study, Journal of Business Venturing, 26. Jg., Nr. 3, S. 375–390.

Charmaz, Kathy (2000), Grounded Theory. Objectivist and Constructivist Methods. In: *Denzin, N. K./Lincoln, Y. S.* (Hrsg.), The Handbook of Qualitative Research, 2. Aufl., Thousand Oaks u. a., S. 509–536.

Charmaz, Kathy (2006), Constructing Grounded Theory. A Practical Guide through Qualitative Analysis, London u. a.

Chemmanur, Thomas J./Chen, Zhaohui (2014), Venture Capitalists Versus Angels. The Dynamics of Private Firm Financing Contracts, Review of Corporate Finance Studies, 3. Jg., Nr. 1-2, S. 39–86.

Chen, Mingkai J./Ayoko, Oluremi B. (2012), Conflict and Trust. The Mediating Effects of Emotional Arousal and Self-conscious Emotions, International Journal of Conflict Management, 23. Jg., Nr. 1, S. 19–56.

Cheung, Steven N. S. (1970), The Structure of a Contract and the Theory of a Non-Exclusive Resource, The Journal of Law and Economics, 13. Jg., Nr. 1, S. 49–70.

Clark, Colin (2008), The Impact of Entrepreneurs' Oral 'Pitch' Presentation Skills on Business Angels' Initial Screening Investment Decisions, Venture Capital, 10. Jg., Nr. 3, S. 257–279.

Clarke, Adele E. (2009), Situational Analysis. Grounded Theory after the Postmodern Turn, 3. Aufl., Thousand Oaks u. a.

Clercq, Dirk de/*Fried, Vance H./Lehtonen, Oskari/Sapienza, Harry J.* (2006), An Entrepreneur's Guide to the Venture Capital Galaxy, Academy of Management Perspectives, 20. Jg., Nr. 3, S. 90–112.

Clercq, Dirk de/*Manigart, Sophie* (2007), The Venture Capital Post-investment Phase. Opening the Black Box of Involvement. In: *Landström, H./Mason, C. M.* (Hrsg.), Handbook of Research on Venture Capital, Cheltenham.

Clercq, Dirk de/*Sapienza, Harry J.* (2001), The Creation of Relational Rents in Venture Capitalist-Entrepreneur Dyads, Venture Capital, 3. Jg., Nr. 2, S. 107–127.

Clercq, Dirk de/*Sapienza, Harry J.* (2005), When Do Venture Capital Firms Learn from Their Portfolio Companies?, Entrepreneurship Theory and Practice, 29. Jg., Nr. 4, S. 517–535.

Clercq, Dirk de/*Sapienza, Harry J.* (2006), Effects of Relational Capital and Commitment on Venture Capitalists' Perception of Portfolio Company Performance, Journal of Business Venturing, 21. Jg., Nr. 3, S. 326–347.

Coase, Ronald H. (1960), The Problem of Social Cost, Journal of Law and Economics, 3. Jg., S. 1–44.

Cochrane, John H. (2005), The Risk and Return of Venture Capital, Journal of Financial Economics, 75. Jg., Nr. 1, S. 3–52.

Cohen, Jacob (1960), A Coefficient of Agreement for Nominal Scales, Educational and Psychological Measurement, 20. Jg., Nr. 1, S. 37–46.

Cohen, Susan (2013), What Do Accelerators Do? Insights from Incubators and Angels, Innovations: Technology, Governance, Globalization, 8. Jg., Nr. 3-4, S. 19–25.

Cole, Carmen/Lysiak, Lori (2017), Due Diligence. Recognizing the Role of Patent Research in the Start-up Life Cycle, Journal of Business & Finance Librarianship, 22. Jg., Nr. 3-4, S. 222–230.

Collewaert, Veroniek (2008), When Is Conflict (Not) Good for Business. The Case of Business Angels and Entrepreneurial Teams, Frontiers of Entrepreneurship Research, 28. Jg., Nr. 2, S. 1–15.

Collewaert, Veroniek (2009), Conflict between Angel Investors and Entrepreneurs. Perception, Reality and Impact on Innovation, Academy of Management Proceedings, 2009. Jg., Nr. 1, S. 1–6.

Collewaert, Veroniek (2012), Angel Investors' and Entrepreneurs' Intentions to Exit Their Ventures. A Conflict Perspective, Entrepreneurship Theory and Practice, 36. Jg., Nr. 4, S. 753–779.

Collewaert, Veroniek/Fassin, Yves (2013), Conflicts between Entrepreneurs and Investors. The Impact of Perceived Unethical Behavior, Small Business Economics, 40. Jg., Nr. 3, S. 635–649.

Collewaert, Veroniek/Manigart, Sophie (2016), Valuation of Angel-Backed Companies. The Role of Investor Human Capital, Journal of Small Business Management, 54. Jg., Nr. 1, S. 356–372.

Collewaert, Veroniek/Sapienza, Harry J. (2016), How Does Angel Investor-Entrepreneur Conflict Affect Venture Innovation? It Depends, Entrepreneurship Theory and Practice, 40. Jg., Nr. 3, S. 573–597.

Colombo, Massimo G./Delmastro, Marco (2002), How Effective are Technology Incubators? Evidence from Italy, Research Policy, 31. Jg., Nr. 7, S. 1103–1122.

Colombo, Massimo G./Delmastro, Marco/Grilli, Luca (2004), Entrepreneurs' Human Capital and the Start-up Size of New Technology-based Firms, International Journal of Industrial Organization, 22. Jg., Nr. 8-9, S. 1183–1211.

Colombo, Massimo G./Grilli, Luca (2005), Founders' Human Capital and the Growth of New Technology-based Firms. A Competence-based View, Research Policy, 34. Jg., Nr. 6, S. 795–816.

Colquitt, J. A./Rodell, J. B. (2011), Justice, Trust, and Trustworthiness. A Longitudinal Analysis Integrating Three Theoretical Perspectives, Academy of Management Journal, 54. Jg., Nr. 6, S. 1183–1206.

Colquitt, Jason A./LePine, Jeffrey A./Zapata, Cindy P./Wild, R. Eric (2011), Trust in Typical and High-Reliability Contexts. Building and Reacting to Trust among Firefighters, Academy of Management Journal, 54. Jg., Nr. 5, S. 999–1015.

Colquitt, Jason A./Scott, Brent A./LePine, Jeffery A. (2007), Trust, Trustworthiness, and Trust Propensity. A Meta-analytic Test of their Unique Relationships with Risk Taking and Job Performance, The Journal of Applied Psychology, 92. Jg., Nr. 4, S. 909–927.

Cooper, Arnold C./Woo, Carolyn Y./Dunkelberg, William C. (1988), Entrepreneurs' Perceived Chances for Success, Journal of Business Venturing, 3. Jg., Nr. 2, S. 97–108.

Corbin, Juliet M./Strauss, Anselm L. (1990), Grounded Theory Research. Procedures, Canons, and Evaluative Criteria, Qualitative Sociology, 13. Jg., Nr. 1, S. 3–21.

Corbin, Juliet M./Strauss, Anselm L. (2015), Basics of Qualitative Research. Techniques and Procedures for Developing Grounded Theory, 4. Aufl., Los Angeles u. a.

Corner, Patricia D./Ho, Marcus (2010), How Opportunities Develop in Social Entrepreneurship, Entrepreneurship Theory and Practice, 34. Jg., Nr. 4, S. 635–659.

Cosh, Andy/Cumming, Douglas/Hughes, Alan (2009), Outside Enterpreneurial Capital, The Economic Journal, 119. Jg., Nr. 540, S. 1494–1533.

Cosier, Richard A./Rose, Gerald L. (1977), Cognitive Conflict and Goal Conflict Effects on Task Performance, Organizational Behavior and Human Performance, 19. Jg., Nr. 2, S. 378–391.

Damodaran, Aswath (2012), Investment Valuation. Tools and Techniques for Determining the Value of Any Asset, 3. Aufl., Hoboken.

Daniels, Holger von (2004), Private Equity Secondary Transactions. Chancen und Grenzen des Aufbaus eines institutionalisierten Secondary Market, Dissertation, Universität Rostock, 2004, Wiesbaden.

Das, Tarun K./Teng, Bing-Sheng (1998), Between Trust and Control. Developing Confidence in Partner Cooperation in Alliances, Academy of Management Review, 23. Jg., Nr. 3, S. 491–512.

Das, Tarun K./Teng, Bing-Sheng (2001), Trust, Control, and Risk in Strategic Alliances. An Integrated Framework, Organization Studies, 22. Jg., Nr. 2, S. 251–283.

Davila, Antonio/Foster, George/Gupta, Mahendra (2003), Venture Capital Financing and the Growth of Startup Firms, Journal of Business Venturing, 18. Jg., Nr. 6, S. 689–708.

Davis, James H./Schoorman, F. David/Donaldson, Lex (1997), Toward a Stewardship Theory of Management, Academy of Management Review, 22. Jg., Nr. 1, S. 20–47.

Deligianni, Ioanna/Voudouris, Irini/Lioukas, Spyros (2017), Do Effectuation Processes Shape the Relationship Between Product Diversification and Performance in New Ventures?, Entrepreneurship Theory and Practice, 41. Jg., Nr. 3, S. 349–377.

Delmar, Frederic/Shane, Scott (2003), Does Business Planning Facilitate the Development of New Ventures?, Strategic Management Journal, 24. Jg., Nr. 12, S. 1165–1185.

Demers, Elizabeth/Lev, Baruch (2001), A Rude Awakening. Internet Shakeout in 2000, Review of Accounting Studies, 6. Jg., Nr. 2-3, S. 331–359.

Demsetz, Harold (1967), Toward a Theory of Property Rights, The American Economic Review, 57. Jg., Nr. 2, S. 347–359.

Denis, David J. (2004), Entrepreneurial Finance. An Overview of the Issues and Evidence, Journal of Corporate Finance, 10. Jg., Nr. 2, S. 301–326.

Denzin, Norman K. (2010), Grounded Theory and the Politics of Interpretation. In: *Bryant, A./Charmaz, K.* (Hrsg.), The SAGE Handbook of Grounded Theory, Los Angeles, S. 454–471.

Denzin, Norman K. (2012), Symbolischer Interaktionismus. In: *Flick, U./Kardorff, E.*von*/Steinke, I.* (Hrsg.), Qualitative Forschung. Ein Handbuch, 9. Aufl., Reinbeck, S. 136–150.

Derrida, Jaques (1976), Die Schrift und die Differenz, Frankfurt a. M.

Dew, Nicholas/Read, Stuart/Sarasvathy, Saras D./Wiltbank, Robert E. (2008), Outlines of a Behavioral Theory of the Entrepreneurial Firm, Journal of Economic Behavior & Organization, 66. Jg., Nr. 1, S. 37–59.

Dew, Nicholas/Read, Stuart/Sarasvathy, Saras D./Wiltbank, Robert E. (2009), Effectual Versus Predictive Logics in Entrepreneurial Decision-making. Differences between Experts and Novices, Journal of Business Venturing, 24. Jg., Nr. 4, S. 287–309.

Dhochak, Monika/Sharma, Anil K. (2015), Venture Capitalists' Investment Decision Criteria for New Ventures. A Review, Procedia - Social and Behavioral Sciences, 189. Jg., S. 465–470.

Dietz, Graham/Den Hartog, Deanne N. (2006), Measuring Trust Inside Organisations, Personnel Review, 35. Jg., Nr. 5, S. 557–588.

Dimov, Dimo/Shepherd, Dean A./Sutcliffe, Kathleen M. (2007), Requisite Expertise, Firm Reputation, and Status in Venture Capital Investment Allocation Decisions, Journal of Business Venturing, 22. Jg., Nr. 4, S. 481–502.

Dirks, Kurt T. (2006), Three Fundamental Questions Regarding Trust in Leaders. In: *Zaheer, A./Bachmann, R.* (Hrsg.), Handbook of Trust Research, Cheltenham u. a., S. 15–28.

Dirks, Kurt T./Ferrin, Donald L. (2002), Trust in Leadership. Meta-analytic Findings and Implications for Research and Practice, Journal of Applied Psychology, 87. Jg., Nr. 4, S. 611–628.

Dittmar, Norbert (2004), Transkription. Ein Leitfaden mit Aufgaben für Studenten, Forscher und Laien, 2. Aufl., Wiesbaden.

Donaldson, Lex/Davis, James H. (1991), Stewardship Theory or Agency Theory. CEO Governance and Shareholder Returns, Australian Journal of Management, 16. Jg., Nr. 1, S. 49–64.

Döring, Nicola/Bortz, Jürgen (2016), Forschungsmethoden und Evaluation in den Sozial- und Humanwissenschaften, 5. Aufl., Berlin u. a.

Douglas, Evan J./Carlsson-Wall, Martin/Hjelström, Tomas (2014), Negotiating Equity Share and Management Control of the Entrepreneurial New Venture, Venture Capital, 16. Jg., Nr. 4, S. 287–307.

Dreu, Carsten K. W. de/*Weingart, Laurie R.* (2003), Task Versus Relationship Conflict, Team Performance, and Team Member Satisfaction. A Meta-Analysis, Journal of Applied Psychology, 88. Jg., Nr. 4, S. 741–749.

Dreu, Carsten K.W. de (2008), The Virtue and Vice of Workplace Conflict. Food for (Pessimistic) Thought, Journal of Organizational Behavior, 29. Jg., Nr. 1, S. 5–18.

Drover, Will/Busenitz, Lowell/Matusik, Sharon/Townsend, David/Anglin, Aaron/Dushnitsky, Gary (2017a), A Review and Road Map of Entrepreneurial Equity Financing Research. Venture Capital, Corporate Venture Capital, Angel Investment, Crowdfunding, and Accelerators, Journal of Management, 43. Jg., Nr. 6, S. 1820–1853.

Drover, Will/Wood, Matthew S./Zacharakis, Andrew L. (2017b), Attributes of Angel and Crowdfunded Investments as Determinants of VC Screening Decisions, Entrepreneurship Theory and Practice, 41. Jg., Nr. 3, S. 323–347.

Duffner, Stefan/Schmid, Markus M./Zimmermann, Heinz (2009), Trust and Success in Venture Capital Financing. An Empirical Analysis with German Survey Data, Kyklos, 62. Jg., Nr. 1, S. 15–43.

Duif, Petra/Martin, Christoph/Wiegmann, Thomas (2010), Bilanzierung von Personengesellschaften. Das neue Bilanzrecht richtig anwenden, Wiesbaden.

Ebben, Jay J. (2009), Bootstrapping and the Financial Condition of Small Firms, International Journal of Entrepreneurial Behavior & Research, 15. Jg., Nr. 4, S. 346–363.

Ehrlich, Sanford B./Noble, Alex F. de/*Moore, Tracy/Weaver, Richard R.* (1994), After the Cash Arrives. A Comparative Study of Venture Capital and Private Investor Involvement in Entrepreneurial Firms, Journal of Business Venturing, 9. Jg., Nr. 1, S. 67–82.

Eijdenberg, Emiel L./Paas, Leonard J./Masurel, Enno (2017), Decision-making and Small Business Growth in Burundi, Journal of Entrepreneurship in Emerging Economies, 9. Jg., Nr. 1, S. 35–64.

Eisend, Martin (2014), Metaanalyse, München u. a.

Eisenhardt, Kathleen M. (1989), Agency Theory. An Assessment and Review, Academy of Management Review, 14. Jg., Nr. 1, S. 57–74.

Eisenhardt, Kathleen M./Bourgeois, L. J. (1988), Politics of Strategic Decision Making in High-Velocity Environments. Toward a Midrange Theory, Academy of Management Journal, 31. Jg., Nr. 4, S. 737–770.

El-Khatib, Rwan/Fogel, Kathy/Jandik, Tomas (2015), CEO Network Centrality and Merger Performance, Journal of Financial Economics, 116. Jg., Nr. 2, S. 349–382.

Engel, Dirk (2004), Venture Capital für junge Unternehmen, Dissertation, Universität Frankfurt (Oder), 2003, Baden-Baden.

Engel, Dirk/Keilbach, Max (2007), Firm-level Implications of Early Stage Venture Capital Investment. An Empirical Investigation, Journal of Empirical Finance, 14. Jg., Nr. 2, S. 150–167.

Engel, Ronald (2003), Seed-Finanzierung wachstumsorientierter Unternehmensgründungen, Dissertation, EBS Universität für Wirtschaft und Recht, 2002, Sternenfels.

Ensley, Michael D./Pearson, Allison W./Amason, Allen C. (2002), Understanding the Dynamics of New Venture Top Management Teams. Cohesion, Conflict, and New Venture Performance, Journal of Business Venturing, 17. Jg., Nr. 4, S. 365–386.

Erikson, Truls/Sørheim, Roger (2005), 'Technology Angels' and Other Informal Investors, Technovation, 25. Jg., Nr. 5, S. 489–496.

Ernst, Dietmar/Häcker, Joachim (2011), Applied International Corporate Finance, 2. Aufl., München.

Fairchild, Richard (2004), Financial Contracting between Managers and Venture Capitalists. The Role of Value-Added Services, Reputation Seeking, and Bargaining Power, Journal of Financial Research, 27. Jg., Nr. 4, S. 481–495.

Fairchild, Richard (2011), An Entrepreneur's Choice of Venture Capitalist or Angel-Financing. A Behavioral Game-theoretic Approach, Journal of Business Venturing, 26. Jg., Nr. 3, S. 359–374.

Feeney, Lisa/Haines, George H./Riding, Allan L. (1999), Private Investors' Investment Criteria. Insights from Qualitative Data, Venture Capital, 1. Jg., Nr. 2, S. 121–145.

Feld, Brad/Mendelson, Jason (2013), Venture Deals. Be Smarter than Your Lawyer and Venture Capitalist, 2. Aufl., Hoboken.

Ferrin, Donald L./Bligh, Michelle C./Kohles, Jeffrey C. (2008), It Takes Two to Tango. An Interdependence Analysis of the Spiraling of Perceived Trustworthiness and Cooperation in Interpersonal and Intergroup Relationships, Organizational Behavior and Human Decision Processes, 107. Jg., Nr. 2, S. 161–178.

Fiet, James O. (1995a), Reliance Upon Informants in the Venture Capital Industry, Journal of Business Venturing, 10. Jg., Nr. 3, S. 195–223.

Fiet, James O. (1995b), Risk Avoidance Strategies in Venture Capital Markets, Journal of Management Studies, 32. Jg., Nr. 4, S. 551–574.

Fili, Andreas/Grünberg, Jaan (2016), Business Angel Post-investment Activities. A Multi-level Review, Journal of Management & Governance, 20. Jg., Nr. 1, S. 89–114.

Fischer, Barbara (2004), Finanzierung und Beratung junger Start-up-Unternehmen. Betriebswirtschaftliche Analyse aus Gründerperspektive, Dissertation, Technische Universität München, 2003, Wiesbaden.

Fisher, Greg (2012), Effectuation, Causation, and Bricolage. A Behavioral Comparison of Emerging Theories in Entrepreneurship Research, Entrepreneurship Theory and Practice, 36. Jg., Nr. 5, S. 1019–1051.

Fisher, Ronald J. (1998), Questioning the Scope and Relevance of the Cooperative and Competitive Goal Approach to Conflict, Applied Psychology, 47. Jg., Nr. 3, S. 314–317.

Fleschutz, Karin (2008), Die Stiftung als Nachfolgeinstrument für Familienunternehmen. Handlungsempfehlungen für die Ausgestaltung und Überführung, Dissertation, Universität Trier, 2007, Wiesbaden.

Flick, Uwe (2016), Qualitative Sozialforschung. Eine Einführung, 7. Aufl., Reinbeck.

Flick, Uwe/Kardorff, Ernst von/*Steinke, Ines* (2012), Was ist qualitative Forschung? Einleitung und Überblick. In: *Flick, U./Kardorff, E.* von/*Steinke, I.* (Hrsg.), Qualitative Forschung. Ein Handbuch, 9. Aufl., Reinbeck, S. 13–29.

Forbes, Daniel P./Korsgaard, M. Audrey/Sapienza, Harry J. (2010), Financing Decisions as a Source of Conflict in Venture Boards, Journal of Business Venturing, 25. Jg., Nr. 6, S. 579–592.

Franke, Nikolaus/Gruber, Marc/Harhoff, Dietmar/Henkel, Joachim (2006), What You Are is What You Like. Similarity Biases in Venture Capitalists' Evaluations of Start-up Teams, Journal of Business Venturing, 21. Jg., Nr. 6, S. 802–826.

Franke, Nikolaus/Gruber, Marc/Harhoff, Dietmar/Henkel, Joachim (2008), Venture Capitalists' Evaluations of Start-up Teams. Trade-Offs, Knock-Out Criteria, and the Impact of VC Experience, Entrepreneurship Theory and Practice, 32. Jg., Nr. 3, S. 459–483.

Freear, John/Sohl, Jeffrey E./Wetzel, William E. (1995), Angels. Personal Investors in the Venture Capital Market, Entrepreneurship & Regional Development, 7. Jg., Nr. 1, S. 85–94.

Fried, Vance H./Hisrich, Robert D. (1994), Toward a Model of Venture Capital Investment Decision Making, Financial Management, 23. Jg., Nr. 3, S. 28–37.

Fried, Vance H./Hisrich, Robert D. (1995), The Venture Capitalist. A Relationship Investor, California Management Review, 37. Jg., Nr. 2, S. 101–113.

Fritsch, Michael (2016), Entrepreneurship. Theorie, Empirie, Politik, Heidelberg.

Frodermann, Jürgen/Schäfer, Philipp (2005), Gewährung des Beteiligungskapitals. In: *Berens, W./Brauner, H. U./Frodermann, J.* (Hrsg.), Unternehmensentwicklung mit Finanzinvestoren. Eigenkapitalstärkung, Wertsteigerung, Unternehmensverkauf, Stuttgart, S. 259–282.

Fueglistaller, Urs/Müller, Christoph/Müller, Susan/Volery, Thierry (2016), Entrepreneurship. Modelle - Umsetzung - Perspektiven. Mit Fallbeispielen aus Deutschland, Österreich und der Schweiz, 4. Aufl., Wiesbaden.

Fulmer, C. Ashley/Gelfand, Michele J. (2012), At What Level (and in Whom) We Trust. Trust across Multiple Oranizational Levels, Journal of Management, 38. Jg., Nr. 4, S. 1167–1230.

Funk, Christian (2008), Gestaltung effizienter interner Kapitalmärkte in Konglomeraten, Dissertation, Universität Dortmund, 2007, Frankfurt a. M.

Furubotn, Eirik G./Pejovich, Svetozar (1972), Property Rights and Economic Theory: A Survey of Recent Literature, Journal of Economic Literature, 10. Jg., Nr. 4, S. 1137–1162.

Gabrielsson, Jonas/Huse, Morten (2002), The Venture Capitalist and the Board of Directors in SMEs. Roles and Processes, Venture Capital, 4. Jg., Nr. 2, S. 125–146.

Gaida, Klemens (2011), Gründen 2.0. Erfolgreiche Business-Inkubation mit neuen Internet-Tools, Wiesbaden.

Gambetta, Diego (1990), Can We Trust Trust? In: *Gambetta, D.* (Hrsg.), Trust. Making and Breaking Cooperative Relations, Oxford u. a., S. 213–237.

Garfinkel, Harold (1967), Studies in Ethnomethodology, Englewood Cliffs.

Gargiulo, Martin/Ertug, Gokhan (2006), The Dark Side of Trust. In: *Zaheer, A./Bachmann, R.* (Hrsg.), Handbook of Trust Research, Cheltenham u. a., S. 165–186.

Garud, Raghu/Gehman, Joel (2016), Theory Evaluation, Entrepreneurial Processes, and Performativity, Academy of Management Review, 41. Jg., Nr. 3, S. 544–549.

Gedajlovic, Eric/Honig, Benson/Moore, Curt B./Payne, G. Tyge/Wright, Mike (2013), Social Capital and Entrepreneurship. A Schema and Research Agenda, Entrepreneurship Theory and Practice, 37. Jg., Nr. 3, S. 455–478.

George, Bradley/Erikson, Truls/Parhankangas, Annaleena (2016), Preventing Dysfunctional Conflict. Examining the Relationship between Different Types of Managerial Conflict in Venture Capital-backed Firms, Venture Capital, 18. Jg., Nr. 4, S. 279–296.

Gioia, Dennis A./Corley, Kevin G./Hamilton, Aimee L. (2013), Seeking Qualitative Rigor in Inductive Research, Organizational Research Methods, 16. Jg., Nr. 1, S. 15–31.

Glaser, Barney G. (1978), Theoretical Sensitivity, Mill Valley.

Glaser, Barney G./Strauss, Anselm L. (1967), The Discovery of Grounded Theory. Strategies for Qualitative Research, New York u. a.

Glaser, Barney G./Strauss, Anselm L. (2008), Grounded Theory. Strategien qualitativer Forschung, Bern.

Goel, Sanjay/Karri, Ranjan (2006), Entrepreneurs, Effectual Logic, and Over-Trust, Entrepreneurship Theory and Practice, 30. Jg., Nr. 4, S. 477–493.

Gompers, Paul A. (1995), Optimal Investment, Monitoring, and the Staging of Venture Capital, The Journal of Finance, 50. Jg., Nr. 5, S. 1461–1489.

Gompers, Paul A./Lerner, Joshua (2001), The Money of Invention. How Venture Capital Creates New Wealth, Boston, Großbritannien.

Gompers, Paul A./Lerner, Joshua (2004), The Venture Capital Cycle, 2. Aufl., Cambridge.

Gordon, Moses E. G./Kayseas, Bob/Moroz, Peter W. (2017), New Venture Creation and Opportunity Structure Constraints. Indigenous-controlled Development Through Joint Ventures in the Canadian Potash Industry, Small Enterprise Research, 24. Jg., Nr. 1, S. 1–22.

Gorman, Michael/Sahlman, William A. (1989), What Do Venture Capitalists Do?, Journal of Business Venturing, 4. Jg., Nr. 4, S. 231–248.

Graebner, Melissa E. (2009), Caveat Venditor. Trust Asymmetries in Acquisitions of Entrepreneurial Firms, Academy of Management Journal, 52. Jg., Nr. 3, S. 435–472.

Graf, Andrea/Koeszegi, Sabine T./Pesendorfer, Eva-Maria (2010), Electronic Negotiations in Intercultural Interfirm Relationships, Journal of Managerial Psychology, 25. Jg., Nr. 5, S. 495–512.

Granovetter, Mark (1985), Economic Action and Social Structure. The Problem of Embeddedness, American Journal of Sociology, 91. Jg., Nr. 3, S. 481–510.

Gregson, Geoff/Bock, Adam J./Harrison, Richard T. (2017), A Review and Simulation of Business Angel Investment Returns, Venture Capital, 19. Jg., Nr. 4, S. 285–311.

Grichnik, Dietmar (2006a), Die Opportunity Map der internationalen Entrepreneurshipforschung. Zum Kern des interdisziplinären Forschungsprogramms, Zeitschrift für Betriebswirtschaft, 76. Jg., Nr. 12, S. 1303–1333.

Grichnik, Dietmar (2006b), International Entrepreneurship. Entscheidungs- und Risikoverhalten von Unternehmensgründern und Venture-Finanziers in kulturellen Kontexten. Theoriebildung und empirische Analysen, Habilitation, Universität Düsseldorf, 2005, Berlin.

Grichnik, Dietmar/Brettel, Malte/Koropp, Christian/Mauer, René (2017), Entrepreneurship. Unternehmerisches Denken, Entscheiden und Handeln in innovativen und technologieorientierten Unternehmungen, 2. Aufl., Stuttgart.

Grichnik, Dietmar/Hisrich, Robert D. (2005), Entrepreneurial Profiles. Competencies and Educational Needs in East and West Germany, International Journal of Entrepreneurship Education, 3. Jg., Nr. 3, S. 207–228.

Grichnik, Dietmar/Smeja, Alexander/Welpe, Isabell (2010), The Importance of Being Emotional. How Do Emotions Affect Entrepreneurial Opportunity Evaluation and Exploitation?, Journal of Economic Behavior & Organization, 76. Jg., Nr. 1, S. 15–29.

Grundmann, Wolfgang (2013), Leasing und Factoring. Formen, Rechtsgrundlagen, Verträge, Wiesbaden.

Guo, Liang/Wei, Yinghong S./Sharma, Ruchi/Rong, Ke (2017), Investigating E-business Models' Value Retention for Start-ups. The Moderating Role of Venture Capital Investment Intensity, International Journal of Production Economics, 186. Jg., S. 33–45.

Gupta, Vishal K./Chiles, Todd H./McMullen, Jeffery S. (2016), A Process Perspective on Evaluating and Conducting Effectual Entrepreneurship Research, Academy of Management Review, 41. Jg., Nr. 3, S. 540–544.

Gupta, Vishal K./Goktan, A. Banu/Gunay, Gonca (2014), Gender Differences in Evaluation of New Business Opportunity. A Stereotype Threat Perspective, Journal of Business Venturing, 29. Jg., Nr. 2, S. 273–288.

Hahn, Christopher (2014a), Einleitung. In: *Hahn, C.* (Hrsg.), Finanzierung und Besteuerung von Start-up-Unternehmen. Praxisbuch für erfolgreiche Gründer, Wiesbaden, S. 3–7.

Hahn, Christopher (2014b), Emerging-Growth-Phase (Expansion: Wachstumsfinanzierung/Bridgefinanzierung). In: *Hahn, C.* (Hrsg.), Finanzierung und Besteuerung von Start-up-Unternehmen. Praxisbuch für erfolgreiche Gründer, Wiesbaden, S. 199–220.

Hahn, Christopher/Naumann, Daniel (2014), Start-up-Phase. In: *Hahn, C.* (Hrsg.), Finanzierung und Besteuerung von Start-up-Unternehmen. Praxisbuch für erfolgreiche Gründer, Wiesbaden, S. 127–189.

Hall, John/Hofer, Charles W. (1993), Venture Capitalists' Decision Criteria in New Venture Evaluation, Journal of Business Venturing, 8. Jg., Nr. 1, S. 25–42.

Hallen, Benjamin L. (2008), The Causes and Consequences of the Initial Network Positions of New Organizations. From Whom Do Entrepreneurs Receive Investments?, Administrative Science Quarterly, 53. Jg., Nr. 4, S. 685–718.

Hand, John R. M. (2005), The Value Relevance of Financial Statements in the Venture Capital Market, The Accounting Review, 80. Jg., Nr. 2, S. 613–648.

Harrison, Richard T. (2016), The Internationalisation of Business Angel Investment Activity. A Review and Research Agenda, Venture Capital, 19. Jg., Nr. 1-2, S. 119–127.

Harrison, Richard T./Dibben, Mark R./Mason, Colin M. (1997), The Role of Trust in the Informal Investor's Investment Decision. An Exploratory Analysis, Entrepreneurship Theory and Practice, 21. Jg., Nr. 4, S. 63–81.

Harrison, Richard T./Mason, Colin M. (1999), Editorial. An Overview of Informal Venture Capital Research, Venture Capital, 1. Jg., Nr. 2, S. 95–100.

Harrison, Richard T./Mason, Colin M. (2000), Venture Capital Market Complementarities. The Links between Business Angels and Venture Capital Funds in the United Kingdom, Venture Capital, 2. Jg., Nr. 3, S. 223–242.

Harrison, Richard T./Mason, Colin M./Girling, Paul (2004), Financial Bootstrapping and Venture Development in the Software Industry, Entrepreneurship & Regional Development, 16. Jg., Nr. 4, S. 307–333.

Harrison, Richard T./Mason, Colin M./Robson, Paul (2010), Determinants of Long-distance Investing by Business Angels in the UK, Entrepreneurship & Regional Development, 22. Jg., Nr. 2, S. 113–137.

Harrison, Richard T./Mason, Colin M./Smith, Donald (2015), Heuristics, Learning and the Business Angel Investment Decision-making Process, Entrepreneurship & Regional Development, 27. Jg., Nr. 9-10, S. 527–554.

Hayes, Andrew F./Krippendorff, Klaus (2007), Answering the Call for a Standard Reliability Measure for Coding Data, Communication Methods and Measures, 1. Jg., Nr. 1, S. 77–89.

Hellmann, Thomas F./Schure, Paul H./Vo, Dan H. (2017), Angels and Venture Capitalists. Substitutes or Complements?, Working Paper, Said Business School, 2015. Jg., Nr. 2, S. 1–79.

Hellmann, Thomas F./Thiele, Veikko (2015), Friends or Foes? The Interrelationship between Angel and Venture Capital Markets, Journal of Financial Economics, 115. Jg., Nr. 3, S. 639–653.

Herold, Florian (2010), Contractual Incompleteness As a Signal of Trust, Games and Economic Behavior, 68. Jg., Nr. 1, S. 180–191.

Higashide, Hironori/Birley, Sue (2002), The Consequences of Conflict between the Venture Capitalist and the Entrepreneurial Team in the United Kingdom from the Perspective of the Venture Capitalist, Journal of Business Venturing, 17. Jg., Nr. 1, S. 59–81.

Hofert, Svenja (2012), Praxisbuch für Freiberufler. Alles, was Sie wissen müssen, um erfolgreich zu sein, 7. Aufl., Offenbach.

Hoffmann, Markus/Richter, Thorsten (2017), Geistiges Eigentum in der Betriebspraxis. Erlangung, Verwaltung, Verteidigung und Verwertung von Patenten, Marken, Designs und Copyrights im Unternehmen, 2. Aufl., Wiesbaden.

Hohenthal, Jukka (2007), Integrating Qualitative and Quantitative Methods in Research on International Entrepreneurship, Journal of International Entrepreneurship, 4. Jg., Nr. 4, S. 175–190.

Höhmann, Hans-Hermann/Malieva, Elena (2005), The Concept of Trust. Some Notes on Definitions, Forms and Sources. In: *Höhmann, H.-H./Welter, F.* (Hrsg.), Trust and Entrepreneurship. A West-East Perspective, Cheltenham, S. 7–23.

Hopf, Christel (2012), Qualitative Interviews. Ein Überblick. In: *Flick, U./Kardorff, E. von/Steinke, I.* (Hrsg.), Qualitative Forschung. Ein Handbuch, 9. Aufl., Reinbeck, S. 349–360.

Hotz-Hart, Beat/Rohner, Adrian (2014), Nationen im Innovationswettlauf. Ökonomie und Politik der Innovation, Wiesbaden.

Hoyos-Iruarrizaga, Jon/Fernández-Sainz, Ana/Saiz-Santos, María (2017), High Value-added Business Angels at Post-investment Stages. Key Predictors, International Small Business Journal, 35. Jg., Nr. 8, S. 949–968.

Hsu, Dan K./Haynie, J. Michael/Simmons, Sharon A./McKelvie, Alexander (2014), What Matters, Matters Differently. A Conjoint Analysis of the Decision Policies of Angel and Venture Capital Investors, Venture Capital, 16. Jg., Nr. 1, S. 1–25.

Hsu, David H. (2007), Experienced Entrepreneurial Founders, Organizational Capital, and Venture Capital Funding, Research Policy, 36. Jg., Nr. 5, S. 722–741.

Hsu, David H./Ziedonis, Rosemarie H. (2013), Resources as Dual Sources of Advantage. Implications for Valuing Entrepreneurial-firm Patents, Strategic Management Journal, 34. Jg., Nr. 7, S. 761–781.

Huff, Lenard/Kelley, Lane (2003), Levels of Organizational Trust in Individualist Versus Collectivist Societies. A Seven-Nation Study, Organization Science, 14. Jg., Nr. 1, S. 81–90.

Hülsheger, Ute R./Anderson, Neil/Salgado, Jesus F. (2009), Team-level Predictors of Innovation at Work. A Comprehensive Meta-Analysis Spanning Three Decades of Research, The Journal of Applied Psychology, 94. Jg., Nr. 5, S. 1128–1145.

Humphrey, John/Schmitz, Hubert (1998), Trust and Inter-firm Relations in Developing and Transition Economies, Journal of Development Studies, 34. Jg., Nr. 4, S. 32–61.

Jeffrey, Scott A./Lévesque, Moren/Maxwell, Andrew L. (2016), The Non-compensatory Relationship between Risk and Return in Business Angel Investment Decision Making, Venture Capital, 18. Jg., Nr. 3, S. 189–209.

Jehn, Karen A. (1995), A Multimethod Examination of the Benefits and Detriments of Intragroup Conflict, Administrative Science Quarterly, 40. Jg., Nr. 2, S. 256–282.

Jehn, Karen A. (1997a), A Qualitative Analysis of Conflict Types and Dimensions in Organizational Groups, Administrative Science Quarterly, 42. Jg., Nr. 3, S. 530–557.

Jehn, Karen A. (1997b), Affective and Cognitive Conflict in Work Groups. Increasing Performance Through Value-based Intragroup Conflict. In: *Dreu, C. K. W.* de/*van de Vliert, E.* (Hrsg.), Using Conflict in Organizations, London u. a., S. 87–100.

Jehn, Karen A./Bendersky, Corinne (2003), Intragroup Conflict in Organizations. A Contingency Perspective on the Conflict-Outcome Relationship, Research in Organizational Behavior, 25. Jg., S. 187–242.

Jehn, Karen A./Mannix, Elizabeth A. (2001), The Dynamic Nature of Conflict. A Longitudinal Study of Intragroup Conflict and Group Performance, Academy of Management Journal, 44. Jg., Nr. 2, S. 238–251.

Jennings, Jennifer E./Brush, Candida G. (2013), Research on Women Entrepreneurs. Challenges to (and from) the Broader Entrepreneurship Literature?, The Academy of Management Annals, 7. Jg., Nr. 1, S. 663–715.

Jensen, Michael C./Meckling, William H. (1976), Theory of the Firm. Managerial Behavior, Agency Costs and Ownership Structure, Journal of Financial Economics, 3. Jg., Nr. 4, S. 305–360.

Jesch, Thomas A. (2004), Private-Equity-Beteiligungen. Wirtschaftliche, rechtliche und steuerliche Rahmenbedingungen aus Investorensicht, Wiesbaden.

Johnson, Devon/Grayson, Kent (2005), Cognitive and Affective Trust in Service Relationships, Journal of Business Research, 58. Jg., Nr. 4, S. 500–507.

Johnson-George, Cynthia/Swap, Walter C. (1982), Measurement of Specific Interpersonal Trust. Construction and Validation of a Scale to Assess Trust in a Specific Other, Journal of Personality and Social Psychology, 43. Jg., Nr. 6, S. 1306–1317.

Joisten, Karen (2009), Philosophische Hermeneutik, Berlin.

Jost, Peter-J. (2001), Die Prinzipal-Agenten-Theorie in der Betriebswirtschaftslehre, Stuttgart.

Jula, Rocco (2013), Sachversicherungsrecht, 3. Aufl., Karlsruhe.

Kalinic, Igor/Sarasvathy, Saras D./Forza, Cipriano (2014), 'Expect the Unexpected'. Implications of Effectual Logic on the Internationalization Process, International Business Review, 23. Jg., Nr. 3, S. 635–647.

Kaplan, Steven N./Sensoy, Berk A./Stromberg, Per (2009), Should Investors Bet on the Jockey or the Horse? Evidence from the Evolution of Firms from Early Business Plans to Public Companies, The Journal of Finance, 64. Jg., Nr. 1, S. 75–115.

Kaplan, Steven N./Stromberg, Per (2001), Venture Capitalists As Principals: Contracting, Screening, and Monitoring, Cambridge.

Kaplan, Steven N./Stromberg, Per (2003), Financial Contracting Theory Meets the Real World. An Empirical Analysis of Venture Capital Contracts, Review of Economic Studies, 70. Jg., Nr. 2, S. 281–315.

Kaplan, Steven N./Stromberg, Per (2004), Characteristics, Contracts, and Actions. Evidence from Venture Capitalist Analyses, The Journal of Finance, 59. Jg., Nr. 5, S. 2177–2210.

Karri, Ranjan/Goel, Sanjay (2008), Effectuation and Over-Trust. Response to Sarasvathy and Dew, Entrepreneurship Theory and Practice, 32. Jg., Nr. 4, S. 739–748.

Kassarjian, Harold H. (1977), Content Analysis in Consumer Research, Journal of Consumer Research, 4. Jg., Nr. 1, S. 8–18.

Kee, Herbert W./Knox, Robert E. (1970), Conceptual and Methodological Considerations in the Study of Trust and Suspicion, Journal of Conflict Resolution, 14. Jg., Nr. 3, S. 357–366.

Kelle, Udo (2008), Die Integration qualitativer und quantitativer Methoden in der empirischen Sozialforschung. Theoretische Grundlagen und methodologische Konzepte, 2. Aufl., Wiesbaden.

Kelle, Udo (2012), Computergestütze Analyse qualitativer Daten. In: *Flick, U./Kardorff, E.* von/*Steinke, I.* (Hrsg.), Qualitative Forschung. Ein Handbuch, 9. Aufl., Reinbeck, S. 485–502.

Kelle, Udo/Erzberger, Christian (2012), Qualitative und quantitative Methoden. Kein Gegensatz. In: *Flick, U./Kardorff, E.* von/*Steinke, I.* (Hrsg.), Qualitative Forschung. Ein Handbuch, 9. Aufl., Reinbeck, S. 299–309.

Kelly, Peter/Hay, Michael (2003), Business Angel Contracts. The Influence of Context, Venture Capital, 5. Jg., Nr. 4, S. 287–312.

Kerr, William R./Lerner, Joshua/Schoar, Antoinette (2014), The Consequences of Entrepreneurial Finance. Evidence from Angel Financings, Review of Financial Studies, 27. Jg., Nr. 1, S. 20–55.

Khanin, Dmitry/Turel, Ofir (2009), Antecedents and Consequences of Cognitive and Affective Conflicts Between Venture Capitalists and CEOs. From Inequity Perceptions to Behavioral Intentions, Academy of Management Proceedings, 2009. Jg., Nr. 1, S. 1–6.

Khanin, Dmitry/Turel, Ofir (2016), CEOs' Appraisals of Venture Capitalists' External and Internal Support. A Transaction Cost Economics Perspective, Venture Capital, 18. Jg., Nr. 4, S. 297–320.

Kim, Jin-Hyuk/Wagman, Liad (2016), Early-stage Entrepreneurial Financing. A Signaling Perspective, Journal of Banking & Finance, 67. Jg., S. 12–22.

Kim, Peter H./Ferrin, Donald L./Cooper, Cecily D./Dirks, Kurt T. (2004), Removing the Shadow of Suspicion. The Effects of Apology Versus Denial for Repairing Competence- Versus Integrity-based Trust Violations, The Journal of Applied Psychology, 89. Jg., Nr. 1, S. 104–118.

Kim, Phillip H./Aldrich, Howard E. (2005), Social Capital and Entrepreneurship, Foundations and Trends in Entrepreneurship, 1. Jg., Nr. 2, S. 55–104.

Kohler, Tobias/Suberg, Tom (2015), Erfolgsfaktoren im Crowdfunding (Best Practice). In: *Haag, P./Roßmann, P.* (Hrsg.), Management kleiner und mittlerer Unternehmen. Strategische Aspekte, operative Umsetzung und Best Practice, Berlin u. a., S. 117–132.

Koller, Tim/Goedhart, Marc/Wessels, David (2015), Valuation. Measuring and Managing the Value of Companies, 6. Aufl., Hoboken.

Kollmann, Tobias (2003), Unternehmensfinanzierung im Electronic Business, Wirtschaftswissenschaftliches Studium, 32. Jg., Nr. 5, S. 262–267.

Kollmann, Tobias (2016), E-Entrepreneurship. Grundlagen der Unternehmensgründung in der digitalen Wirtschaft, 6. Aufl., Wiesbaden.

Kollmann, Tobias/Kuckertz, Andreas (2003), E-Venture-Capital. Unternehmensfinanzierung in der Net Economy. Grundlagen und Fallstudien, Wiesbaden.

Kollmann, Tobias/Kuckertz, Andreas/Middelberg, Nils (2014), Trust and Controllability in Venture Capital Fundraising, Journal of Business Research, 67. Jg., Nr. 11, S. 2411–2418.

Korsgaard, M. Audrey/Roberson, Loriann (1995), Procedural Justice in Performance Evaluation. The Role of Instrumental and Non-instrumental Voice in Performance Appraisal Discussions, Journal of Management, 21. Jg., Nr. 4, S. 657–669.

Korsgaard, M. Audrey/Schweiger, David M./Sapienza, Harry J. (1995), Building Commitment, Attachment, and Trust in Strategic Decision-Making Teams. The Role of Procedural Justice, Academy of Management Journal, 38. Jg., Nr. 1, S. 60–84.

Kowal, Sabine/O'Connell, Daniel C. (2012), Zur Transkription von Gesprächen. In: *Flick, U./Kardorff, E.* von/*Steinke, I.* (Hrsg.), Qualitative Forschung. Ein Handbuch, 9. Aufl., Reinbeck, S. 437–447.

Krahnen, Jan P. (1991), Sunk Costs und Unternehmensfinanzierung, Habilitation, Freie Universität Berlin, 1988, Wiesbaden.

Krecek, Michael (2005), Venture Capital aus Investorensicht. Entscheidungstheoretische Analyse von Strukturen und Vertragsklauseln, Dissertation, Handelshochschule Leipzig, 2005, Wiesbaden.

Kreiner, Glen E. (2016), Tabula Geminus. A "Both/And" Approach to Coding and Theorizing. In: *Elsbach, K. D./Kramer, R. M.* (Hrsg.), Handbook of Qualitative Organizational Research. Innovative Pathways and Methods, New York u. a., S. 350–361.

Kreiner, Glen E./Hollensbe, Elaine/Sheep, Mathew L./Smith, Brett R./Kataria, Niyati (2015), Elasticity and the Dialectic Tensions of Organizational Identity. How Can We Hold Together While We Are Pulling Apart?, Academy of Management Journal, 58. Jg., Nr. 4, S. 981–1011.

Krippendorff, Klaus (2013), Content Analysis. An Introduction to its Methodology, 3. Aufl., Thousand Oaks u. a.

Kuckartz, Udo (2014), Qualitative Inhaltsanalyse. Methoden, Praxis, Computerunterstützung, 2. Aufl., Weinheim u. a.

Kuechle, Graciela/Boulu-Reshef, Beatrice/Carr, Sean D. (2016), Prediction- and Control-based Strategies in Entrepreneurship. The Role of Information, Strategic Entrepreneurship Journal, 10. Jg., Nr. 1, S. 43–64.

Kühl, Stefan (2003), Exit. Wie Risikokapital die Regeln der Wirtschaft verändert, Frankfurt a. M. u. a.

Kunze, Stefanie/Offermanns, Arne (2016), Mythos Businessplan. Vom blinden Glauben an ein einzelnes Instrument und möglichen Alternativen, Wiesbaden.

Kury, Max (2014), Abgabe von Rechenschaft zum Wiederaufbau von Vertrauen. Eine empirische Untersuchung der Berichterstattung von Banken, Dissertation, ESCP Europe Wirtschaftshochschule Berlin, 2013, Lohmar.

Lahn, Stefanie (2015), Der Businessplan in Theorie und Praxis. Überlegungen zu einem zentralen Instrument der deutschen Gründungsförderung, Dissertation, Freie Universität Berlin, 2013, Wiesbaden.

Lamnek, Siegfried (2010), Qualitative Sozialforschung. Lehrbuch, 5. Aufl., Weinheim u. a.

Landis, J. Richard/Koch, Gary G. (1977), The Measurement of Observer Agreement for Categorical Data, Biometrics, 33. Jg., Nr. 1, S. 159.

Landström, Hans (1992), The Relationship between Private Investors and Small Firms. An Agency Theory Approach, Entrepreneurship & Regional Development, 4. Jg., Nr. 3, S. 199–223.

Landström, Hans (2007), Pioneers in Venture Capital Research. In: *Landström, H.* (Hrsg.), Handbook of Research on Venture Capital, Cheltenham, S. 3–65.

Langfred, Claus W. (2007), The Downside of Self-Management. A Longitudinal Study of the Effects of Conflict on Trust, Autonomy, and Task Interdependence in Self-Managing Teams, Academy of Management Journal, 50. Jg., Nr. 4, S. 885–900.

Large, David/Muegge, Steven (2008), Venture Capitalists' Non-Financial Value-Added. An Evaluation of the Evidence and Implications for Research, Venture Capital, 10. Jg., Nr. 1, S. 21–53.

Larson, Andrea (1992), Network Dyads in Entrepreneurial Settings. A Study of the Governance of Exchange Relationships, Administrative Science Quarterly, 37. Jg., Nr. 1, S. 76–104.

Laskovaia, Anastasiia/Shirokova, Galina/Morris, Michael H. (2017), National Culture, Effectuation, and New Venture Performance. Global Evidence from Student Entrepreneurs, Small Business Economics, 49. Jg., Nr. 3, S. 687–709.

Le Breton-Miller, Isabelle/Miller, Danny (2009), Agency vs. Stewardship in Public Family Firms. A Social Embeddedness Reconciliation, Entrepreneurship Theory and Practice, 33. Jg., Nr. 6, S. 1169–1191.

Leach, J. Chris/Melicher, Ronald W. (2016), Entrepreneurial Finance, 6. Aufl., Boston u. a.

Lee, Peggy M./O'Neill, Hugh. M. (2003), Ownership Structures and R&D Investments of U.S. and Japanese Firms. Agency and Stewardship Perspectives, Academy of Management Journal, 46. Jg., Nr. 2, S. 212–225.

Leopold, Günter/Frommann, Holger (1998), Eigenkapital für den Mittelstand. Venture Capital im In- und Ausland, München.

Leopold, Günter/Frommann, Holger/Kühr, Thomas (2003), Private Equity - Venture Capital. Eigenkapital für innovative Unternehmer, 2. Aufl., München.

Lerch, Olena (2011), Private Equity aus Investorensicht. Eine Analyse des europäischen Private Equity-Marktes, Hamburg.

Leshchinskii, Dima (2003), Indulgent Angels or Stingy Venture Capitalists? The Entrepreneur's Choice, HEC, Working Paper, Nr. 769.

Lewicki, Roy J./Bunker, Barbara B. (1996), Developing and Maintaining Trust in Work Relationships. In: *Kramer, R. M./Tyler, T. R.* (Hrsg.), Trust in Organizations. Frontiers of Theory and Research, Thousand Oaks, S. 114–139.

Lewicki, Roy J./McAllister, Daniel J./Bies, Robert J. (1998), Trust and Distrust. New Relationships and Realities, The Academy of Management Review, 23. Jg., Nr. 3, S. 438–458.

Lewicki, Roy J./Tomlinson, Edward C./Gillespie, Nicole (2006), Models of Interpersonal Trust Development. Theoretical Approaches, Empirical Evidence, and Future Directions, Journal of Management, 32. Jg., Nr. 6, S. 991–1022.

Lim, JoAnne Y.-K./Busenitz, Lowell W./Chidambaram, Laku (2013), New Venture Teams and the Quality of Business Opportunities Identified. Faultlines Between Subgroups of Founders and Investors, Entrepreneurship Theory and Practice, 37. Jg., Nr. 1, S. 47–67.

Lindstrom, Goran/Olofsson, Christer (2001), Early Stage Financing of NTBFs. An Analysis of Contributions from Support Actors, Venture Capital, 3. Jg., Nr. 2, S. 151–168.

Lüders, Christian/Reichertz, Jo (1986), Wissenschaftliche Praxis ist, wenn alles funktioniert und keiner weiß warum. Bemerkungen zur Entwicklung qualitativer Sozialforschung, Sozialwissenschaftliche Literaturrundschau, 12. Jg., S. 90–102.

Lumpkin, G. Tom/Dess, Gregory G. (1996), Clarifying the Entrepreneurial Orientation Construct and Linking it to Performance, Academy of Management Review, 21. Jg., Nr. 1, S. 135–172.

Luo, Jar-Der/Rong, Ke/Yang, Kunhao (2017), Social Embeddedness. A Comparison of Foreign and State-owned Venture Capital Firms, Abstract, Academy of Management Annual Meeting Proceedings, 2017. Jg., Nr. 1, S. 1.

Luukkonen, Terttu/Deschryvere, Matthias/Bertoni, Fabio (2013), The Value Added by Government Venture Capital Funds Compared With Independent Venture Capital Funds, Technovation, 33. Jg., Nr. 4-5, S. 154–162.

Macht, Stephanie A. (2011a), Inexpert Business Angels. How Even Investors With 'Nothing to Add' Can Add Value, Strategic Change, 20. Jg., Nr. 7-8, S. 269–278.

Macht, Stephanie A. (2011b), The Role of Investee Company Managers in Business Angels' Involvement. Empirical Insights from Dyadic Data, Venture Capital, 13. Jg., Nr. 3, S. 267–293.

Macht, Stephanie A./Robinson, John (2009), Do Business Angels Benefit Their Investee Companies?, International Journal of Entrepreneurial Behavior & Research, 15. Jg., Nr. 2, S. 187–208.

Macmillan, Ian C./Kulow, David M./Khoylian, Roubina (1989), Venture Capitalists' Involvement in Their Investments. Extent and Performance, Journal of Business Venturing, 4. Jg., Nr. 1, S. 27–47.

Macmillan, Ian C./Siegel, Robin/Narasimha, P. N. S. (1985), Criteria Used by Venture Capitalists to Evaluate New Venture Proposals, Journal of Business Venturing, 1. Jg., Nr. 1, S. 119–128.

Madill, Judith J./Haines, George H. Jr./Riding, Allan L. (2005), The Role of Angels in Technology SMEs. A Link to Venture Capital, Venture Capital, 7. Jg., Nr. 2, S. 107–129.

Maine, Elicia/Soh, Pek-Hooi/Dos Santos, Nancy (2015), The Role of Entrepreneurial Decision-making in Opportunity Creation and Recognition, Technovation, 39.-40. Jg., S. 53–72.

Malek, Kourosh/Maine, Elicia/McCarthy, Ian P. (2014), A Typology of Clean Technology Commercialization Accelerators, Journal of Engineering and Technology Management, 32. Jg., S. 26–39.

Manigart, Sophie/Waele, Koen de*/Wright, Mike/Robbie, Ken/Desbrières, Philippe/Sapienza, Harry J./Beekman, Amy* (2002), Determinants of Required Return in Venture Capital Investments. A Five-Country Study, Journal of Business Venturing, 17. Jg., Nr. 4, S. 291–312.

Månsson, Nils/Landström, Hans (2007), Business Angels in a Changing Economy. The Case of Sweden, Venture Capital, 8. Jg., Nr. 4, S. 281–301.

Markowitz, Harry (1952), Portfolio Selection, The Journal of Finance, 7. Jg., Nr. 1, S. 77–91.

Mason, Colin M. (2006), Informal Sources of Venture Finance. In: *Parker, S.* (Hrsg.), The Life Cycle of Entrepreneurial Ventures, Boston, S. 258–299.

Mason, Colin M./Harrison, Richard T. (1995), Closing the Regional Equity Capital Gap. The Role of Informal Venture Capital, Small Business Economics, 7. Jg., Nr. 2, S. 153–172.

Mason, Colin M./Harrison, Richard T. (1996), Informal Venture Capital. A Study of the Investment Process, the Post-investment Experience and Investment Performance, Entrepreneurship & Regional Development, 8. Jg., Nr. 2, S. 105–126.

Mason, Colin M./Harrison, Richard T. (1999), Editorial. Venture Capital. Rationale, Aims and Scope, Venture Capital, 1. Jg., Nr. 1, S. 1–46.

Mason, Colin M./Harrison, Richard T. (2002), Is It Worth It? The Rates of Return from Informal Venture Capital Investments, Journal of Business Venturing, 17. Jg., Nr. 3, S. 211–236.

Mason, Colin M./Harrison, Richard T. (2008), Measuring Business Angel Investment Activity in the United Kingdom. A Review of Potential Data Sources, Venture Capital, 10. Jg., Nr. 4, S. 309–330.

Mason, Colin M./Stark, Matthew (2004), What do Investors Look for in a Business Plan? A Comparison of the Investment Criteria of Bankers, Venture Capitalists and Business Angels, International Small Business Journal, 22. Jg., Nr. 3, S. 227–248.

Matalamäki, Marko/Vuorinen, Tero/Varamäki, Elina/Sorama, Kirsti (2017), Business Growth in Established Companies. Roles of Effectuation and Causation, Journal of Enterprising Culture, 25. Jg., Nr. 2, S. 123–148.

Maxwell, Andrew L./Jeffrey, Scott A./Lévesque, Moren (2011), Business Angel Early Stage Decision Making, Journal of Business Venturing, 26. Jg., Nr. 2, S. 212–225.

Maxwell, Andrew L./Lévesque, Moren (2010), Entrepreneurs' Trustworthiness. A Critical Ingredient for Attracting Investment, Frontiers of Entrepreneurship Research, 30. Jg., Nr. 2, S. 1–15.

Maxwell, Andrew L./Lévesque, Moren (2014), Trustworthiness. A Critical Ingredient for Entrepreneurs Seeking Investors, Entrepreneurship Theory and Practice, 38. Jg., Nr. 5, S. 1057–1080.

Mayer, Matija D. (2003), Venture Finance. Zur Finanzierung innovativer Unternehmungen, Habilitation, Technische Universität Braunschweig, 2003, Wiesbaden.

Mayer, Roger C./Davis, James H./Schoorman, F. David (1995), An Integrative Model of Organizational Trust, The Academy of Management Review, 20. Jg., Nr. 3, S. 709–734.

Mayring, Philipp (2015), Qualitative Inhaltsanalyse. Grundlagen und Techniken, 12. Aufl., Weinheim u. a.

Mayring, Philipp (2016), Einführung in die qualitative Sozialforschung. Eine Anleitung zu qualitativem Denken, 6. Aufl., Weinheim u. a.

McAllister, Daniel J. (1995), Affect- and Cognition-based Trust as Foundations for Interpersonal Cooperation in Organizations, Academy of Management Journal, 38. Jg., Nr. 1, S. 24–59.

Meinecke, Reinhard/Meinecke, Philipp (2005), Wichtige Check-List-Punkte von Finanzinvestoren. In: *Berens, W./Brauner, H. U./Frodermann, J.* (Hrsg.), Unternehmensentwicklung mit Finanzinvestoren. Eigenkapitalstärkung, Wertsteigerung, Unternehmensverkauf, Stuttgart, S. 121–135.

Metzger, Georg/KfW Bankengruppe (2016), KfW-Gründungsmonitor 2016. Arbeitsmarkt trübt Gründungslust deutlich. Innovative Gründer behaupten sich, in: https://www.kfw.de/PDF/Download-Center/Konzernthemen/Research/PDF-Dokumente-Gr%C3%BCndungs-monitor/Gr%C3%BCndungsmonitor-2016.pdf, abgerufen am 28. 6. 2017.

Mey, Günter/Mruck, Katja (2011a), Grounded-Theory-Methodologie. Entwicklung, Stand, Perspektiven. In: *Mey, G./Mruck, K.* (Hrsg.), Grounded Theory Reader, 2. Aufl., Wiesbaden, S. 11–52.

Mey, Günter/Mruck, Katja (2011b), Teil II Positionen. Editorial. In: *Mey, G./Mruck, K.* (Hrsg.), Grounded Theory Reader, 2. Aufl., Wiesbaden, S. 135–136.

Middelhoff, Jan/Mauer, René/Brettel, Malte (2015), Antecedents of Entrepreneurs' Trust in Their Investor in the Postinvestment Phase. Do Something Good!, Venture Capital, 16. Jg., Nr. 4, S. 327–347.

Miloud, Tarek/Aspelund, Arild/Cabrol, Mathieu (2012), Startup Valuation by Venture Capitalists. An Empirical Study, Venture Capital, 14. Jg., Nr. 2-3, S. 151–174.

Mitteness, Cheryl R./Baucus, Melissa S./Sudek, Richard (2012a), Horse vs. Jockey? How Stage of Funding Process and Industry Experience Affect the Evaluations of Angel Investors, Venture Capital, 14. Jg., Nr. 4, S. 241–267.

Mitteness, Cheryl R./Sudek, Richard/Cardon, Melissa S. (2012b), Angel Investor Characteristics That Determine Whether Perceived Passion Leads to Higher Evaluations of Funding Potential, Journal of Business Venturing, 27. Jg., Nr. 5, S. 592–606.

Modigliani, Franco/Miller, Merton H. (1958), The Cost of Capital, Corporation Finance and the Theory of Investment, The American Economic Review, 48. Jg., Nr. 3, S. 261–297.

Molina-Morales, F. Xavier/Martínez-Fernández, M. Teresa (2009), Too Much Love in the Neighborhood Can Hurt. How an Excess of Intensity and Trust in Relationships May

Produce Negative Effects on Firms, Strategic Management Journal, 30. Jg., Nr. 9, S. 1013–1023.

Mollick, Ethan (2014), The Dynamics of Crowdfunding. An Exploratory Study, Journal of Business Venturing, 29. Jg., Nr. 1, S. 1–16.

Morse, Janice M. (2010), Sampling in Grounded Theory. In: *Bryant, A./Charmaz, K.* (Hrsg.), The SAGE Handbook of Grounded Theory, Los Angeles, S. 229–244.

Mruck, Katja/Mey, Günter (2000), Qualitative Sozialforschung in Deutschland, Forum: Qualitative Sozialforschung, 1. Jg., Nr. 1, S. 1–23.

Mthanti, Thanti S./Urban, Boris (2014), Effectuation and Entrepreneurial Orientation in High-technology Firms, Technology Analysis & Strategic Management, 26. Jg., Nr. 2, S. 121–133.

Muckel, Petra (2011), Die Entwicklung von Kategorien mit der Methode der Grounded Theory. In: *Mey, G./Mruck, K.* (Hrsg.), Grounded Theory Reader, 2. Aufl., Wiesbaden, S. 333–352.

Müllner, Jakob (2013), Private Equity aus theoretischer und empirischer Sicht. In: *Tojner, M./Moser, R.* (Hrsg.), Beteiligungskapital und Unternehmertum. Fünf Case Studies Private Equity finanzierter Unternehmen aus Seminaren an der Wirtschaftsuniversität Wien und eine Übersicht über 15 Jahre Private Equity in Österreich, Wien, S. 39–58.

Murnieks, Charles Y./Haynie, J. Michael/Wiltbank, Robert E./Harting, Troy (2011), 'I Like How You Think'. Similarity as an Interaction Bias in the Investor-Entrepreneur Dyad, Journal of Management Studies, 48. Jg., Nr. 7, S. 1533–1561.

Murphy, Chad/Klotz, Anthony C./Kreiner, Glen E. (2017), Blue Skies and Black Boxes. The Promise (and Practice) of Grounded Ttheory in Human Resource Management Research, Human Resource Management Review, 27. Jg., Nr. 2, S. 291–305.

Nagl, Anna (2015), Der Businessplan. Geschäftspläne professionell erstellen. Mit Checklisten und Fallbeispielen, 8. Aufl., Wiesbaden.

Nahapiet, Janine/Ghoshal, Sumantra (1998), Social Capital, Intellectual Capital, and the Organizational Advantage, Academy of Management Review, 23. Jg., Nr. 2, S. 242–266.

Nathusius, Eva (2005), Syndizierte Venture-Capital-Finanzierung, Dissertation, Universität München, 2004, Sternenfels.

Nathusius, Klaus (2001), Grundlagen der Gründungsfinanzierung. Instrumente - Prozesse - Beispiele, Wiesbaden.

Nathusius, Klaus (2003), Finanzierungsinstrumente für unterschiedliche Gründungs-Modelle, Schmalenbachs Zeitschrift für betriebswirtschaftliche Forschung, 55. Jg., Nr. 2, S. 158–193.

Neck, Heidi M./Neck, Christopher P./Murray, Emma L. (2017), Entrepreneurship. The Practice and Mindset, Los Angeles.

Neumann, Michael (2017), Wie Start-ups scheitern. Theoretische Hintergründe und Fallstudien innovativer Unternehmen, Dissertation, Carl von Ossietzky Universität Oldenburg, 2016, Wiesbaden.

Ng, Artie W./Macbeth, Douglas/Yip, Leslie S. C. (2017), Exploring Performance Drivers for Technology-based Ventures from Early Stage to Expansion. Perspectives of Venture Capitalists, Venture Capital, 19. Jg., Nr. 4, S. 335–359.

Noble, Alex F. de (2001), Raising Finance from Business Angels, Venture Capital, 3. Jg., Nr. 4, S. 359–367.

Offenburger, Oliver (2015), Übersicht gewerblicher Schutzrechte. In: *Offenburger, O.* (Hrsg.), Patent und Patentrecherche, Wiesbaden, S. 5–11.

Ong, Beng K. (2012), Grounded Theory Method (GTM) and the Abductive Research Strategy (ARS). A Critical Analysis of Their Differences, International Journal of Social Research Methodology, 15. Jg., Nr. 5, S. 417–432.

Ordanini, Andrea/Miceli, Lucia/Pizzetti, Marta/Parasuraman, A. (2011), Crowd-funding. Transforming Customers into Investors Through Innovative Service Platforms, Journal of Service Management, 22. Jg., Nr. 4, S. 443–470.

Ortega, Ana M./García, M. T./Santos, M. V. (2017), Effectuation-Causation. What Happens in New Product Development?, Management Decision, 55. Jg., Nr. 8, S. 1717–1735.

Ortgiese, Jens (2007), Value Added by Venture Capital Firms. An Analysis on the Basis of New Technology-based Firms in the USA and Germany, Dissertation, Universität Kassel, 2007, Lohmar u. a.

Osann, Mathias (2010), Freiwillige Berichterstattung über immaterielle Ressourcen. Ein deskriptiv-explikatives Mehrebenenmodell, Dissertation, ESCP Europe Wirtschaftshochschule Berlin, 2010, Lohmar.

Osnabrugge, Mark van (1998), Do Serial and Non-serial Investors Behave Differently? An Empirical and Theoretical Analysis, Entrepreneurship Theory and Practice, 22. Jg., Nr. 4, S. 23–42.

Osnabrugge, Mark van (2000), A Comparison of Business Angel and Venture Capitalist Investment Procedures. An Agency Theory-based Analysis, Venture Capital, 2. Jg., Nr. 2, S. 91–109.

Pape, Ulrich (2010), Wertorientierte Unternehmensführung, Dissertation, Technische Universität Berlin, 1996, 4. Aufl., Sternenfels.

Pape, Ulrich (2015), Grundlagen der Finanzierung und Investition. Mit Fallbeispielen und Übungen, 3. Aufl., Berlin u. a.

Parhankangas, Annaleena (2007), An Overview of Research on Early Stage Venture Capital. Current Status and Future Directions. In: *Landström, H./Mason, C. M.* (Hrsg.), Handbook of Research on Venture Capital, Cheltenham, S. 253–280.

Parhankangas, Annaleena/Ehrlich, Michael (2014), How Entrepreneurs Seduce Business Angels. An Impression Management Approach, Journal of Business Venturing, 29. Jg., Nr. 4, S. 543–564.

Parhankangas, Annaleena/Landström, Hans (2006), How Venture Capitalists Respond to Unmet Expectations. The Role of Social Environment, Journal of Business Venturing, 21. Jg., Nr. 6, S. 773–801.

Patzelt, Holger/Shepherd, Dean A. (2008), The Decision to Persist with Underperforming Alliances. The Role of Trust and Control, Journal of Management Studies, 45. Jg., Nr. 7, S. 1217–1243.

Paul, Stuart/Whittam, Geoff/Johnston, Jim B. (2003), The Operation of the Informal Venture Capital Market in Scotland, Venture Capital, 5. Jg., Nr. 4, S. 313–335.

Paul, Stuart/Whittam, Geoff/Wyper, Janette (2007), Towards a Model of the Business Angel Investment Process, Venture Capital, 9. Jg., Nr. 2, S. 107–125.

Payne, G. Tyge/Davis, Justin L./Moore, Curt B./Bell, R. Greg (2009), The Deal Structuring Stage of the Venture Capitalist Decision-Making Process. Exploring Confidence and Control, Journal of Small Business Management, 47. Jg., Nr. 2, S. 154–179.

Pearson, Allison W./Carr, Jon C./Shaw, John C. (2008), Toward a Theory of Familiness. A Social Capital Perspective, Entrepreneurship Theory and Practice, 32. Jg., Nr. 6, S. 949–969.

Perridon, Louis/Steiner, Manfred/Rathgeber, Andreas W. (2016), Finanzwirtschaft der Unternehmung, 17. Aufl., München.

Perry, John T./Chandler, Gaylen N./Markova, Gergana (2012), Entrepreneurial Effectuation. A Review and Suggestions for Future Research, Entrepreneurship Theory and Practice, 36. Jg., Nr. 4, S. 837–861.

Petty, Jeffrey S./Gruber, Marc (2011), "In Pursuit of the Real Deal". A Longitudinal Study of VC Decision Making, Journal of Business Venturing, 26. Jg., Nr. 2, S. 172–188.

Picot, Arnold/Dietl, Helmut/Franck, Egon (2008), Organisation. Eine ökonomische Perspektive, 5. Aufl., Stuttgart.

Picot, Arnold/Reichwald, Ralf/Wigand, Rolf T. (2003), Die grenzenlose Unternehmung. Information, Organisation und Management, 5. Aufl., Wiesbaden.

Pina-Stranger, Alvaro/Lazega, Emmanuel (2011), Bringing Personalized Ties Back in. Their Added Value for Biotech Entrepreneurs and Venture Capitalists Interorganizational Networks, Sociological Quarterly, 52. Jg., Nr. 2, S. 268–292.

PitchBook Data, Inc. (2018), European Venture Report. Q2 2018, in: https://files.pitchbook.com/website/files/pdf/PitchBook_2Q_2018_European_Venture_Report.pdf, abgerufen am 27. 2. 2018.

Plaschke, Frank J. (2003), Wertorientierte Management-Incentivesysteme auf Basis interner Wertkennzahlen, Dissertation, Technische Universität Dresden, 2002, Wiesbaden.

Poguntke, Sven (2016), Corporate Think Tanks. Zukunftsforen, Innovation Center, Design Sprints, Kreativsessions & Co, 2. Aufl., Wiesbaden.

Politis, Diamanto (2008), Business Angels and Value Added. What Do We Know and Where Do We Go?, Venture Capital, 10. Jg., Nr. 2, S. 127–147.

Politis, Diamanto/Landström, Hans (2002), Informal Investors as Entrepreneurs. The Development of an Entrepreneurial Career, Venture Capital, 4. Jg., Nr. 2, S. 78–101.

Politis, Diamanto/Winborg, Joakim/Dahlstrand, Asa L. (2012), Exploring the Resource Logic of Student Entrepreneurs, International Small Business Journal, 30. Jg., Nr. 6, S. 659–683.

Pollack, Jeffrey M./Bosse, Douglas A. (2014), When Do Investors Forgive Entrepreneurs for Lying?, Journal of Business Venturing, 29. Jg., Nr. 6, S. 741–754.

Popping, R. (1988), On Agreement Indices for Nominal Data. In: *Saris, W. E./Gallhofer, I. N.* (Hrsg.), Sociometric Research, London, S. 90–105.

Portisch, Wolfgang (2016), Finanzierung im Unternehmenslebenszyklus, 2. Aufl., Berlin u. a.

Poser, Hans (2012), Wissenschaftstheorie. Eine philosophische Einführung, 2. Aufl., Stuttgart.

Poser, Timo B. (2003), The Impact of Corporate Venture Capital. Potentials of Competitive Advantages for the Investing Company, Dissertation, WHU - Otto Beisheim School of Management Vallendar, 2002, Wiesbaden.

Pott, Oliver/Pott, André (2015), Entrepreneurship. Unternehmensgründung, Businessplan und Finanzierung, Rechtsformen und gewerblicher Rechtsschutz, 2. Aufl., Berlin u. a.

Prasad, Dev/Bruton, Garry D./Vozikis, George (2000), Signaling Value to Businessangels. The Proportion of the Entrepreneur's Net Worth Invested in a New Venture as a Decision Signal, Venture Capital, 2. Jg., Nr. 3, S. 167–182.

Prelipcean, Gabriela/Boscoianu, Mircea (2008), Venture Capital Strategies for Innovative SME's, Annals of the University of Oradea, Economic Science Series, 17. Jg., Nr. 4, S. 524–529.

Proksch, Dorian/Stranz, Wiebke/Röhr, Nino/Ernst, Cornelia/Pinkwart, Andreas/Schefczyk, Michael (2017), Value-Adding Activities of Venture Capital Companies. A Content Analysis of Investor's Original Documents in Germany, Venture Capital, 19. Jg., Nr. 3, S. 129–146.

Prowse, Stephen (1998), Angel Investors and the Market for Angel Investments, Journal of Banking & Finance, 22. Jg., Nr. 6-8, S. 785–792.

Pryor, Julie/Walker, Annette/O'Connell, Beverly/Worrall-Carter, Linda (2009), Opting In and Opting Out. A Grounded Theory of Nursing's Contribution to Inpatient Rehabilitation, Clinical Rehabilitation, 23. Jg., Nr. 12, S. 1124–1135.

Rae, David (2007), Entrepreneurship. From Opportunity to Action, Basingstoke u. a.

Read, Stuart/Dew, Nicholas/Sarasvathy, Saras D./Song, Michael/Wiltbank, Robert E. (2009a), Marketing under Uncertainty. The Logic of an Effectual Approach, Journal of Marketing, 73. Jg., Nr. 3, S. 1–18.

Read, Stuart/Sarasvathy, Saras D. (2005), Knowing What to Do and Doing What You Know. Effectuation as a Form of Entrepreneurial Expertise, Journal of Private Equity, 9. Jg., Nr. 1, S. 45–62.

Read, Stuart/Sarasvathy, Saras D./Dew, Nicholas/Wiltbank, Robert E. (2016), Response to Arend, Sarooghi, and Burkemper (2015). Cocreating Effectual Entrepreneurship Research, Academy of Management Review, 41. Jg., Nr. 3, S. 528–536.

Read, Stuart/Song, Michael/Smit, Willem (2009b), A Meta-analytic Review of Effectuation and Venture Performance, Journal of Business Venturing, 24. Jg., Nr. 6, S. 573–587.

Reichertz, Jo (2011), Abduktion. Die Logik der Entdeckung der Grounded Theory. In: *Mey, G./Mruck, K.* (Hrsg.), Grounded Theory Reader, 2. Aufl., Wiesbaden, S. 279–297.

Reuber, A. Rebecca/Fischer, Eileen/Coviello, Nicole (2016), Deepening the Dialogue. New Directions for the Evolution of Effectuation Theory, Academy of Management Review, 41. Jg., Nr. 3, S. 536–540.

Reymen, Isabelle M. M. J./Andries, Petra/Berends, Hans/Mauer, René/Stephan, Ute/van Burg, Elco (2015), Understanding Dynamics of Strategic Decision Making in Venture Creation. A Process Study of Effectuation and Causation, Strategic Entrepreneurship Journal, 9. Jg., Nr. 4, S. 351–379.

Reymen, Isabelle M. M. J./Berends, Hans/Oudehand, Rob/Stultiëns, Rutger (2017), Decision Making for Business Model Development. A Process Study of Effectuation and Causation in New Technology-based Ventures, R&D Management, 47. Jg., Nr. 4, S. 595–606.

Richter, Rudolf/Furubotn, Eirik G./Streissler, Monika (2010), Neue Institutionenökonomik. Eine Einführung und kritische Würdigung, 4. Aufl., Tübingen.

Riding, Allan (2008), Business Angels and Love Money Investors. Segments of the Informal Market for Risk Capital, Venture Capital, 10. Jg., Nr. 4, S. 355–369.

Riquelme, Fabián/Gonzalez-Cantergiani, Pablo/Molinero, Xavier/Serna, Maria (2018), Centrality Measure in Social Networks Based on Linear Threshold Model, Knowledge-Based Systems, 140. Jg., S. 92–102.

Rousseau, Denise M./Sitkin, Sim B./Burt, Ronals S./Camerer, Collin F. (1998), Not So Different after All. A Cross-discipline View of Trust, Academy of Management Review, 23. Jg., Nr. 3, S. 393–404.

Rudolph, Bernd (2006), Unternehmensfinanzierung und Kapitalmarkt, Tübingen.

Ruef, Martin/Lounsbury, Michael (2007), Introduction. The Sociology of Entrepreneurship. In: *Ruef, M./Lounsbury, M.* (Hrsg.), The Sociology of Entrepreneurship, Amsterdam u. a., S. 1–29.

Saam, Nicole J. (2002), Prinzipale, Agenten und Macht. Eine machttheoretische Erweiterung der Agenturtheorie und ihre Anwendung auf Interaktionsstrukturen in der Organisationsberatung, Teilweise Habilitation, Universität Mannheim, 2000, Tübingen.

Saetre, Alf (2003), Entrepreneurial Perspectives on Informal Venture Capital, Venture Capital, 5. Jg., Nr. 1, S. 71–94.

Sahlman, William A. (1988), Aspects of Financial Contracting in Venture Capital, Journal of Applied Corporate Finance, 1. Jg., Nr. 2, S. 23–36.

Sahlman, William A. (1990), The Structure and Governance of Venture-Capital Organizations, Journal of Financial Economics, 27. Jg., Nr. 2, S. 473–521.

Sako, Mari (1992), Prices, Quality and Trust. Inter-firm Relations in Britain and Japan, Cambridge.

Salop, Joanne/Salop, Steven (1976), Self-Selection and Turnover in the Labor Market, The Quarterly Journal of Economics, 90. Jg., Nr. 4, S. 619–627.

Sanft, Erhard (2003), Der Ingenieur als Existenzgründer. Wie man sich als Ingenieur selbstständig macht, 4. Aufl., Berlin u. a.

Sapienza, Harry J. (1992), When Do Venture Capitalists Add Value?, Journal of Business Venturing, 7. Jg., Nr. 1, S. 9–27.

Sapienza, Harry J./Gupta, Anil K. (1994), Impact of Agency Risks and Task Uncertainty on Venture Capitalist-CEO Interaction, Academy of Management Journal, 37. Jg., Nr. 6, S. 1618–1632.

Sapienza, Harry J./Korsgaard, M. Audrey (1996), Procedural Justice in Entrepreneurship-Investor Relations, Academy of Management Journal, 39. Jg., Nr. 3, S. 544–574.

Sapienza, Harry J./Korsgaard, M. Audrey/Goulet, Philip K./Hoogendam, Jeffrey P. (2000), Effects of Agency Risks and Procedural Justice on Board Processes in Venture Capital-backed Firms, Entrepreneurship & Regional Development, 12. Jg., Nr. 4, S. 331–351.

Sapienza, Harry J./Manigart, Sophie/Vermeir, Wim (1996), Venture Capitalist Governance and Value Added in Four Countries, Journal of Business Venturing, 11. Jg., Nr. 6, S. 439–469.

Sarasvathy, Saras D. (2001), Causation and Effectuation. Toward a Theoretical Shift from Economic Inevitability to Entrepreneurial Contingency, Academy of Management Review, 26. Jg., Nr. 2, S. 243–263.

Sarasvathy, Saras D. (2003), Entrepreneurship As a Science of the Artificial, Journal of Economic Psychology, 24. Jg., Nr. 2, S. 203–220.

Sarasvathy, Saras D. (2004), Making It Happen. Beyond Theories of the Firm to Theories of Firm Design, Entrepreneurship Theory and Practice, 28. Jg., Nr. 6, S. 519–531.

Sarasvathy, Saras D. (2008), Effectuation. Elements of Entrepreneurial Expertise, Cheltenham.

Sarasvathy, Saras D./Dew, Nicholas (2005), New Market Creation Through Transformation, Journal of Evolutionary Economics, 15. Jg., Nr. 5, S. 533–565.

Sarasvathy, Saras D./Dew, Nicholas (2008), Effectuation and Over-Trust. Debating Goel and Karri, Entrepreneurship Theory and Practice, 32. Jg., Nr. 4, S. 727–737.

Sarasvathy, Saras D./Kotha, Suresh (2001), Managing Knigthian Uncertainty in the New Economy. The RealNetworks Case. In: *Butler, J.* (Hrsg.), E-Commerce and Entrepreneurship, Greenwich, S. 31–62.

Sarasvathy, Saras D./Kumar, K./York, Jeffrey G./Bhagavatula, Suresh (2014), An Effectual Approach to International Entrepreneurship. Overlaps, Challenges, and Provocative Possibilities, Entrepreneurship Theory and Practice, 38. Jg., Nr. 1, S. 71–93.

Scarbrough, Harry/Swan, Jacky/Amaeshi, Kenneth/Briggs, Tony (2013), Exploring the Role of Trust in the Deal-Making Process for Early-Stage Technology Ventures, Entrepreneurship Theory and Practice, 37. Jg., Nr. 5, S. 1203–1228.

Schäfer, Dorothea/Zimmermann, Klaus F. (2008), Unternehmensfinanzierung. Sind Förderbanken noch zeitgemäß? In: *Keuper, F./Puchta, D.* (Hrsg.), Strategisches Management in Förderbanken. Geschäftsmodelle, Konzepte, Instrumente, Wiesbaden, S. 269–294.

Schefczyk, Michael (2000), Erfolgsstrategien deutscher Venture-Capital-Gesellschaften, Habilitation, Universität Duisburg, 1997, 2. Aufl., Stuttgart.

Schefczyk, Michael (2006), Finanzieren mit Venture Capital und Private Equity. Grundlagen für Investoren, Finanzintermediäre, Unternehmer und Wissenschaftler, 2. Aufl., Stuttgart.

Scherm, Ewald/Pietsch, Gotthard (2007), Organisation. Theorie, Gestaltung, Wandel, München.

Schmidt, Reinhard H./Terberger, Eva (1997), Grundzüge der Investitions- und Finanzierungstheorie, 4. Aufl., Wiesbaden.

Schmidt, Sebastian/Bendig, David/Brettel, Malte (2017), Building an Equity Story. The Impact of Effectuation on Business Angel Investments, Journal of Business Economics, online, S. 1–31.

Schmitt, Christoph/Ulmer, Detlef (2010), Allgemeine Geschäftsbedingungen und Verträge für Unternehmen. Chancen und Risiken, Berlin u. a.

Scholtis, Thomas (1998), Vertragsgestaltung bei Informationsasymmetrie. Probleme und Lösungen bei der Zertifizierung von QM-Systemen nach ISO 9000ff, Dissertation, Universität Frankfurt am Main, 1997, Wiesbaden.

Schoorman, F. David/Mayer, Roger C./Davis, James H. (2007), An Integrative Model of Organizational Trust. Past, Present, and Future, Academy of Management Review, 32. Jg.,Nr. 2, S. 344–354.

Schramm, Dana M./Carstens, Jakob (2014), Startup-Crowdfunding und Crowdinvesting. Ein Guide für Gründer. Mit Kapital aus der Crowd junge Unternehmen online finanzieren, Wiesbaden.

Schwarzkopf, Christian C. (2016), Fostering Innovation and Entrepreneurship. Entrepreneurial Ecosystem and Entrepreneurial Fundamentals in the USA and Germany, Dissertation, Karlsruhe Institute of Technology, 2015, Wiesbaden.

Schwienbacher, Armin (2007), A Theoretical Analysis of Optimal Financing Strategies for Different Types of Capital-constrained Entrepreneurs, Journal of Business Venturing, 22. Jg., Nr. 6, S. 753–781.

Schwienbacher, Armin (2013), The Entrepreneur's Investor Choice. The Impact on Later-stage Firm Development, Journal of Business Venturing, 28. Jg., Nr. 4, S. 528–545.

Seehausen, Sven (2014), Kapitalstrukturentscheidungen in kleinen und mittleren Unternehmen, Dissertation, ESCP Europe Wirtschaftshochschule Berlin, 2013, Lohmar.

Seeliger, Carsten W. (2004), Corporate Venturing in der Praxis. Rolle im Rahmen des Innovationsmanagements und Ansätze für ein Konzept zur Beurteilung und Steuerung seiner Erfolgsbeiträge, Dissertation, Universität Bamberg, 2004, Wiesbaden.

Shah, Sonali K./Tripsas, Mary (2007), The Accidental Entrepreneur. The Emergent and Collective Process of User Entrepreneurship, Strategic Entrepreneurship Journal, 1. Jg., Nr. 1-2, S. 123–140.

Shane, Scott/Cable, Daniel (2002), Network Ties, Reputation, and the Financing of New Ventures, Management Science, 48. Jg., Nr. 3, S. 364–381.

Shane, Scott/Stuart, Toby (2002), Organizational Endowments and the Performance of University Start-ups, Management Science, 48. Jg., Nr. 1, S. 154–170.

Shane, Scott A. (2007), A General Theory of Entrepreneurship. The Individual Opportunity Nexus, Cheltenham.

Sharma, J. K./Tripathi, Smita (2016), Staged Financing as a Means to Alleviate Risk in VC/PE Financing, The Journal of Private Equity, 19. Jg., Nr. 2, S. 43–52.

Shaver, Kelly G./Scott, Linda R. (1991), Person, Process, Choice. The Psychology of New Venture Creation, Entrepreneurship Theory and Practice, 16. Jg., Nr. 2, S. 23–45.

Shepherd, Dean A. (1999), Venture Capitalists' Assessment of New Venture Survival, Management Science, 45. Jg., Nr. 5, S. 621–632.

Shepherd, Dean A./Zacharakis, Andrew L. (1999), Conjoint Analysis. A New Methodological Approach for Researching the Decision Policies of Venture Capitalists, Venture Capital, 1. Jg., Nr. 3, S. 197–217.

Shepherd, Dean A./Zacharakis, Andrew L. (2001), The Venture Capitalist-Entrepreneur Relationship. Control, Trust and Confidence in Co-operative Behaviour, Venture Capital, 3. Jg., Nr. 2, S. 129–149.

Sievers, Soenke/Mokwa, Christopher F./Keienburg, Georg (2013), The Relevance of Financial Versus Non-financial Information for the Valuation of Venture Capital-backed Firms, European Accounting Review, 22. Jg., Nr. 3, S. 467–511.

Silva, Jorge (2004), Venture Capitalists' Decision-making in Small Equity Markets. A Case Study Using Participant Observation, Venture Capital, 6. Jg., Nr. 2-3, S. 125–145.

Simons, Tony L./Peterson, Randall S. (2000), Task Conflict and Relationship Conflict in Top Management Teams. The Pivotal Role of Intragroup Trust, The Journal of Applied Psychology, 85. Jg., Nr. 1, S. 102–111.

Sitkin, Sim B./Roth, Nancy L. (1993), Explaining the Limited Effectiveness of Legalistic "Remedies" for Trust/Distrust, Organization Science, 4. Jg., Nr. 3, S. 367–392.

Smolka, Katrin M./Verheul, Ingrid/Burmeister-Lamp, Katrin/Heugens, Pursey P.M.A.R. (2016), Get It Together! Synergistic Effects of Causal and Effectual Decision-making Logics on Venture Performance, Entrepreneurship Theory and Practice, online, S. 1–34.

Sohl, Jeffrey E. (1999), The Early-stage Equity Market in the USA, Venture Capital, 1. Jg., Nr. 2, S. 101–120.

Sørheim, Roger (2003), The Pre-investment Behaviour of Business Angels. A Social Capital Approach, Venture Capital, 5. Jg., Nr. 4, S. 337–364.

Sørheim, Roger (2005), Business Angels as Facilitators for Further Finance. An Exploratory Study, Journal of Small Business and Enterprise Development, 12. Jg., Nr. 2, S. 178–191.

Sørheim, Roger/Landström, Hans (2001), Informal Investors. A Categorization, with Policy Implications, Entrepreneurship & Regional Development, 13. Jg., Nr. 4, S. 351–370.

Spence, Michael (1974), Competitive and Optimal Responses to Signals. An Analysis of Efficiency and Distribution, Journal of Economic Theory, 7. Jg., Nr. 3, S. 296–332.

Spremann, Klaus (1990), Asymmetrische Information, Zeitschrift für Betriebswirtschaft, 60. Jg., Nr. 5-6, S. 561–586.

Stanko, Michael A./Henard, David H. (2017), Toward a Better Understanding of Crowdfunding, Openness and the Consequences for Innovation, Research Policy, 46. Jg., Nr. 4, S. 784–798.

Stedler, Heinrich/Peters, Hans H. (2003), Business Angels in Germany. An Empirical Study, Venture Capital, 5. Jg., Nr. 3, S. 269–276.

Steier, Lloyd/Greenwood, Royston (2000), Entrepreneurship and the Evolution of Angel Financial Networks, Organization Studies, 21. Jg., Nr. 1, S. 163–192.

Stein, Ingrid (2005), Venture Capital-Finanzierungen. Kapitalstruktur und Exitentscheidung, Dissertation, Universität München, 2004, Bad Soden.

Steiner, Manfred/Kölsch, Karsten (1989), Finanzierung. Zielsetzungen, zentrale Ergebnisse und Entwicklungsmöglichkeiten der Finanzierungsforschung, Die Betriebswirtschaft, 49. Jg., Nr. 4, S. 409–432.

Steinke, Ines (2012), Gütekriterien qualitativer Forschung. In: *Flick, U./Kardorff, E.* von/*Steinke, I.* (Hrsg.), Qualitative Forschung. Ein Handbuch, 9. Aufl., Reinbeck, S. 319–331.

Stiglitz, Joseph E./Rothschild, Michael (1976), Equilibrium in Competitive Insurance Markets. An Essay on the Economics of Imperfect Information, The Quarterly Journal of Economics, 90. Jg., Nr. 4, S. 629–649.

Strätling, Rebecca/Wijbenga, Frits H./Dietz, Graham (2012), The Impact of Contracts on Trust in Entrepreneur–Venture Capitalist Relationships, International Small Business Journal, 30. Jg., Nr. 8, S. 811–831.

Strauss, Anselm L. (1987), Qualitative Analysis for Social Scientists, Cambridge u. a.

Strömsten, Torkel/Waluszewski, Alexandra (2012), Governance and Resource Interaction in Networks. The Role of Venture Capital in a Biotech Start-up, Journal of Business Research, 65. Jg., Nr. 2, S. 232–244.

Strübing, Jörg (2011), Zwei Varianten von Grounded Theory? Zu den methodologischen Differenzen zwischen Barney Glaser und Anselm Strauss. In: *Mey, G./Mruck, K.* (Hrsg.), Grounded Theory Reader, 2. Aufl., Wiesbaden, S. 261–277.

Strübing, Jörg (2014), Grounded Theory. Zur sozialtheoretischen und epistemologischen Fundierung eines pragmatistischen Forschungsstils, 3. Aufl., Wiesbaden.

Stuart, Toby E./Sorenson, Olav (2007), Strategic Networks and Entrepreneurial Ventures, Strategic Entrepreneurship Journal, 1. Jg., Nr. 3-4, S. 211–227.

Suddaby, R. (2006), From the Editors. What Grounded Theory is Not, Academy of Management Journal, 49. Jg., Nr. 4, S. 633–642.

Sudek, Richard (2006), Angel Investment Criteria, Journal of Small Business Strategy, 17. Jg., Nr. 2, S. 89–103.

Sullivan, Mary K./Miller, Alex (1996), Segmenting the Informal Venture Capital Market. Economic, Hedonistic, and Altruistic Investors, Journal of Business Research, 36. Jg., Nr. 1, S. 25–35.

Szerb, László/Rappai, Gábor/Makra, Zsolt/Terjesen, Siri (2007), Informal Investment in Transition Economies. Individual Characteristics and Clusters, Small Business Economics, 28. Jg., Nr. 2-3, S. 257–271.

Talmor, Eli/Vasvari, Florin (2011), International Private Equity, Chichester.

Tan, Hwee H./Lim, Augustine K. H. (2009), Trust in Coworkers and Trust in Organizations, The Journal of Psychology, 143. Jg., Nr. 1, S. 45–66.

Tang, Zhi/Tang, Jintong/Zhu, Tenhong/Li, Xinchun (2015), The Role of Social Embeddedness in Equity Financing for Chinese Entrepreneurs, Abstract, Academy of Management Annual Meeting Proceedings, 2015. Jg., Nr. 1, S. 1.

Tebroke, Hermann-Josef/Laurer, Thomas (2005), Betriebliches Finanzmanagement, Stuttgart.

Thorgren, Sara/Wincent, Joakim (2011), Interorganizational Trust. Origins, Dysfunctions and Regulation of Rigidities, British Journal of Management, 22. Jg., Nr. 1, S. 21–41.

Tietzel, Manfred (1981), Die Rationalitätsannahme in den Wirtschaftswissenschaften oder Der homo oeconomicus und seine Verwandten, Jahrbuch für Sozialwissenschaft, 32. Jg., Nr. 2, S. 115–138.

Timmons, Jeffry A./Bygrave, William D. (1986), Venture Capital's Role in Financing Innovation for Economic Growth, Journal of Business Venturing, 1. Jg., Nr. 2, S. 161–176.

Tjosvold, Dean (1998), Conflict Over the Study of Conflict. The Challenge to Make it Cooperative, Applied Psychology, 47. Jg., Nr. 3, S. 336–342.

Tsai, Wenpin/Ghoshal, Sumantra (1998), Social Capital and Value Creation. The Role of Intrafirm Networks, Academy of Management Journal, 41. Jg., Nr. 4, S. 464–476.

Tyebjee, Tyzoon T./Bruno, Albert V. (1984), A Model of Venture Capitalist Investment Activity, Management Science, 30. Jg., Nr. 9, S. 1051–1066.

Ucbasaran, Deniz/Lockett, Andy/Wright, Mike/Westhead, Paul (2003), Entrepreneurial Founder Teams. Factors Associated with Member Entry and Exit, Entrepreneurship Theory and Practice, 28. Jg., Nr. 2, S. 107–128.

Ueda, Masako (2004), Banks Versus Venture Capital. Project Evaluation, Screening, and Expropriation, The Journal of Finance, 59. Jg., Nr. 2, S. 601–621.

Unger, Jens M./Rauch, Andreas/Frese, Michael/Rosenbusch, Nina (2011), Human Capital and Entrepreneurial Success. A Meta-analytical Review, Journal of Business Venturing, 26. Jg., Nr. 3, S. 341–358.

Urban, Boris/Heydenrych, James (2015), Technology Orientation and Effectuation. Links to Firm Performance in the Renewable Enery Sector of South Africa, The South African Journal of Industrial Engineering, 26. Jg., Nr. 3, S. 125–136.

Uzzi, Brian (1996), The Sources and Consequences of Embeddedness for the Economic Performance of Organizations. The Network Effect, American Sociological Review, 61. Jg., Nr. 4, S. 674.

Venkataraman, Sankaran (1997), The Distinctive Domain of Entrepreneurship Research. An Editor's Perspective. In: *Katz, J. A./Brockhaus, R. H.* (Hrsg.), Advances in Entrepreneurship, Firm Emergence and Growth, 3. Aufl., Greenwich, S. 119–138.

Verband der Vereine Creditreform e.V. (2016), Insolvenzen in Deutschland. Jahr 2016, Creditreform Wirtschaftsforschung, in: http://www.creditreform.de/fileadmin/user_upload/crefo/download_de/news_termine/wirtschaftsforschung/insolvenzen-deutschland/Analyse_Insolvenzen_in_Deutschland_Jahr_2016.pdf, abgerufen am 8. 5. 2017.

Verbi Software. Consult. Sozialforschung. GmbH, Berlin (2017), MAXQDA 12 Referenzhandbuch, in: http://www.maxqda.de/manuals, abgerufen am 19. 4. 2017.

Vinturella, John B./Erickson, Suzanne M. (2013), Raising Entrepreneurial Capital, 2. Aufl., London u. a.

Vogel, Rick/Puhan, Tatjana X./Shehu, Edlira/Kliger, Doron/Beese, Henning (2014), Funding Decisions and Entrepreneurial Team Diversity. A Field Study, Journal of Economic Behavior & Organization, 107. Jg., S. 595–613.

Volkmann, Christine K./Tokarski, Kim O./Grünhagen, Marc (2010), Entrepreneurship in a European Perspective. Concepts for the Creation and Growth of New Ventures, Wiesbaden.

Wahl, Simon J. (2004), Private Debt. Private Fremdkapital- und Mezzanine-Kapital-Platzierungen bei institutionellen Investoren, Dissertation, Technische Universität München, 2004, Sternenfels.

Wang, Susheng/Zhou, Hailan (2004), Staged Financing in Venture Capital. Moral Hazard and Risks, Journal of Corporate Finance, 10. Jg., Nr. 1, S. 131–155.

Wang, Yanbo (2016), Bringing the Stages Back in. Social Network Ties and Start-up firms' Access to Venture Capital in China, Strategic Entrepreneurship Journal, 10. Jg., Nr. 3, S. 300–317.

Wasserman, Noam (2006), Stewards, Agents, and the Founder Discount. Executive Compensation in New Ventures, Academy of Management Journal, 49. Jg., Nr. 5, S. 960–976.

Wasserman, Stanley/Faust, Katherine (1994), Social Network Analysis. Methods and Applications, Cambridge.

Weiler, Lutz (2001), Erfolgreiche Vermarktung eines IPO. In: *Arlinghaus, O./Balz, U.* (Hrsg.), Going Public. Der erfolgreiche Börsengang, München u. a., S. 156–180.

Weitzman, Eben A. (2000), Software and Qualitative Research. In: *Denzin, N. K./Lincoln, Y. S.* (Hrsg.), The Handbook of Qualitative Research, 2. Aufl., Thousand Oaks u. a., S. 803–820.

Welge, Martin K./Eulerich, Marc (2014), Theoretische Grundlagen zur Corporate Governance. In: *Welge, M. K./Eulerich, M.* (Hrsg.), Corporate-Governance-Management. Theorie und Praxis der guten Unternehmensführung, 2. Aufl., Wiesbaden, S. 9–38.

Welpe, Isabell M. (2004), Venture-Capital-Geber und ihre Portfoliounternehmen. Erfolgsfaktoren der Kooperation, Dissertation, Universität Regensburg, 2003, Wiesbaden.

Welpe, Isabell M. (2008), Die Entstehung von Vertrauen im Kontext von Unsicherheit und Informationsasymmetrie, Zeitschrift für Betriebswirtschaft, 78. Jg., Nr. 12, S. 1251–1284.

Welter, Chris/Mauer, René/Wuebker, Robert J. (2016), Bridging Behavioral Models and Theoretical Concepts. Effectuation and Bricolage in the Opportunity Creation Framework, Strategic Entrepreneurship Journal, 10. Jg., Nr. 1, S. 5–20.

Welter, Christopher/Kim, Sungho (2018), Effectuation Under Risk and Uncertainty. A Simulation Model, Journal of Business Venturing, 33. Jg., Nr. 1, S. 100–116.

Welter, Friederike (2012), All You Need Is Trust? A Critical Review of the Trust and Entrepreneurship Literature, International Small Business Journal, 30. Jg., Nr. 3, S. 193–212.

Werdenich, Martin (2008), Modernes Cash-Management, 2. Aufl., München.

Werhahn, Dorothea/Mauer, René/Flatten, Tessa C./Brettel, Malte (2015), Validating Effectual Orientation As Strategic Direction in the Corporate Context, European Management Journal, 33. Jg., Nr. 5, S. 305–313.

Wetzel, William E. Jr. (1983), Angels and Informal Risk Capital, Sloan Management Review, 24. Jg., Nr. 4, S. 23–34.

Wetzel, William E. Jr. (2004), Venture Capital. In: *Bygrave, W. D./Zacharakis, A. L.* (Hrsg.), The Portable MBA in Entrepreneurship, 3. Aufl., Hoboken, S. 167–194.

White, Brett A./Dumay, John (2017), Business Angels. A Research Review and New Agenda, Venture Capital, 19. Jg., Nr. 3, S. 183–216.

Williamson, Oliver E. (1985), The Economic Institutions of Capitalism. Firms, Markets, Relational Contracting, New York.

Williamson, Oliver E. (1989), Transaction Cost Economics. In: *Schmalensee, R./Willig, R. D.* (Hrsg.), Handbook of Industrial Organization Volume 1, Amsterdam u. a., S. 135–182.

Wiltbank, Robert E./Dew, Nicholas/Read, Stuart/Sarasvathy, Saras D. (2006), What to Do Next? The Case for Non-predictive Strategy, Strategic Management Journal, 27. Jg., Nr. 10, S. 981–998.

Wiltbank, Robert E./Read, Stuart/Dew, Nicholas/Sarasvathy, Saras D. (2009a), Prediction and Control Under Uncertainty. Outcomes in Angel Investing, Journal of Business Venturing, 24. Jg., Nr. 2, S. 116–133.

Wiltbank, Robert E./Sarasvathy, Saras D. (2002), Selection and Return in Angel Investment, Babson Conference 2002, S. 1–19.

Wiltbank, Robert E./Sudek, Richard/Read, Stuart (2009b), The Role of Prediction in New Venture Investing, Frontiers of Entrepreneurship Research, 29. Jg., Nr. 3, S. 1–13.

Winborg, Joakim (2008), Why Do They Use Financial Boostrapping? A Quantitative Study of New Business Managers. In: *Landström, H./Crijns, H./Laveren, E./Smallbone, D.* (Hrsg.), Entrepreneurship, Sustainable Growth and Performance. Frontiers in European Entrepreneurship Research, Cheltenham u. a., S. 77–90.

Winborg, Joakim/Landström, Hans (2001), Financial Bootstrapping in Small Businesses. Examining Small Business Manager's Resource Acquisition Behaviors, Journal of Business Venturing, 16. Jg., Nr. 3, S. 235–254.

Winton, Andrew/Yerramilli, Vijay (2008), Entrepreneurial Finance. Banks Versus Venture Capital, Journal of Financial Economics, 88. Jg., Nr. 1, S. 51–79.

Wit, Frank R. C. de/*Greer, Lindred L./Jehn, Karen A.* (2012), The Paradox of Intragroup Conflict. A Meta-analysis, The Journal of Applied Psychology, 97. Jg., Nr. 2, S. 360–390.

Witt, Peter/Schroeter, Andreas/Merz, Christin (2008), Entrepreneurial Resource Acquisition via Personal Networks. An Empirical Study of German Start-ups, The Service Industries Journal, 28. Jg., Nr. 7, S. 953–971.

Witzel, Andreas (1985), Das problemzentrierte Interview. In: *Jüttemann, G.* (Hrsg.), Qualitative Forschung in der Psychologie. Grundfragen, Verfahrensweisen, Anwendungsfelder, Weinheim u. a., S. 227–255.

Wong, Andrew/Bhatia, Mihir/Freeman, Zachary (2009), Angel Finance. The Other Venture Capital, Strategic Change, 18. Jg., Nr. 78, S. 221–230.

Wright, Mike/Robbie, Ken (1996), Venture Capitalists, Unquoted Equity Investment Appraisal and the Role of Accounting Information, Accounting and Business Research, 26. Jg., Nr. 2, S. 153–168.

Wrona, Thomas (2005), Die Fallstudienanalyse als wissenschaftliche Forschungsmethode, Working Paper Nr. 10, ESCP-EAP Europäische Wirtschaftshochschule, Berlin.

Wrona, Thomas (2006), Fortschritts- und Gütekriterien im Rahmen qualitativer Sozialforschung. In: *Zelewski, S./Akca, N.* (Hrsg.), Fortschritt in den Wirtschaftswissenschaften, Wiesbaden, S. 189–216.

Ye, Qian/Fitzsimmons, Jason R./Douglas, Evan J. (2008), Do Effectual Approaches to Entrepreneurship Destroy Value?, Frontiers of Entrepreneurship Research, 28. Jg., Nr. 4, S. 1–13.

Yitshaki, Ronit (2008), Venture Capitalist-Entrepreneur Conflicts, International Journal of Conflict Management, 19. Jg., Nr. 3, S. 262–292.

Zacharakis, Andrew L./Erikson, Truls/George, Bradley (2010), Conflict Between the VC and Entrepreneur. The Entrepreneur's Perspective, Venture Capital, 12. Jg., Nr. 2, S. 109–126.

Zacharakis, Andrew L./Meyer, G. Dale (2000), The Potential of Actuarial Decision Models, Journal of Business Venturing, 15. Jg., Nr. 4, S. 323–346.

Zacharakis, Andrew L./Shepherd, Dean A. (2007), The Pre-investment Process. Venture Capitalists' Decision Policies. In: *Landström, H.* (Hrsg.), Handbook of Research on Venture Capital, Cheltenham, S. 177–192.

Zahra, Shaker A./Yavuz, R. Isil/Ucbasaran, Deniz (2006), How Much Do You Trust Me? The Dark Side of Relational Trust in New Business Creation in Established Companies, Entrepreneurship Theory and Practice, 30. Jg., Nr. 4, S. 541–559.

Zedtwitz, Maximilian v. (2003), Classification and Management of Incubators. Aligning Strategic Objectives and Competitive Scope for New Business Facilitation, International Journal of Entrepreneurship and Innovation Management, 3. Jg., Nr. 1-2, S. 176–196.

Zhang, Junfu (2009), Why Do Some US Universities Generate More Venture-backed Academic Entrepreneurs Than Others?, Venture Capital, 11. Jg., Nr. 2, S. 133–162.

FGF ENTREPRENEURSHIP-RESEARCH MONOGRAPHIEN

Herausgegeben von Prof. Dr. Heinz Klandt, Oestrich-Winkel, Prof. Dr. Michael Frese, Gießen, Prof. Dr. Josef Brüderl, Mannheim, Prof. Dr. Rolf Sternberg, Hannover, Prof. Dr. Ulrich Braukmann, Wuppertal, und Prof. Dr. Lambert T. Koch, Wuppertal

Band 71
Sean Patrick Saßmannshausen
Entrepreneurship-Forschung: Fach oder Modetrend? – Evolutorisch-wissenschaftssystemtheoretische und bibliometrisch-empirische Analysen
Lohmar – Köln 2012 • 636 S. • € 83,- (D) • ISBN 978-3-8441-0165-2

Band 72
Andreas Brülhart
Opportunity Recognition und Entrepreneurship Education – Eine empirische Untersuchung an Studierenden eines Entrepreneurship-Masterprogrammes
Lohmar – Köln 2013 • 300 S. • € 59,- (D) • ISBN 978-3-8441-0259-8

Band 73
Stefan Gladbach
Der Abbruch akademischer Gründungsvorhaben – Eine explorativ-empirische Untersuchung
Lohmar – Köln 2015 • 304 S. • € 59,- (D) • ISBN 978-3-8441-0387-8

Band 74
Benjamin Danko
Unternehmensgründung durch Studierende – Eine ressourcenbasierte Analyse des Informationsprozesses im Vorfeld der Gründungsrealisation
Siegburg 2018 • 592 S. • € 96,- (D) • ISBN 978-3-8441-0559-9

Band 75
Patrick Bürgin
Start-up-Finanzierung – Einfluss von Investoren auf Finanzierungsentscheidungen des Gründers
Siegburg 2019 • 320 S. • € 68,- (D) • ISBN 978-3-8441-0573-5

JOSEF EUL VERLAG